COLLECTION «VÉCU»

DONALD JOHANSON
et
MAITLAND EDEY

LUCY

UNE JEUNE FEMME DE 3 500 000 ANS

Traduit de l'américain par Odile Demange

Préface de Maurice Taieb

ÉDITIONS ROBERT LAFFONT
PARIS

Titre original : LUCY, The Beginnings of Humankind

ISBN 2-221-01200-3
édition originale :
ISBN 0-671-25036-1 Simon and Schuster, New York

A Sally Johanson
et Helen Edey

Préface

« Tout être vivant est aussi un fossile. Il porte en soi, et jusque dans la structure microscopique de ses protéines, les traces, sinon les stigmates, de son ascendance. Cela est vrai de l'Homme bien plus encore que de toute autre espèce animale en raison de la dualité physique et "*idéelle*" de l'évolution dont il est l'héritier. »

JACQUES MONOD.
Le Hasard et la Nécessité, 1970.

Lucy, qui vivait il y a 30 000 siècles, au bord d'une rivière aujourd'hui disparue, à quelque 200 kilomètres de la mer Rouge, suscite de nos jours des débats animés. Johanson et Edey nous font participer sur un ton passionné à ce qu'elle représente pour ses inventeurs eux-mêmes et pour la communauté scientifique en général.

« La découverte récente de fossiles humains en Éthiopie et en Tanzanie a entraîné une réévaluation complète de nos idées sur l'origine de l'homme. Agés de 3 à 4 millions d'années, ces fossiles représentent les plus anciens membres connus de la famille humaine désormais appelés Australopithecus afarensis. *Véritables hommes-singes, ils se caractérisent par un cerveau guère plus développé que celui des grands singes actuels et par l'acquisition d'une locomotion bipède de même type que celle de l'homme moderne. » C'est ainsi que s'exprimait en 1982 Tim White, anthropologue de l'université de Berkeley.*

Pour comprendre le pourquoi de ces recherches en Éthiopie, il nous faut revenir quelques années en arrière.

A la fin de l'été 1971, je me préparais comme je le faisais chaque année, depuis 1966, à me rendre à Addis-Abeba. Je projetais pour l'automne de poursuivre la prospection d'une vallée éthiopienne de 1 000 kilomètres de longueur. A cette époque mes préoccupations étaient multiples. Je devais surtout finir ma thèse de doctorat d'État que dirigeaient Mme H. Alimen puis M. H. Faure au Laboratoire de géologie du quaternaire. J'avais donc à choisir quelques zones clés encore peu explorées d'un vaste territoire de plus de 100 000 kilomètres carrés. Ce choix était difficile. Je mettais donc de l'ordre dans les indices que je possédais déjà et qui pouvaient m'aider à préciser l'histoire géologique d'un bassin sédimentaire installé dans la dépression de l'Afar où naissent encore actuellement les volcans. Dans le passé ont existé de larges lacs sur la bordure desquels a vécu une riche faune de grands mammifères. Cette région, située à 2 500 mètres en contrebas des hauts plateaux éthiopiens, devait se révéler être la plus riche et plus ancienne réserve fossile d'Afrique orientale dont les vestiges ont été dégagés par le fleuve Awash et ses affluents. Elle n'était pas encore indiquée sur les cartes et aucune piste carrossable ne pouvait nous y conduire. Elle n'était pas encore devenue célèbre.

Au cours de cette campagne de terrain, j'envisageais également de rencontrer les vulcanologues et tectoniciens de l'équipe franco-italienne conduite par Haroun Tazieff. Elle devait opérer en hélicoptère au centre de cette dépression dans un secteur situé près de la frontière de la république de Djibouti, justement la zone des lacs disposés en chapelet où finit la vallée que je prospectais et où je souhaitais me rendre avec mon vieux pick-up *Land-Rover.*

Installé dans le sous-sol du Laboratoire de géologie du quaternaire du C.N.R.S.de Bellevue-Meudon dans la région parisienne, j'étais préoccupé par les préparatifs du départ et par les problèmes que j'allais devoir affronter, tel celui de la datation des couches géologiques fossilifères déjà visitées et quelque peu étudiées.

Je pensais aussi au programme de l'excursion qu'il m'avait été demandé de préparer pour le congrès panafricain de préhistoire et d'étude du quaternaire qui devait se tenir en décembre de cette même année à Addis-Abeba et où étaient attendus les plus grands préhistoriens et anthropologues spécialistes de l'Afrique.

Dès la découverte du site d'Hadar en 1969 avec mon compagnon afar Ali Aksinum et le représentant officiel du ministère de la Culture d'Éthiopie, j'avais récolté quelques restes fossiles d'éléphants, de rhinocéros et d'hippopotames. Ces vestiges indiquaient une ancienneté beaucoup plus grande que le site célèbre d'Olduvaï, en Tanzanie, que fouillait depuis une trentaine d'années la famille Leakey. En effet, Camille Arambourg et Yves Coppens, à qui je montrai ces premières découvertes, n'hésitèrent pas à m'indiquer un âge voisin de 3 millions d'années. Leur grande compétence en matière de paléontologie des vertébrés africains, et en particulier sur les éléphants, était de renommée mondiale. Ils avaient fait leur diagnostic après avoir comparé les pièces d'Hadar avec celles qui étaient exposées au Muséum d'histoire naturelle de Paris. Ils m'avaient aussitôt encouragé à rapporter d'autres spécimens afin de mieux cerner leur ancienneté.

Il devenait donc urgent de retourner à Hadar durant l'automne 1971 afin de récolter d'autres fossiles encore plus significatifs. Sitôt ma mission de terrain accomplie, j'étais impatient de connaître de nouveau le verdict des spécialistes. Le congrès d'Addis était pour moi une aubaine. Aussi me suis-je empressé de montrer à Louis et Mary Leakey mes nouvelles récoltes du site d'Hadar ainsi que celles, partielles, des nouveaux sites que j'ai découverts lors de ma prospection géologique de la moyenne vallée de l'Awash. Louis était intrigué par une molaire de cochon. Après une brève hésitation, il me confirma l'âge présumé par Arambourg et Coppens deux années auparavant. Leurs encouragements furent exceptionnels. Ils s'empressèrent de me remettre une lettre de recommandation afin de trouver des financements pour développer mon entreprise et m'associer ainsi à des spécialistes de la paléontologie animale et humaine.

Raymonde Bonnefille, chercheur au C.N.R.S., rattachée au même laboratoire et avec qui j'avais commencé mon travail dans la haute vallée de l'Awash, à Melka Kunturé, sur les hauts plateaux éthiopiens, avait cette année-là participé à l'expédition de l'Omo, au sud de l'Éthiopie. Cette mission internationale était dirigée par Yves Coppens, côté français, et Clark Howell, côté américain. Melka Kunturé est un site préhistorique célèbre par sa richesse en industries lithiques dont l'âge atteint un million et demi d'années et que fouille minutieusement depuis 1965 Jean Chavaillon, chercheur au C.N.R.S. Raymonde s'intéressait aux pollens fossiles que les sédiments ont conservés afin de reconstituer l'environnement végétal et le climat des premiers hominiens. La présence d'australopithèques vieux de 3 millions d'années dans la vallée de l'Omo expliquait sa participation à cette expédition. Elle pouvait ainsi lire la variation du climat sur une échelle de temps plus grande que ne le permettait le site de la haute Awash. Sachant comme Yves Coppens que j'étais à la recherche d'un paléontologiste disposé à m'accompagner sur le terrain afin de résoudre les problèmes de datation, elle me présenta Donald Johanson qui avait lui aussi participé à la campagne que dirigeait Clark Howell. De cette rencontre est née en 1972 l'International Afar Research Expedition qui devait amener, en 1974, la découverte exceptionnelle du squelette d'hominidé le plus complet, « Lucy », Australopithecus afarensis, *femme-singe de l'Afar.*

Comme le relatent Johanson et Edey, la découverte de Lucy devait être suivie par beaucoup d'autres. Ils insistent sur les moments forts de cette expédition internationale. Le vécu de Johanson est mis en relief avec beau-

coup de détails, sans ignorer les tensions qui ont pu exister entre les différents acteurs, ni les tracasseries quotidiennes, depuis la préparation d'une campagne jusqu'aux résultats spectaculaires, fruit d'un travail collectif d'une communauté vivant en milieu fermé pendant trois mois, dans le désert de l'Afar. Tous étaient motivés par un seul but : apporter avec le plus de rigueur possible des réponses sur le problème de nos origines.

Lors de cette première rencontre avec Don et de la discussion informelle qui s'est engagée à la cantine du C.N.R.S. de Bellevue-Meudon, je n'eus pas besoin de lui faire partager mon enthousiasme, tant sa motivation était grande. Je lui expliquai tout l'intérêt que représentait pour moi la vallée de l'Awash. Je n'eus pas à le convaincre longtemps pour qu'il comprenne, comme Arambourg, Coppens et les Leakey précédemment, tout le potentiel paléontologique que représentaient Hadar et la vallée que j'étudiais en pionnier. Un rendez-vous fut pris avec Yves Coppens au musée de l'Homme afin de mettre sur pied la première expédition internationale de l'Afar. Une tournée de terrain fut projetée pour le printemps 1972 ; je devais en assurer la coordination ; les moyens financiers à trouver furent discutés. Yves Coppens et Donald Johanson prenaient la responsabilité de la paléontologie des vertébrés, y compris les hominidés, et pour ma part je pris celle de la géologie. Dès cette mise au point entre nous trois, établie au musée de l'Homme, nous avons mis durant une dizaine d'années tous nos efforts en commun pour réussir au mieux notre entreprise.

A l'époque, quand nous décidons de partir sur le terrain avec comme principal objectif la datation par la faune fossile des couches sédimentaires de la dépression de l'Afar, pour chacun d'entre nous c'était avec l'espoir sinon la conviction de trouver des hominidés.

Pourquoi rechercher encore des hommes fossiles en Afrique orientale ? Donald Johanson et Maitland Edey répondent à cette question. Dans les premiers chapitres ils évoquent les tâtonnements du siècle dernier, les fortes critiques faites à la théorie de l'évolution de Darwin et les attaques de l'Église qui s'ensuivirent. Ils rendent hommage à Eugène Dubois, anatomiste hollandais qui annonça en 1893 la découverte de l'homme-singe de Java, Pithecanthropus erectus, *vieux de 500 000 ans, considéré comme notre chaînon manquant et rebaptisé par la suite* Homo erectus. *Cette branche commune de l'homme et du singe (chimpanzés et gorilles), Raymond Dart, en 1924, le trouve en Afrique du Sud avec l'enfant de Taung,* Australopithecus africanus *; un peu plus tard, Louis et Mary Leakey annoncent en 1959 la découverte du Zinjantrope et en 1960 de l'*Homo habilis *datés de 1,8 million d'années. Toutes ces découvertes ainsi que celles faites dans la vallée de l'Omo et à Turkana sont discutées par les auteurs* afin de planter le décor du personnage « Lucy ». Il ne manque plus que la musique.

Toute la communauté scientifique, à l'exception de quelques sceptiques, considèrent de nos jours que les premiers hommes sont apparus en Afrique orientale. Elle est divisée quant à notre chaînon manquant. Le fameux crâne 1470, découvert par Richard Leakey à Turkana et ayant une capacité de 700 cm^3, n'est-il pas considéré comme étant notre plus lointain ancêtre du genre Homo vieux de 2 millions d'années ?

Les nouvelles molaires d'éléphants et de cochons que j'avais montrées à Yves Coppens après l'avis des Leakey laissaient entrevoir un âge possible de 4 millions d'années. C'était donc une gageure que de vouloir chercher des hominidés de cet âge à Hadar. « Traquer l'homme jusque dans une région proche de la mer Rouge », selon l'expression de Coppens, devenait notre leitmotiv. Ce que nous savions au départ, c'était que leurs vestiges étaient conservés dans des dépôts qui comblent des fossés d'effondrement de la corne orientale de l'Afrique. Ces fossés ou rifts sont alignés depuis la Tanzanie au sud, jusqu'au triangle de l'Afar au bord de la mer Rouge sur une distance de 2 000 kilomètres. Ce rift est-africain résulte de la cassure de la croûte terrestre à la suite de tensions, du fait des mouvements des plaques éthiopienne, somalienne et arabique permettant la montée du magma s'exprimant à la surface par des coulées de lave le long des fissures, des cendres et des volcans. Dans le lointain passé, des lacs se sont installés dans ces fossés, et c'est la bordure de celui d'Hadar, aujourd'hui disparu, que nous nous sommes fixé de prospecter et d'étudier.

Allons-nous retrouver l'Australopithecus robustus, possédant une grosse mâchoire, présent à l'Omo, Olduvaï, Turkana et en Afrique du Sud ? Allons-nous retrouver l'Australopithecus africanus, beaucoup plus gracile ? Allons-nous retrouver les premiers tailleurs d'outils, du genre Homo ? Allons-nous enfin trouver le vrai chaînon manquant ? Dans les derniers chapitres, toutes ces questions trouveront une réponse au fur et à mesure des découvertes et des hypothèses formulées quant à la forme des dents, celle des mâchoires, celle du crâne, etc., et quant à l'âge et à la position d'une coulée basaltique par rapport aux couches géologiques à hominidés. Elles ne deviendront certitudes qu'après les études minutieuses qu'effectueront les différents spécialistes de l'expédition, une fois dans leur laboratoire. Elles feront aussi l'objet de nombreuses controverses.

Les campagnes qui se sont succédé chaque année jusqu'en 1976-1977 et dont les succès sont relatés de façon vivante dans le livre de Johanson et Edey, à travers le vécu de Don, ne peuvent s'expliquer que par l'enthousiasme de notre première rencontre. Au-delà des problèmes qui ont pu exister *entre quelques-uns d'entre nous, seuls les résultats scientifiques, si peu spectaculaires soient-ils, de chacun des membres de l'expédition avaient de l'importance. Certains n'y retrouveront peut-être pas ce qui s'est passé réellement et c'est normal. Parmi les participants, il y a ceux qui ne sont venus que huit jours ; il y en a d'autres qui n'ont été présents qu'à une ou deux expéditions sur cinq et il y a ceux qui avaient d'autres préoccupations que celles de rechercher et d'étudier les hominidés. Néanmoins, en lisant ce livre vous participerez avec l'équipe d'Hadar à la découverte :*

– en 1973, d'un fémur et d'un tibia en position anatomique prouvant l'existence de la station droite et donc celle des premiers hommes plus vieux que 30 000 siècles ;

– en 1974, de mâchoires d'australopithèques complètes et d'une conservation exceptionnelle par l'Éthiopien du groupe Alemayu Asfaw, et du fameux squelette de Lucy par Tom Gray et Donald Johanson ;

– en 1975, de la localité 333 qui a fourni le témoignage remarquable de la première communauté d'hommes, femmes et enfants pas tout à fait singes ni tout à fait humains ;

– en 1976, des premiers outils taillés mis à jour par Hélène Roche et Jack Harris dont l'ancienneté remonte à 25 000 siècles.

Donald Johanson, encore étudiant, avait lui aussi le souci de terminer sa thèse, PhD, qu'il avait commencée à l'université de Chicago avec le Pr Clark Howell. Les thésards américains n'ont pour seules ressources que les contrats que veulent bien leur accorder leur patron ou les institutions privées. Dans ce système, comme de nos jours en France, seuls les meilleurs, les gros bosseurs, les battants s'en sortent. En lisant ce livre vous verrez jusqu'à quelles extrémités iront les participants américains tant la compétition est grande pour obtenir une situation dans la recherche. Leur acharnement à vouloir être à tout prix les premiers à découvrir des restes d'hominidés s'explique par l'impatience d'obtenir très vite des résultats. Ce comportement contrastait avec celui des populations locales, ethnie afar, habituées à la dure vie du désert, qui avaient tellement à nous apprendre de leurs traditions séculaires. En tant que directeur de l'expédition, j'avais le souci d'éviter tout incident et de maintenir le climat de confiance qui s'était progressivement instauré entre les Afars et la plupart des membres de l'équipe.

Après la première découverte des hominidés, le petit groupe de départ d'Hadar a, petit à petit, augmenté. Au fur et à mesure des succès obtenus, les moyens ont été accrus et, en 1975, les personnes présentes dans le camp d'Hadar étaient au nombre d'une quarantaine. Cela posait d'ailleurs de très gros problèmes logistiques, d'autant que la liaison avion entre Hadar et Addis était tout ce qu'il y a d'irrégulier et d'incertain.

La somme de travail à faire et sa complexité ont nécessité une approche pluridisciplinaire. L'équipe s'articulait autour des deux pôles permanents formés du Laboratoire de géologie du quaternaire et du Cleveland Museum of Natural History. Outre Donald Johanson et moi-même, ce noyau était constitué d'Alemayu Asfaw, Tom Gray, Claude Guillemot, Nicole Page et Pierre Planques. Ce petit groupe soudé a permis d'exalter tout ce qui galvanise une équipe : le sens de l'amitié, le goût de l'effort au service de la science et la certitude de vivre une aventure, celle de la Connaissance. L'Expédition internationale de l'Afar se divisait en quatre grands groupes de scientifiques :

— les géologues, au nombre de cinq, s'intéressent aux couches de terrain afin d'établir une échelle stratigraphique cohérente et de déterminer le milieu physique et le cadre chronologique à l'aide des isotopes radioactifs des coulées et cendres volcaniques ;

— les paléontologistes, au nombre de dix, spécialisés dans la faune en vue de mettre en évidence le degré d'évolution de chacun des grands groupes de vertébrés, grands et petits mammifères, apportent des datations complémentaires. L'étude conjointe de la flore (pollens et bois fossiles) définit l'environnement ;

— les anthropologues, au nombre de cinq, étudient les hominidés, et leur travail sur le terrain consiste à prospecter intensivement les sites fossilifères, à fouiller méthodiquement les localités découvertes et à dégager et déterminer les spécimens d'hominiens ;

— les préhistoriens, au nombre de deux, comme les anthropologues, prospectent et fouillent les sites les plus intéressants découverts à ce jour.

Deux topographes et une spécialiste en télédétection apportent une aide indispensable dans la localisation des sites fossilifères et dans la mesure de l'épaisseur des coupes géologiques. Une aide technique nous a été apportée chaque année par un groupe d'une vingtaine d'Éthiopiens faisant du camp d'Hadar un village international où se fondaient les cultures et les langages amharic, afar, tigréen, anglais et français. Cette « recherche sans frontière » n'aurait pu avoir lieu sans l'appui des autorités éthiopiennes qui ont participé et qui se sont toujours vivement intéressées à la recherche, en nous accordant les permis successifs nécessaires. Le C.N.R.S., par l'intermédiaire de son département des Relations extérieures, et en particulier Mme J. Mirabel et M. W. Mercouroff, a toujours prodigué son encouragement moral et matériel à l'équipe d'Hadar. La D.G.R.C.S.T. du Ministère des relations extérieures et les membres de l'Ambassade de France en Éthiopie ont activement contribué au succès de l'expédition. L'appui financier de la fondation Singer Polignac a été précieux.

Depuis la naissance des premières métropoles et des premières civilisations, l'homme a toujours fixé son regard vers les étoiles, vers l'espace, vers l'infini et ainsi a saisi par son intelligence la notion de temps. Dès l'Antiquité, il s'est toujours intéressé au problème de ses origines. Les prêtres, les penseurs, les philosophes, les savants, les chercheurs, les scientifiques ont toujours essayé de répondre à la question : d'où venons-nous ? Cette recherche de notre identité fascine ; elle est sujet tabou pour encore des millions d'individus. Selon les éléments dont on dispose, les réponses à cette question ont progressé au cours du temps. Au siècle dernier encore nos origines ne remontaient pas au-delà de quelques dizaines de générations ou de quelques millénaires. Depuis la théorie de l'évolution des espèces de Darwin, l'homme, la femme devenaient suite logique et prolongement du passé.

*Mais jusqu'à quand allons-nous remonter pour expliquer l'existence de l'*Homo sapiens *?*

— jusqu'à 15 000 ans, date de l'apparition de l'art à Lascaux ou Altamira ?

— jusqu'à 50 000 ans, date de l'apparition des premières sépultures et où certains voient le début de la métaphysique ?

— jusqu'à 200 000, 500 000 ans, date de l'apparition du feu ?

— jusqu'à 1 million, 2 millions d'années, époque des premiers outils ?

— jusqu'à 3 millions, 3,5 millions d'années, époque de Lucy et de la station droite ?

Remonter à l'infini dans le temps jusqu'à l'origine de la vie, celle de la Terre ou celle de l'Univers n'expliquerait pas notre parenté avec les grands singes. Mais remonter encore un peu pourrait nous faire découvrir le chaînon manquant. Pour tous ceux, Allemands, Anglais, Américains, Éthiopiens, Français, qui ont participé à cette grande aventure humaine *qui a amené, entre 1972 et 1977, la découverte de quelques dizaines d'hominiens et quelques milliers de fossiles de mammifères, cette histoire est aussi la leur. Lucy illustre maintenant pour le monde entier, dans de très nombreux ouvrages scolaires, d'encyclopédies, de revues scientifiques populaires et spécialisées, de films éducatifs et grand public, le moment où l'Homme est apparu sur Terre. Elle représente une pièce importante du puzzle de notre arbre généalogique, même si la controverse autour de sa spécificité ou de son ancienneté n'est pas encore tout à fait tranchée.*

MAURICE TAIEB
Maître de recherche au C.N.R.S.,
directeur de l'Expédition internationale
de recherche de l'Afar (1972-1977).

JOHANSON : Tu sais, c'est une jolie pagaille. Nous voilà avec deux types en Afrique du Sud. Deux types en Afrique orientale. Et maintenant, deux autres peut-être en Éthiopie.
WHITE : Peut-être un seul en Éthiopie.
JOHANSON : Peut-être deux. Ça nous fait six types différents d'hominidés. C'est complètement ridicule.
WHITE : Et qu'est-ce que tu veux faire ? Réorganiser ça ?
JOHANSON : Tu serais d'accord ?
WHITE : Pourquoi pas ?
JOHANSON : On risque de devoir baptiser une nouvelle espèce.
WHITE : C'est probable, oui.
JOHANSON : Ça va faire un sacré grabuge.
WHITE : Ouais.

Cleveland, 1977.

Époque	MILLIONS D'ANNÉES AVANT NOTRE ÈRE	
	0	*Homo sapiens* (Ancien et Nouveau Monde) *H. erectus* (ensemble de l'Ancien Monde)
PLEISTOCENE (2-0,01)	1	*Australopithecus robustus* (Omo, Turkana, Afrique du Sud) *H. erectus* (Turkana, Olduvaï) *H. habilis* (Turkana, Olduvaï)
	2	*A. robustus* (Omo, Turkana, Olduvaï, Afrique du Sud) *A. africanus* (Afrique du Sud)
	3	*A. afarensis* (Hadar) *A. afarensis* (Laetoli)
PLIOCENE (5-2)	4	*Hominidé* (Kanapoï)
	5	*Hominidé* (Lothagram)
	6	
	7	
	8	
	9	
	10	*Ramapithecus* (Pakistan, Inde, Europe) *Dryopithecus* (Pakistan, Inde, Europe)
	11	
	12	
	13	*Ramapithecus* (Afrique orientale)
MIOCENE (25-5)	14	*Dryopithecus* (Afrique, Europe)
	15	
	16	
	17	
	18	
	19	*Dryopithecus* (Afrique)
	20	
	21	
	22	Il y a plus de 25 millions d'années, des protosinges et des protoanthropoïdes (ancêtres des singes anthropoïdes et des petits singes ordinaires) se sont développés à partir de formes prosimiennes plus primitives.
	23	
	24	

MILLIONS D'ANNÉES AVANT NOTRE ÈRE

CÉNOZOÏQUE (63-0)

0 – 50

TERTIAIRE et QUATERNAIRE (63-0)
Apparition des prosimiens.
Apparition des premiers grands mammifères.
Les mammifères commencent à dominer sur terre.
Les poissons à arêtes abondent dans les mers. Grands requins.

MÉSOZOÏQUE (230-63)

100 – 150 – 200

CRÉTACÉ (135-63)
Extinction des dinosaures.
Prolifération de petits mammifères.
Forêts de feuillus formées de grands arbres modernes.

JURASSIQUE (181-135)
Apparition des premiers véritables mammifères.
Premiers oiseaux.
Développement maximum des dinosaures.

TRIAS (230-181)
Premiers dinosaures.
Homards et autres arthropodes dans les mers.

PALÉOZOÏQUE (?-230)

250 – 300 – 350 – 400 – 450 – 500 – 550 – 600

PERMIEN (280-181)
Premiers insectes modernes. Extinction des trilobites.
Important développement des amphibiens et des reptiles.
Les poissons prolifèrent dans les mers.

CARBONIFÈRE (345-280)
Insectes primitifs géants sur terre.
Premiers reptiles.
Essor des poissons.

DÉVONIEN (405-345)
Premières grandes plantes terrestres arborescentes.
Nombreux vertébrés marins. Premiers amphibiens.

SILURIEN (425-405)
Premières plantes terrestres. Scorpions et myriapodes sur terre.

ORDOVICIEN (500-425)
Premiers poissons primitifs.
Clams, étoiles de mer, coraux, algues.

CAMBRIEN (600-500)
Apparition des premiers trilobites.
La vie n'existe qu'en milieu marin : vers, éponges, premiers mollusques.

Avant la période cambrienne, il n'existe que des formes unicellulaires et de petites formes pluricellulaires : bactéries, algues, fongus et petits animaux marins à corps mou.

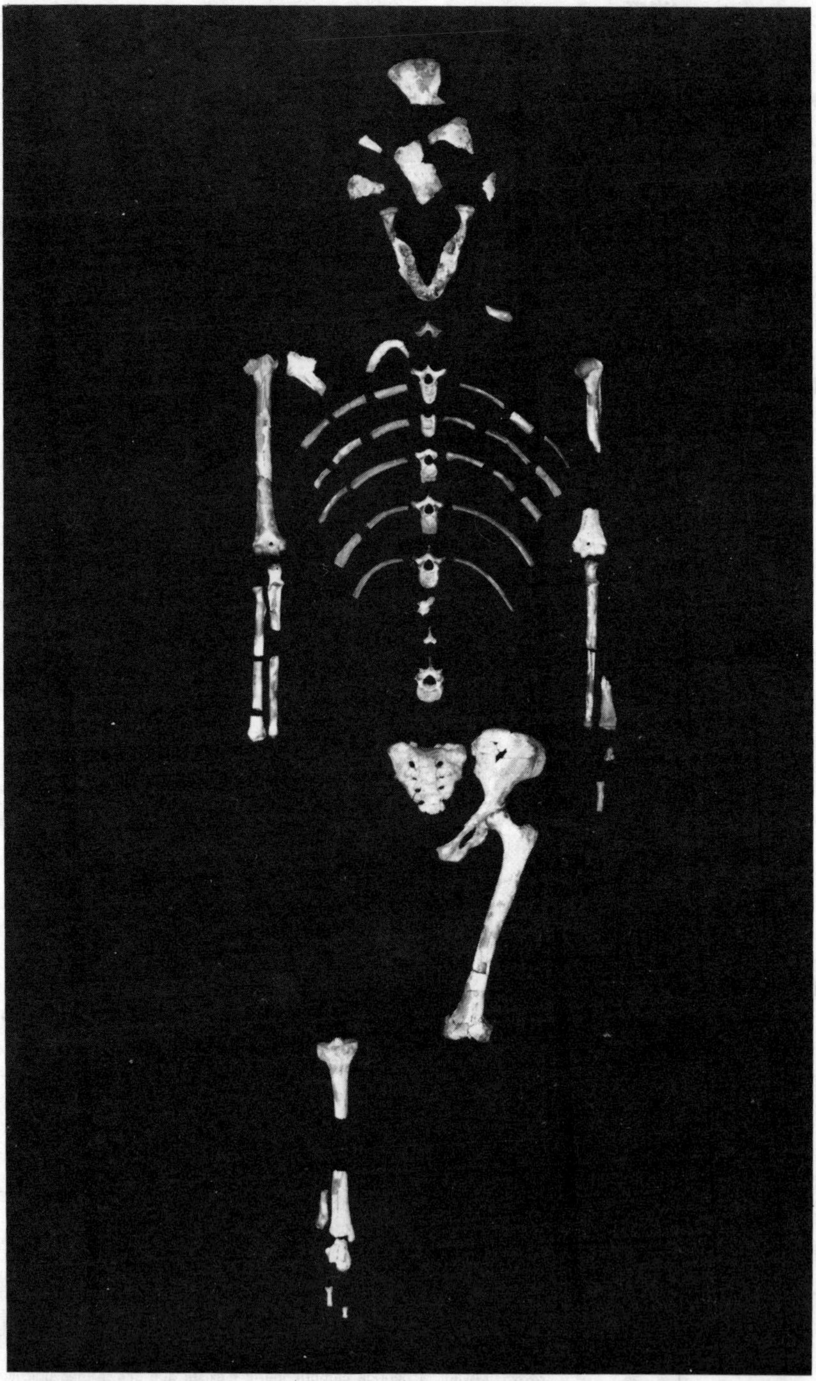

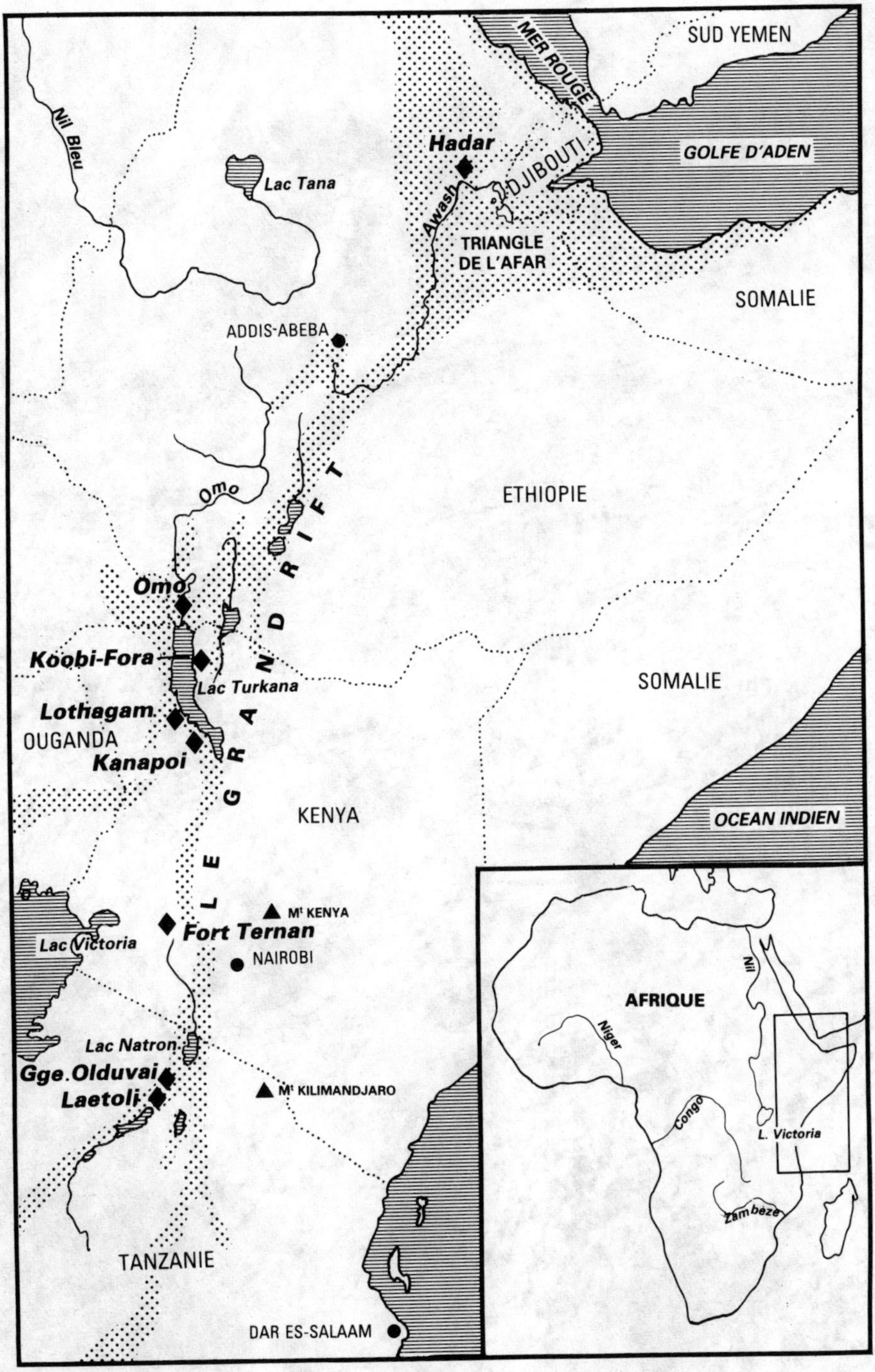

MER ROUGE
SUD YEMEN
Nil Bleu
Hadar
GOLFE D'ADEN
Lac Tana
Awash
DJIBOUTI
TRIANGLE
DE L'AFAR
SOMALIE
ADDIS-ABEBA
LE GRAND RIFT
Omo
ETHIOPIE
Omo
Koobi-Fora
Lac Turkana
SOMALIE
Lothagam
OUGANDA
Kanapoi
KENYA
OCEAN INDIEN
Mt KENYA
Fort Ternan
Lac Victoria
NAIROBI
AFRIQUE
Nil
Niger
Lac Natron
Gge. Olduvai
Laetoli
Mt KILIMANDJARO
Congo
L. Victoria
Zambeze
TANZANIE
DAR ES-SALAAM

Prologue

Dans quelque strate plus ancienne, les os fossilisés d'un singe plus anthropoïde (proche de l'homme) ou d'un homme plus pithécoïde (proche du singe) que tous ceux que nous connaissons jusqu'à présent attendent-ils d'être découverts par un paléontologue à venir ?

T.H. HUXLEY.

Le 30 novembre 1974, je m'éveillai à l'aube, comme à mon habitude lorsque je suis en campagne. Je me trouvais en Éthiopie, au bord d'une petite rivière fangeuse, l'Awash, en un lieu nommé Hadar, à quelque cent cinquante kilomètres au nord-est d'Addis-Abeba. J'étais là depuis plusieurs semaines, en tant que coresponsable d'un groupe de scientifiques venus chercher des fossiles.

Je restai couché quelques instants dans ma tente, à observer au-dessus de moi la toile, qui, noire d'abord, vira rapidement au vert lorsque le soleil jaillit de derrière la chaîne de collines, à l'est. C'est ainsi que le soleil se lève près de l'équateur : l'aurore ne se prolonge pas comme chez nous, aux États-Unis. Il faisait encore relativement frais, pas plus de 27 degrés. L'air avait le parfum cristallin typique des petits matins du désert, légèrement altéré par la fumée des feux de cuisine. Quelques membres de la tribu des Afars qui travaillaient pour l'expédition avaient amené leurs familles et, à deux cents mètres environ du camp principal, se dressait un petit groupe de huttes en forme de dômes, faites de branchages et de tapis d'herbe. Les femmes Afars s'étaient levées avant l'aube pour s'occuper de leurs chameaux et de leurs chèvres, et devisaient tranquillement.

Don Johanson à la recherche de fossiles dans un ravin d'Hadar. Les dépôts que l'on voit ici représentent ce qui reste de quelque deux millions d'années de sédiments déposés dans le lit d'un ancien lac, depuis longtemps à sec. Les pluies ont ensuite creusé des ravins dans ces dépôts, faisant apparaître des fossiles comme ceux qui figurent au premier plan.

Pour la majorité des Américains du camp, c'était le meilleur moment de la journée. Les rochers et les blocs de pierre qui jonchaient le paysage avaient perdu l'essentiel de leur chaleur pendant la nuit, et l'on pouvait s'en approcher sans avoir l'impression de se trouver à côté d'un fourneau. Je sortis de ma tente et regardai le ciel. Encore une journée sans nuages ; encore une aurore radieuse dans le désert, qui deviendrait une fournaise un peu plus tard. Je me débarbouillai et allai demander une tasse de café au cuisinier du camp, Kabété. Le matin n'est pas mon moment de prédilection. J'ai du mal à me mettre en train et suis bien plus en forme le soir et la nuit. A Hadar, l'heure que je préfère est le crépuscule. J'aime monter sur l'une des crêtes exposées au vent proches du camp, sentir les premiers frémissements de l'air nocturne et regarder les collines se teinter de pourpre. Là, je peux rester assis seul un instant, réfléchir au travail de la journée qui s'achève, préparer la suivante et penser aux problèmes plus vastes qui m'ont amené en Éthiopie. Les lieux arides et silencieux favorisent la méditation ; c'est une chose bien connue depuis que les premiers anachorètes chrétiens se sont retirés dans le désert pour contempler Dieu et leur âme.

Tom Gray me rejoignit pour le café. Tom était un thésard américain, qui était venu à Hadar étudier les animaux et les plantes fossiles de la région pour essayer de reconstituer aussi précisément que possible les types, les fréquences et les relations de ce qui avait vécu là dans un passé reculé, et de se faire une idée du climat qui y régnait. Mon propre objectif – la raison même de notre expédition – était de trouver des fossiles d'hominidés : les ossements d'ancêtres humains disparus et de leurs proches parents. Ce qui m'intéressait, c'était de retrouver des traces de l'évolution humaine. Mais pour les comprendre, pour pouvoir interpréter tous les fossiles d'hominidés que nous pourrions découvrir, il nous fallait le concours d'autres spécialistes comme Tom.

« Qu'est-ce que tu as prévu de faire aujourd'hui ? » lui demandai-je.

Tom répondit qu'il était en train de pointer des sites fossilifères sur une carte.

« Quand penses-tu faire la Localité 162 ?

– Je ne sais pas très bien où elle est, dit-il.

– Dans ce cas, je suppose qu'il va falloir que je t'y emmène. »

Je n'avais pas très envie de sortir avec Gray ce matin-là. J'avais beaucoup de travail à rattraper. Nous venions de recevoir plusieurs visiteurs au camp. Richard et Mary Leakey, deux célèbres spécialistes kenyans de fossiles d'hominidés, n'étaient repartis que la veille. Pendant leur séjour, j'avais laissé de côté tout le travail de paperasserie, et tout le catalogage.

Je n'avais pas écrit une seule lettre, pas effectué une seule description détaillée de fossile. J'aurais dû rester au camp ce matin-là – mais je ne l'ai pas fait. Une puissante impulsion m'incitait inconsciemment à accompagner Tom, et j'y obéis. Je notai dans mon journal personnel : *30 nov. 1974. Matin : Localité 162 avec Gray. En forme.*

Étant paléoanthropologue – c'est ainsi que l'on nomme les personnes qui étudient les fossiles de nos ancêtres humains –, je suis superstitieux. C'est souvent le cas dans notre profession parce que la chance y joue un grand rôle. Les fossiles que nous étudions sont extrêmement rares, et un certain nombre d'éminents paléoanthropologues ont fait toute une carrière sans en trouver un seul. Je fais partie des plus chanceux. Ce n'était que ma troisième campagne à Hadar, et j'en avais déjà trouvé plusieurs. Je sais que j'ai de la chance et je ne m'en cache pas. C'est pourquoi j'écrivis *En forme* dans mon journal. En me levant ce matin-là, j'avais senti que c'était un de ces jours où il faut savoir saisir sa chance, un de ces jours où tout peut arriver.

Pendant la plus grande partie de la matinée, il ne se passa rien. Nous prîmes, Gray et moi, l'une des quatre Land-Rover de l'expédition et partîmes en cahotant vers la Localité 162. C'était l'un des sites (il y en avait plusieurs centaines) que l'on était en train de relever sur une carte générale de la région d'Hadar, où l'on notait au fur et à mesure qu'on les obtenait des renseignements précis sur la géologie et les fossiles. Bien que notre destination ne fût qu'à quelque six kilomètres du camp, le terrain était si accidenté qu'il nous fallut une demi-heure pour nous y rendre. Quand nous arrivâmes, il commençait déjà à faire chaud.

A Hadar, étendue aride de rochers, de cailloux et de sable, presque tous les fossiles que l'on trouve sont à découvert. Hadar est situé au milieu du désert de l'Afar ; c'est un ancien lit de lac aujourd'hui à sec, rempli de sédiments qui portent la trace des événements géologiques du passé. On peut y observer des chutes de cendres volcaniques, des dépôts de boue et de limon arrachés à de lointaines montagnes, des retombées de poussière volcanique, encore de la boue, et ainsi de suite. Ces événements se présentent comme les couches d'un millefeuille sur les parois des ravins que de nouvelles rivières ont récemment creusés çà et là à travers le lit du lac. Il pleut rarement à Hadar, mais quand il pleut, ce sont de véritables trombes d'eau – les précipitations de six mois en vingt-quatre heures. Le sol, dépourvu de végétation, est incapable de retenir toute cette eau. Elle dégringole les ravins en grondant, entaillant leurs berges et ramenant au jour de nouveaux fossiles.

Nous arrêtâmes la Land-Rover sur le versant de l'un de ces ravins, en veillant bien à la placer de façon que notre vache à eau, accrochée au rétroviseur latéral, fût à l'ombre. Gray pointa la localité sur la carte. Puis nous sortîmes et entreprîmes de faire ce qui occupait l'essentiel du temps de la plupart des membres de l'expédition : nous commençâmes à prospecter le terrain, en marchant lentement, à la recherche de fossiles à nu.

Certaines personnes sont très fortes pour la chasse aux fossiles. D'autres y sont irrémédiablement inaptes. C'est une question d'habitude : il faut exercer son œil à voir ce qu'il doit voir. Je ne serai jamais aussi fort que certains Afars. Ils passent leur vie à errer dans les rochers et le sable. Il leur faut une vue perçante : leur vie en dépend. Dès qu'il y a quelque chose d'insolite, ils le remarquent. Un rapide coup d'œil à cette masse de cailloux et de galets leur apprendra un certain nombre de choses qui passeraient inaperçues aux yeux de quelqu'un qui ne connaît pas bien le désert.

Nous prospectâmes, Tom et moi, pendant quelques heures. Il était à présent près de midi, et la température dépassait quarante degrés. Nous n'avions pas trouvé grand-chose : quelques dents d'un petit cheval disparu, l'*Hipparion*, un fragment de crâne d'une race de porc éteinte, quelques molaires d'antilope, un morceau de mâchoire de petit singe. Nous en avions déjà une importante collection, mais Tom insista pour ramasser ces pièces supplémentaires qui permettraient de continuer à compléter le puzzle des événements qui s'étaient déroulés là autrefois.

« Je n'en peux plus, dit Tom. Quand rentre-t-on au camp ?

– Tout de suite. Mais passons par là-bas pour examiner le fond de ce petit ravin. »

Le ravin en question était juste de l'autre côté de l'éminence où nous avions travaillé toute la matinée. Il avait déjà été consciencieusement examiné à deux reprises au moins par d'autres chercheurs, qui n'y avaient rien trouvé d'intéressant.

Néanmoins, toujours poussé par l'intuition qui ne m'avait pas quitté depuis mon réveil, je décidai de faire ce dernier petit détour. De fait, le ravin ne contenait pas d'ossements. Mais au moment de faire demi-tour, j'aperçus quelque chose qui gisait sur le sol, à quelque distance de là, sur le versant.

« C'est un bout de bras d'hominidé, dis-je.

– Impossible. Il est trop petit. Ça doit être un singe quelconque. »

Nous nous accroupîmes pour le regarder de plus près.

« Beaucoup trop petit », répéta Gray.

Je secouai la tête : « C'est un hominidé.

Chaque fois qu'un fossile est trouvé — et ramassé — dans une nouvelle localité d'Hadar, celle-ci doit être numérotée et tous les renseignements utiles doivent être portés sur une carte générale de la région. Ainsi, un flot de plus en plus complexe d'informations géologiques et paléontologiques peut être mis à la disposition des chercheurs.

– Comment peux-tu en être aussi sûr ? dit-il.

– Regarde ce morceau, là, près de ta main. C'est aussi un morceau d'hominidé.

– Bon Dieu ! » s'exclama Gray. Il le ramassa. C'était la partie postérieure d'un petit crâne. A quelques pas de là se trouvait un fragment de fémur. « Bon Dieu ! » répéta-t-il. Nous nous relevâmes et vîmes d'autres fragments d'os sur la pente : une paire de vertèbres, un morceau de bassin – tous d'origine hominienne. Une idée invraisemblable, taboue, me traversa l'esprit. Et si tous s'assemblaient ? Et s'ils appartenaient à un unique squelette, extrêmement primitif ? Personne n'a jamais trouvé rien de tel, où que ce soit.

« Regarde ça, dit Gray, des côtes. »

Un seul individu ?

« Je n'arrive pas à y croire, dis-je. Je n'arrive vraiment pas à y croire.

– Bon sang, tu ferais mieux ! cria Gray. Il est là. Il est bien là ! » Sa phrase s'acheva en un hurlement. Je me joignis à lui. Malgré les quarante-trois degrés, nous sautions de joie. N'ayant personne avec qui partager notre émotion, nous nous étreignions tous les deux, en nage, puants, hurlants, nous embrassant dans les graviers scintillants de chaleur, au milieu des petits restes bruns de ce qui semblait désormais être très vraisemblablement les fragments d'un unique squelette d'hominidé.

« Il faut arrêter de sauter comme ça, finis-je par dire. On risque de marcher sur quelque chose. Et puis, il faut d'abord en être sûrs.

– Parce que tu n'en es pas sûr ?

– Tiens, imagine que nous trouvions deux jambes gauches. Il peut y avoir plusieurs individus, tous mélangés. Il vaut mieux ne pas s'emballer avant d'aller vérifier si tous les morceaux s'assemblent. »

Nous ramassâmes quelques fragments de mâchoire, marquâmes l'endroit avec précision et montâmes dans la Land-Rover brûlante pour rentrer au camp. Nous prîmes en cours de route deux géologues de l'expédition, chargés d'échantillons de roches qu'ils venaient de ramasser.

« Un truc formidable, leur répétait Gray. Un truc formidable. *Formidable* !

– Ne t'emballe pas », dis-je.

Mais à trois cents mètres du camp, Gray s'emballa pour de bon. Il appuya de toutes ses forces sur l'avertisseur de la Land-Rover, et ce long mugissement provoqua la ruée des chercheurs qui étaient en train de se baigner dans la rivière. « On l'a, hurla-t-il. Oh ! Bon Dieu ! on l'a ! On en a un tout entier ! »

Cet après-midi-là, tous les membres de l'expédition se retrouvèrent au ravin pour sectionner le site et préparer un travail massif de ramassage qui, en définitive, nous prit trois semaines. Quand il fut achevé, nous étions en possession de plusieurs centaines d'os (dont beaucoup à l'état de fragments) représentant environ quarante pour cent du squelette d'un unique individu. Notre intuition avait été juste. Nous n'avions aucun os en double.

Mais un unique individu de quoi ? A première vue, c'était très difficile à dire, car on n'avait jamais trouvé rien de tel. Le camp tremblait d'excitation. La première nuit, personne ne dormit. Nous n'arrêtâmes pas de parler. Nous bûmes bière sur bière. Il y avait un magnétophone au camp, et la chanson des Beatles *Lucy in the sky with diamonds* s'élevait dans le ciel nocturne ; dans notre joie exubérante, nous repassions sans cesse la bande à plein volume. A un certain moment de cette inoubliable soirée – je ne me rappelle plus exactement quand –, le nouveau fossile prit le nom de Lucy qu'il a gardé depuis, bien que son appellation correcte (son numéro d'inventaire dans la collection d'Hadar) soit AL 288-1.

« Lucy ? »

C'est une question que ne manquent jamais de me poser ceux qui voient le fossile pour la première fois. Alors j'explique : « Oui, c'était une femelle. Et il y avait cette chanson des Beatles. Cette découverte nous avait vraiment transportés au septième ciel, ne l'oubliez pas. »

Puis vient la deuxième question : « Comment saviez-vous que c'était une femelle ?

– Grâce à son bassin. Nous avions un os pelvien complet et son sacrum. La cavité pelvienne des hominidés devant être proportionnellement plus large chez les femelles que chez les mâles pour permettre la naissance de bébés à gros cerveaux, il est possible de reconnaître les femelles. »

Question suivante : « C'était un hominidé ?

– Oh oui ! elle marchait debout. Elle marchait comme vous et moi.

Tout le gravier superficiel du site où Lucy a été trouvée a été descendu au bord de la rivière Awash, où on l'a étalé sur de grands draps pour l'examiner morceau par morceau et s'assurer ainsi qu'aucune miette de Lucy n'échapperait aux recherches. La personne que l'on voit travailler ici est Claude Guillemot, de l'équipe française.

– Est-ce que tous les hominidés marchaient debout ?
– Oui.
– Mais qu'est-ce que c'est exactement qu'un hominidé ? »

Généralement, les questions s'arrêtent là, parce qu'il est impossible de répondre simplement à la dernière. La science a été contrainte de laisser cette définition dans le vague parce que nous ignorons encore le moment exact de l'apparition des hominidés. Toutefois, on peut affirmer sans risque d'erreur qu'un hominidé est un primate qui possède la station verticale. Autrement dit, c'est soit un ancêtre disparu de l'homme[1], soit un parent collatéral, soit encore un homme véritable. Tous les êtres humains sont des hominidés, mais tous les hominidés ne sont pas des êtres humains.

Pour décrire l'évolution humaine, nous pourrions dire qu'elle est partie d'un type primitif simien qui, très progressivement, au fil du temps, s'est mis à être de moins en moins simien et de plus en plus humain. Il n'y a pas eu de passage abrupt du singe à l'homme, mais probablement une époque plutôt floue de types intermédiaires que l'on aurait du mal à classer d'un côté ou de l'autre. Nous n'avons pas encore de fossiles qui nous indiquent ce qui s'est passé au cours de cette période transitoire. Aussi le moyen le plus commode pour séparer de leurs ancêtres simiens les types les plus récents est-il de placer dans la même catégorie tous ceux qui se tenaient sur leurs pattes de derrière. Ce groupe d'hommes et de presque-hommes s'appelle les hominidés.

Je suis un hominidé. Je suis un être humain. J'appartiens au genre *Homo* et à l'espèce *sapiens* : homme qui pense. Peut-être devrais-je dire homme sage, ou homme qui sait : un homme assez intelligent pour reconnaître qu'il est un homme. Il a existé d'autres espèces d'*Homo* moins intelligentes, des ancêtres aujourd'hui disparus. L'*Homo sapiens* a fait son apparition il y a une centaine de milliers d'années – peut-être même deux ou trois cent mille ans, selon la manière dont on considère l'Homme de Néanderthal. C'était lui aussi un *Homo*. Certains pensent qu'il appartenait à la même espèce que nous. D'autres qu'il s'agissait d'un ancêtre. Et quelques-uns même le considèrent comme une sorte de cousin. Cette question est restée pendante parce que beaucoup des meilleurs fossiles de Néanderthal ont été ramassés en Europe avant qu'on ne sache fouiller correctement les sites et obtenir des dates sûres. Aussi ignorons-nous l'âge exact de la plupart des fossiles que contiennent les différentes collections.

Pour ma part, je considère que Néanderthal appartient à la même espèce que *sapiens*, à la même espèce que moi. On a parlé de lui mettre un complet-veston et de le lâcher dans le métro. C'est exact : on pourrait le faire sans que personne le remarque. Il avait simplement une ossature un

1. Dans cet ouvrage, le terme général d'« homme » est utilisé pour désigner aussi bien les mâles que les femelles du genre *Homo*. (N.d.A.)

peu plus lourde que les hommes d'aujourd'hui, un visage un peu plus primitif par certains traits. Mais c'était un homme. Son cerveau avait le même volume que celui de l'homme moderne, mais une forme légèrement différente. Saurait-il faire de la monnaie à un guichet du métro et reconnaître un jeton ? Très certainement. Il savait faire des choses bien plus compliquées que cela, et il les faisait dans une grande partie de l'Europe, de l'Afrique et de l'Asie, il y a soixante ou cent mille ans.

L'Homme de Néanderthal avait des ancêtres, des ancêtres humains. Avant lui, on trouve un type moins évolué : *Homo erectus*. Si on le lâchait dans le métro, les voyageurs le regarderaient sans doute d'un air soupçonneux. *Homo erectus* est lui-même précédé par un type vraiment primitif, *Homo habilis* ; lâchez-le dans le métro, et il est vraisemblable que les passagers iront se réfugier à l'autre bout du compartiment. Avant *Homo habilis*, il n'y a plus rien sur la lignée humaine. L'étape antérieure, au-delà d'*Homo habilis*, a peut-être ressemblé à Lucy.

Tous les êtres mentionnés ci-dessus sont des hominidés. Tous possèdent la station verticale. Certains étaient humains, bien qu'appartenant à des types extrêmement primitifs. D'autres n'étaient pas humains. Lucy ne l'était pas. Quels que soient les vêtements que nous pourrions lui mettre, elle ne ressemblerait pas à un être humain. Elle est trop loin dans le passé, elle n'appartient plus au domaine humain. Voilà ce qui arrive lorsque l'on remonte une chaîne évolutive : si l'on remonte assez loin, on se trouve confronté à une créature différente. Sur la chaîne des hominidés, les plus anciens sont trop primitifs pour pouvoir prétendre au nom d'humains. Il faut leur en donner un autre. Lucy appartient à cette catégorie.

J'ai conservé Lucy pendant cinq ans dans un coffre de mon bureau, au Muséum d'histoire naturelle de Cleveland. J'avais rempli une grande boîte plate d'un rembourrage de mousse jaune dans laquelle j'avais découpé des cavités ; chacun de ses os avait ainsi sa niche sur mesure. *Toutes* les personnes qui venaient au musée – me semblait-il – voulaient voir Lucy. Ce qui les étonnait le plus était sa petite taille.

A en croire les fragments de son crâne qui ont été retrouvés, sa tête n'était pas beaucoup plus grosse qu'une balle de soft-ball[1]. Lucy elle-même dépassait à peine un mètre, bien qu'elle fût adulte, comme le prouvait la présence de dents de sagesse qui portaient la trace de plusieurs années d'usure. D'après moi, elle devait avoir entre vingt-cinq et

1. Sport américain ressemblant au base-ball, qui se joue sur un terrain plus petit avec une balle plus grosse (15 cm environ) et plus molle. (N.d.T.)

trente ans à sa mort. Elle souffrait d'un début d'arthrite ou d'un autre trouble osseux, visible à la déformation de ses vertèbres. Si elle avait vécu beaucoup plus longtemps, cela aurait sans doute commencé à la gêner.

Son état de conservation exceptionnel – son intégralité – tenait au fait qu'elle n'était pas morte de mort violente. Ses os ne portaient pas de marques de dents. Ils n'avaient pas été broyés et brisés comme ils l'auraient été si elle avait été tuée par un lion ou un machairodus. Sa tête n'avait pas été traînée dans une direction et ses jambes dans une autre, comme cela se serait produit si une hyène s'était attaquée à elle. Elle était restée tout d'un bloc là où elle se trouvait, dans le sable de la berge d'un lac ou d'un fleuve depuis longtemps disparus – là où elle était morte. Quant à dire si elle était morte de maladie ou de noyade accidentelle, c'était impossible. L'important était qu'elle n'avait pas été trouvée et dévorée par un prédateur juste après sa mort. Son squelette était resté intact, recouvert lentement de sable et de boue, enterré de plus en plus profondément ; le sable s'était durci et lapidifié sous le poids de dépôts ultérieurs, et elle était restée couchée paisiblement dans sa sépulture adamantine, millénaire après millénaire, jusqu'à ce que les pluies qui s'étaient abattues sur Hadar la ramènent au jour.

C'est là que j'ai eu une chance incroyable. Si je n'avais pas suivi l'intuition qui m'a poussé à accompagner Tom Gray ce matin-là, Lucy n'aurait peut-être jamais été retrouvée. Pourquoi les autres personnes qui avaient examiné cet endroit ne l'avaient pas vue, je n'en sais rien. Peut-être regardaient-elles ailleurs. Peut-être la lumière était-elle différente. Il arrive quelquefois que quelqu'un voie des choses qui échappent à d'autres, bien qu'ils aient le nez dessus. Si je n'étais pas allé à la Localité 162 ce matin-là, il est probable que personne n'aurait pris la peine d'y retourner avant une année, peut-être cinq. Hadar est très vaste, et il y a énormément de choses à y faire. Si j'avais attendu cinq ans de plus, les pluies risquaient d'avoir entraîné plusieurs de ses os au fond du ravin. Ils auraient été perdus, ou pour le moins éparpillés ; il aurait été impossible de prouver qu'ils appartenaient au même individu. La chose absolument fantastique était qu'elle n'était remontée à la surface que très récemment, sans doute au cours de la dernière ou des deux dernières années. Cinq ans plus tôt, elle aurait encore été enterrée. Cinq ans plus tard, elle n'aurait plus été là. La partie antérieure de son crâne avait d'ailleurs déjà disparu, emportée Dieu sait où. Nous ne l'avons jamais retrouvée. C'est pourquoi la seule chose que nous ne puissions mesurer avec précision est la taille de son cerveau.

Lucy est toujours arrivée à avoir l'air intéressante dans son petit nid jaune – mais pas très impressionnante aux yeux des profanes. Au musée de Cleveland, elle était entourée par quantité d'autres ossements. Ces tiroirs et ces tiroirs de fossiles, dont des centaines provenaient d'Hadar même, avaient tendance à l'éclipser. Il y avait des moulages de spécimens d'hominidés d'Afrique orientale, d'Afrique du Sud et d'Asie ; des crânes d'antilopes et de porcs, de rongeurs disparus, de lapins et de petits singes, ainsi que de singes anthropoïdes. Le musée contenait l'une des plus importantes collections de crânes de gorilles du monde. Devant cet extraordinaire étalage d'os, on m'a souvent demandé : « Qu'est-ce que Lucy a donc de si spécial ? » Pourquoi, comme l'a formulé un membre de l'expédition, avait-elle « fait tourner nos malheureuses petites têtes d'anthropologues pendant des mois » ?

« Trois choses, répondais-je invariablement. D'abord ce qu'elle est – ou n'est pas. Elle est différente de tout ce qui a été découvert et nommé jusqu'à présent. On ne peut la placer nulle part. Ce n'est qu'un très vieil hominidé, très primitif et très petit. D'une manière ou d'une autre, il va falloir que nous lui trouvions une place et un nom.

« Deuxièmement, disais-je, son intégralité. Avant la découverte de Lucy, il n'existait tout simplement pas de très vieux squelette. Le plus ancien était l'un de ces Néanderthaliens dont j'ai parlé tout à l'heure. Il a environ soixante-quinze mille ans. Bien sûr, il existe des fossiles d'hominidés plus anciens, mais ce ne sont que des fragments. Toutes les reconstitutions qu'ils ont permis de réaliser ont dû être faites en assemblant ces petits morceaux : une dent par-ci, un morceau de mâchoire par-là, peut-être un crâne complet d'une origine différente, plus un tibia venant encore d'ailleurs. Ces assemblages ont été réalisés par des scientifiques qui connaissent ces os aussi bien que je connais ma propre main. Et pourtant, quand vous songez qu'une telle reconstitution peut être formée de morceaux appartenant à une vingtaine d'individus, qui ont pu vivre à plusieurs centaines de kilomètres de distance et être séparés dans le temps par une centaine de milliers d'années – eh bien ! quand vous contemplez l'individu complet que vous venez de reconstituer, vous ne pouvez vous empêcher de vous demander quelle réalité il a. Avec Lucy, il n'y a pas de problème. Tout est là. Il n'y a rien à deviner. On n'a pas besoin d'imaginer un os de bras manquant. On le *voit*. Et c'est la première fois qu'on le voit sur quelque chose de plus vieux qu'un Néanderthalien.

– Plus vieux de combien d'années ?

– C'est le troisième point. L'Homme de Néanderthal a à peu près soixante-quinze mille ans. Lucy a approximativement trois millions et demi d'années. C'est le plus vieux, le plus complet, le mieux conservé de tous les squelettes d'ancêtres de l'homme possédant la station verticale que l'on ait jamais retrouvé. »

Voilà ce qui fait l'importance de Lucy : son intégralité et son ancienneté. Elles la rendent unique dans l'histoire de la découverte de fossiles d'hominidés. Elle est facile à décrire et – comme on le verra – elle permet de résoudre plus aisément un certain nombre de problèmes anthropologiques. Mais qui est-elle exactement ?

Le reste de cet ouvrage tentera de répondre à cette question. Toutefois, Lucy a beau être unique, elle est incompréhensible hors du contexte des autres fossiles. Elle ne peut avoir aucun sens si elle n'est pas insérée dans un schéma d'évolution hominienne et de logique scientifique que des centaines de spécialistes des quatre continents ont passé plus d'un siècle à mettre au point. Leurs découvertes de fossiles, leurs intuitions – quelquefois inspirées, quelquefois ineptes –, l'utilisation de techniques empruntées à des disciplines aussi éloignées que la botanique, la physique nucléaire et la microbiologie, se sont combinées pour produire une image de plus en plus précise et de plus en plus riche de l'émergence de l'homme à partir du singe anthropoïde – une histoire qui, dans la neuvième décennie de ce siècle, commence enfin à tenir debout. Cette histoire, personne, bien sûr, n'avait pu commencer à la raconter avant que Charles Darwin ne suggérât en 1857 que nous descendions du singe et que nous n'avions pas été créés par Dieu en 4004 avant J.C., comme l'affirmait l'Église. Mais Darwin lui-même n'aurait jamais imaginé certaines des curieuses tournures qu'allait prendre l'histoire des hominidés. Pas plus qu'il n'aurait pu deviner de quels singes anthropoïdes nous descendons. En fait, c'est un problème que nous n'avons pas encore parfaitement résolu aujourd'hui.

Première partie

ANTÉCÉDENTS

1. Les premières découvertes de fossiles

A moins de fermer les yeux volontairement, nous pouvons, dans l'état actuel de nos connaissances, reconnaître approximativement notre parenté ; et nous n'avons pas à en rougir.

CHARLES DARWIN.

Certains apologistes soulignent que l'homme ne peut descendre d'aucun singe vivant – affirmation d'une évidence qui frôle l'imbécillité –, et ils poursuivent en affirmant ou en insinuant que l'homme ne descend en fait d'aucun singe ordinaire ni même anthropoïde, mais d'un ancêtre commun antérieur. En fait, cet ancêtre commun serait très certainement appelé singe dans le langage courant par toutes les personnes qui le verraient. Les termes de singe *et de* singe anthropoïde *étant définis par l'usage courant, les ancêtres de l'homme* étaient *des singes ordinaires ou anthropoïdes (ou successivement les deux). Il est pusillanime sinon malhonnête de la part d'un chercheur informé d'affirmer le contraire.*

GEORGE GAYLORD SIMPSON.

Quand Darwin lâcha sa bombe, ce fut, pour ainsi dire, par télécommande. C'était un homme d'une timidité extrême, sujet à des ennuis de santé. Il n'avait pas la moindre envie de s'engager dans le combat à outrance dont son instinct prévoyait le déclenchement dès que sa théorie de l'évolution serait allée se jeter la tête la première contre l'orthodoxie politique et religieuse du moment. L'Église d'Angleterre avait une influence politique et sociale immense, qui allait bien au-delà du contrôle spirituel impérieux qu'elle exerçait sur la population britannique. En fait, Darwin était si réticent à affronter cette puissance formidable que pendant plusieurs années, il préféra ne pas publier sa théorie.

Il continua à recueillir des preuves de plus en plus importantes de la vérité qu'il avait entrevue aux îles Galapagos, dans un éclair de génie, quelques années plus tôt : toutes les espèces avaient évolué. Elles évoluaient depuis les origines de la vie. Elles étaient reliées généalogiquement, et il était possible de retrouver ces filiations dans les fossiles. Les fossiles que Darwin choisit pour étayer sa thèse prêtaient aussi peu à controverse que possible : d'obscurs organismes marins, de petits anatifes, des clams disparus depuis longtemps, etc. Une seule fois, dans toute *L'Origine des espèces*, il osa suggérer que l'évolution avait quelque chose à voir avec l'humanité. Tout à la fin, il ajouta cette phrase : « La lumière sera jetée sur l'origine de l'homme et sur son histoire. »

C'en fut assez et la lutte s'engagea. Heureusement pour Darwin, il avait un champion de valeur : un savant fougueux et imaginatif, Thomas Henry Huxley. Pendant que Darwin se terrait chez lui comme une tortue timide et anxieuse, Huxley était en première ligne, à discuter. Il accepta d'affronter un éminent évêque anglican en débat public, et le démolit proprement. Il arriva même à ridiculiser le Premier ministre britannique, Benjamin Disraëli. Huxley fut en fait le premier à rapprocher publiquement l'homme du singe. Il fit remarquer le grand nombre de points communs qui unissaient l'homme et ceux qu'il considérait comme ses parents vivants les plus proches, le gorille et le chimpanzé. Il en déduisit qu'ils avaient tous trois un ancêtre commun – et pas très lointain. Comme ces singes n'avaient été trouvés qu'en Afrique, Huxley suggéra que l'on devrait y découvrir également des fossiles de cet ancêtre commun.

Malheureusement, il n'existait aucun ancêtre fossile connu provenant d'Afrique. En fait, les ancêtres, quels qu'ils fussent, étaient plutôt rares. Il n'y en avait qu'un : un fragment de crâne et quelques os de membres, qui avaient été découverts dans une grotte de la vallée de la Néander en Allemagne, peu avant la publication de l'ouvrage de Darwin. Ce spécimen, que l'on appela par la suite l'Homme de Néanderthal, eut beau susciter un immense intérêt au moment de sa découverte, on ne lui reconnut pas la moindre respectabilité. Pour les esprits du XIXe siècle, qui n'avaient pas l'habitude d'envisager la plasticité du squelette humain, celui-là semblait trop grossier pour mériter le titre d'exemple crédible d'évolution. Il avait un crâne d'une épaisseur anormale, plus long et plus étroit que celui de l'homme contemporain, et de lourdes arcades sourcilières saillantes. Les anatomistes allemands – et c'étaient les plus compétents du monde – s'en donnèrent à cœur joie. C'était le crâne d'un vieil Hollandais, affirma le Dr Wagner de Göttingen. Non, répondit le Dr Mayer de Bonn : c'était un soldat cosaque pourchassant l'armée de Napoléon en déroute ; il s'était perdu, s'était réfugié dans la grotte et y était mort. Le spécialiste français Pruner-Bey eut une autre idée : c'était le crâne d'un Celte de complexion robuste, assez proche des Irlandais modernes, et dont la structure mentale était peu développée. Le coup de grâce fut assené par le célèbre Rudolf Virchow, qui déclara que les singularités de l'Homme de Néanderthal étaient des déformations pathologiques individuelles qui n'avaient rien à voir avec un caractère primitif quelconque. C'étaient plutôt, affirma Virchow dans un article détaillé, les stigmates d'un rachitisme infantile et d'une arthrite sénile, aggravés par plusieurs coups sérieux reçus sur la tête à un moment ou à un autre de sa vie.

Il y avait aussi le problème de l'âge du fossile. Rien ne permettait d'affirmer avec certitude qu'il n'avait pas été vivant à l'époque de Napoléon. L'Homme de Néanderthal fut donc rangé dans un coin et ignoré.

Mais pas tout à fait oublié. L'idée qu'il pouvait s'agir d'un véritable humain persista. D'obstinés amoureux du passé continuèrent à fouiller les grottes et les lits de rivières. Ils trouvèrent l'Homme de Cro-Magnon, ainsi nommé d'après le nom de la localité du sud de la France où ses premiers os furent découverts. On trouva plusieurs spécimens, dont des squelettes complets, qu'il était si difficile de distinguer de ceux d'aujourd'hui que même les plus sceptiques durent admettre qu'il s'agissait d'êtres humains. La polémique se porta alors sur leur âge. Mais les progrès de la géologie et des méthodes de datation par l'observation de l'évolution des différents types de mammifères contenus dans différentes strates rocheuses ou dans les débris accumulés sur le sol des grottes mirent fin à ces controverses. Bien qu'il fût impossible de calculer des dates précises, on eut de moins en moins de mal à se mettre d'accord sur des dates comparatives – ou relatives – et l'on put établir une première chronologie approximative de l'évolution.

Il va de soi qu'un fossile trouvé dans les strates les plus élevées du sol d'une grotte est forcément plus récent que quelque chose qui est enfoui plus profondément. La même règle s'applique aux os ou aux outils de pierre trouvés dans les couches de sable ou de gravier déposées par les rivières ; la position qu'ils occupent les uns par rapport aux autres est essentielle si l'on veut déterminer leur âge relatif. Dans ce dernier cas, si les géologues peuvent estimer avec exactitude le temps qu'il faut à une couche de gravier donnée pour se déposer, on disposera d'un indice sur l'âge exact de l'objet étudié.

Une grande partie de ces travaux préliminaires a été effectuée dans la seconde moitié du XIXe siècle. A la fin du siècle dernier, on mit au point pour l'Europe occidentale un calendrier rudimentaire, mais fort utile, des événements. Il révélait que l'« homme des cavernes » de Cro-Magnon y avait vécu pendant quarante ou cinquante mille ans, et avait vraisemblablement disparu il y a seulement dix mille ans. Les Hommes de Cro-Magnon n'étaient pas les brutes titubantes des bandes dessinées. C'étaient des hommes comme nous, des hommes qui peignaient de belles images, et qui pouvaient probablement concevoir des idées complexes, des hommes qui avaient des rudiments de croyances religieuses, qui fabriquaient quotidiennement une multitude d'outils de pierre utiles et avaient de toute évidence une culture élaborée, plus sophistiquée à bien des égards que quelques-unes des cultures dites « sauvages » que l'on trouve aujourd'hui dans certains coins perdus du monde.

On rencontra aussi des humains plus anciens, plus primitifs. On découvrit qu'après tout l'Homme de Néanderthal était une réalité. Il était différent de nous, et il devait l'être. En effet, si la théorie de l'évolution était fondée, les fossiles humains devaient être de plus en plus primitifs au fur et à mesure qu'on les suivait dans le passé. L'Homme de Néanderthal remontait à un passé plus lointain de cinquante à cent mille ans, peut-être même deux cent mille – ces chiffres devenaient de plus en plus flous à mesure que l'on reculait, et de plus en plus alarmants. Les Néanderthaliens ne pouvaient que dérouter des esprits qui avaient été longtemps habitués à penser en milliers d'années et venaient à peine de se contraindre à penser en dizaines de milliers d'années. Penser en centaines de milliers leur était encore très difficile.

Cela peut expliquer le désarroi que provoqua en 1893 un savant hollandais, Eugène Dubois, qui affirmait avoir trouvé à Java un homme-singe d'un demi-million d'années.

Que ceux qui pensent que j'ai de la chance songent à Dubois. Sa chance à lui était incroyable. Quelles probabilités y avait-il pour qu'un jeune professeur d'anatomie hollandais, qui ignorait presque tout des fossiles, qui n'avait jamais quitté la Hollande, se rende, sur une simple intuition logique, de l'autre côté du monde, à un endroit où l'on n'avait jamais ramassé de fossiles, et trouve quelque chose ?

C'est un peu comme si quelqu'un déclarait : « Je suis chercheur de pierres précieuses. Je n'y connais rien. Je n'en ai jamais vu. Mais c'est cela que je veux faire. Je n'ai jamais fait de prospection, mais j'ai remarqué que les rubis proviennent de certaines formations montagneuses situées sous certaines latitudes, en Birmanie et en Thaïlande. Je projette donc d'aller explorer des montagnes du même type, sous des latitudes identiques au Mexique, dans l'espoir de trouver des émeraudes. »

Les chances de succès d'un raisonnement reposant sur des bases aussi fragiles doivent être d'une sur des millions. Mais Dubois trouva son émeraude : l'homme-singe de Java, le *Pithecanthropus erectus*.

Son raisonnement était la simplicité même. Lorsqu'il était enfant, il avait entendu parler du fossile de Néanderthal, que l'on avait dégagé d'une grotte calcaire près de Düsseldorf deux ans avant sa naissance. Il lut tout ce qu'il put trouver sur l'Homme de Néanderthal, crut dur comme fer à la théorie de l'évolution et fut peu à peu convaincu que ce Néanderthal était un type d'être humain primitif, en dépit des doutes exprimés par les scientifiques. Si tel était le cas, se dit-il, il devait exister quelque part des formes plus anciennes, plus proches du singe. Ce n'était pas en Europe qu'il fallait les chercher, car le climat aurait été trop froid pour permettre la survie de telles créatures, et les étendues de glace en auraient détruit toute trace. Il fallait donc les chercher sous les tropiques. Il choisirait un endroit comme Sumatra – où l'on connaissait l'existence d'une espèce de singe anthropoïde, l'orang-outan. Il y ferait ses recherches dans des grottes dont on lui avait parlé.

Ce que Dubois espérait trouver, c'était un « chaînon manquant ». Comme beaucoup de ses contemporains dotés d'une certaine curiosité scientifique, il avait lu Darwin, mais avait mal compris certaines de ses idées. Si l'homme descendait du singe, comme l'avaient suggéré Darwin et Huxley, on pourrait le prouver en trouvant une créature située à mi-chemin entre les deux, un mélange sans doute d'homme et d'orang-outan ou d'homme et de chimpanzé. L'idée de Darwin était bien sûr toute différente. Il ne pensait pas à des liens parallèles, mais verticaux, à des chaînes de parenté raccordées à travers le temps. Pour Darwin, les similitudes entre le singe et l'homme ne suggéraient pas l'existence d'un type intermédiaire. Elles signifiaient plutôt que l'homme et le singe avaient un ancêtre commun auquel chacun d'eux était relié par des chaînons distincts, personnels. A quoi ressemblait cet ancêtre, ni Darwin ni Huxley n'étaient en mesure de le dire. Cependant, le concept du chaînon manquant fit fureur, et ce fut lui qui incita Dubois, en dépit des conseils de sa famille et de ses collègues, à abandonner sa carrière d'enseignant et à partir pour les Indes orientales hollandaises.

Incapable de réunir les fonds nécessaires au financement d'une expédition, il s'engagea comme major dans l'armée hollandaise et se fit envoyer à Sumatra. Ses obligations de service étaient peu astreignantes, et en deux ans il s'arrangea pour explorer un certain nombre de grottes locales, sans grand succès néanmoins. Puis il contracta la malaria, fut muté à Java et retiré du service actif. Là, disposant de beaucoup de temps libre, il put consacrer toute son énergie à fouiller une strate fossilifère qu'il avait découverte dans un coude de la rivière Solo, un petit cours d'eau à faible débit situé en un lieu nommé Trinil. Le gouvernement hollandais commença à s'intéresser à ce qu'il faisait et mit à sa disposition des bagnards chargés de l'aider à fouiller. L'ennui était que cette main-d'œuvre volait les fossiles presque aussi vite qu'elle les trouvait, pour les vendre à des négociants chinois qui pilaient ces « os de dragon » et les expédiaient sous forme de poudre en Chine, où ils se vendaient au prix fort comme médicaments et comme aphrodisiaques. Cette pratique ne cessa que lorsque le chef d'équipe de Dubois eut persuadé les autorités hollandaises d'interdire la vente de fossiles.

Les fouilles de Trinil commencèrent alors à produire une masse de documents intéressants, comprenant des mammifères disparus, dont la science ignorait encore l'existence. Comme tous les fanatiques, Dubois manifestait de remarquables dispositions pour s'imprégner de tout ce qui touchait au sujet qui l'intéressait – et en matière de fossiles, il était obsédé. Il fut bientôt capable d'identifier ses découvertes et se mit à en expédier des caisses pleines vers la Hollande. Mais il exploita la berge de la rivière Solo pendant toute une année avant de trouver ce qu'il cherchait vraiment : un fossile de primate. C'était une très grosse molaire. Il ne put déterminer si elle appartenait à une race éteinte de chimpanzés géants ou à un ourang-outan. Tandis qu'il essayait de résoudre ce problème, il fit une autre découverte à moins d'un mètre de la première. C'était le sommet d'un crâne de primate. Il était extrêmement épais ; trop bas et trop lourd pour une calotte crânienne humaine, décréta-t-il, trop large et trop arrondi pour un crâne d'orang-outan. « Un singe proche de l'homme » : telle fut sa conclusion.

On sut à quel point ce singe était proche de l'homme au moment de la passionnante découverte d'un fémur, l'année suivante. Il était presque identique à celui de l'homme moderne, et indiquait que son possesseur marchait debout. Bien que ce fémur de toute première importance, auquel s'ajouta une nouvelle dent, eût été trouvé à près de quinze mètres de l'endroit où Dubois avait découvert la calotte crânienne, il décida que tous avaient appartenu au même individu. Il envoya un télégramme triomphant en Europe, affirmant avoir trouvé le chaînon manquant.

Un million et demi d'années d'évolution humaine a produit un crâne plus haut et plus arrondi, un cerveau beaucoup plus important et un menton accentué, absent chez *Homo erectus*. On remarque aussi la disparition progressive des lourdes arcades sourcilières d'*erectus*.

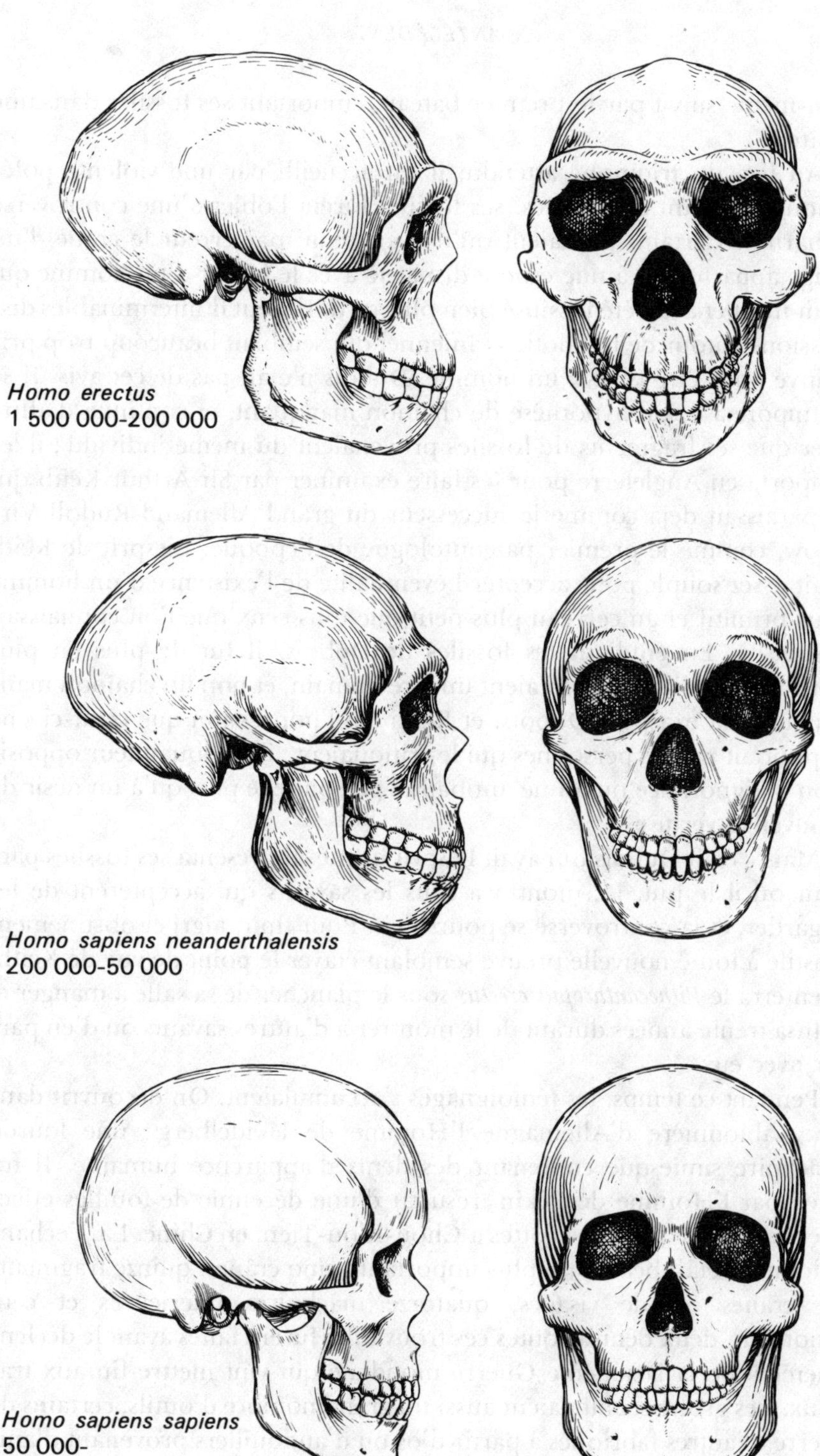
Homo erectus
1 500 000-200 000
Homo sapiens neanderthalensis
200 000-50 000
Homo sapiens sapiens
50 000-

Lui-même suivit par le premier bateau, emportant ses fossiles dans une boîte.

Au lieu du triomphe attendu, il fut accueilli par une violente polémique. Pendant des années, ses fossiles furent l'objet d'une controverse acharnée. Certains pensaient qu'il avait réuni par erreur le crâne d'un singe appartenant à une espèce disparue avec le fémur d'un homme qui était mort et avait été fossilisé bien plus tard. Il y eut d'interminables discussions autour de la calotte crânienne, qui semblait beaucoup trop primitive pour être celle d'un homme. Dubois n'était pas de cet avis. Il se cramponna à son hypothèse de chaînon manquant, et continua d'affirmer que ses fragments de fossiles provenaient du même individu ; il les emporta en Angleterre pour les faire examiner par Sir Arthur Keith qui apparaissait déjà comme le successeur du grand Allemand Rudolf Virchow, comme le premier paléontologue de l'époque. L'esprit de Keith était assez souple pour accepter l'éventualité de l'existence d'un homme plus primitif et au cerveau plus petit que tous ceux que l'on connaissait jusque-là. En étudiant les fossiles de Dubois, il fut de plus en plus convaincu qu'ils représentaient un être humain, et non un chaînon manquant. Cela exaspéra Dubois, et Keith eut l'impression que celui-ci « ne supportait pas les personnes qui le critiquaient ; il attribuait leur opposition à l'ignorance ou à une antipathie personnelle plus qu'à un désir de trouver la vérité ».

Mais c'était Dubois qui avait l'esprit borné. Il présenta ses fossiles partout où il le put, les montra à tous les savants qui acceptèrent de les regarder, et la controverse se poursuivit. Pour finir, aigri et obstinément hostile à toute nouvelle preuve semblant étayer le point de vue de Keith, il enterra le *Pithecanthropus erectus* sous le plancher de sa salle à manger et refusa trente années durant de le montrer à d'autres savants ou d'en parler avec eux.

Pendant ce temps, les témoignages s'accumulaient. On découvrit dans une sablonnière d'Allemagne l'Homme de Heidelberg : une lourde mâchoire simiesque contenant des dents d'apparence humaine. Il fut suivi par l'Homme de Pékin, résultat d'une décennie de fouilles effectuées dans une série de grottes à Chou-K'ou-Tien, en Chine. Là, l'échantillonnage était beaucoup plus important : cinq crânes, quinze fragments de crânes ou de visages, quatorze mâchoires inférieures et cent cinquante-deux dents. Toutes ces trouvailles furent faites avant le déclenchement de la Deuxième Guerre mondiale qui vint mettre fin aux travaux. Les grottes contenaient aussi un grand nombre d'outils, certains de pierre, d'autres fabriqués à partir d'os ou d'andouillers provenant d'ani-

Les fouilles de la grotte de Chou-K'ou-Tien près de Pékin furent commencées en 1927 par un Canadien, Davidson Black, qui finit par creuser à près de vingt-cinq mètres de profondeur. Il y trouva des fossiles de l'Homme de Pékin, identifié plus tard comme un *Homo erectus*. Les carrés blancs peints sur la paroi de la grotte sont destinés à permettre de localiser les fossiles et les objets fabriqués trouvés dans les différentes couches de débris extraits de la grotte.

maux que les habitants des grottes avaient abattus. Vraisemblablement, ils les avaient également fait cuire ; en effet le sol des grottes contenait de nombreuses couches de charbon de bois indiquant la présence de feux entretenus de façon continue pendant de longues périodes. De toute évidence, ces habitants étaient des humains, et des humains étonnamment habiles vu leur ancienneté, que l'on estima à environ un demi-million d'années.

Pour finir, et non sans ironie, quarante ans après que Dubois eut dégagé son *Pithecanthropus erectus* de la berge de la rivière Solo, un autre anthropologue, G.H.R. von Koenigswald, retourna au même endroit, à Java, et y trouva d'autres fragments de crâne tendant à confirmer la conviction de Keith sur le caractère humain de *Pithecanthropus.*

Dans ce cas, il fallait changer le nom que Dubois lui avait donné. Tiré des mots grecs *pithêkos* (singe) et *anthropos* (homme), il n'exprimait que trop clairement la conviction de Dubois qu'il s'agissait d'une étape évolutive à mi-chemin entre les singes modernes et les hommes modernes.

En fait, toute la nomenclature était devenue une véritable pagaille. L'Homme de Heidelberg et l'Homme de Pékin s'étaient vu attribuer des noms latins personnels, comme du reste un ou deux autres spécimens trouvés dans le bassin méditerranéen et en Afrique, chaque savant ayant décrété que son fossile était quelque chose de tout à fait spécial, qui méritait sinon un nom de genre, du moins un nom d'espèce distinct. C'est ainsi que l'Homme de Heidelberg fut appelé *Homo heidelbergensis.* Celui qui l'avait trouvé avait reconnu que c'était un homme et qu'il appartenait donc au genre *Homo* ; mais il décida de le classer dans une espèce particulière. L'Homme de Pékin fut présenté sous le nom de *Sinanthropus pekinensis* : homme chinois de Pékin. Cela sous-entendait que les fossiles pékinois présentaient un aspect humain, mais pas tout à fait assez humain pour être appelés *Homo.* Et pourtant, ce n'étaient certainement pas des singes. La solution ? un nouveau genre.

Ce n'est pas aussi absurde qu'il y paraît. Le seul moyen par lequel un savant peut commencer à comprendre quoi que ce soit consiste à le décrire, à le mesurer, et à lui donner un nom. C'est ce qu'ils tentaient de faire. Il ne faut pas oublier l'ignorance générale qui entourait l'évolution des hominidés entre 1900 et 1925. Il n'existait qu'une poignée de fossiles, ce qui ne permettait pas d'en saisir le sens. Personne ne savait exactement ce qu'ils étaient : simplement une sorte d'humains primitifs. Personne ne savait comment les relier entre eux. Personne ne savait quel était leur âge exact. De plus, ils étaient tous différents. Pas *très* différents, mais différents. Cela nous amène à soulever un problème important : à partir de quel moment une différence est-elle suffisante pour être significative ?

Si je descendais dans la rue aujourd'hui et si je rassemblais les crânes des dix premières personnes que je rencontrerais, je reviendrais avec un échantillonnage présentant d'importantes variations en matière de capacité crânienne et de dimensions faciales. Imaginons maintenant que, dans un demi-million d'années, quelqu'un déterre ces mêmes dix crânes, qu'ils proviennent de différentes parties du monde, que certains soient si aplatis qu'il soit impossible de les mesurer correctement, que d'autres aient perdu leurs dents, que d'autres encore ne soient représentés que par quelques dents et que, pour couronner le tout, il n'ait absolument aucune certitude concernant leurs âges respectifs. Que ferait-il ?

Il se concentrerait sur leurs différences et prendrait soigneusement toutes les mesures possibles. Il examinerait un premier crâne et le comparerait à un autre, et ce qui le frapperait le plus serait précisément ces différences. Il fallut longtemps aux anthropologues pour faire entrer dans leurs propres crânes que les populations présentent de grandes variations. Aussi faut-il avoir un échantillonnage important – hommes, femmes et enfants – avant de pouvoir commencer à reconnaître des traits qui leur sont communs. Un tel échantillonnage ne permet pas seulement de se faire une idée des traits uniformes d'une population, mais aussi de sa variabilité. On obtient ce que l'on appelle une marge de variation. Tout ce qui se situe à l'intérieur de cette marge, que ce soit la taille du cerveau, la nature des dents ou la forme du bassin – tout ce qui se trouve à l'intérieur de ces limites acceptables est un membre de cette espèce. Si quelque chose sort de ces limites, il s'agit d'une autre espèce.

L'Homme de Pékin permit une telle démarche. Cette grotte chinoise contenait les fragments d'un nombre d'individus suffisant pour fournir une marge de variation rudimentaire, contrairement aux trouvailles isolées comme celles de l'Homme de Heidelberg ou de l'homme-singe de Java de Dubois. Des découvertes ultérieures, et notamment d'excellents fossiles d'Afrique orientale, ont permis de clarifier la situation. Aujourd'hui tous les fossiles mentionnés ci-dessus sont presque universellement reconnus comme des membres très variables d'une seule espèce extrêmement répandue, comme des ancêtres directs de l'homme moderne. *Pithecanthropus, Sinanthropus* et *Homo heidelbergensis* ne sont plus. Tous ont pris le nom d'*Homo erectus* (homme à station droite). C'étaient des *Homo*, bien qu'ils fussent quelque peu différents de nous. Leurs cerveaux étaient plus petits, leurs crânes plus épais, leurs arcades sourcilières plus proéminentes, leurs mâchoires plus lourdes. En fait, toute leur ossature était plus massive. Ils étaient exceptionnellement robustes, tant les hommes que les femmes, et possédaient une musculature adaptée à leur solides charpente. Bien que l'*Homo erectus* mâle eût été trop petit pour faire un bon joueur de football, bien motivé, il aurait sans doute fait des ravages à la crosse canadienne ou au hockey, deux des sports les plus physiques joués aujourd'hui par les hommes de taille moyenne. On estime aujourd'hui que l'ascension évolutive qui a conduit d'*erectus* à *sapiens* cet ancêtre direct de complexion robuste, de taille et de cerveau moyens, a pris place entre quatre cent mille et cent mille ans avant notre ère.

Il n'a fallu que quelques pages pour décrire les conclusions qui précèdent, mais il a fallu quarante à cinquante années d'études pour y arriver. Au terme de cette période, on savait, grâce à une accumulation de fossiles et de restes culturels, que l'homme moderne possédait un ancêtre qui était déjà largement répandu dans le monde il y a au moins un demi-million d'années, voire beaucoup plus.

Ce n'est pas le genre de choses que l'on apprend du jour au lendemain. Il faut un certain temps pour arriver à les comprendre. D'abord, il faut avoir les matériaux bruts, les fossiles. Puis il faut les classer. Malheureusement, ils ne vous parviennent pas dans un ordre rigoureux. Il faut prendre ce que l'on vous donne. Chaque fois que l'on obtient quelque chose de nouveau, il faut tout reclasser. Il y a une part d'espoir, et une part de devinette. On fait de son mieux.

Puis, pour pouvoir croire ce que l'on voit, il faut que l'esprit sache s'adapter. C'est quelquefois la partie la plus difficile. On risque de s'enfermer dans son point de vue et de refuser d'en démordre. Un savant peut avoir passé sa vie à affirmer qu'une certaine combinaison de caractéristiques dentaires et maxillaires ou une certaine capacité crânienne avaient un sens bien précis. Qu'un nouveau témoignage vienne contredire son idée, et il aura du mal à l'accepter. Je crois que l'une des choses que les gens ont admises le plus difficilement au sujet de l'homme-singe de Java était son âge. Il avait au moins cinq cent mille ans. Il était donc cinq fois plus vieux que les Néanderthaliens que tout le monde avait déjà tant de mal à digérer. Songez à présent à Lucy. Elle est six fois plus vieille que l'homme-singe de Dubois. *Six fois* !

On me demande quelquefois ce qui a rempli cet immense fossé.

Plusieurs choses. D'une part un type d'homme plus ancien. Et deux ou trois sortes d'australopithèques : un nouveau nom, un nom essentiel.

Les australopithèques étaient des hominidés primitifs qui n'étaient *pas* des hommes. Il y a quelques millions d'années, on trouvait en Afrique des types qui étaient si primitifs, qui avaient des dents si bizarres et des cerveaux si petits qu'ils ne remplissaient pas les conditions requises pour porter le nom d'hommes. La grande question a été de savoir s'il s'agissait d'ancêtres ou de cousins. La querelle a été générale. Pour compliquer les choses, il y en avait deux ou trois sortes, des versions petites et grandes d'un presque-humain à station verticale, à qui l'on attribua le nom générique d'*Australopithecus*.

Avec Lucy, j'avais trouvé quelque chose qui était au moins aussi ancien que les australopithèques, et à certains égards encore plus primitif ; j'ai donc été amené à me poser la question suivante : Lucy est-elle un australopithèque ? Pendant longtemps, je n'ai pas su y répondre. Une fois ses os nettoyés, classés et disposés sur une table, ma première idée a été que c'était fort possible. Mais je ne pouvais en être sûr. Elle était si petite ! Ses dents ne correspondaient pas à ce qu'elles auraient dû être. Elle ressemblait à un singe à deux pattes, mais ce n'était pas un singe. C'était un petit hominidé terriblement embarrassant, formidablement intrigant. Mais seule une étude minutieuse de ses os allait permettre de déterminer si c'était un australopithèque ou non. A cette époque, toute la question des australopithèques était affreusement compliquée.

Ici encore, il faut que j'insiste sur ma chance. Le bon moment pour se lancer dans une discipline, c'est lorsqu'elle se trouve dans une impasse. C'était le cas des recherches sur le Plio-Pléistocène au début des années 70. C'est le moment où les jeunes débutants ont le plus de chances de faire quelque chose d'intéressant – de contribuer à démêler le sac de nœuds.

2. Afrique du Sud : les premiers hommes-singes

Les prédécesseurs de l'homme différaient des singes anthropoïdes modernes en ceci qu'ils étaient des tueurs invétérés ; des créatures carnivores qui s'emparaient de proies vivantes par la violence, les frappaient à mort, déchiquetaient leurs corps brisés, leur arrachaient les membres, assouvissant leur soif dévorante dans le sang chaud de leurs victimes, et se repaissant de leur chair livide et pantelante.

RAYMOND DART.

Nous sommes les enfants de Caïn... L'homme est un prédateur dont l'instinct est de tuer au moyen d'une arme. L'adjonction soudaine d'un cerveau développé aux moyens d'action d'un animal prédateur déjà prospère créa... l'être humain.

ROBERT ARDREY.

On ne peut s'empêcher de penser que Dart a tendance à minimiser la nature sociale indispensable à l'homme primitif lui-même pour survivre et pour élever des petits qui avaient besoin d'un temps plus long encore pour s'adapter à une vie de groupe. Il peint un tableau trop systématiquement dominé par la lutte pour être tout à fait crédible.

LOREN EISELEY.

La pagaille australopithèque débuta en 1924, en un lieu des plus inattendus. Comme nous l'avons vu, les personnes qui recherchaient les racines de l'homme avaient consacré l'essentiel de leurs efforts à l'Europe. Elles avaient réussi à identifier l'Homme de Cro-Magnon et l'Homme de Néanderthal, et avaient repoussé les origines de l'humanité jusqu'à une centaine de milliers d'années. Plus tard, les recherches s'étendirent à Java et à la Chine, et l'horizon s'élargit à un demi-million d'années. Personne n'avait cherché de traces de la présence d'hominidés en Afrique, bien que l'on sût que l'Afrique du Sud contenait un grand nombre de fossiles de mammifères et de reptiles très anciens.

En fait, un Écossais excentrique du nom de Robert Broom avait acquis une réputation internationale en étudiant ces fossiles ; il avait démontré que les premiers mammifères avaient évolué à partir de formes reptiliennes antérieures. Mais Broom n'avait jamais trouvé de fossiles d'hominidés, et personne d'autre n'en avait jamais cherché. Personne n'y avait songé, car on supposait, non sans raisons, que l'on n'en trouverait pas. Les hominidés descendent des grands singes anthropoïdes, qui vivent dans les forêts tropicales ; or cela fait des millions d'années qu'il n'y a pas de forêt tropicale en Afrique du Sud.

Cette idée était si bien ancrée dans les esprits que le jour où une jeune Sud-Africaine qui s'intéressait aux fossiles aperçut sur la cheminée d'un ami ce qu'elle prit pour un crâne de babouin, elle l'interrogea à ce sujet.

« Oh non ! dit son ami. Il est impossible que ce soit un babouin. Il n'existe aucun fossile de singe d'aucune sorte en Afrique du Sud. » Puis il expliqua que ce crâne provenait d'une carrière de pierre calcaire qu'il possédait à Taung, qui dépendait alors du protectorat du Bechuanaland[1]. Quand des blocs de calcaire se détachaient, il arrivait que l'on y trouvât des fossiles. C'en était un ; il ne savait pas ce que c'était.

Sa curiosité piquée, la jeune femme raconta cette histoire à son professeur d'anatomie, le Dr Raymond Dart, qui enseignait alors à l'université de Witwatersrand à Johannesburg. Dart lui dit que son ami avait parfaitement raison en ce qui concernait les singes anthropoïdes : on n'en trouvait pas et on n'en avait jamais trouvé en Afrique du Sud. Mais il avait tort au sujet des babouins. C'étaient de grands singes adaptés à la vie au sol en habitat aride. Ils étaient courants alors en Afrique du Sud, et l'étaient depuis des centaines de milliers d'années.

Il se trouve que Dart s'intéressait lui-même beaucoup aux fossiles. Il demanda une faveur au propriétaire de la carrière : si l'on trouvait d'autres roches fossilifères, serait-il possible de lui en expédier ? Un beau jour, deux grandes caisses de débris de calcaire arrivèrent chez lui. Il ne

1. Aujourd'hui le Botswana. (N.d.T.)

trouva rien d'intéressant dans la première, mais quand il ouvrit la seconde, son regard fut attiré par un fragment arrondi qui se détachait parmi les blocs irréguliers. Il reconnut une empreinte endocrânienne : une masse de calcaire s'était solidifiée à l'intérieur d'un crâne, le remplissant entièrement et produisant une réplique exacte de la taille et de la forme d'un cerveau depuis longtemps disparu. Selon ses propres termes : « Les circonvolutions et les sillons du cerveau, ainsi que les vaisseaux sanguins du crâne étaient parfaitement visibles. » Visibles pour un expert, évidemment. Dart avait étudié de près des moulages endocrâniens pendant ses études de médecine, à Londres, et n'avait aucun mal à en reconnaître un quand il en voyait, même si le crâne lui-même manquait. Celui-ci s'était détaché au cours de l'extraction et était perdu, à moins qu'il ne se trouvât enfoui au fond de la caisse.

Dart pensa d'abord qu'il s'agissait de l'empreinte endocrânienne d'un babouin. Mais en l'observant plus attentivement, il jugea qu'elle était trop grande pour s'adapter à tous les crânes de babouins qu'il avait pu voir. De plus, elle présentait une forme inhabituelle ; la partie antérieure du cerveau était proportionnellement plus volumineuse qu'elle ne l'aurait été chez un babouin.

Sachant que les singes anthropoïdes – chimpanzés et gorilles – sont plus intelligents que les babouins et possèdent des cerveaux plus importants, il se demanda soudain si, contrairement à toute vraisemblance, il n'était pas possible qu'une sorte de singe anthropoïde disparue, inconnue jusqu'alors, vivant en terrain ouvert, eût existé en Afrique australe dans un passé lointain. Il se mit à fouiller dans la caisse de cailloux à la recherche d'un fragment s'adaptant au moulage du cerveau. S'il pouvait mettre la main dessus, il aurait le crâne lui-même. Malheureusement ce jour-là, il avait accepté de servir de témoin au mariage d'un ami. La cérémonie devait même avoir lieu chez lui. Il était encore en train de fourrager dans sa caisse quand les invités arrivèrent, et le marié se mit à tambouriner à sa porte pour le prier de finir de s'habiller. Il s'arracha à sa caisse, brossa son pantalon, enfila son manteau, noua sa cravate et assista à toute la cérémonie – et dès qu'elle fut achevée, il retourna précipitamment à sa caisse de cailloux. Il ne lui fallut qu'une minute pour trouver le morceau qui correspondait à l'empreinte. Il resta figé, tenant dans ses mains ce deuxième fragment de calcaire, et comprit qu'il était en train de contempler l'intérieur d'une petite tête, depuis l'arrière, brisé et ouvert. En le retournant pour regarder le visage, il découvrit que celui-ci était recouvert d'une épaisse croûte de calcaire mêlé à du sable et du gravier, une substance ressemblant à du ciment que l'on appelle *brèche*. Cette couverture de brèche empêchait de distinguer les traits externes du crâne ; mais il savait qu'un visage se trouvait là : il était vaguement visible depuis l'arrière – à l'envers, pour ainsi dire.

Dart n'était pas paléontologue. Il connaissait mal les techniques de préparation des fossiles et ne disposait pas d'ouvrages lui indiquant comment s'y prendre. Mais il procéda avec une grande sagesse. Ignorant le degré de fragilité du crâne et craignant de le briser par de violents coups de ciseau, il l'enfonça dans une boîte de sable pour le caler et pour amortir le choc des coups de marteau. Puis, avec un soin extrême, il entreprit d'enlever la brèche. Il commença par utiliser un petit ciseau, puis une aiguille à tricoter de sa femme, qu'il avait limée en une pointe triangulaire effilée. Après avoir taillé et gratté pendant soixante-treize jours, il put enfin contempler le crâne nettoyé.

Il n'en crut pas ses yeux. Il avait devant lui le crâne d'un petit être de six ans, présentant une dentition de lait complète. Ses dents de six ans étaient juste en train de percer. De toute évidence, ce n'était pas un jeune babouin. Son crâne était trop haut et trop arrondi, et le visage trop petit ; les babouins ont de longs museaux et le sommet de leur crâne est très bas. On aurait plutôt dit un jeune chimpanzé, mais le haut du crâne semblait encore trop élevé. Un simple coup d'œil sur sa dentition convainquit Dart qu'il ne pouvait s'agir ni d'un chimpanzé ni d'un babouin. Ils ont tous les deux de grandes canines, or ces dents étaient à peine plus grandes que celles d'un enfant humain.

En retournant le crâne, Dart remarqua une autre particularité. Le *foramen magnum* – l'orifice par lequel les nerfs de la colonne vertébrale montent jusqu'au cerveau – était placé à la base du crâne, laissant supposer que pendant sa courte vie, ce petit être avait marché debout. Chez les babouins et les chimpanzés, le *foramen magnum* est situé vers l'arrière du crâne, reflétant la position généralement quadrupède de ces animaux.

Un singe à station droite ? Pareille créature pouvait-elle exister ? Et si oui, comment était-elle parvenue en Afrique du Sud, à plus de trois mille kilomètres de l'habitat courant des singes anthropoïdes ? Logiquement,

Si de nombreux savants britanniques refusèrent d'admettre que l'Enfant de Taung était un hominidé, comme l'affirmait Raymond Dart, c'était qu'à première vue son crâne bas, sa face prognathe et son absence de menton le font davantage ressembler à un jeune chimpanzé qu'à un enfant humain. Cependant, ses molaires sont importantes par rapport à ses incisives (ce qui est un trait humain) et il ne possède ni les canines pointues ni le diastème (interstice dentaire) caractéristiques des singes anthropoïdes.

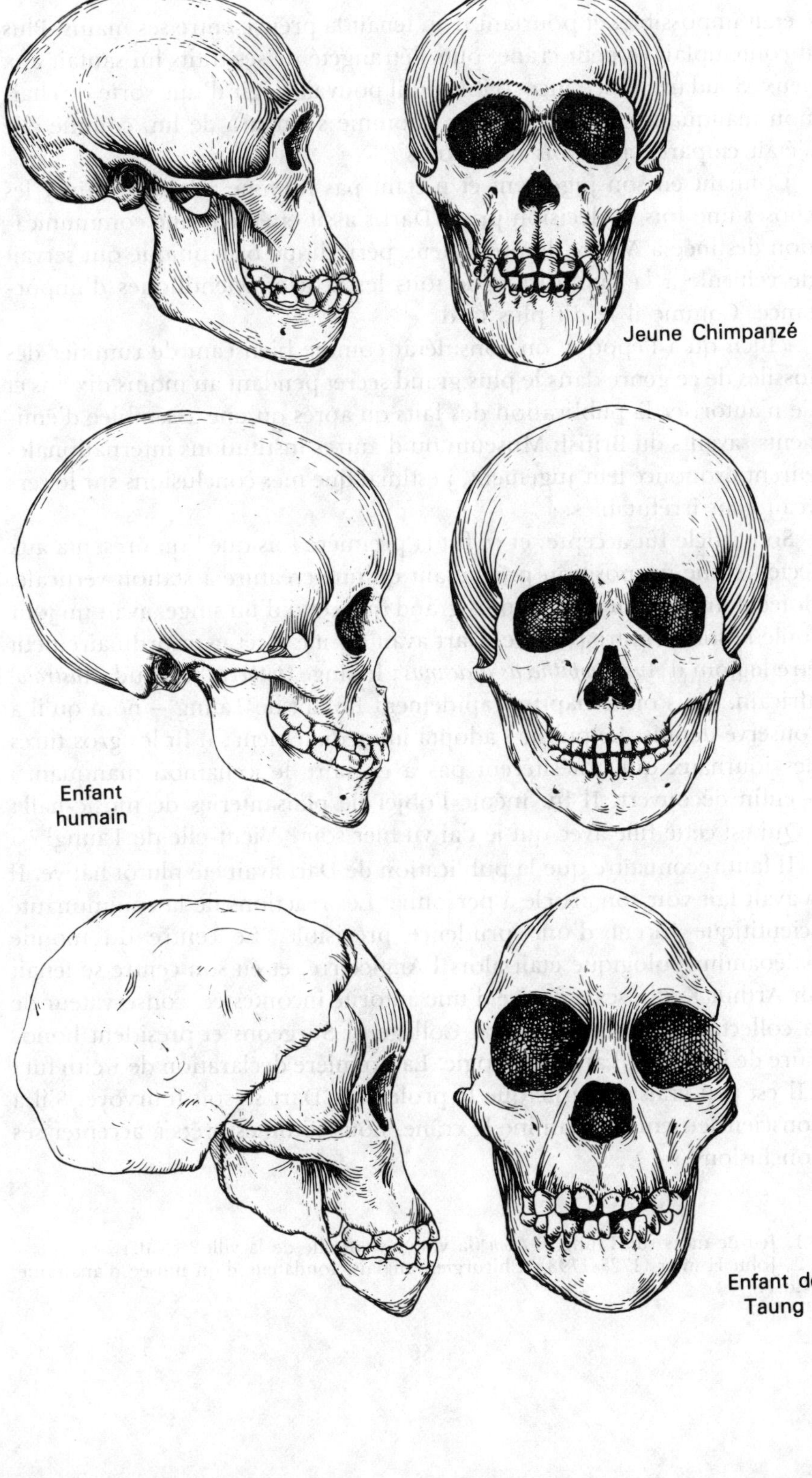
Jeune Chimpanzé
Enfant humain
Enfant de Taung

c'était impossible, et pourtant il en tenait la preuve entre ses mains. Plus il contemplait ce petit crâne, plus l'étrangeté de ses traits lui sautait aux yeux. Soudain, l'idée incoercible qu'il pouvait s'agir d'une sorte de chaînon manquant entre le singe et l'homme s'empara de lui, comme elle s'était emparée autrefois de Dubois.

Confiant en son jugement et n'étant pas homme à laisser traîner les choses une fois sa décision prise, Dart s'assit et écrivit une communication destinée à *Nature*, le prestigieux périodique britannique qui servait de véhicule à la publication de tous les articles scientifiques d'importance. Comme il le dit plus tard :

« Bien qu'à l'époque on considérât comme bienséant de ruminer des fossiles de ce genre dans le plus grand secret pendant au moins dix ans et de n'autoriser la publication des faits qu'après qu'une assemblée d'éminents savants du British Museum ou d'autres institutions internationales eurent prononcé leur jugement, j'estimai que mes conclusions sur le cerveau était irréfutables. »

Son article fut accepté, et ce fut la première fois que l'on présenta aux lecteurs une proposition prétendant qu'une créature à station verticale, dotée d'un cerveau à peine plus grand que celui d'un singe, avait un jour foulé le sol de notre planète. Dart avait donné à cet extraordinaire petit être le nom d'*Australopithecus africanus* : le singe (*pithecus*) du Sud (*Australo*) africain. Mais on le baptisa rapidement Enfant de Taung – nom qu'il a conservé depuis. Le public l'adopta immédiatement ; il fit les gros titres des journaux qui n'hésitèrent pas à en faire le « chaînon manquant » – enfin découvert. Il fut même l'objet de plaisanteries de music-hall : « Qui est cette fille avec qui je t'ai vu hier soir ? Vient-elle de Taung[1] ? »

Il faut reconnaître que la publication de Dart avait été plutôt hâtive. Il n'avait fait voir son article à personne. Les réactions de la communauté scientifique furent d'une prudence prévisible. Le centre du monde paléoanthropologique était alors l'Angleterre, et en son centre se tenait Sir Arthur Keith, sexagénaire d'une autorité incontestée, conservateur de la collection Hunter[2] au Royal College of Surgeons et président honoraire de l'Institut d'anthropologie. La première déclaration de Keith fut : « Il est peu vraisemblable que le professeur Dart se soit fourvoyé. S'il a consciencieusement examiné le crâne, nous sommes prêts à accepter ses conclusions. »

1. Jeu de mots sur Taung et *town* (la ville) : vient-elle de la ville ? (N.d.T.)
2. John Hunter (1728-1793). Chirurgien anglais, fondateur d'un musée d'anatomie. (N.d.T.)

Mais il reconsidéra bientôt la question : « On ne peut mettre en doute ses compétences [de Dart], sa puissance intellectuelle et sa force d'imagination ; ce qui m'a plutôt inquiété fut sa légèreté, son mépris des idées reçues, le manque d'orthodoxie de ses vues. »

Plus tard encore, Keith rejeta sans appel le crâne de Taung : « Il représente tout au plus un genre appartenant au groupe des chimpanzés ou des gorilles... Le singe de Taung est beaucoup trop récent dans l'échelle temporelle pour avoir une place dans l'ascendance de l'homme. » Ce que Keith entendait exactement par « récent » doit avoir intrigué Dart. Lui-même estimait que le crâne de Taung avait un bon million d'années, ce qui ne lui semblait pas si mal.

Les autres membres du club des quatre grands de l'anthropologie britannique – Sir Grafton Elliot Smith, Sir Arthur Smith Woodward et le Dr W.L.H. Duckworth – rejetèrent moins catégoriquement les affirmations de Dart, mais n'en furent pas moins désespérément évasifs. Le fait qu'Elliot Smith n'eût pas pris plus ouvertement position en sa faveur peina particulièrement Dart ; c'était en effet avec lui qu'il avait étudié les moulages endocrâniens. Elliot Smith était parfaitement conscient que Dart savait énormément de choses sur la taille et la forme des têtes de primates, mais ses conclusions étaient trop stupéfiantes pour qu'il pût les admettre.

Le seul soutien inconditionnel que Dart reçut du milieu scientifique fut celui d'un collègue, le redoutable Robert Broom, classificateur légendaire des fossiles de mammifères et de reptiles d'Afrique du Sud. Broom écrivit à Dart pour le féliciter de son article. Et, quinze jours plus tard, Broom «... fit irruption dans mon laboratoire, sans s'être fait annoncer. Nous ignorant, mon personnel et moi-même, il s'avança vers la paillasse où reposait le crâne ; il tomba à genoux, "en adoration devant notre ancêtre" ». Personnalité controversée et lutteur-né, Broom fut irrité par le manque de combativité de Dart, qui, à son avis, ne défendait pas assez vigoureusement sa découverte. Il s'en chargea donc. Il écrivit à *Nature* en soutenant fermement les vues de Dart et parvint à entraîner avec lui d'autres personnes qui partageaient son avis.

L'une d'entre elles était W.J. Sollas, professeur de géologie et de paléontologie à l'université d'Oxford. C'est un nom à retenir soigneusement, car on le retrouvera plus avant dans l'histoire de l'homme fossile. Sollas fut enchanté d'apprendre que Broom s'engageait dans une controverse avec Woodward et Keith, pour la bonne raison qu'il les détestait tous les deux. C'était un homme querelleur et susceptible qui n'avait pas du tout apprécié que Woodward eût refusé d'admettre l'intérêt d'un de ses travaux. Il avait passé cinq ans à mettre au point une méthode de reproduction de fossiles enchâssés dans la pierre. Lors d'une démonstration devant un auditoire de savants, il avait été publiquement humilié par Woodward, qui avait balayé sa méthode en la qualifiant d'« amusette » et l'avait rejetée dans l'oubli. Il en voulait également à Keith qui avait déclaré à plusieurs reprises que certains géologues seraient plus utiles aux paléontologues s'ils dataient leurs spécimens. Sollas était parfaitement conscient que ce « certains géologues » ne visait que lui. C'est pourquoi, dès qu'ils reconnut la main de Keith dans ce qui lui parut être une tentative pour empêcher la publication de la lettre de Broom dans *Nature*, il adressa une note cinglante à Broom : « Keith joue un grand rôle dans le refus de publier votre lettre. C'est vraiment le plus fieffé fumiste et l'arriviste le plus roublard du monde anthropologique. Il fait les déclarations les plus irréfléchies, en dépit de toute évidence. Ne cite jamais un auteur sinon pour le déformer, généralise des observations isolées, et vraiment, il n'y a guère de délits dont il ne soit le spécialiste. Du journalisme, mon cher, du journalisme pur et simple... Il est monté comme une fusée volante, et il retombera comme la baguette qui la dirige. »

Mais Keith ne retomba pas, et resta au firmament anthropologique. Sollas n'avait rien à ajouter, et Dart dut se contenter du soutien de Broom, un atout quelque peu contestable. Broom était un original, l'une des figures les plus insaisissables, les plus exaspérantes, les plus arrogantes et les moins conventionnelles d'une science qui en compte tant – et l'une des plus brillantes. Né dans une famille écossaise qui entretenait les meilleures relations avec la pauvreté et la tuberculose, il souffrit dans son jeune âge de graves troubles pulmonaires et alla passer la plus grande partie de son enfance chez sa grand-mère, qui prenait des pensionnaires dans la ville de Millport, au bord de la mer. L'un de ceux-ci, un vieux monsieur de quatre-vingts ans, s'intéressait à l'histoire naturelle. Lorsqu'il mourut, il laissa son microscope au petit Robert, qui conçut alors une véritable passion pour tout ce qui touchait à l'histoire naturelle et particulièrement au passé lointain, qui lui avait été révélé sous la forme de coquillages fossiles dans une carrière de calcaire voisine. N'ayant pour tout bagage que quatre années de collège, il trouva un poste de laborantin à l'université de Glasgow. Il finit par s'y inscrire comme étudiant en médecine, et passa son diplôme en 1889, avec une spécialisation en obstétrique.

Broom était un excellent médecin : perspicace, plein de bon sens et particulièrement versé dans tout ce qui touchait à la naissance des enfants et à la protection maternelle. Ses compétences médicales lui permettant de subvenir à ses besoins où qu'il allât, il parcourut le monde : d'abord les États-Unis, puis les régions les plus reculées d'Australie. Quand il lui fallait travailler, il faisait une demande d'emploi comme *locum tenens* (remplaçant temporaire) et exerçait la médecine dans des régions d'élevage ou dans des villes de mines d'or, préférant une vie austère proche de la nature à une existence plus lucrative dans une grande cité. Sa femme, une domestique qu'il avait épousée lors d'un bref retour en Écosse, le suivait partout. On n'en garde qu'une image très floue, celle d'une personne maladive, ne se plaignant jamais, et ne protestant par contre les innombrables infidélités de son époux – car Broom était un coureur notoire.

C'était un vrai solitaire, un vagabond. La misère qu'il avait connue dans son enfance lui avait laissé un mépris profond et tenace pour les « gens bien », qui incarnaient l'énorme inégalité de richesse et l'égoïsme qui avaient rendu la vie de ses parents si pénible en Écosse. Il méprisait les hommes stupides qui occupaient des postes de responsabilité, et il en avait rencontré un certain nombre dans les facultés de médecine et les musées. Il avait avec eux une attitude sournoise et tortueuse. Plus tard, quand il s'établit en Afrique du Sud et continua à voyager sans répit tout en commençant la grande œuvre de sa vie en classant les fossiles de reptiles et de mammifères de la région du désert de Karoo, sa causticité et sa dissimulation ne lui facilitèrent pas l'accès aux collections qu'il souhaitait étudier. De plus, on entendit dire à plusieurs reprises qu'après sa visite on avait remarqué quelques trous, çà et là, dans les collections. Aussi fut-il interdit de séjour pendant un certain temps au Musée d'Afrique du Sud.

Broom avait une profonde connaissance des fossiles, qui reposait sur une grande logique, une mémoire infaillible, un intérêt passionné et une bonne dose d'instinct ; il avait un sens inné de la manière dont les choses s'agençaient : il sentait intuitivement ce qui allait avec telle chose, ce qui descendait de telle autre, ce qu'il fallait ajouter pour faire d'un fragment un animal présentable. Il se faisait un peu d'argent en vendant des fossiles au British Museum. Lorsque ses relations avec celui-ci commencèrent à se gâter, il s'adressa à l'American Museum of Natural History de New York, et fut accusé de trafic pour avoir cédé des spécimens qu'il n'avait pas le droit de vendre.

Et cet homme ombrageux et imprévisible, lui-même suspect dans les lointains bastions universitaires de la paléontologie britannique, fut le seul soutien effectif que trouva Dart tout au long des années 20. Quant à lui, Dart se contenta de continuer à bricoler le crâne de Taung. Après avoir passé quatre années à les gratter et à les détacher précautionneusement, il réussit à séparer les mâchoires inférieure et supérieure. Pour la première fois, il put observer les surfaces de mastication des dents. Il fut plus que jamais convaincu de la justesse de son premier diagnostic : ce fossile était un hominidé. Mais Keith ne se départit pas de sa morgue et ne céda pas d'un pouce : il continua à déclarer que les conclusions de Dart n'étaient pas fondées.

Pour rendre justice à Keith, il faut reconnaître qu'il était enfermé dans un terrible dilemme, qui n'avait strictement rien à voir avec Dart ni avec l'Enfant de Taung. En effet, le monde de la paléoanthropologie britannique tout entier luttait désespérément pour interpréter des fossiles qui conservaient tout leur mystère malgré des études approfondies. Plusieurs d'entre eux étaient des moulages et des fragments de différents types de Heidelberg et de Java qui s'amoncelaient lentement depuis le début du siècle. Tous pointaient dans la même direction : le cerveau de l'ancêtre de l'homme était beaucoup plus petit que celui de l'homme moderne et devenait apparemment de plus en plus petit – et de plus en plus simiesque – au fur et à mesure que l'on remontait dans le temps. Mais ses dents et ses mâchoires ne ressemblaient pas à celles du singe, même si l'on reculait d'un demi-million d'années. Leur configuration était toute différente.

La mâchoire humaine fossile ressemblait à celle de l'homme moderne : ses dents étaient disposées dans sa bouche en arc de cercle, la partie la plus large de cette courbe étant située tout au fond, à l'endroit des troisièmes molaires. Chez les singes anthropoïdes, dont les mâchoires sont plus longues, les dents situées de part et d'autre de la bouche sont à peu

Le problème posé par l'Homme de Piltdown apparaît clairement lorsqu'on le compare avec l'*Homo erectus* et l'*Homo sapiens* moderne. Le crâne de Piltdown ressemble à celui de l'homme moderne par sa configuration et sa taille, et diffère totalement de celui d'*erectus*. Mais sa mâchoire est plus primitive que les deux autres ; on remarquera la forme rectangulaire et l'énorme canine pointue caractéristiques des grands singes anthropoïdes. Piltdown donne l'impression d'avoir été formé à partir d'un crâne humain et d'une mâchoire de singe arbitrairement assemblés — ce qui était effectivement le cas, comme on allait le découvrir.

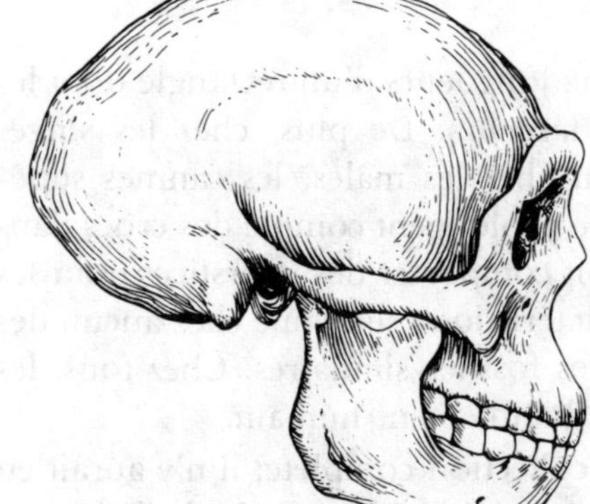

Homo erectus

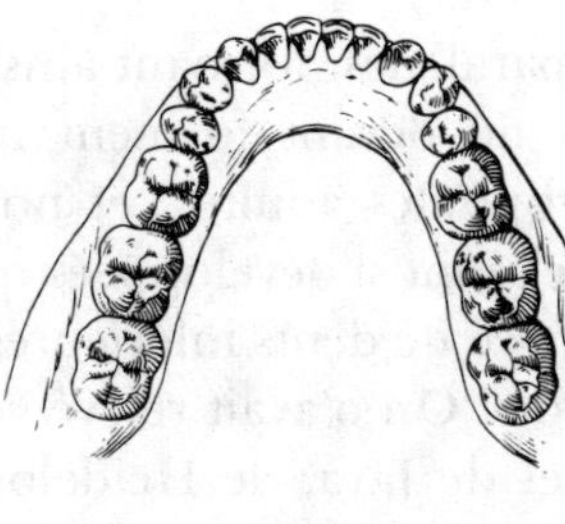

Mâchoire
d'Homo erectus

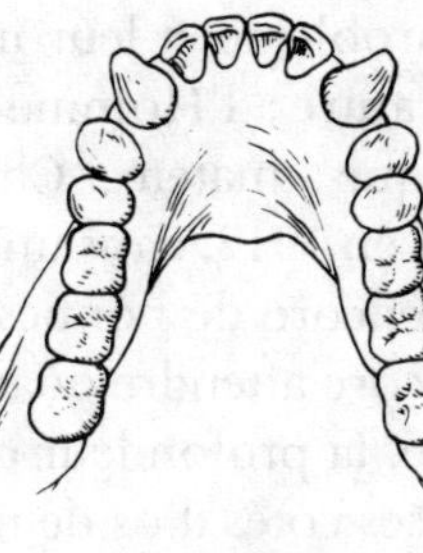

Mâchoire
de Piltdown

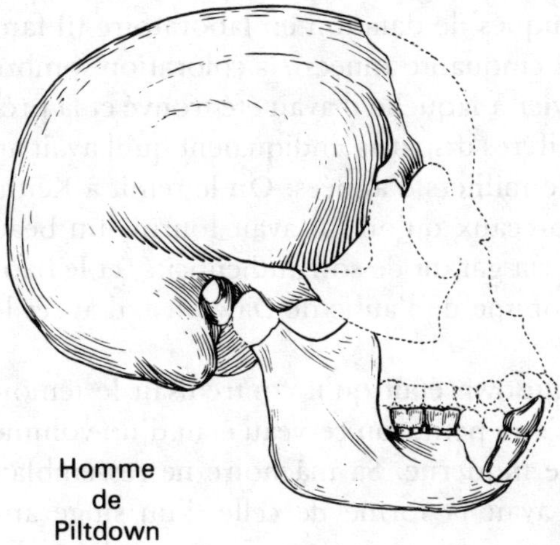

Homme
de
Piltdown

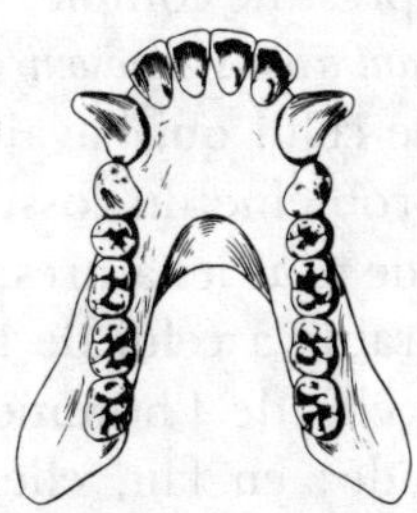

Mâchoire de singe
anthropoïde

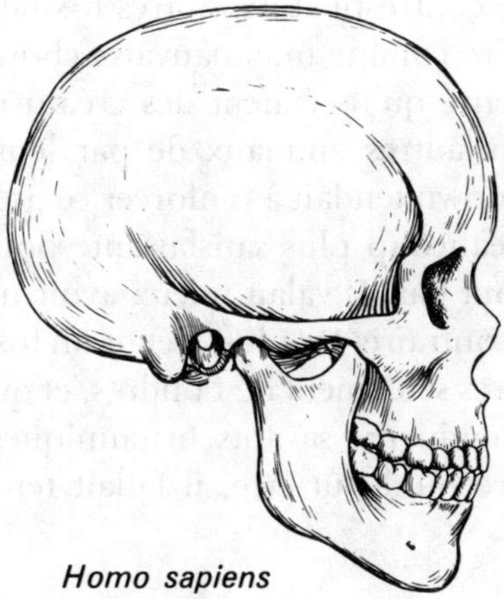

Homo sapiens

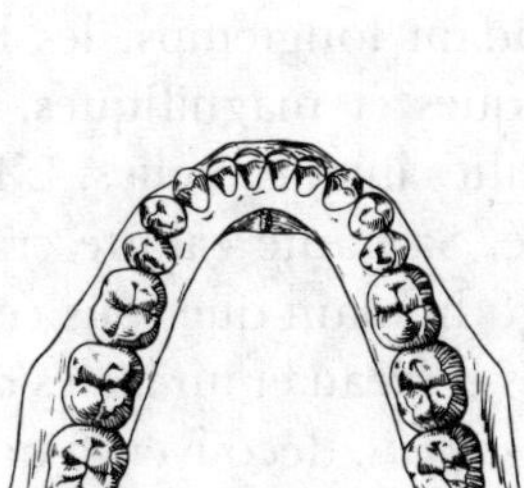

Mâchoire
d'Homo sapiens

près parallèles, formant ainsi les deux longueurs d'un rectangle dont les dents de devant forment une des largeurs. De plus, chez les singes anthropoïdes adultes, et notamment chez les mâles, les canines supérieures sont si développées qu'elles se prolongent comme des crocs dans la rangée de dents inférieures qui doit comporter des interstices pour les recevoir. On n'avait relevé cette caractéristique simienne chez aucun des fossiles de Java, de Heidelberg et des fossiles similaires. Chez tous, les dents présentaient un caractère indubitablement humain.

Si ces fossiles avaient constitué la collection complète, il n'y aurait eu aucun problème et leur interprétation aurait été simple. Mais il en existait un autre : l'Homme de Piltdown, comme on l'appelait, dont un scientifique amateur, Charles Dawson, avait découvert des fragments crâniens en 1912, dans une gravière d'Angleterre. Bien que l'on ne disposât pas encore de bonnes techniques de datation en laboratoire (il faudrait encore attendre quarante à cinquante années), la coloration sombre du crâne, la profondeur de gravier à laquelle il avait été trouvé et la présence à ses côtés d'os de mammifères disparus indiquaient qu'il avait au minimum plusieurs centaines de milliers d'années. On le remit à Keith, qui reconstitua à partir des morceaux qu'on lui avait fournis un beau crâne, presque complet. Il se porta garant de son authenticité, et le baptisa *Eoanthropus dawsoni* ou « l'homme de l'aube de Dawson », d'après le nom de celui qui l'avait trouvé.

Le problème du fossile de Piltdown était qu'il contredisait le témoignage de tous les autres. Loin d'être petit, son cerveau était d'un volume comparable à celui de l'homme moderne. Sa mâchoire ne ressemblait pas à celle de l'homme, mais avait la forme de celle d'un singe anthropoïde ; en fait, elle aurait pu appartenir à un singe, sauf qu'elle avait des molaires d'aspect humain, avec des surfaces de broyage aplaties.

Bref, l'Homme de Piltdown prenait le contre-pied des autres fossiles. Non que cela fût nécessairement considéré comme une mauvaise chose. Pendant longtemps, les hommes ont pensé qu'ils étaient des créatures uniques et magnifiques, supérieures aux autres animaux de par leurs facultés intellectuelles. L'Homme de Piltdown tendait à renforcer ce préjugé. Sa haute calotte crânienne était beaucoup plus satisfaisante pour l'ego humain que tous ces fossiles au front bas. Il valait mieux avoir un gros cerveau et un faciès de singe que le contraire. De plus, c'était un fossile *anglais*, découvert à quelques kilomètres seulement de Londres, et qui jouissait du soutien de deux des plus éminents savants britanniques, Woodward et Keith. Aussi contradictoire qu'il pût être, il fallait tenir compte de l'Homme de Piltdown dans le grand ordre de la nature. Car il était fort possible que ce fût lui notre ancêtre.

Tels étaient les événements anthropologiques récents que méditaient les Britanniques, lorsque Dart arriva avec l'Enfant de Taung. Le débat – il se pouvait que notre ancêtre eût un gros cerveau et un faciès de singe – ne laissait guère de place à un curieux petit crâne venu d'un endroit auquel peu de savants anglais avaient jamais songé et qu'ils avaient encore moins pris la peine de visiter.

Rien de surprenant à ce que Dart en vît de dures. Les hommes dont il quêtait l'approbation ignoraient tout de la géologie de l'Afrique du Sud. Ses références – sinon comme anatomiste – étaient inexistantes. Il était soutenu par un homme fantasque et suspect. Ses déclarations au sujet de l'âge du crâne de Taung étaient insensées. Un million d'années ? Et comment le savait-il ? Il ne le savait pas. C'était une supposition fondée sur une intuition reposant sur une hypothèse concernant l'âge de certains animaux fossiles disparus découverts dans la même grotte calcaire. Enfin – et c'était la chose la plus difficile à admettre – il prétendait que sa petite créature à cervelle de singe s'était tenue debout comme un homme, tout cela en se fondant sur la position d'un orifice à la base de son crâne. S'il avait eu un bassin ou un fémur pour étayer cette affirmation pour le moins extravagante, peut-être l'aurait-on écouté avec plus d'attention ; mais tout ce que Dart avait, c'était cet unique crâne. Cela ne suffisait pas.

Néanmoins, Dart fut invité à Londres en 1931 à un congrès d'anthropologie, et on lui donna la possibilité de décrire et de défendre son fossile. L'attraction vedette du congrès était une présentation des premières découvertes de l'Homme de Pékin, que l'on commençait à dégager de la grotte de Chou-K'ou-Tien en Chine. C'était un événement sensationnel, et ces trouvailles furent présentées de façon magistrale, avec de nombreuses photographies et des cartes en coupe des fouilles effectuées dans la grotte. Dart entra en scène après cet éblouissement. Tout ce qu'il avait à dire, il l'avait déjà dit six ans plus tôt. Il le dit timidement, et, de son propre aveu, ce fut un échec lamentable. Pour le réconforter, des collègues l'invitèrent ensuite à dîner, et il renvoya sa femme, Dora, à leur hôtel, en taxi. Elle emporta le crâne de Taung et l'oublia sur la banquette arrière.

On le retrouva le lendemain ; il avait circulé dans Londres pendant presque toute la nuit avec une série de passagers, dont n'importe lequel aurait pu l'emporter. Le chauffeur avait fini par remarquer ce petit paquet et l'avait remis à la police. Les policiers l'ouvrirent, y trouvèrent un crâne et commencèrent à se demander s'ils n'avaient pas un meurtre sur les bras. Mais Dart avait déjà prévenu la police et put récupérer l'Enfant de Taung. Il retourna en Afrique du Sud sans avoir pu obtenir pour son fossile plus de crédit qu'à son départ.

La légende veut que Dart ait abandonné la paléoanthropologie, poussé par la déception et la désillusion. La vérité est qu'il avait toujours fait passer au premier plan sa carrière d'enseignant et ses recherches neurologiques, et que l'Enfant de Taung n'était tombé entre ses mains que par hasard. Il est vrai qu'il renonça à la chasse aux fossiles pendant près de vingt ans, mais ce fut pour poursuivre des buts qu'il jugeait plus importants, dont Marjorie Frew, conservatrice en chef de la Bibliothèque de médecine de Witwatersrand. En 1936, cinq ans après son voyage désastreux à Londres, il divorça de Dora pour épouser Marjorie.

L'anthropologie britannique avait connu une grande effervescence au cours de ces cinq années. Une véritable avalanche de traces de l'existence de l'Homme de Pékin ne cessait d'arriver de Chine. En tant que tenant de l'Homme de Piltdown, Sir Arthur Keith ne pouvait qu'être déconcerté par les fossiles de Pékin, et Sir Arthur Smith Woodward, conservateur de la section de géologie au British Museum, se trouvait dans la même situation que lui. En fait Woodward était mêlé d'encore plus près à l'affaire de Piltdown : il avait assisté personnellement à la découverte d'un des fragments de crâne par Charles Dawson, dans une carrière boueuse du Sussex.

Un jeune prêtre et anthropologue français, Pierre Teilhard de Chardin, était présent, lui aussi, et le même après-midi, dans la même tranchée, il trouva une dent d'éléphant. Selon Teilhard, Woodward sauta sur cette pièce avec l'avidité d'un jeune garçon, révélant soudain toute la fougue que sa froideur dissimulait.

Teilhard faisait allusion à l'attitude habituelle de Woodward, un homme perpétuellement soucieux et totalement dénué d'humour, chose trop frivole pour lui. Il avait des origines modestes. Sans être issu d'un milieu aussi déshérité que Broom, il était loin cependant d'appartenir à la classe supérieure. La paléontologie lui avait ouvert – comme elle l'avait ouverte à Huxley et comme elle l'ouvrirait à d'autres jeunes gens obscurs, mais brillants et ambitieux – une excellente voie d'accès à la célébrité, dans une société dont toutes les structures tendaient à maintenir les hommes à leur place. Dans cette nouvelle science, ils pouvaient nager vers la surface au milieu d'une écume de nouvelles idées produite par Darwin et préservée par les controverses et l'intérêt du public. Il est intéressant de constater que Woodward, Keith et Elliot Smith furent tous les trois adoubés.

Ce genre de reconnaissance ne s'obtenait pas aisément. Parmi ces brillants jeunes gens, les corps à corps étaient quelquefois acharnés. Les carrières se forgeaient dans un climat où seules une compétence et une ténacité suprêmes pouvaient l'emporter. Comme Huxley, Woodward remporta des prix, écrivit des monceaux d'articles scientifiques et, en 1901, à trente-sept ans, il obtint un poste de conservateur au British Museum. Son dévouement professionnel touchait à l'obsession et lui faisait oublier le monde qui l'entourait au point que c'était à peine s'il savait où il allait. Un jour, il fonça tête baissée dans une vitrine, glissa et se cassa la jambe. Il insista pour la plâtrer lui-même, et resta boiteux toute sa vie. Peu après, il eut un autre accident du même genre, et cette fois, il se cassa le bras.

Néanmoins, Woodward était un excellent paléontologue. Au sommet de sa carrière, c'était une autorité mondiale incontestée en matière de poissons fossiles. Cela n'en faisait pas cependant une autorité en matière de crânes d'hominidés. Dans ce domaine-là, Keith l'emportait sur lui de justesse.

Quand vint le moment de reconstituer le crâne de Piltdown, les vues de Keith et de Woodward divergèrent. Utilisant les fragments que Dawson avait trouvés et qui formaient une moitié gauche presque complète, Keith se contenta d'en reprendre les dimensions pour façonner la moitié droite de sa reconstitution. Partant du fait que chez l'homme évolué la partie gauche du cerveau est plus importante que la droite, Woodward fabriqua son crâne en conséquence, et la capacité cérébrale qui en résulta fut considérablement moindre que chez Keith. Ce faisant, il mettait directement en doute les compétences de Keith. Celui-ci releva le défi avec un panache ostentatoire. Il fit mettre en pièces un crâne moderne dont le volume cérébral avait été mesuré au préalable, puis il le reconstitua : le résultat ne différait de la capacité originelle que de trois à quatre centimètres cubes. Keith remporta cette escarmouche, mais c'était un accrochage mineur au milieu de la liesse générale : enfin, l'anthropologie britannique avait un crâne bien à elle, un crâne qui pouvait rivaliser sans peine avec tous ceux de France et d'Allemagne. Plus ancien, et pourtant plus humain – l'association était irrésistible. Keith et Woodward mirent en jeu leur réputation professionnelle en avalisant l'Homme de Piltdown. Woodward consacra même les trente dernières années de sa vie à une œuvre capitale sur ce fossile, qui porte pour titre *Le Premier Anglais*.

Cependant, dès le début, l'Homme de Piltdown n'avait pas été sans susciter certaines réserves. Des paléontologues américains, qui n'étaient pas obnubilés par des susceptibilités nationales, purent le considérer avec plus d'impartialité. Ils affirmèrent que la mâchoire et le crâne n'allaient pas ensemble – qu'ils ne pouvaient pas aller ensemble. Désormais, avec l'accumulation de témoignages en provenance de Pékin, il devenait de plus en plus vraisemblable que l'homme primitif avait possédé un petit cerveau – et non un gros – et une dentition proche de celle de l'homme moderne. On ne peut que tenter de deviner ce qui traversa l'esprit de Keith et de Woodward tout au long des années 20, et jusqu'aux années 40. Si l'un ou l'autre éprouva des doutes au sujet de l'Homme de Piltdown, il les garda pour lui. Le fossile fut placé en lieu sûr. On pourrait le voir si on le souhaitait, mais personne ne fut autorisé à le toucher ni à lui faire subir d'examens d'aucune sorte.

Pendant tout ce temps, l'Enfant de Taung resta dans les limbes scientifiques. Une des raisons qui l'y maintinrent fut qu'il s'agissait d'un crâne d'enfant. En règle générale, les bébés humains et les bébés singes se ressemblent plus que les adultes correspondants. Au fur et à mesure de sa croissance, le visage et la mâchoire du singe se développent beaucoup plus vite que son cerveau – et beaucoup plus vite que la mâchoire de l'homme. Ce point permit à de nombreux sceptiques de continuer à contester les traces d'humanité du crâne de Taung. Le coin fut enfoncé avec une cruelle violence par Sir Grafton Elliot Smith, qui déclara : « Il est malheureux que Dart n'ait pas pu étudier de bébés chimpanzés, gorilles ou orangs-outans du même âge que le crâne de Taung ; car s'il avait disposé d'une telle documentation, il aurait compris que la position de la tête, la forme des mâchoires et maint autre détail du nez, du visage et du crâne sur lesquels il se fonde pour affirmer que l'*Australopithecus* est un proche parent de l'homme, sont en essence identiques aux caractéristiques que l'on rencontre chez le bébé gorille ou le bébé chimpanzé. »

Dart avait examiné la dentition de l'Enfant de Taung avec une minutie extraordinaire et savait qu'elle ne ressemblait pas à celle d'un chimpanzé ou d'un gorille. Le refus obstiné des trois titans d'admettre ce point dut être difficile à supporter. Et le fait que Smith, son vieux maître avec qui il avait étudié les moulages endocrâniens, se fût chargé d'enfoncer le couteau dans la plaie fut sûrement une épreuve déchirante. Seul Broom s'apitoyait sur son sort.

Au cours de ces cinq années, la situation personnelle de Broom s'était dégradée. Il commençait à se faire vieux. Sa grande œuvre sur les fossiles de reptiles et de mammifères était achevée. Les musées et les universités lui étaient hostiles. Il passait d'un petit cabinet médical à un autre, et commença lentement à sombrer dans la misère. En 1933, il ne put payer son billet de chemin de fer de Maquassi, où il vivait alors, à Johannesburg, pour prononcer un discours devant l'Association sud-africaine pour les progrès de la science – dont il était président. Il fallut lui allouer des fonds.

Quand Raymond Dart apprit cela, il fut outré que l'on ait pu laisser tomber aussi bas le plus remarquable savant d'Afrique du Sud – aussi controversé que fût son passé. Il écrivit aux membres les plus éminents du gouvernement, et notamment au général Jan Smuts, qui venait d'être élu Premier ministre. Smuts, qui admirait Broom depuis longtemps car il estimait que ses travaux faisaient honneur à l'Afrique du Sud, exerça certaines pressions. Quelques mois plus tard, Broom reçut une lettre réticente du responsable du musée du Transvaal de Prétoria, lui offrant un poste d'assistant en paléontologie. Vu son âge, Broom ne devait pas considérer ce poste comme permanent, et pendant qu'il l'occuperait, il lui était interdit de ramasser des fossiles pour lui-même ou pour quiconque. Ses vieux ennemis des musées avaient bonne mémoire.

L'offre était d'une modestie humiliante, mais Broom l'accepta immédiatement. Ayant enfin une sinécure, aussi humble fût-elle, il fut libre d'abandonner l'exercice de la médecine et de se consacrer entièrement aux fossiles. Il fit la connaissance d'un remarquable fermier du Transvaal, Sidney Rubidge, qui ramassait des fossiles depuis des années, et avait constitué un petit musée privé dans sa ferme. Avec l'aide de Broom, sa collection surpassa rapidement celle du musée du Transvaal, auquel Broom était censé consacrer tout son temps. En 1936, il envoya une nouvelle fois ses supérieurs au diable quand il entendit parler de l'existence de fossiles dans une carrière de calcaire voisine, à Sterkfontein. Un certain Barlow, chef d'équipe à la carrière, les vendait aux touristes comme souvenirs.

En toute hâte, Broom prit contact avec Barlow, s'assura que la carrière livrait effectivement des fossiles à profusion – et apprit qu'on en détruisait un certain nombre en les brûlant avec la roche qui alimentait les fours à chaux. Il fit comprendre à Barlow que l'on gâchait ainsi de formidables chances scientifiques. Barlow fit ses excuses et promit de mettre de côté tout ce qu'il pourrait trouver. Quelques jours plus tard, il remit à Broom une empreinte endocrânienne. Broom examina soigneusement les débris récemment détachés et parvint à mettre la main sur les fragments d'un crâne presque complet. Il les nettoya, les assembla et vit instantanément qu'ils appartenaient à un australopithèque.

Enfin, l'Enfant de Taung avait un semblable ! Lorsque Dart apprit la nouvelle, il en fut à la fois irrité et ravi. Certains de ses étudiants s'étaient intéressés à la carrière de Sterkfontein, et, sans rien lui dire, ils avaient prévenu Broom. Celui-ci n'avait eu qu'à se baisser pour rafler le butin au nez et à la barbe des autorités.

Mais par ailleurs, c'était le crâne d'un australopithèque. D'un seul coup, il prouvait que tout ce que Dart avait affirmé solitairement et en vain pendant plus de dix ans était juste. De plus, ce dernier était parfaitement conscient que si Broom n'avait pas agi rapidement, le fossile en aurait vraisemblablement suivi d'innombrables autres dans l'oubli, au fond du four à chaux. Enfin, le fossile de Broom était celui d'un adulte, ce qui effaçait tout doute sur la légitimité de l'Enfant de Taung : on ne pourrait plus affirmer que son jeune âge empêchait de le distinguer d'un jeune singe anthropoïde.

LES PÈRES DE QUATRE CÉLÈBRES FOSSILES

J.C. FUHLROTT
Homme de Néanderthal. 1856.
Fuhlrott, professeur de sciences allemand, reconnut que certains fossiles découverts dans une carrière proche de sa maison étaient des ossements humains, mais qu'ils différaient de ceux de l'homme moderne. Ce fut le premier fossile humain non moderne jamais trouvé ; il suscita plusieurs décennies de controverses.

EUGÈNE DUBOIS
Homme-singe de Java. 1891.
Dubois découvrit des fragments de crâne et de tibia au bord d'une rivière de Java. L'antiquité de sa trouvaille, estimée à un demi-million d'années, et son aspect extrêmement primitif la firent considérer avec une grande méfiance. On s'accorde aujourd'hui à reconnaître qu'il s'agit du premier *Homo erectus* connu.

ROBERT BROOM
Paranthropus. 1938.
Broom trouva un second type d'australopithèque à Kromdraai, en Afrique du Sud. Il lui parut suffisamment différent pour justifier la création d'un nouveau genre. On s'accorde aujourd'hui à y reconnaître un australopithèque robuste, descendant de l'*africanus*.

RAYMOND DART
L'Enfant de Taung. 1924.
Ce fossile, que Dart fit remonter à un million d'années, était si primitif que de nombreux savants furent longtemps convaincus qu'il s'agissait d'un singe. C'est en fait le premier *Australopithecus africanus*, un authentique hominidé, dont on a retrouvé depuis de nombreux fossiles.

Tout bien pesé, Dart jubilait. Un paléontologue distingué lui avait rendu justice. Mais il allait devoir attendre encore dix ans avant d'obtenir la marque d'approbation la plus douce de toutes. En 1947, Sir Arthur Keith, qui approchait de ses quatre-vingts ans et de la fin de cinquante années d'une carrière pendant laquelle il avait été l'un des plus célèbres anatomistes du monde, s'expliqua franchement : « Quand le professeur Dart... affirma que son jeune australopithèque était un parent de l'homme, je fus de ceux qui prétendirent que lorsqu'on en trouverait la forme adulte, on découvrirait qu'elle se rapprochait davantage des anthropoïdes africains actuels, le gorille et le chimpanzé... Je suis aujourd'hui convaincu que le professeur Dart avait raison, et que j'avais tort. »

C'était une concession formidable de la part d'un homme si longtemps figé dans une attitude de condescendance glaciale. Cependant, ce n'était pas encore une reddition complète. Keith ne pouvait se résoudre à appeler les australopithèques des hominidés. Pour lui, il s'agissait d'« anthropoïdes vivant au sol, humains de par leur station, leur locomotion et leur dentition, mais néanmoins anthropoïdes de par leur faciès et la taille de leur cerveau ». C'était bien sûr une bonne description de ce qu'ils étaient, mais Keith ne pouvait se contraindre à franchir la dernière étape, à utiliser cet affreux mot d'« hominidé ». Il y avait – et il y a toujours – une curieuse résistance à admettre que des créatures aussi primitives puissent être apparentées à l'homme. Keith les baptisa des « Dartiens ».

Pourquoi cette auguste tête mit-elle si longtemps à s'incliner en signe de demi-approbation ? Pour plusieurs raisons. D'abord les renseignements en provenance d'Afrique du Sud n'étaient ni aussi clairs ni aussi convaincants qu'ils auraient pu l'être. Broom lui-même jeta une certaine confusion en déclarant que son nouveau fossile et l'Enfant de Taung n'étaient pas absolument identiques. Cette confusion devait empirer car on allait trouver un troisième crâne d'australopithèque – différent des deux autres.

Comme toujours, Broom fut au cœur de l'action. Il était à présent septuagénaire et aurait légitimement pu soigner tranquillement les roses de son jardin. Au lieu de quoi, éternellement vêtu du solennel costume noir et du col cassé amidonné qui avaient été l'uniforme du médecin de campagne pendant de longues années, il clopinait à Sterkfontein sous le soleil brûlant, gravissant les ravins, furetant dans les formations rocheuses à une allure qui épuisait certains de ses collaborateurs plus jeunes. Apprenant qu'un écolier, Gert Terblanche, avait, disait-on, trouvé des dents fossiles à Kromdraai, une ferme proche de Sterkfontein, Broom y partit sur-le-champ, pour découvrir que le jeune garçon était à l'école. Il discuta avec la sœur de Gert et la persuada de l'accompagner jusqu'au coteau où les fossiles avaient été trouvés. Il y ramassa une dent, et voulut absolument se rendre à l'école, ce qui représentait une marche d'un kilomètre et demi sous un soleil de plomb. Le directeur convoqua Gert, dans les poches de qui on trouva quatre dents fossiles que Broom acheta un schilling pièce. Puis il insista pour aller voir l'endroit d'où provenaient ces dents ; mais les enfants avaient encore quelques heures de classe. On le convainquit alors de remplacer ces leçons par une conférence pour tous les élèves sur les fossiles et sur la manière de les reconnaître dans des dépôts de calcaire. Cette visite inattendue du célèbre savant dans une obscure école de campagne et la conférence qu'il prononça furent un événement extraordinaire. D'autres leçons furent annulées, et Broom put enfin se rendre avec Gert sur le site fossilifère.

Gert lui montra l'endroit où, à coups de marteau, il avait détaché les dents d'un crâne enchâssé dans une gangue de calcaire. Le crâne avait été brisé au cours de l'opération, mais Broom put dégager ce qui en restait et retrouver certains fragments. Tout ce matériel, auquel s'ajouta une dent supplémentaire dont Gert accepta de se défaire en échange de cinq tablettes de chocolat, permit à Broom de reconstituer son deuxième crâne d'australopithèque.

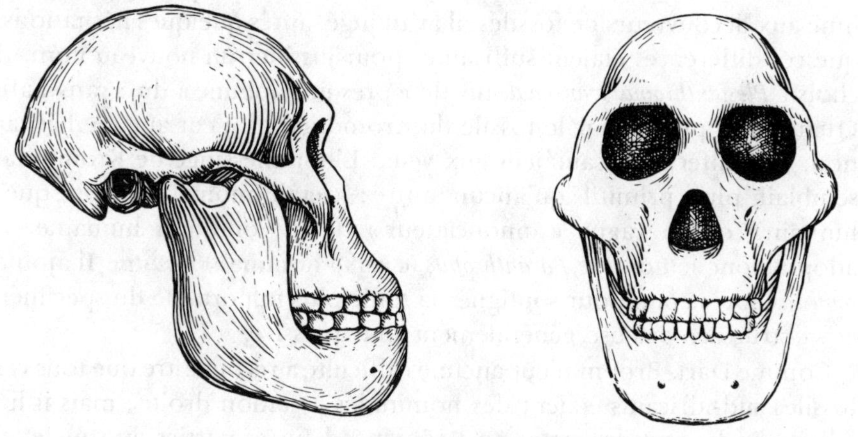

Australopithecus africanus

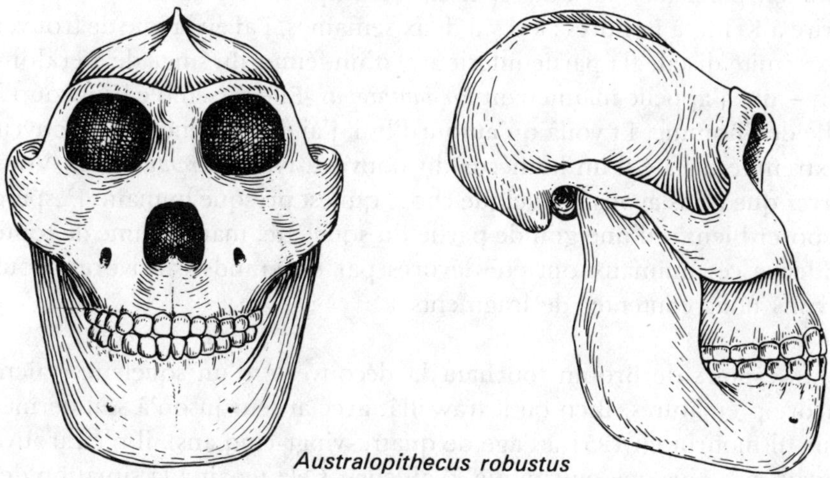

Australopithecus robustus

La découverte d'autres fossiles permit d'établir qu'il existait en Afrique deux types distincts d'australopithèques. Sur cette illustration, on voit Mrs. Ples, un type gracile (*Australopithecus africanus*) trouvé par Robert Broom en Afrique du Sud, et un type robuste (*Australopithecus robustus*). Le type robuste a une mâchoire plus massive et des molaires plus grosses que le gracile ; il présente aussi une crête osseuse proéminente sur le sommet de son crâne.

A sa grande surprise, il était sensiblement différent de celui qu'il avait trouvé à Sterkfontein. Il était un peu plus grand, et avait des os plus massifs. Il présentait une mâchoire beaucoup plus lourde, de grandes dents recouvertes d'une épaisse couche d'émail, et ses os portaient des marques révélant la présence de muscles masticateurs extrêmement puissants.

Broom avait déjà cru discerner de légères différences entre le fossile de Sterkfontein et l'Enfant de Taung. Avec le sens de la propriété qui semble inné aux découvreurs de fossiles, il avait jugé, après quelques hésitations, que ces différences étaient suffisantes pour justifier un nouveau nom. Il choisit *Plesianthropus transvaalensis* (le « presque-homme » du Transvaal). Quand il se pencha sur le fossile de Kromdraai, il n'eut aucune hésitation. Les différences sautaient aux yeux. L'homme-singe de Kromdraai semblait plus primitif qu'aucun autre ; c'était moins un « presque-humain » qu'un vague « annonciateur » de la condition humaine. Il adopta donc le nom de *Paranthropus* (« vers l'homme ») *robustus*. Il ajouta *robustus* après coup pour souligner la taille plus importante du spécimen et sa structure osseuse généralement plus massive.

Comme Dart, Broom n'eut aucune difficulté à reconnaître que tous ces fossiles sud-africains étaient des hominidés à station droite ; mais il lui fallait absolument des restes postcrâniens (d'autres parties du squelette) pour en persuader les autres. Il fut récompensé en août 1938, et put écrire à Keith, à Londres : « Il y a deux semaines, j'ai eu la joie de trouver l'extrémité distale (la partie inférieure) d'un fémur du singe de Sterkfontein – que j'appelle maintenant *Plesianthropus*. Elle ressemble beaucoup à celle de l'homme. Et voilà qu'aujourd'hui, j'ai eu la chance de découvrir l'extrémité distale d'un humérus du nouveau type, *Paranthropus*... Vous verrez que nous avons là quelque chose qui est presque humain. J'espère disposer bientôt d'une grande partie du squelette, mais comme de toute évidence ces animaux ont été dévorés par de grands carnivores, nous devons nous contenter de fragments. »

Les espoirs de Broom touchant la découverte d'un squelette étaient encore prématurés. Bien qu'il travaillât avec ardeur jusqu'à son dernier jour (il mourut en 1951 à l'âge de quatre-vingt-cinq ans), il n'en trouva jamais, pas plus que quiconque, d'ailleurs. Cela tenait à la situation des grottes d'Afrique du Sud. Les fossiles qu'on y trouvait n'appartenaient pas forcément à des créatures dévorées par des carnivores. On n'en avait alors aucune preuve tangible, et nous n'en avons toujours pas aujourd'hui. Les grottes elles-mêmes sont désespérément peu instructives et méritent quelques mots d'explication.

La plupart des fossiles trouvés dans des grottes proviennent de dépôts accumulés sur leur sol. Dans certains cas, ceux-ci ont un mètre ou un mètre vingt d'épaisseur. Dans d'autres, comme à Chou-K'ou-Tien, en Chine, ils en ont vingt-cinq ou trente. Les couches ne sont pas toutes identiques. Certaines sont formées de détritus que les occupants des grottes y ont laissés, qu'ils ont piétinés, poussés de côté : des os d'animaux mangés puis jetés dans un coin, au milieu d'outils de pierre effrités, d'andouillers, de traces de charbon de bois provenant de feux éteints depuis longtemps, de morceaux d'excréments fossilisés contenant les os broyés de souris et de musaraignes – toutes ces traces qui nous parlent tout bas d'une occupation humaine très ancienne. L'objet « jetable » caractérise, paraît-il, la civilisation contemporaine. Il en a toujours été ainsi.

La couche d'occupation humaine, avec ses os et ses objets fabriqués, est évidemment celle qui renfermera des fossiles humains si la grotte en contient. De nombreuses couches ne contiennent strictement aucun os et illustrent des périodes où la grotte a été inhabitée, où rien, sinon la poussière apportée par le vent, ne s'est déposé et solidifié sur son sol. Il arrive que cette poussière se soit accumulée en une épaisse couche de plusieurs centimètres, indiquant un changement climatique qui a pu contraindre les habitants à quitter entièrement la région pendant des centaines ou des milliers d'années. Ce flux et ce reflux de l'homme peut s'observer par la présence d'un second niveau d'occupation situé plus haut, suivi d'un nouvel exode. Nous retrouvons notre exemple du millefeuille : un horizon fossilifère, un horizon de poussière, un horizon de boue apportée par la crue d'une rivière voisine, un nouvel horizon fossilifère – tous empilés les uns sur les autres. Pour reconstituer l'histoire de cette grotte, l'archéologue n'a qu'à faire ses devoirs consciencieusement, en notant la position de tout ce qu'il trouve au fur et à mesure qu'il creuse.

En Afrique du Sud, la situation est moins limpide. On ne trouve pas de strates révélant une chronologie évidente. Les grottes se sont formées sous la terre par l'action de l'eau souterraine sur certains minéraux, qui ont été lessivés jusqu'à former de grandes cavernes à l'intérieur des versants. On pourrait comparer cela à ce qui se produirait si un morceau de sucre était enfermé dans un bloc de matériau poreux et insoluble comme du polystyrène, et si l'eau pouvait s'y infiltrer librement : le sucre se dissoudrait et disparaîtrait progressivement, laissant un espace vide au milieu du bloc.

On peut observer des processus de ce genre dans certains versants de calcaire dolomitique d'Afrique du Sud. Des cavernes ont commencé à se former à l'intérieur de la colline. Leur développement a pu être accéléré par la pluie tombant sur le versant et s'infiltrant dans le calcaire par des fissures. Petit à petit, ces fissures se sont élargies sous l'action de l'eau suintant à travers la roche, jusqu'à créer de véritables ouvertures en surface. C'est ainsi qu'ont pu se former de vraies grottes, avec une entrée. Au début, celle-ci était trop étroite pour permettre l'accès d'autre chose que de la poussière et de petits animaux comme les souris et les chauves-souris. Mais sous l'action de l'eau, elle n'a cessé de s'élargir, permettant finalement le passage de gros animaux prédateurs, et éventuellement d'hominidés.

On peut raisonnablement se demander pourquoi on ne peut effectuer de coupes normales des dépôts de ces grottes. La raison en est qu'il est impossible de les déchiffrer. Les grottes sont remplies de façon compacte – de fond en comble – par une accumulation illisible de boue, de cailloux et d'autres débris, mêlés à des blocs de dolomite qui se sont détachés de la voûte et des parois. Cet enchevêtrement de matériaux a été cimenté par une solution de calcaire qui a séché, et s'est solidifiée jusqu'à ce que l'ensemble ne soit plus qu'un bloc compact de béton, rempli de fossiles éparpillés comme des raisins dans un pudding. Les chercheurs

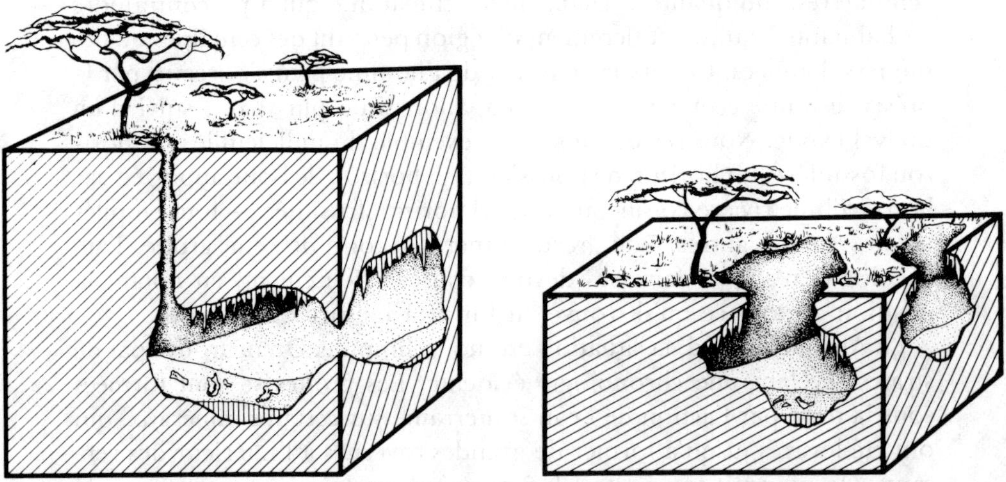

1re étape **2e étape**

Les grottes calcaires d'Afrique du Sud ont été créées par le lessivage de roches solubles sous l'action de la pluie et de nappes d'eau souterraines. Des orifices ont fini par apparaître en surface. Avec le temps, ils sont devenus assez larges pour permettre le passage d'animaux. Il est difficile de dater les fossiles découverts dans ces grottes, car on ne sait avec certitude ni comment, ni quand les dépôts qui s'y trouvent se sont formés.

qui essaient d'analyser le contenu d'une telle grotte sont incapables de dire si un fossile y est entré de lui-même, s'il y est tombé, s'il y a été traîné par un prédateur, où s'il a été lâché d'en haut à travers l'une de ces fissures élargies.

On a dépensé beaucoup d'efforts et d'ingéniosité à tenter de décrypter l'énigme des grottes d'Afrique du Sud. On a analysé les fossiles d'hominidés, et on les a comparés avec ceux que l'on avait trouvés ailleurs. Au début, cette recherche a été très décevante ; en effet, un grand nombre des mammifères découverts appartenaient à des espèces disparues, inconnues partout ailleurs. Il était impossible de les comparer avec quoi que ce soit. Depuis peu, on commence à mieux connaître la faune fossile d'Afrique orientale, qui semble être en mesure de livrer une clef.

La brèche des grottes – le béton lui-même – a été analysé en détail. Tout ce qu'elle nous apprend, c'est que les diverses grottes ne sont pas identiques, et qu'elles ont probablement des histoires différentes. Dans certaines, la brèche est rose, dans d'autres brune ou orangée. Cela tient-il à d'anciennes différences du climat extérieur ? Personne ne saurait en jurer.

Les analyses ont révélé la présence, dans la brèche rose d'une grotte, d'intrusions de brèche couleur chocolat. On a pu établir que celle-ci était beaucoup plus récente. A quel point ? Personne n'est en mesure de le dire.

On soupçonne que dans un cas au moins le sol d'une grotte s'est effondré dans une grotte plus profonde située au-dessous d'elle, créant ainsi une unique grotte plus grande, et brouillant irrémédiablement les indications géologiques des deux grottes. Dans une autre, la voûte s'est effondrée, formant une dépression ouverte à flanc de coteau. A son tour, celle-ci s'est érodée et s'est éparpillée si bien qu'un chercheur qui examine la pente foule une brèche superficielle qui a été jadis profondément enfouie dans la colline. Il est absolument impossible de déterminer son âge d'après sa position. Dans une autre grotte encore, certains signes prouvent incontestablement qu'une rivière l'a traversée à une certaine époque, attirant des animaux pendant les saisons sèches. Certains ont pu mourir dans la grotte ; d'autres ont pu y être chassés et tués par des hominidés ; certains hominidés ont eux-mêmes pu être chassés et tués par des carnivores. Le mystère reste entier.

On s'est efforcé de reconstituer le climat qui régnait il y a un ou deux millions d'années en examinant au microscope le degré d'arrondissage ou d'altération de grains de sable contenus dans la brèche, en les étudiant un par un. Jusqu'à présent, les résultats sont peu concluants.

La seule chose que l'on puisse affirmer avec certitude au sujet de ces grottes, c'est que certaines sont plus anciennes que d'autres. Les paléontologues l'ont prouvé en comparant le nombre d'espèces animales disparues et le nombre d'espèces encore vivantes trouvées sous forme fossilisée dans chaque grotte. Dans trois grottes, la brèche ne contient strictement aucune espèce survivante. Il s'agit de Taung, de Sterkfontein et de Makapansgat. Cela tendrait à prouver qu'elles sont plus anciennes que Kromdraai et qu'une cinquième grotte, Swartkrans, où l'on trouve quelques espèces survivantes.

L'analyse des hominidés des cinq grottes, toutefois, fournit des renseignements tout à fait stupéfiants.Le grand *Paranthropus* primitif et robuste n'est présent que dans les deux grottes les plus récentes. On ne trouve le petit *Australopithecus/Plesianthropus* d'aspect plus svelte, plus humain, que dans les trois plus anciennes. Comment est-ce possible ?

Le problème a dérouté toute l'anthropologie au moment même où elle commençait tout juste à se faire péniblement à l'idée qu'il existait en Afrique du Sud des hommes-singes à station droite. L'impossibilité où l'on se trouvait de le résoudre fut également une des raisons de la lenteur de Sir Arthur Keith à reconnaître la légitimité du premier australopithèque. La dernière raison en fut le déclenchement de la Deuxième Guerre mondiale. Pendant six ans, l'Afrique du Sud fut effectivement coupée du reste du monde scientifique, et les échanges d'informations cessèrent, tout comme le travail lui-même. Seul Broom continuait à creuser çà et là à Sterkfontein.

Une fois la guerre finie, Dart se laissa enfin convaincre de faire sa rentrée pour essayer de dissiper ce nuage d'incohérences. Il choisit pour cela un lieu tragique. A trois cents kilomètres au nord de Johannesburg, dans une région perdue et rocailleuse, se trouve un endroit nommé Makapansgat. Son nom vient d'une grande grotte dolomitique où s'est déroulé au XIXe siècle un terrible massacre : l'ultime résistance du chef africain Makapan, acculé en ce lieu par les Boers venus venger les atrocités commises sur la personne de fermiers blancs par les natifs africains.

En compagnie d'environ trois mille membres de sa tribu, Makapan se terra dans cette grotte. Protégés par des escarpements naturels et par l'étroitesse des voies d'accès que les Africains renforcèrent encore au moyen d'amoncellements de rochers, ils tinrent tête pendant plusieurs semaines aux assaillants blancs. Mais ils finirent par être chassés par la soif. Près de deux mille d'entre eux furent tués dans des échauffourées à l'extérieur de la grotte, le dernier millier trouva la mort à l'intérieur. Makapan et son peuple furent exterminés. Pendant des années et des années, leurs os jonchèrent le sol et ne furent dérangés que par les ouvriers omniprésents des carrières de calcaire, qui vinrent dégager une partie de la paroi de la grotte.

En 1936, le gouvernement sud-africain fit de Makapansgat un monument historique. A cette époque, un visiteur examina l'endroit où les ouvriers avaient fait sauter la pierre et remarqua qu'ils avaient mis à nu une couche de cendre et de suie située sous une épaisse couverture de concrétion rocheuse du type stalagmite, qui s'était lentement formée sur le sol de la grotte, dissimulant jusque-là aux regards la couche de cendres. Quand on examina celle-ci, on y découvrit le crâne d'un babouin disparu. De toute évidence, la grotte avait été occupée avant que Makapan ne vînt y mourir.

La personne qui découvrit le crâne de babouin était un jeune et brillant étudiant de Dart, Phillip Tobias. Il le montra à son professeur et lui dit :

« Cela ne prouve-t-il pas que Makapansgat est plus ancien qu'on ne le pensait ? »

– Si, en effet, répondit Dart.

– Vous ne croyez pas que cela vaudrait la peine d'y faire des recherches ? insista Tobias. Vous devriez vous y remettre. »

Dart finit par se laisser convaincre. Il ne put rien faire pendant la guerre, mais en 1947, il était arrivé à se procurer des fonds suffisants pour engager d'importants travaux à Makapansgat. Il trouva immédiatement des fossiles d'animaux. Douze ans plus tard, il avait passé au crible quatre-vingt-quinze tonnes de brèche et avait récupéré cent cinquante mille fragments d'os fossiles. Une grande majorité de ces os appartenaient à diverses espèces animales, mais un certain nombre – infime – provenaient d'hominidés. Il s'intéressa tout particulièrement à quarante-deux crânes brisés de babouins, dont vingt-sept avaient été enfoncés sur le côté gauche. Cette étrange coïncidence l'intrigua. Statistiquement, elle ne pouvait être imputée au hasard. Était-il possible, par exemple, que vingt-sept de ces quarante-deux babouins eussent été atteints du côté gauche de la tête par des pierres détachées de la voûte de la grotte ?

Il ne fallut pas longtemps à Dart pour trouver une réponse. L'esprit auquel Keith avait autrefois reproché son manque d'orthodoxie conçut alors une idée presque aussi fascinante que celle qui l'avait poussé jadis à affirmer que l'Enfant de Taung n'était pas un singe. Il déclara que ces crânes de babouins avaient été frappés par des chasseurs australopithèques, et que les tueurs étaient droitiers.

Dart avait déjà commencé à s'intéresser au mode de vie de ses petits hominidés. Leur station droite était désormais parfaitement établie. Cela signifiait qu'ils passaient tout leur temps, ou au moins la plus grande partie de celui-ci, au sol, à errer dans un veld aride et broussailleux, très proche du veld sud-africain d'aujourd'hui. Comment ont-ils pu survivre ? se demanda-t-il, en remarquant qu'ils étaient dépourvus des grandes canines de cet autre occupant de la savane, la babouin, et qu'ils étaient sûrement moins doués que lui pour grimper aux arbres ou aux parois rocheuses. Et pourtant, ils étaient exposés aux mêmes grands carnivores que les babouins. Comment se protégeaient-ils ?

Ce curieux échantillonnage de crânes brisés suggérait une réponse : l'utilisation d'armes. Selon Dart, l'hominidé de Makapansgat était un petit type brutal, qui n'avait pu survivre dans un monde hostile qu'en raison d'instincts meurtriers qui s'étaient développés grâce à l'assurance que lui donnaient ses armes. Il écrivit : « L'*Australopithecus* menait une vie cruelle. Il tuait sans pitié ses congénères et s'en nourrissait comme s'il s'était agi de n'importe quel animal, jeune ou vieux. C'était un carnassier et comme tel, il lui fallait s'emparer de sa nourriture lorsqu'il le pouvait, et la protéger nuit et jour contre d'autres maraudeurs carnivores. »

Pour justifier cette image d'un petit tueur féroce brandissant une arme, il fallait des preuves tangibles. Dart chercha des armes de pierre pendant des années, sans en trouver une seule. Il commença alors à analyser les os d'animaux trouvés à Makapansgat, et observa une concentration anormale de tibias noueux, de cornes d'antilopes et de mâchoires portant de grandes dents. C'étaient, annonça-t-il, les armes d'*Australopithecus*, qui les avait triées et emportées dans sa caverne, et à partir de là, s'était constitué tout un arsenal de massues, de poignards, de racloirs, de pics et de scies. Dart inventa un nom pour cette civilisation qui ignorait la pierre : ostéodontokératique, ce qui signifie : os-dent-corne.

Au cours des vingt ou trente années qui se sont écoulées depuis que Dart a annoncé l'existence de la civilisation ostéodontokératique, on a appris tant de choses sur le mode de vie et les aptitudes plausibles des australopithèques, que toute cette histoire a commencé à embarrasser quelque peu les anthropologues, qui admirent en Dart l'homme brillant qui a su identifier le premier australopithèque, mais restent songeurs devant cette aberration ultérieure.

Pour le malheur de l'anthropologie, Dart, qui était alors plongé dans ses élucubrations ostéodontokératiques, fit la connaissance d'un journaliste américain de passage, le défunt Robert Ardrey. Ardrey avait une vive imagination et fut immédiatement séduit par le point de vue de Dart, qui présentait nos ancêtres comme des créatures que leur propension à tuer leurs semblables distinguait de tous les autres êtres vivants. Il avait une vision pessimiste de l'homme moderne, et l'idée que nos pires instincts – illustrés par le meurtre et la guerre – trouvaient leurs origines dans un australopithèque qui s'était mis à tuer méthodiquement des babouins en les assommant n'était pas pour lui déplaire.

Malheureusement, il s'agit là d'anthropologie procédant par analogie. Ardrey reconnut de bon gré qu'il n'entendait rien aux fossiles et qu'il ne savait pas distinguer un humérus d'un tibia. Mais il prétendait s'y connaître en statistiques. Lorsque Dart lui indiqua combien de babouins de son échantillonnage s'étaient fait fracasser le crâne d'une manière bien particulière – et ce nombre était plus important que le hasard ne semblait pouvoir l'expliquer – il fut immédiatement convaincu. Il publia un best-seller éloquent mais pour le moins tendancieux, *African Genesis* (« Genèse africaine »)[1], qui implanta l'idée du singe-tueur si profondément dans de nombreux esprits qu'elle n'a pas encore tout à fait disparu. Les découvertes de Dart, écrivait-il, allaient « démontrer que les australopithèques prédateurs et carnivores sont les ancêtres incontestables de l'homme et probablement les créateurs de son éternelle compagne, l'arme meurtrière ».

Vu la nature de la chasse en question et le comportement des babouins, cette hypothèse semble peu plausible. Les babouins sont si vigilants et si lestes qu'il est presque impossible à des humains de les rattraper à la course, et plus encore de les tuer en les frappant en un point déterminé de la tête. Il y a beaucoup moins de chances que ne le pensait Ardrey pour que des australopithèques droitiers aient pu s'approcher de babouins – qui les auraient attendus fort obligeamment – pour les frapper sur la moitié gauche du crâne.

Ardrey poursuivait en citant un autre exemple de « coups et blessures délibérés à main armée [sur un petit fragment de crâne d'un jeune australopithèque] qui présentait deux petites perforations rondes à environ deux centimètres et demi d'écart. Ces trous ne peuvent être d'origine animale, car aucun carnivore ne possède de canines plantées aussi près l'une de l'autre... Cet australopithèque vivant il y a de cela trois quarts de million d'années a été frappé par quelque chose. Et il n'a pas seulement été frappé une fois, il l'a été deux fois ».

Ce fragment de crâne avec ses deux trous intrigua également C.K. Brain, géologue compétent et directeur du musée du Transvaal, qui estima qu'il était plus vraisemblable que les tueurs d'australopithèques

1. Traduit en français sous le titre *Les Enfants de Caïn*, Paris, 1963. (N.d.T.)

eussent été des prédateurs, peut-être des léopards, plutôt que leurs propres congénères. Il trouva que ces trous ressemblaient étrangement à des marques de dents. Au lieu de laisser son imagination vagabonder, il se mit au travail. Il mesura la distance qui séparait les canines inférieures (les dents acérées susceptibles d'avoir causé ces perforations) d'un certain nombre de prédateurs alors courants en Afrique du Sud : des lions, des léopards et d'autres félins plus petits. Les trous correspondaient exactement à l'écartement des dents du léopard.

Brain poursuivit sa réflexion sur les léopards. Il savait que ces animaux emportent leurs proies dans des arbres, où ils les dévorent pendant les quelques jours qui suivent. Ce faisant, ils laissent tomber les os par terre. Dans une région sèche comme le haut veld sud-africain, les arbres poussent souvent autour des fissures de calcaire dolomitique qui conduisent aux grottes ou qui sont elles-mêmes en passe de devenir des grottes. Un certain nombre d'entre elles retiennent l'eau de pluie et forment des avens ou de petits réservoirs, favorisant la croissance d'arbres sur leur périphérie. Leurs racines s'étendant jusqu'à l'eau, ils poussent dans de bien meilleures conditions que les arbres voisins. Ce sont souvent les plus grands à plusieurs kilomètres à la ronde, et ils constituent des garde-manger idéaux pour les léopards. Au cours de plusieurs milliers d'années durant lesquelles des arbres ont poussé, sont morts puis ont repoussé au bord d'une entrée de grotte, et durant lesquelles des générations successives de léopards y ont emporté leurs proies, il est inévitable que de très nombreux ossements soient tombés dans la grotte située au-dessous. Et parmi eux, il a pu y avoir des os d'hominidés.

Brain envisagea la solution du léopard et en conclut qu'elle justifiait mieux la présence d'un grand nombre d'os d'animaux et d'un petit nombre d'os d'hominidés dans une grotte calcaire, que l'hypothèse de Dart voulant que les os d'animaux fussent des armes et les crânes brisés ceux des victimes d'australopithèques prédateurs. Il ne s'arrêta pas là. Il étudia plusieurs milliers de reliefs de chèvres à l'extérieur de villages hottentots et découvrit qu'une fois que les hommes avaient mangé les

L'une des théories sur la manière dont les fossiles d'australopithèques ont pu pénétrer à l'intérieur des grottes d'Afriques du Sud veut que les léopards aient emporté leurs proies hominiennes dans les arbres poussant à proximité d'avens. Lorsque le léopard dévorait sa victime, les os de celle-ci tombaient dans le trou, où ils rejoignaient les reliefs bien plus nombreux encore de babouins et d'autres animaux tués eux aussi par le léopard. Cette théorie semble plus satisfaisante que celle qui affirme que les australopithèques ont tué les autres animaux — et se sont également entretués — et ont traîné eux-mêmes leurs proies dans les grottes.

chèvres et que les déchets avaient été nettoyés par les chiens, ce qui restait ne différait pas sensiblement de ce que l'on avait trouvé à Makapansgat ; en l'occurrence, les prédateurs avaient pu être de grands carnivores et les charognards des hyènes. Ces carnivores étaient-ils des hominidés ? Brain l'ignore. Le seul apport concret de son travail a été de suggérer que les conclusions de Dart au sujet des massues, des scies et des crânes brisés étaient probablement erronées.

D'aucuns ont suggéré que cette accumulation d'ossements a pu être l'œuvre des hyènes elles-mêmes. Celles-ci transportent effectivement des os pour les ronger. En fait, elles les mangent même. Elles ont des mâchoires extrêmement puissantes et de formidables sucs digestifs. Elles adorent broyer et pulvériser de petits os, qui traversent leur système digestif pour réapparaître sous forme de fèces blanchâtres. Mais cette prédilection de la hyène ne permet pas de l'identifier comme l'agent ayant réuni des os dans les grottes. Les grandes cavernes ne sont pas l'habitat naturel des hyènes. Globalement, les arguments en faveur de la hyène semblent bien maigres et la solution du léopard paraît plus plausible.

Ce problème a traversé les années 40 et le début des années 50 sans que l'on ait pu trouver de solution satisfaisante. Brain et certains autres commençaient à obtenir des données géologiques de plus en plus précises sur les grottes, mais personne n'ignorait qu'une interprétation correcte des os qui s'y trouvaient dépendait d'une meilleure compréhension des hominidés eux-mêmes.

A ce moment-là, comme cela s'était produit auparavant avec les spécimens de Heidelberg, de Pékin et de Java, la nomenclature des fossiles sud-africains était devenue une véritable pagaille. On avait alors les types suivants :

Australopithecus africanus : L'Enfant de Taung, le premier australopithèque baptisé par Raymond Dart en 1925.

Plesianthropus transvaalensis : Le deuxième australopithèque sud-africain, provenant de la grotte de Sterkfontein. Malgré sa grande ressemblance avec l'Enfant de Taung, Robert Broom, qui l'avait trouvé, lui attribua un nom personnel. Broom et un assistant de talent, J.T. Robinson, dégagèrent par la suite un certain nombre de fossiles de ce type par dynamitage à Sterkfontein.

Australopithecus prometheus : Il s'agit du fossile trouvé par Dart à Makapansgat. Il ressemblait beaucoup aux deux précédents. Mais Dart, tout à son idée de civilisation ostéodontokératique, et exalté par des traces de feu découvertes sur le sol de la grotte (il se révéla par la suite que ces traces étaient beaucoup plus récentes), arriva à la conclusion que les « singes tueurs » de Makapansgat connaissaient l'usage du feu aussi bien que celui des armes. D'où un nouveau nom, tiré de celui de Prométhée, le voleur de feu du mythe grec.

Paranthropus robustus : Nom donné par Broom au type plus grand et apparemment beaucoup plus primitif représenté par le crâne et les dents trouvés par Gert Terblanche, le jeune écolier de Kromdraai.

Paranthropus crassidens : Également baptisé par Broom. Avec Robinson, il trouva de nombreux spécimens de cette créature au cinquième et dernier site de grottes d'Afrique du Sud, à Swartkrans, à moins de deux kilomètres de Sterkfontein. Il était lui aussi primitif et robuste mais Broom, apparemment résolu à nommer avant sa mort plus d'espèces disparues que tout autre savant, ignora sa ressemblance avec les fossiles de Kromdraai. Il accepta de les classer tous les deux dans le même genre, *Paranthropus*, mais insista pour lui donner un nouveau nom d'espèce.

Ainsi, la boîte à musique anthropologique s'était remise en marche, mais c'était toujours le même air ; seules les fioritures différaient. On se retrouvait une fois de plus avec une masse de noms imposant une simplification.

La différence était que les Hommes de Heidelberg, de Pékin et de Java avaient été dispersés à travers des étendues immenses de l'Ancien Monde. Les cinq sites fossilifères sud-africains quant à eux étaient concentrés sur une petite région d'un continent. Qui plus est, trois d'entre eux (Sterkfontein, Kromdraai et Swartkrans) étaient situés à moins de cinq kilomètres l'un de l'autre. Qui aurait sincèrement pu croire, après mûre réflexion, que cinq espèces d'hommes-singes différentes, issues de trois genres distincts, avaient pu faire leur apparition dans cette petite région, tout en restant inconnues en tout autre point du globe ? Chaque site avait-il une espèce d'homme-singe différente ? Cela semblait plus qu'improbable.

Broom mourut. Dart se faisait vieux et prit sa retraite. Des hommes nouveaux, comme leurs étudiants Tobias et Robinson, commencèrent à faire entendre leur voix dans les milieux de l'anthropologie sud-africaine. Leur connaissance des fossiles des différents sites s'améliorait.

Lentement, le tableau commençait à s'éclaircir. Comme cela se produit toujours lorsqu'on ne dispose que d'un échantillonnage restreint, on avait tout d'abord été frappé par les différences qui séparaient les fossiles. A présent, l'échantillonnage s'étant élargi, certaines similitudes commençaient à s'affirmer. On finit par s'accorder presque unanimement à reconnaître qu'il n'y avait que deux types d'hominidés primitifs en Afrique du Sud, et non cinq.

Quels noms allait-on leur donner ?

Si un anthropologue était aujourd'hui chargé de cette tâche et s'il pouvait tout reprendre à zéro, il est bien possible qu'il se rallierait au jugement de Broom et à son *Plesianthropus* (« presque homme »). Car c'est bien ce qu'étaient tous ces fossiles : des « presque hommes ». Le nom de Dart, *Australopithecus* (singe du Sud), était trompeur : presque tout le monde admettait désormais que ce n'étaient pas des singes. Néanmoins, selon les règles de la nomenclature – les règles scientifiques qui régissent l'appellation des choses –, Dart était arrivé le premier, et le nom qu'il avait choisi devait donc être accepté de droit. C'est ainsi que depuis les années 50, *tous* les hommes-singes d'Afrique du Sud portent le nom d'australopithèques.

On les divisa en deux types : un type svelte, « gracile », et un type « robuste », solidement charpenté, d'aspect plus primitif. Le premier, dont l'Enfant de Taung représentait l'exemplaire original, le « spécimen type », conserva son nom *d'Australopithecus africanus*. On apposa la même étiquette sur tous les fossiles de Makapansgat et de Sterkfontein : leur gracilité ne faisait désormais plus de doute.

Malgré certaines différences mesurables par rapport à l'espèce gracile, les grands spécimens massifs de Kromdraai et de Swartkrans représentaient visiblement des créatures appartenant au même genre. C'étaient eux aussi des hommes-singes à station droite. La solution était de les classer dans le même genre, mais dans une nouvelle espèce. C'est ainsi qu'ils prirent le nom d'*Australopithecus robustus*, qu'ils ont gardé depuis.

Aujourd'hui, les anthropologues parlent d'australopithèques robustes et graciles comme si c'était une chose évidente. Mais ces noms et ces simplifications n'ont vu le jour qu'après une génération de débats et de controverses.

3.
Afrique orientale : enfin une date

Je suis bien déterminé à finir usé mais certainement pas rouillé.

ROBERT BROOM.

Je ne crois pas que vous appréciiez parfaitement tout ce que j'ai dû faire en vue du travail que je suis en train d'accomplir. Il n'existe pas de cursus universitaire unique qui puisse préparer une personne à faire ce que je fais. J'ai passé un diplôme de langues modernes, puis un diplôme d'archéologie et d'anthropologie ; j'ai suivi ensuite un troisième cycle de zoologie des vertébrés et de géologie, puis une année d'anatomie au Royal College of Surgeons, que j'ai associée à un cours de météorologie.

LOUIS LEAKEY.

Robert Broom mourut en 1951. Il souffrait depuis un certain temps de parésie bulbaire (une dégénérescence des nerfs spinaux) et d'asthme, et éprouvait de grandes difficultés respiratoires. Il continua néanmoins à travailler jusqu'aux dernières semaines de sa vie avec une énergie qui surprenait tout le monde. L'année précédente, il avait écrit un livre et publié une quinzaine d'articles scientifiques. Il en publia un autre en 1951, mais ce fut le dernier. Il déclina rapidement et mourut en avril – littéralement usé, mais non rouillé.

A la fin de sa vie, il était devenu très célèbre. Il donnait des cours à l'université de Witwatersrand, correspondait avec d'éminents anthropologues du monde entier, mais n'en restait pas moins l'Écossais irrévérencieux, iconoclaste et intraitable qu'il avait toujours été. Ses sympathies se portaient toujours vers l'homme du peuple. « L'ouvrier, le carrier ou le mineur moyens, disait-il, ont généralement autant de facultés mentales que le professeur d'université moyen, et manifestent souvent plus d'enthousiasme que lui pour la recherche de nouveaux faits scientifiques. » Il poursuivait en faisant remarquer que le meilleur chasseur de fossiles des États-Unis, S.W. Williston, était un employé des chemins de fer. A l'égard des femmes, il n'avait pas perdu sa forme non plus. A soixante-quatorze ans, il déclarait : « Je ne pense à mon âge que lorsque je gravis une colline ou que j'attrape un autobus. Mon cœur continue à battre la chamade dès que je vois une jolie fille, et nous en avons encore pas mal à Prétoria. Il paraît que les charmes sexuels existent aussi au Paradis – je me réjouis déjà à la pensée de ce qui m'attend. »

A la mort de Broom, j'avais huit ans. Je n'avais jamais entendu parler de lui. Je n'avais jamais entendu parler d'australopithèques non plus, mais je commençais déjà à m'intéresser à l'anthropologie, bien que ce terme lui-même me fût encore inconnu. Je suis le fils d'immigrants suédois qui se sont établis à Chicago, où mon père était coiffeur. Il est mort alors que je n'avais que deux ans, et ma mère m'emmena vivre à Hartford, dans le Connecticut. Là, j'eus la chance de trouver un substitut de père en la personne de Paul Leser, un voisin qui enseignait l'anthropologie à la fondation du séminaire de Hartford. Leser n'avait pas d'enfants, et m'encouragea à lui rendre visite et à fureter dans sa bibliothèque, qui contenait de nombreux ouvrages d'anthropologie culturelle. Je me souviens encore de mon étonnement en apprenant que le monde était plein de gens qui vivaient au contact de la nature – les Soudanais, les pygmées, les habitants des îles asiatiques – et qui trouvaient leur subsistance par des échanges directs avec leur environnement, et non au supermarché du coin. La plupart des enfants dotés d'un esprit curieux prennent progressivement conscience de la diversité des civilisations humaines, mais il me semble que chez moi, cette prise de conscience s'est faite d'un seul coup. J'en ai été vivement impressionné. J'étais également fasciné par le passé lointain. Au lycée, je décidai de devenir anthropologue.

J'étais bon en chimie, et Leser essaya de me persuader de consacrer tous mes efforts à cette matière. « L'anthropologie te fera mourir de faim, me dit-il. Il n'y a là aucun avenir, sinon l'enseignement, et c'est un débouché plutôt aléatoire. » Il me fit remarquer que l'on demandait beaucoup de chimistes, et qu'avec un bon niveau et certain goût pour les affaires, on pouvait faire une brillante carrière dans l'industrie. Je continuai donc docilement la chimie à l'université d'Illinois – mais cela m'ennuya rapidement. On me vit rôder de plus en plus fréquemment autour de la faculté d'anthropologie. Je finis par changer de spécialité et par m'inscrire dans cette discipline, et pendant plusieurs étés, je travaillai comme archéologue sur des chantiers de fouilles du Middle West.

Vers cette époque, j'entendis parler de bourses d'échanges qui permettaient aux étudiants inscrits dans l'une des dix grandes universités (plus l'université de Chicago) de poser leur candidature pour aller effectuer un travail particulier dans n'importe laquelle des autres. Je n'étais pas très satisfait des cours d'anthropologie de l'université d'Illinois et décidai de poser ma candidature à l'université de Chicago, dont l'Institut d'anthropologie était dirigé par F. Clark Howell.

Howell n'avait alors que trente-neuf ans, mais il avait déjà une longue expérience tant de l'enseignement que du travail sur le terrain. Modeste, et se tenant à l'écart de toutes les controverses – chose inhabituelle dans une discipline qui a longtemps été dominée par des personnalités hautes en couleur –, il évitait les débats stériles et consacrait tous ses efforts à une exploitation rigoureuse des sites.

Autrefois, un homme qui partait en campagne rassemblait un peu d'argent, s'en allait, trouvait quelques fossiles et déclarait qu'il lui fallait absolument quelques renseignements géologiques. Alors il rentrait chez lui, il recueillait un peu plus d'argent et embauchait un géologue. L'année suivante, il se rendait compte qu'il avait besoin d'un archéologue, etc. Cela revenait un peu à poser des pièces sur un pantalon. La démarche de Clark était toute différente. Il avait compris qu'un travail correct sur le terrain nécessitait dès le départ la présence d'une équipe d'experts compétents. Cela se fait couramment aujourd'hui, mais il faut reconnaître à Clark le mérite d'avoir été le promoteur de l'approche pluridisciplinaire de l'exploitation des sites.

Cette approche est parfaitement illustrée par le travail qu'il a réalisé à Torralba et à Ambrona, deux sites d'Espagne, qui avaient été fouillés sans méthode par un noble espagnol, un amateur qui s'amusait à retrouver des os d'éléphants. Clark y amena une équipe en 1961. Il voulait obtenir une datation précise, et engagea donc un palynologue (un spécialiste de l'identification des grains de pollen) pour effectuer quelques prélèvements. Il emmena aussi un géologue et un archéologue. Ils fouillèrent les sites centimètre par centimètre, relevant tout ce qu'ils trouvaient sur une série de cartes qu'ils dressaient au fur et à mesure qu'ils creusaient, changeant de carte tous les trente centimètres. Ils finirent ainsi par obtenir un tableau tridimensionnel de l'ensemble, et furent en mesure de reconstituer ce qui s'était passé en ce lieu quatre cent mille ans plus tôt.

Quelle scène ! Des bandes d'*Homo erectus* attendaient, cachés dans les vallons qui séparaient les collines, le passage de grandes hordes de gibier qui migraient vers le sud avant l'hiver. Ils rabattirent le gibier vers des marais en allumant des feux d'herbe. Ils prirent même des éléphants à ce piège. Ceux-ci s'embourbèrent, et les chasseurs purent les tuer. Tout est parfaitement visible : les outils de pierre que les chasseurs ont laissés traîner, les traces d'herbe brûlée, les fossiles d'animaux. On a trouvé beaucoup d'éléphants, beaucoup trop pour qu'ils aient pu s'enliser là par accident. De plus, leurs os étaient dispersés, prouvant que des êtres avaient débité les éléphants, en avaient déplacé les morceaux et avaient brisé leurs os pour accéder à la moelle. On peut apprendre bien des choses intéressantes en analysant intelligemment un tas d'os. Par exemple, un des éléphants que Clark trouva n'était qu'un demi-éléphant. La moitié de ses pattes et de ses côtes gisait là, toute seule. Il manquait l'autre partie. Comme il est impossible qu'un demi-éléphant vienne mourir dans un marécage, il était évident que quelqu'un avait découpé l'autre moitié et en avait emporté les morceaux.

Le travail réalisé par Howell à Torralba et à Ambrona est considéré par les spécialistes comme un modèle d'exploitation de site. Il ne s'est pas borné à prouver que des groupes d'*Homo erectus* vivaient en Espagne il y a quatre cent mille ans – chose qui n'avait pas encore été mise en évidence pour l'Europe occidentale – mais il a décrit en détail ce qu'ils y faisaient ; et ce sans avoir trouvé un seul fossile d'hominidé.

Vers la fin des années 60, Howell remit en pratique ses méthodes pluridisciplinaires, cette fois au bord de la rivière Omo au sud de l'Éthiopie ; et à nouveau, il apporta une contribution capitale à la science anthropologique en datant avec précision toute une série de strates géologiques et en trouvant leurs correspondances avec le développement évolutif de différentes sortes de mammifères. Il trouva quelques fossiles d'hominidés, mais ceux-ci étaient loin d'être spectaculaires. N'ayant jamais réussi à découvrir de ces impressionnants fossiles d'ancêtres humains qui font la une des journaux, Howell est resté pour ainsi dire inconnu en dehors de la profession. Mais à l'intérieur de celle-ci, il jouit d'un respect universel. Partageant ce respect, je téléphonai à Clark et lui demandai un rendez-vous pour discuter d'un éventuel transfert dans le cadre de ces échanges interuniversitaires.

« Que souhaitez-vous faire exactement ? me demanda Howell lors de notre première entrevue.

– J'aimerais aller en Afrique chercher des fossiles d'hominidés.

– C'est plus facile à dire qu'à faire, répondit-il.

– Je ferai tout ce qu'il faut pour m'y mettre. J'aimerais commencer par travailler sous votre direction. »

Après quelques questions supplémentaires, Howell me donna son accord.

J'avais été plutôt anxieux à l'idée de m'adresser directement, comme cela, au célèbre Howell, et je fus surpris de la facilité avec laquelle je fus admis à son séminaire.

« C'était un gosse intelligent, dit Howell plus tard à l'un de mes amis, alors je l'ai pris. »

Pendant les années 50, la paléoanthropologie connut trois événements d'une importance capitale.

Le premier fut la publication d'un article de Wilfrid Le Gros Clark dans le *Journal of the Royal Anthropological Institute* en 1950.

Au cours de la décennie précédente, Le Gros Clark avait pris la succession du tout-puissant Keith au titre de doyen des anatomistes britanniques. Keith en effet se faisait vieux, et avait pris sa retraite. Cela n'empêchait pas Robert Broom de lui écrire chaque fois qu'il en avait envie – raillant comme toujours les réticences de Keith à accorder pour de bon le rang d'hominidés aux australopithèques d'Afrique du Sud. Broom et Keith avaient exactement le même âge. Chaque fois que Broom recevait une réponse de Keith, il en examinait l'écriture de plus en plus tremblée et disait d'un ton suffisant à George Findley, un collègue sud-africain : « Ce pauvre vieux Keith, on dirait qu'il commence à sucrer les fraises. » Jusqu'à son dernier jour, l'écriture de Broom fut aussi ferme que celle d'un jeune homme.

Keith étant désormais à la retraite, Broom se mit à bombarder Le Gros Clark de lettres sur les fossiles d'Afrique du Sud, et elles furent accueillies avec une certaine sympathie. Néanmoins, Le Gros Clark resta prudent et dit à Broom qu'il préférait suspendre son jugement tant qu'il n'aurait pas davantage de renseignements concrets, sous forme de moulages, de dessins et de photographies précis des originaux.

Broom riposta par retour du courrier : « Vous affirmez que les anatomistes anglais vont devoir suspendre leur jugement tant que des moulages, etc. Il se peut que le jugement anglais soit de toute première valeur, mais à la découverte de l'*Australopithecus*, en 1924, l'Angleterre n'a pas suspendu son jugement : quatre savants anglais ont immédiatement exprimé l'opinion qu'il s'agissait d'un chimpanzé. »

Le Gros Clark envoya une lettre conciliante, insistant pour avoir plus de détails sur les fossiles, que Broom finit par lui expédier. Apparemment, ils le convainquirent du bien-fondé de la revendication australopithèque, il chercha immédiatement à en convaincre les autres. Au retour d'un séjour en Afrique du Sud, il entreprit d'analyser en détail la dentition du singe anthropoïde puis celle de l'homme, et de noter les différences qui les séparaient. Il put ainsi établir une liste comprenant une douzaine de différences significatives. Elles étaient non seulement valables pour tous les singes anthropoïdes et tous les êtres humains, mais aussi évidentes et faciles à reconnaître. En fait, Le Gros Clark disait : « Choisissez trois ou quatre caractéristiques de ma liste, et je vous dirai immédiatement si leur possesseur est un singe ou un homme. » En introduisant les traits australopithèques dans cette comparaison, on devait voir clairement s'ils se rapprochaient des hommes ou des singes.

La liste de caractéristiques de Le Gros Clark reposait essentiellement sur des observations morphologiques (une étude de la forme et de la fonction de chaque dent). Il compléta ce travail par des données biométriques (des mesures précises : hauteur, largeur, etc.). Broom entendit parler de ce travail et en attendit les résultats avec impatience. Il apprit entre-temps que l'autorité mondiale incontestée en matière de singes anthropoïdes et de comportement simien, Sir Solly Zuckerman, était en train d'effectuer ses propres mesures biométriques dans l'intention de prouver que les australopithèques étaient des singes.

Broom, qui savait instinctivement *comment* un animal se sert de ses dents et quelles sont les incidences de cette utilisation sur leur forme et leur développement évolutif, respectait les études morphologiques ; il avait passé sa vie à en faire. Sachant également que l'on peut noter d'importantes différences de taille non seulement parmi les individus fossiles, mais aussi chez l'homme moderne, il n'avait que mépris pour la biométrie. « Dans le domaine de la morphologie, je considère tous les biométriciens comme des sots », déclarait-il péremptoirement. Entendant parler d'un savant américain qu'il estimait, bien qu'il se fût égaré dans le bourbier biométrique, il dit de lui : « Il a un petit cerveau, mais qui fonctionne remarquablement bien pour sa taille. »

Zuckerman remuant de plus en plus de vent biométrique, Le Gros Clark jugea opportun de le mettre au défi de présenter toute une dentition de chimpanzé ressemblant tant soit peu à une dentition d'australopithèque. Zuckerman en était incapable. Il ignora le défi et continua à tirer des salves de statistiques jusqu'au jour où des statisticiens professionnels firent remarquer que ses données n'avaient pas été calculées correctement. Broom, bien sûr, se moquait pas mal que ces chiffres fussent justes ou faux. Pour lui, le point important était que sans compréhension morphologique, de tels chiffres étaient dénués de sens. On pouvait, disait-il, trouver une vache dont les dents avaient la même taille que celles d'un âne. Les deux animaux étaient-ils semblables pour autant ?

Pour rendre justice à Zuckerman, il faut reconnaître que les crânes de singes anthropoïdes et les crânes d'australopithèques présentaient effectivement quelques ressemblances. Leurs cerveaux avaient approximativement la même taille, tous deux avaient des mâchoires prognathes (longues et proéminentes), etc. Ce que Zuckerman ne voyait pas, c'était l'importance de certains traits communs aux australopithèques et aux hommes. Dans une étude consacrée à la controverse australopithèque, Charles A. Reed, de l'université d'Illinois, a bien résumé la méprise de Zuckerman : « Peu importe que Zuckerman ait écrit que ces caractères étaient "souvent peu frappants" ; la chose qui comptait, c'était la présence de plusieurs de ces caractères naissants, dans des combinaisons fonctionnelles. A mon sens, Zuckerman et ses collaborateurs ne sont pas arrivés à saisir ce point de vue, bien qu'ils aient prétendu le contraire. Leur approche... a été extrêmement statique en ce sens que pour pouvoir admettre qu'un fossile présente des traces d'évolution vers l'homme actuel, ils exigent en substance que ce fossile soit déjà parvenu en grande partie à ce dernier stade, avant d'accepter de considérer qu'il a commencé le voyage évolutif. » En d'autres termes : s'il n'était pas déjà en grande partie humain, on ne pouvait considérer qu'il était en passe de le devenir.

Avec son étude comparative, Le Gros Clark était bien décidé à balayer ce préjugé. Quand Zuckerman fut enfin réduit au silence par les soupçons qui entouraient la crédibilité de son approche statistique, Le Gros Clark passa au point essentiel de son analyse. Il confronta les données australopithèques aux différents points de sa comparaison entre le singe et l'homme, et découvrit que dans presque tous les cas, elles se rapprochaient du modèle humain et non du modèle simien[1].

Australopithecus était un hominidé, un ancêtre potentiel ! Un éminent scientifique britannique avait enfin entrepris d'étudier méthodiquement les informations dont on disposait, et était arrivé à cette conclusion. Raymond Dart avait dû attendre vingt-cinq ans avant d'être reconnu.

Le second grand événement des années 50 concernait l'Homme de Piltdown. Quelques années auparavant, lors d'une fouille, un certain Alvan T. Marston, dentiste de son état, avait découvert un crâne fossile à Swanscombe, dans le Kent. Convaincu que ce crâne était plus vieux que

1. Pour l'analyse de l'étude de Le Gros Clark, *cf.* p. 297.

celui de Piltdown, il engagea une campagne acharnée pour démontrer que l'Homme de Swanscombe était le « premier Anglais ».

Marston disposait de quelques solides arguments. En tant que dentiste, il avait une connaissance professionnelle du fonctionnement des dents et des mâchoires, et l'association du crâne d'aspect humain de l'Homme de Piltdown et de sa mâchoire simiesque éveillait sa méfiance. A son avis, il était fort possible qu'un homme et un singe anthropoïde eussent été réunis accidentellement dans le champ de fouilles de Piltdown. Il commença donc à se demander si le crâne de Piltdown était vraiment aussi ancien qu'on le prétendait. Le sien *était* vieux, il le savait. On avait trouvé à côté de lui ving-six sortes de fossiles de mammifères du Pléistocène moyen. Pour remporter la palme, il ne lui restait qu'à prouver que le crâne de Piltdown était plus récent. Il défendit sa cause bruyamment pendant plusieurs années, en vain.

A la fin des années 40, la science vint à sa rescousse. Quelqu'un avait découvert que les os enterrés absorbent progressivement le fluor qui se trouve dans le sol qui les entoure ; plus ils restent enterrés longtemps, plus ils contiendront de fluor. Cette mesure n'était pas aisée : tout dépendait de la richesse en fluor du sol environnant – et l'on savait qu'elle variait considérablement suivant les endroits. Mais si un certain nombre de fossiles trouvés en un lieu déterminé fournissaient le même résultat, et si un autre fossile s'en écartait, on pourrait affirmer que ce dernier présentait quelque chose d'exceptionnel. Soit il datait d'une autre époque, soit il provenait d'ailleurs.

Quand le Dr Kenneth Oakley du British Museum entendit parler de la méthode du fluor, il décida de l'appliquer aux fossiles de Swanscombe. On apprit ainsi que l'homme et les animaux contenaient la même quantité de fluor, ce qui prouvait qu'ils avaient la même provenance et le même âge. Pléistocène moyen : telle fut la conclusion à laquelle on s'arrêta.

Comme on avait prétendu que l'Homme de Piltdown remontait au Pléistocène inférieur, voire au Pliocène, Oakley entreprit de le soumettre à une analyse minutieuse, en compagnie de ses fossiles animaux associés. L'ensemble d'os qu'on lui donna à analyser était hétérogène. Il y avait quelques dents de mammouth et de mastodonte disparus datant du Pliocène et trouvés effectivement au même endroit que l'Homme de Piltdown. Pour compléter l'échantillonnage, on y ajouta des fossiles d'espèces plus récentes – cheval, cerf et castor – provenant de dépôts voisins ayant un taux de fluor comparable. Au grand étonnement d'Oakley, les mammifères les plus récents contenaient plus de fluor que les plus anciens. Il n'envisagea pas immédiatement que ces derniers avaient pu être enfouis subrepticement dans la tranchée pour donner un cachet d'authenticité à l'Homme de Piltdown. Ce soupçon allait naître plus tard. La conclusion à laquelle il arriva était que l'histoire des fossiles de la région de Piltdown était terriblement embrouillée, ou que les spécimens avaient été ramassés avec une grande négligence. En tout cas, les fossiles d'animaux ne permettaient pas de dater le fossile humain – qui, à en croire la méthode du fluor, était encore plus récent, et sans aucun doute plus récent que l'Homme de Swanscombe. Cette méthode n'en étant qu'à ses balbutiements et comprenant encore des risques d'erreur, Oakley ne déclara pas ouvertement, comme Marston l'avait visiblement espéré, que l'Homme de Swanscombe était le premier Anglais. Il laissa aux autres le soin de le déduire, à la grande déception de Marston qui souhaitait une sonnerie de clairon, et non une déduction.

Dans son rapport, publié en 1950, Oakley se bornait à affirmer : « Il est possible que, loin de représenter un type primitif, l'Homme de Piltdown soit un hominidé tardif et différencié, ayant évolué dans un isolement relatif. » Mais un autre aspect du fossile l'avait frappé. En fraisant une des dents afin de prélever un échantillon pour en analyser le fluor, il avait remarqué que sa coloration brun sombre – l'une des caractéristiques citées, à l'origine, comme preuve de son ancienneté – n'était présente qu'en surface. A l'intérieur, la dentine était aussi blanche que celle d'un homme mort récemment.

On se rappela alors que Dawson, l'homme qui avait trouvé le fossile et qui était décédé depuis, avait procédé à une manipulation que l'on avait oubliée. Voulant durcir le fossile pour qu'il se conservât mieux, il en avait trempé les fragments dans une solution de bichromate de potassium. Il l'avait fait peu après la découverte, et en avait parlé à l'époque à Sir Arthur Smith Woodward, qui avait remarqué que cette opération ne les avait pas durcis, mais simplement un peu foncés. Woodward le spécialiste excusa Dawson l'amateur, et admit qu'il avait procédé à cette opération par ignorance, mais dans une bonne intention. Marston, qui continuait à se démener à la recherche de preuves qui rajeunissent l'Homme de Piltdown, se raccrocha à cette bouée. Il fit immédiatement subir une opération similaire à un fragment d'os d'animal fossilisé qu'il avait ramassé sur le pré communal de Piltdown. Sa couleur grisâtre vira rapidement au brun-gris foncé du crâne de Piltdown. Il retourna à l'attaque, affirmant bien haut que les estimations courantes de l'âge de Piltdown étaient erronées. La méthode du fluor le prouvait. La géologie du champ de fouilles de Piltdown elle-même était terriblement embrouillée et sujette à caution. Les dents de mastodonte avaient quelque chose de louche. Enfin, tout ce qu'il fallait faire pour donner l'aspect du vieux à un morceau de fossile, c'était de le tremper dans la solution chimique adéquate.

Cela ne donna rien. En fait, son insistance à affirmer que le crâne et la mâchoire ne pouvaient pas appartenir à la même créature se retourna contre lui au moment où l'analyse du fluor d'Oakley prouva que, sans être très anciens, les deux fragments avaient cependant le même âge. Marston ne pouvait pas faire grand-chose de plus. Il écrivit un long article fort détaillé, invoquant ses connaissances dentaires pour affirmer que, quel que fût l'âge de la mâchoire et du crâne, il était *impossible* de les assembler pour former un individu. Le crâne, écrivit-il, était celui d'un homme moderne d'au moins quarante ans ; la mâchoire appartenait à un jeune singe anthropoïde et présentait les molaires et les prémolaires incomplètement développées d'un adolescent. Ce fut son dernier rugissement. Il se réfugia ensuite dans un silence amer.

Mais l'intérêt du travail de Marston ne fut pas enterré avec son article. Il lui survécut, et alluma une étincelle dans l'esprit de J.S. Weiner, d'Oxford, qui commença en 1950 à examiner méthodiquement toute l'histoire de l'Homme de Piltdown. Il remonta une longue piste de comptes rendus bâclés, d'analyses superficielles et d'inepties pures et simples ; une piste qui, de bévue en bévue, s'était fourvoyée jusqu'au fourré épineux du préjugé *voulant* que le premier homme ressemblât à l'Homme de Piltdown plutôt qu'à un singe au front bas. Cette piste n'en était plus sortie et avait fini par devenir aussi obscure que le fossile lui-même. Bien que des dizaines d'hommes se fussent posé des questions, chacun à sa manière, sur le fossile de Piltdown, Weiner fut le premier à oser murmurer qu'il n'était pas impossible que cet étendard flottant au mât de la paléoanthropologie britannique, l'astre de son diadème, fût un faux.

A peine ce mot fatal fut-il prononcé, que l'Homme de Piltdown s'écroula dans un grand fracas. Weiner, Oakley et Le Gros Clark l'étudièrent en détail et firent une découverte consternante. Pour donner aux dents de sa mâchoire un aspect humain, on avait limé les molaires. En fait, c'étaient des molaires de singe anthropoïde, comportant à l'origine des cuspides hautes et pointues. Celles-ci avaient disparu, et un examen miscroscopique révéla comment on les avait supprimées. Sur leurs surfaces de broyage, on vit distinctement les éraflures de la lime. On découvrit que la coloration brun foncé des dents et de la mâchoire était due à une sorte de peinture, hâtivement appliquée pour imiter la couleur du crâne.

On fit subir à l'os lui-même de nouveaux tests, plus fiables, qui montrèrent que le crâne ne pouvait pas remonter au Pléistocène inférieur. On sait aujourd'hui qu'il a environ cinq cents ans. Quant aux dents, c'étaient celles d'un orang-outan, datant d'environ cinq cents ans lui aussi. Marston, le dentiste, avait eu raison. Il avait eu plus de flair que les paléontologues.

Les milieux de l'anthropologie furent profondément soulagés de pouvoir retrancher de l'arbre généalogique ce personnage bizarre qu'était l'Homme de Piltdown, mais ils furent en même temps terriblement embarrassés. Les conclusions des trois experts chargés de cette étude furent posément présentées par le British Museum en 1953 ; le scandale fut immédiat.

Qui avait bien pu faire cela ? Et pour quelle raison ?

Le premier suspect fut évidemment l'homme qui était à l'origine de cette découverte, le joyeux amateur Charles Dawson. Sir Arthur Woodward et Teilhard de Chardin, qui avaient assisté à la découverte des fossiles, se trouvèrent également mis en cause. Tout le monde s'accorda presque immédiatement à disculper Woodward ; ses références scientifiques, et en fait toute sa carrière scientifique, ne permettaient pas de croire qu'il ait pu faire une chose pareille. Le paléontologue français, que sa longue et remarquable carrière de théologien/paléontologue semblait placer au-dessus de tout soupçon, fut lui aussi blanchi. Il y eut cependant quelques sceptiques. Louis Leakey, qui succéda à Broom au titre de doyen des paléoanthropologues africains, était tellement convaincu de la culpabilité de Teilhard de Chardin qu'il refusa en 1971 d'assister à un congrès organisé en l'honneur du prêtre français. Mais la plupart des autres crurent à l'innocence de Teilhard.

Il restait donc Dawson. Ses défenseurs mirent en avant son caractère et sa rectitude. Les scientifiques se rappelèrent sa bonhomie, son enthousiasme, son admiration pour Woodward, son long dévouement à une activité dont il ne retira rien, sinon le respect d'autres savants. Dans *The Piltdown Men* (« Les Hommes de Piltdown ») de Ronald Miller, un de ses partenaires du club de golf de Piltdown évoque l'image d'« un petit type insignifiant, qui portait des lunettes et un chapeau melon. Sûrement pas le genre à essayer de rouler quelqu'un ».

Mais la défense de Dawson s'effondra lorsqu'on apprit que certaines de ses autres activités archéologiques étaient entachées de supercherie. Petit à petit, on lui imputa de plus en plus franchement la responsabilité de cette imposture. Personne n'aurait hésité à le faire immédiatement et définitivement, si l'on ne s'était posé quelques questions intriguantes : comment en savait-il assez long pour faire cela ? Où s'était-il procuré un crâne datant de cinq cents ans ? Comment avait-il eu la patience de l'exhiber par fragments pendant plusieurs années ? Comment avait-il pu duper si habilement Woodward ? Comment savait-il qu'il fallait briser un morceau de l'articulation qui fixait la mâchoire au crâne pour faire croire à une possibilité réelle d'emboîtement ? Comment avait-il su qu'il fallait limer les molaires ? Où diable avait-il mis la main sur une mâchoire d'orang-outan de cinq cents ans ? En 1912, ce genre d'objets ne couraient pas les rues du Sussex. Chose encore plus invraisemblable, où avait-il trouvé la dent de mastodonte qu'il avait enfouie dans le champ de fouilles ? Une analyse isotopique de l'uranium révéla qu'elle provenait de Tunisie. Enfin, quel profit pouvait-il en tirer ?

Ce portrait regroupe les principaux personnages de la controverse de Piltdown. Assis en blouse de laboratoire, Sir Arthur Keith, qui reconstitua un crâne complet à partir de fragments de fossiles. Debout à sa gauche, Charles Dawson, l'amateur qui trouva les fossiles. A côté de lui, portant une barbiche blanche, Sir Arthur Smith Woodward, qui passa les trente dernières années de sa vie à étudier l'Homme de Piltdown. Debout de l'autre côté de Keith et montrant quelque chose d'un index condescendant, Sir Grafton Elliot Smith, que certains accusent d'avoir monté toute cette supercherie en raison de la haine qu'il portait à Keith et à Woodward.

Le nom de Dawson était sur toutes les lèvres. La science britannique ne savait plus où se fourrer. On tenta de présenter toute l'affaire de Piltdown comme un triomphe de la recherche scientifique, mais cette version ne rencontra guère de sympathie dans la presse. Un journal écrivit : « Les anthropologues évoquent... la "persévérance et la compétence de la recherche moderne". Parlons-en ! Quand il leur a fallu plus de quarante ans pour découvrir la différence entre un fossile ancien et un chimpanzé moderne ! Un chimpanzé aurait mis moins longtemps ! »

Édité en 1972, *The Piltdown Men* présente un compte rendu détaillé de toute cette affaire, et indique plusieurs pistes fascinantes, qu'il serait trop long de retracer ici. Tous ceux qui s'intéressent à cette extraordinaire supercherie devraient lire cet ouvrage. A la fin, son auteur, Ronald Miller, se pose la question que tout le monde s'était posée : qui a fait cela, et pourquoi ?

Dans l'ensemble, Miller est bien disposé envers Dawson. Il estime que la complexité de la supercherie – et elle était beaucoup plus grande qu'il n'est possible de l'expliquer ici – exigeait au minimum l'intervention d'un complice professionnel. Mais le terme même de « complice » le rebute. Ce n'était vraiment pas le genre de Dawson, dit Miller ; il admirait trop Woodward et n'aurait pas pu le trahir ainsi. Pour finir, Miller propose un suspect surprenant : Sir Grafton Elliot Smith. Il explique que Smith avait les compétences requises, et la possibilité de mettre la main sur les fossiles adéquats – il avait en effet fait un séjour en Afrique du Nord, région d'où provenaient les dents d'éléphants suspectes – et enfin, il avait un mobile.

Smith ne pouvait souffrir Keith. Pendant des années, les deux hommes s'étaient querellés sur des questions de principes scientifiques ; il aurait été enchanté de voir Keith ridiculisé. Il détestait Woodward tout aussi cordialement. Il aurait pu à maintes reprises éclairer le maladroit Woodward pendant la reconstitution du crâne, mais il n'en fit rien. Ses propres déclarations à ce sujet se retranchèrent toujours derrière l'affirmation prudente qu'elles reposaient sur une observation des moulages et des reconstitutions, et jamais sur les ossements originaux. Pourquoi, demande Miller, Smith ne prit-il jamais la peine de les étudier, alors qu'il aurait pu le faire à tout moment ? Ses compétences en anatomie lui auraient sans doute permis de déceler rapidement les nombreuses failles de tout l'édifice de Piltdown. Selon Miller, cette affaire fut moins une authentique supercherie qu'un monstrueux canular destiné à mettre Keith et Woodward dans l'embarras.

L'histoire de l'Homme de Piltdown ne s'achève pas avec Miller. Sept ans après la publication de son ouvrage, une histoire extraordinaire a fait la une des journaux d'Angleterre et des États-Unis. En 1979, le géologue anglais James Douglas mourut à l'âge de quatre-vingt-treize ans. Juste avant sa mort, il consigna sur une bande magnétique ses souvenirs sur l'affaire de Piltdown, et indiqua un nouveau coupable : William Sollas.

Sollas était l'homme qui avait écrit à Raymond Dart à l'époque de la controverse sur l'Enfant de Taung en éreintant Keith. Il détestait Keith, et il détestait Woodward. Il avait occupé la chaire de géologie d'Oxford pendant de nombreuses années, et James Douglas lui succéda en 1937.

Dans ses mémoires enregistrées, Douglas évoquait trente années de relations intimes avec Sollas. Il jugeait que la mise au point de la mystification de Piltdown aurait dépassé de loin les compétences de l'amateur Dawson, mais qu'elle était parfaitement dans les cordes de Sollas. Il se rappelait lui avoir envoyé de Bolivie des dents de mastodonte (identiques à celle que l'on avait trouvée dans la fouille de Piltdown) – et se rappelait de façon précise que Sollas avait reçu un jour un paquet de bichromate de potassium (le produit chimique utilisé par Dawson pour colorer les fragments de crâne en brun). Il se rappelait que Sollas avait emprunté un jour plusieurs dents de singe anthropoïde de la collection d'Oxford (quelques dents de singe isolées figuraient aussi dans la reconstitution de Piltdown).

Douglas indiquait également le mobile de Sollas : la vengeance professionnelle. Il se souvenait de sa fureur lorsque Woodward avait rejeté avec désinvolture sa technique de moulage de fossiles. Selon Douglas, Sollas attendit patiemment son heure, et celle-ci finit par arriver. Si les souvenirs de Douglas sont exacts, Sollas dut bien rire, année après année, en voyant ces deux grands hommes, Woodward et Keith, se débattre désespérément entre les dents du piège qu'il leur avait tendu avec son anthropoïde de pacotille.

Il se peut, bien sûr, que Douglas se soit trompé, et il n'est plus là pour répondre à un contre-interrogatoire. Certaines personnes, qui ont passé au crible tous les témoignages, jugent que l'accusation contre Sollas est bien maigre et qu'elle se fonde sur des indices trop peu nombreux et trop indirects. Elles affirment – et certaines le connaissaient personnellement – que ce n'était vraiment « pas le genre » de Sollas. Mais c'était déjà l'argument présenté par les défenseurs de Dawson. On ne connaîtra probablement jamais l'auteur de cette supercherie.

Le troisième grand événement des années 50 eut lieu en 1959 – et concernait Louis Leakey.

Fils d'un missionnaire anglais, Louis Seymour Bazett Leakey était né au Kenya en 1903. Enfant, il parla kikouyu avant de savoir parler anglais, et tout au long de sa vie, il se fit gloire d'avoir subi, jeune homme, les rites d'initiation d'une tribu Kikouyu.

Louis Leakey — à l'apogée de sa carrière, vêtu de la combinaison qu'il portait toujours sur le terrain, ses lunettes attachées à un cordon pour éviter qu'elles ne tombent pendant qu'il rampait et grimpait, les mains pleines de dents de mammifères fossiles.

Envoyé à l'école en Angleterre, le petit garçon de la brousse africaine ne parvint pas à s'adapter. C'était un crâneur – bruyant, entier, et généralement détesté par ses camarades. Il se débrouilla néanmoins pour être admis à Cambridge, mais il n'y entra que pour en repartir aussitôt, à la suite d'un grave coup de pied à la tête reçu au cours d'un match de rugby. Il y revint quelques années plus tard, et malgré le caractère succinct et inégal de sa formation, il obtint ses diplômes avec la meilleure mention. C'était un jeune homme brillant, doté d'une force de concentration féroce et d'une énergie volcanique.

Un fils de missionnaire est généralement un enfant pauvre, et Louis faisait partie des plus pauvres. Il n'avait jamais eu un sou lorsqu'il était à l'école, n'en eut pas davantage à Cambridge, et continua à ne pas en avoir par la suite. Pendant de nombreuses années, il joignit les deux bouts grâce à des bourses et des allocations, mendiant ce qu'il pouvait où il pouvait, donnant des conférences en échange d'un modeste salaire, écrivant de temps à autres un livre ou un article. Son problème était qu'il avait contracté une passion pour la préhistoire africaine, qui remontait presque à son enfance. Le passé avait allumé en lui un feu dévorant et inextinguible, et il était alors hors de question de gagner décemment sa vie en faisant de la paléoanthropologie et de l'archéologie au Kenya. Il se débrouilla comme il put. Il vendit des cannes d'ivoire africaines à son tailleur en échange de vêtements. Il tira parti de connaissances en graphologie pour identifier des documents frauduleux. Il seconda un homme qui cherchait des os de dinosaure en Tanzanie. Il ramassa des squelettes et des poteries sur des sites funéraires d'Afrique orientale. Il se constitua une immense collection d'outils de pierre. Il rapporta tous ces objets à Londres, où il put les cataloguer et obtenir des fonds supplémentaires pour retourner en Afrique en chercher d'autres. Il passa les années 20 à aller et venir. Une fois, Sir Arthur Smith Woodward obtint pour lui une subvention de quatre cents livres pour deux années de travail sur le terrain. Une autre fois, on lui commanda un ouvrage sur la préhistoire africaine. Il remit un volume de sept cent mille mots, qui resta à l'état de manuscrit pendant trente ans, parce qu'il refusa d'en retrancher le moindre paragraphe.

Pendant tout ce temps, avec de nombreux faux départs et de nombreux effondrements – physiques, professionnels et financiers –, il jalonna petit à petit le territoire qui allait finir par le conduire à la célébrité mondiale. Il repéra des sites fossilifères sur la rive du lac Victoria et dans la gorge d'Olduvaï en Tanzanie ; mais sa carrière faillit bien sombrer en cours de route.

Jeune homme, il fit deux gros accrocs à sa réputation. Alors qu'il chancelait encore entre la respectabilité scientifique et le naufrage financier, il épousa une jeune Anglaise, Frida Avern, qui était venue faire du tourisme en Afrique orientale. Au début, elle l'accompagna de bon gré dans ses expéditions sur le terrain et regagnait avec lui leur misérable cabane pleine à craquer d'outils de pierre, d'ossements, d'objets africains et de peaux de bêtes. Mais cette vie ne lui convenait pas vraiment. Elle n'était que trop heureuse de l'accompagner dans ses voyages occasionnels en Angleterre. Même là-bas, elle commença à passer de plus en plus de temps seule, pendant que Louis travaillait au musée, à classer les montagnes de documents qu'il avait recueillis. De toute évidence, leurs modes de vie étaient inconciliables, et un fossé se creusa bientôt entre eux, malgré la naissance de deux enfants. Finalement, Frida décida qu'elle en avait assez. Avec sa fortune personnelle, elle acheta une petite maison près de Cambridge et s'y installa définitivement.

Louis pouvait y séjourner chaque fois qu'il le souhaitait, mais de plus en plus, il préféra s'en abstenir. Il s'était engagé dans des projets encore plus ambitieux, et en 1933, il avait fait la connaissance de Mary Nicol, une jeune dessinatrice, étudiante en archéologie. Elle accepta de faire quelques dessins pour un livre qu'il écrivait. Peu après, ils devinrent amants. Mary l'accompagna à Olduvaï et l'épousa plus tard, une fois que Frida et lui eurent officielllement divorcé.

Toute cette histoire provoqua un terrible scandale, et confirma l'opinion générale sur le caractère fantasque de Louis. Son père était un pasteur anglican, et sa mère une femme de pasteur tout à fait convenable. Cette inconduite fut ressentie comme une insulte à leur égard, comme à celui de ses sœurs, toutes deux mariées à des ecclésiastiques (l'un devint plus tard évêque d'Afrique orientale). En fait, la famille Leakey comme la famille Bazett (nom de jeune fille de sa mère) – une importante coterie, ultra-conservatrice et liée par des relations de parenté complexes – furent indignées. Quant à la bonne société de Nairobi, intransigeante comme le sont souvent les sociétés coloniales, elle désapprouva elle aussi la conduite peu orthodoxe de Louis.

Louis n'avait pas ce seul opprobre à surmonter. Il venait de recevoir un autre camouflet, plus sérieux, d'ordre scientifique. En travaillant au lac Victoria, il avait trouvé deux fossiles d'hominidés. Le premier était formé de plusieurs fragments de crâne avec un front remarquablement lisse : les lourdes arcades sourcilières de l'Homme de Néanderthal ou de celui de Pékin étaient absentes. Le second était une mâchoire inférieure – qui allait connaître plus tard une triste célébrité sous le nom de mâchoire de

Kanam – d'aspect beaucoup plus humain que la mâchoire de Piltdown qui tenait encore tout le monde sous le charme. Ces deux découvertes s'accompagnaient de fossiles d'animaux : des éléphants disparus et, dans le cas de la mâchoire de Kanam, quelque chose d'encore plus ancien, une créature éléphantine appelée *Deinotherium*. Devant ces fossiles d'anciens mammifères et ces fragments hominiens d'aspect étrangement humain, Louis jugea qu'il avait déniché quelque chose d'extraordinaire et son esprit fit alors un de ces bonds impétueux qui allaient caractériser toute sa carrière. Si l'Homme de Pékin et l'Homme de Néanderthal présentaient des traits primitifs que ne présentait pas le sien, ce dernier devait constituer la véritable lignée qui avait donné naissance aux hommes modernes. Les autres étaient des rameaux éteints, des impasses.

Tout au long de sa carrière, Leakey a eu tendance à identifier ses propres découvertes comme des créatures de plus en plus anciennes, jalonnant la lignée de l'homme véritable. Quant à tous les fossiles d'hominidés trouvés par d'autres que lui, que ce fût dans des grottes de Chine, de Java, d'Afrique du Sud ou d'Europe du Nord, ce n'étaient pas des ancêtres, affirmait-il. Il est impossible d'établir à quel moment précis cette conviction s'empara de lui, mais il y resta opiniâtrement attaché jusqu'à sa mort. On comprendra qu'un esprit de ce genre ne pouvait qu'être complètement bouleversé par les découvertes du lac Victoria.

Il envoya un compte rendu radieux et absolument péremptoire à Londres, prévoyant de venir lui-même, en chair et en os, présenter ses fossiles. Un ami lui conseilla d'avoir des indications géologiques – la localisation précise des spécimens, et leur association exacte avec des mammifères disparus – irréfutables. Leakey s'était en effet déjà trouvé en fâcheuse posture le jour où il avait prétendu de façon un peu rapide qu'un homme fossile trouvé à Olduvaï était très ancien ; lorsque le géologue Percy Boswell de l'Imperial College d'Angleterre s'était rendu plus tard sur place, il avait prouvé, à la grande honte de Leakey, qu'il s'agissait d'une sépulture intrusive. Par la suite, son âge avait été estimé à cent cinquante mille ans seulement. Mais Leakey était un fonceur, un jeune taureau, si débordant d'assurance, si confiant en la justesse de ses idées ambitieuses, qu'il balaya d'un revers de manche tous ces avertissements.

A Londres, Leakey rencontra une nouvelle fois sa Némésis – Boswell – que sa bévue d'Olduvaï avait déjà rendu méfiant à son égard. Boswell contesta si bien ses preuves que Leakey, déçu, finit par demander à la Royal Society d'accorder des fonds pour envoyer Boswell en Afrique faire ses propres constatations. On l'avertit à nouveau qu'il avait intérêt à avoir des preuves solides.

Il n'en avait pas. Les piquets de fer qu'il avait plantés pour marquer l'emplacement de ses fossiles avaient été retirés par des guerriers indigènes pour faire des pointes de lances. De fortes pluies avaient modifié le profil du terrain. Leakey eut beaucoup de mal à localiser exactement ses découvertes. Bien pire encore, il se révéla que certaines photographies d'identification qu'il avait prises provenaient d'un autre endroit.

A son retour en Angleterre, Boswell le démolit dans un article accablant publié dans *Nature*.

Ces catastrophes hantèrent Leakey pendant des années. Il aurait pu les surmonter plus rapidement s'il avait été disposé à admettre ses erreurs. Mais il était l'obstination même. Il avait écrit : « L'importance de la mâchoire de Kanam réside dans le fait qu'elle peut être datée géologiquement, paléontologiquement et archéologiquement, et qu'il ne s'agit pas seulement du plus ancien fragment connu en Afrique, mais du plus ancien fragment du véritable *Homo* jamais découvert dans le monde entier. »

Des idées de cette ampleur sont dangereusement grisantes. Il est difficile d'y renoncer et Leakey n'y renonça jamais. Il concentra ses efforts sur la gorge d'Olduvaï, où il travaillait en équipe avec Mary, sa nouvelle femme. Contrairement à Frida, Mary aimait la vie sur le terrain. Elle comprenait le travail de Louis, et le complétait par une compétence croissante dans l'analyse d'outils de pierre très primitifs et dans l'archéologie d'anciens sites habités. Certaines de leurs meilleurs réalisations furent faites en tandem, avant leur séparation provoquée par des divergences d'opinion croissantes, par les absences de plus en plus fréquentes de Louis qui faisait des tournées de conférences, et par son intérêt pour les autres femmes. Il est curieux de constater que dans les dernières années de sa vie, Louis ne se rendit que rarement à Olduvaï, où il avait pourtant réalisé ses plus célèbres travaux. Mary prit la responsabilité du site et finit par s'y installer définitivement ; elle y habite encore aujourd'hui, dans une petite cabane, à côté de son laboratoire.

Ce furent les outils de pierre qui attirèrent Louis et Mary Leakey à Olduvaï. Cela faisait des années que Louis en ramassait dans toute l'Afrique orientale, et il était arrivé à trouver des correspondances entre certains styles de fabrication et des « industries » similaires d'Europe. Les outils d'Olduvaï étaient différents. Ils étaient si primitifs – c'étaient de simples galets dont on avait détaché un ou deux éclats à une extrémité pour former un tranchant grossier – qu'un œil profane n'y aurait certainement pas décelé une intervention humaine. Mais Mary et lui surent les identifier et donnèrent un nom à cette industrie : oldowayenne, d'après une autre orthographe du nom de la gorge elle-même.

Olduvaï est situé au pied d'un énorme volcan éteint, le célèbre cratère Ngorongoro. Comme Hadar où j'allais trouver Lucy quinze ans plus tard, c'est un lit de lac asséché. Et, comme à Hadar, le lit du lac s'est rempli de sédiments, dont certains d'origine volcanique. Ces sédiments sont disposés en strates selon notre schéma familier du millefeuille, comme on le voit sur les parois de profonds ravins coupés par des rivières. La gorge elle-même constitue le principal ravin d'Olduvaï ; en forme d'Y, elle se poursuit sur plusieurs kilomètres. A l'heure actuelle, elle a été entaillée sur une profondeur d'une centaine de mètres. Son sommet

La gorge d'Olduvaï est un ravin érodé d'une centaine de mètres de profondeur. Les personnes qui la voient pour la première fois s'imaginent que les premiers hominidés vivaient au fond de ce ravin, dans une sorte de tranchée ; c'est en effet là que l'on a retrouvé leurs fossiles, à côté d'outils de pierre. En fait, il n'y avait pas de gorge ici, il y a deux millions d'années, mais seulement une berge de lac plane. La surface du sol se trouvait alors là où se trouve aujourd'hui le fond de la gorge. Tous les sédiments que l'on voit sur cette photographie ont été déposés plus tard, recouvrant les fossiles. La gorge elle-même a été coupée encore plus tard par une rivière.

s'étend à plat vers l'ouest et rejoint progressivement la plaine de Serengeti. Les premiers outils oldowayens découverts par les Leakey se trouvaient tout au fond de cette gorge, dont le lit sédimentaire inférieur a été baptisé Couche I. Il est recouvert d'une strate volcanique qui le sépare de la Couche II, et ainsi de suite jusqu'en haut, les sédiments devenant de plus en plus jeunes jusqu'à la Couche IV, située près du sommet.

Les premières fois que les Leakey vinrent à Olduvaï, les routes s'arrêtaient avant la dernière partie du trajet. Il fallait quatre jours de voyage très inconfortable pour y arriver depuis Nairobi. Une fois sur place, ils travaillaient aussi longtemps que le leur permettaient leurs réserves financières, revenant dès qu'ils avaient amassé assez d'argent pour organiser une nouvelle campagne. Pendant des années, ils y retournèrent inlassablement, convaincus que les créateurs d'outils aussi primitifs devaient être des humains très primitifs aussi et que tôt ou tard, ils mettraient la main sur leurs restes.

Pendant près de trente ans, ils échouèrent ; ils découvrirent cependant un grand nombre d'autres fossiles – beaucoup d'espèces animales disparues, dont certaines inconnues de la science. Petit à petit, ils se familiarisèrent avec la géologie de la gorge, et commencèrent à comprendre où s'était située la berge du lac à diverses époques, selon qu'il rétrécissait ou s'élargissait. Pendant les années 50, le salaire que le musée versait à Louis permit aux Leakey de s'y rendre tous les ans. Grâce à ses études de plus en plus détaillées et de plus en plus sûres de la géologie et de la faune de la gorge, Louis commença à être considéré comme un scientifique sérieux. Le jeune Clark Howell, frais émoulu de l'Université, vint lui rendre visite. Ils se lièrent d'amitié, et Leakey aida Howell à commencer une fouille au sud d'Olduvaï. C'était Louis tout craché. Il manifestait une générosité et une bienveillance remarquables envers de jeunes collègues dont il appréciait les compétences et le dévouement. Il était conscient de l'énorme quantité de travail à abattre et ne demandait pas mieux que d'obtenir le concours d'autant de jeunes gens et de jeunes femmes que possible.

En 1959, toujours avec l'appui de Leakey, Howell quitta Nairobi pour faire un voyage d'études dans le Sud de l'Éthiopie. A son retour, Louis l'invita à dîner. A la fin du repas, il annonça à Howell qu'il avait un dessert spécial pour lui.

« Avec un drôle de petit sourire, me raconta Clark plus tard, il posa une grande boîte à biscuits sur la table et me regarda soulever le couvercle. A l'intérieur, il y avait un magnifique crâne fossile. »

Clark en resta bouche bée. Il reconnut immédiatement de quoi il s'agissait. Il était allé en Afrique du Sud, et avait étudié de près les collections d'australopithèques de Prétoria et de Johannesburg. Il connaissait bien les caractéristiques du petit *africanus* et du grand *robustus*. Le crâne qui le fixait du fond de la boîte à biscuits était le plus beau spécimen robuste qu'il lui eût été donné de voir. Il était en fait super-robuste ; il avait des molaires énormes, assez grosses pour casser des noix.

« Eh bien, dit Louis, nous avons fini par en trouver un. »

En fait, c'était Mary qui l'avait trouvé. C'était tout à la fin de leur campagne de 1959, et elle avait décidé de sortir seule, car Louis était couché sous sa tente, terrassé par une crise de malaria. Malgré sa forte constitution, il souffrait de diverses maladies, dont beaucoup étaient dues aux mauvais traitements qu'il imposait à son corps. Il attrapa plusieurs fois la bilharziose, une maladie tropicale parasitaire, en nageant dans le lac Victoria. Il avait des problèmes de vésicule biliaire, qu'il ignora jusqu'au jour où il fallut la lui retirer. Il souffrait de « crises » occasionnelles — des évanouissements dus à l'épuisement et peut-être aux effets lointains de sa blessure de rugby de Cambridge. Son articulation de la hanche le faisait souffrir au point qu'il pouvait à peine marcher et qu'il dut se faire opérer. Il fut attaqué un jour par des abeilles qui lui infligèrent plusieurs centaines de piqûres, dont il faillit bien mourir. Il avait des problèmes cardiaques, eut un infarctus, se blessa dans plusieurs chutes, survécut à une opération cardiaque, et finit par mourir d'un nouvel infarctus, provoqué par une tournée de conférences qu'il voulut absolument achever, bien qu'il fût déjà mortellement malade.

Aussi n'est-on pas surpris d'apprendre que lorsque Mary arriva hors d'haleine au campement, affirmant avoir trouvé ce qu'ils avaient passé tant d'années à chercher, Louis sauta de son lit, malgré ses frissons, et courut sur place, paralysé de joie et presque muet à la vue du crâne émergeant à peine de la roche.

Il s'agit là d'une des versions, la plus connue. Une autre prétend qu'il jeta un regard au fossile, grommela : « Eh bien quoi, ce n'est qu'un foutu australopithèque robuste » et retourna se coucher. Cette seconde version est rapportée par la biographe de Louis, Sonia Cole, qui cite Mary : « Quand il a vu les dents, il a été déçu parce qu'il avait espéré que nous trouverions un *Homo* et pas un *Australopithecus.* »

La fascination de Louis pour *Homo* touchait à l'obsession. Tout intéressants qu'ils fussent, les australopithèques, soutenait-il, n'étaient pas des humains ; bien plus, ce n'étaient pas des ancêtres. L'Homme de Pékin et l'Homme de Néanderthal n'étaient pas des ancêtres non plus, pensait-il. C'était comme s'il y avait eu, dans l'esprit de Leakey, une ligne droite

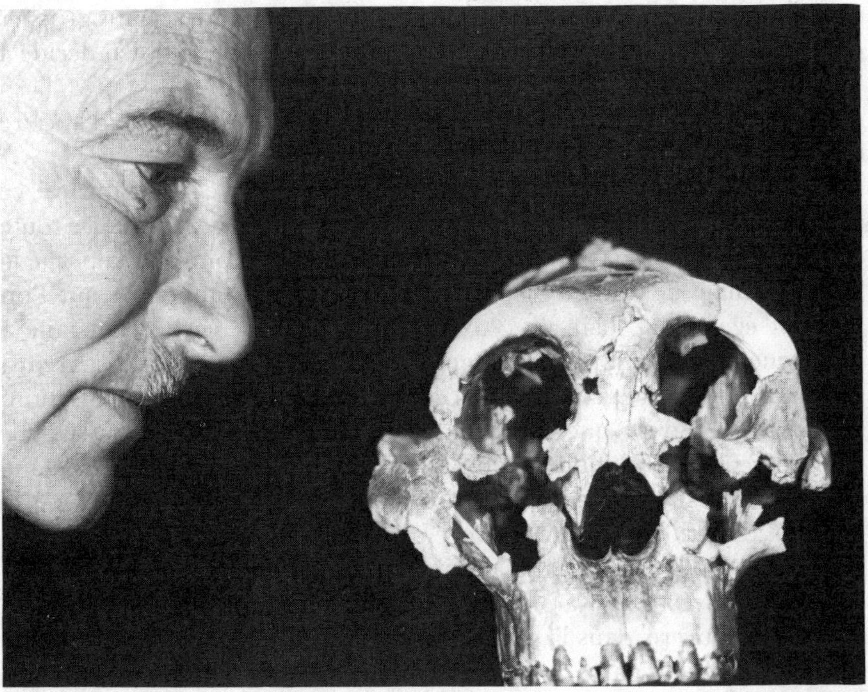

On voit ici « Zinj », trouvé par Mary Leakey en 1959 et baptisé par son époux, Louis. Ce fut le premier australopithèque découvert hors d'Afrique du Sud, et le premier au monde à être daté avec certitude. Son âge : 1,8 million d'années. C'est un type super-robuste, qui présente les plus grosses molaires et la plus grosse mâchoire de tous les spécimens trouvés jusqu'ici. Comparez-le à *A. robustus* (p. 71) ; les deux se ressemblent beaucoup.

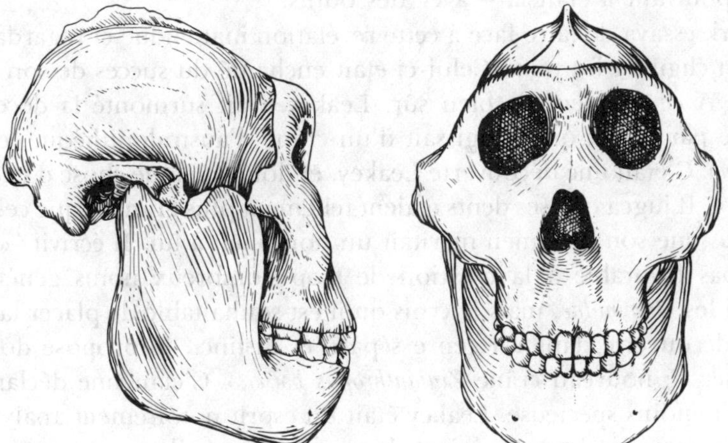

remontant depuis l' *Homo sapiens* jusqu'à un aïeul beaucoup plus grossier certes, mais toujours indéniablement « sapiens ». Et il était bien décidé à le trouver.

Les réserves qu'il formulait au sujet des prétentions au titre d'ancêtre des australopithèques n'étaient pas déraisonnables.

« Souvenez-vous, dit Clark Howell, que lorsque Leakey a trouvé ce premier crâne à Olduvaï, il ne savait pas encore quel âge il avait. De toute évidence, ce n'était pas un homme. Il était encore moins humain que le moins humain de ces deux types sud-africains, et n'oubliez pas que l'on ignorait également l'âge de ceux-ci. En 1959, la science s'était faite à l'idée que ce n'étaient pas des singes. De là à en faire nos grands-parents, il y avait une marge. Nous associons les êtres humains à la civilisation, aux outils. Et quoi que Raymond Dart ait pu penser, on n'a jamais trouvé aucun australopithèque d'Afrique du Sud en association évidente avec des outils. Nous ne savons toujours pas s'ils en utilisaient. Vu le manque de preuves, on a tendance à penser que non. »

D'où la surprise de Clark quand il vit pour la première fois ce que Leakey avait trouvé à Olduvaï. Il connaissait le nombre et la grande diversité d'outils découverts dans la gorge. La présence d'un crâne dans la même strate le stupéfiait, parce que c'était le mauvais crâne. Il se serait attendu à la découverte d'un *Homo erectus* de type très primitif. En faisant un effort, il aurait même pu admettre l'*Australopithecus africanus* gracile, le petit, dont les dents ressemblaient un peu à celles de l'homme.

Mais un robuste? C'était absurde. *Robustus* ressemblait moins à l'homme qu'*africanus*. Et ce spécimen d'Olduvaï encore moins qu'aucun autre.

Et pourtant il était là – avec des outils.

Clark essaya de faire face à cette révélation inattendue et regarda Leakey en clignant les yeux. Celui-ci était enchanté du succès de son « dessert ». A ce moment-là, bien sûr, Leakey avait surmonté la déception causée par le fait qu'il s'agissait d'un crâne d'australopithèque, et non d'*Homo*. C'était une découverte Leakey, et donc quelque chose d'extraordinaire. Il jugea que ses dents étaient tellement plus grandes que celles de *robustus* que son spécimen méritait un nom bien à lui. Il écrivit : « Je ne suis pas favorable à la création de trop nombreux noms génériques parmi les *Hominidae*, mais je crois qu'il est souhaitable de placer la nouvelle découverte dans un genre séparé et distinct. Je propose donc de baptiser ce nouveau crâne *Zinjanthropus boisei.* » C'était une déclaration pour le moins spécieuse. Leakey était un esprit notoirement analytique, un de ceux qui se font une joie de baptiser de nouvelles espèces en se fondant sur des différences minimes, contrairement aux esprits synthétiques, qui essaient de simplifier en englobant plusieurs types dans une même espèce.

Le nom qu'il choisit, « Zinj », vient d'un mot arabe qui signifie Afrique orientale. Le nom d'espèce, *boisei*, est un hommage à Charles Boise, l'un des premiers à avoir soutenu financièrement le travail de Leakey. Ce nom n'eut qu'une brève existence. D'aucuns, remarquant sa grande ressemblance avec les types robustes, insistèrent pour qu'il fût rebaptisé *Australopithecus boisei*, ce qui fut fait. Louis n'y vit guère d'objections. Pour lui, le crâne resta son « cher garçon ». On lui attribua aussi le nom d'« Homme casse-noix », en raison de la taille démesurée de ses molaires. Mais la plupart des anthropologues connaissent ce fossile sous le nom familier de Zinj. Aujourd'hui, plus de vingt ans après sa découverte, c'est toujours le meilleur exemple de son genre qui ait jamais été trouvé.

Zinj rendit Leakey célèbre du jour au lendemain, bien qu'en vérité ce fût davantage le fossile de Mary que le sien. C'était elle qui l'avait trouvé. C'était elle qui l'avait assemblé à partir de plusieurs centaines de fragments, un travail qui lui avait pris deux mois. Clark Howell fut l'un des premiers à voir le crâne reconstitué. Il était tout à fait typique de la part de Louis de faire un tel honneur à un jeune anthropologue obscur. Il se rappelait probablement ce qu'une telle chose aurait représenté pour lui, à pareille étape de sa carrière.

Zinj fut présenté au public au quatrième Congrès panafricain de préhistoire, qui se tint plus tard, la même année, à Léopoldville. On n'eut d'yeux que pour lui. Les participants se souviennent encore du frisson de stupéfaction qui les parcourut au moment où Louis exhiba fièrement le crâne. Ils s'étonnèrent qu'un être aussi primitif ait pu être à l'origine de la création des outils de pierre qui jonchaient le fond de la gorge, comme ils le savaient tous. Quoi qu'ils aient pu penser, ils furent contraints d'admettre l'affirmation de Leakey : contrairement aux apparences, Zinj avait fabriqué des outils.

Ce ne fut pas tout. Moins d'un an plus tard, Howell entendit parler de savants italiens qui étaient en train de mettre au point une technique de datation révolutionnaire qui devait leur permettre d'estimer l'âge de coulées de lave et de dépôts de cendre volcanique dans la région de Rome. Cette méthode consistait à mesurer l'importance de la désintégration d'un isotope radioactif de l'élément potassium en un autre élément, l'argon. Au début, il n'y prêta guère attention, avouant que ses préoccupations concernant les fossiles et d'autres problèmes géologiques et financiers étaient telles que les promesses de cette nouvelle découverte lui avaient échappé.

Cela ne dura pas longtemps. Howell se rendit à une réunion à Philadelphie, où deux géologues, Jack Evernden et Garniss Curtis, décrivirent comment ils avaient employé cette méhode pour obtenir des dates exactes des dépôts volcaniques, ou « tufs », d'Olduvaï. Clark fut galvanisé. Il comprit instantanément que l'on disposait enfin d'un moyen pour trouver l'âge réel de quelque chose remontant à plus de quelques centaines d'années – si la technique était fiable.

Apparemment, elle l'était. On fit subir de nombreuses analyses aux tufs du fond d'Olduvaï ; toutes donnèrent le même résultat, avec une marge d'erreur infime. La Couche I avait à peu près 1,8 million d'années. Zinj avait donc à peu près 1,8 million d'années. C'était le premier fossile hominien du monde à se voir attribuer un âge précis.

La technique qui permit de dater Zinj, universellement connue aujourd'hui sous le nom de datation par le potassium/argon, a révolutionné la géologie et la paléoanthropologie. Sa mise au point fut l'apogée de la décennie la plus productive jusqu'ici dans la longue lutte pour élucider les origines de l'homme.

Résumons rapidement les réalisations des années 50 :

Premièrement : Grâce aux études morphologiques de Le Gros Clark, on avait enfin admis que les australopithèques, ces créatures à station droite et à cerveaux de singe, étaient des hominidés. Cela voulait dire qu'ils appartenaient à la famille humaine, mais on n'avait pas encore déterminé s'il s'agissait d'ancêtres ou de cousins. En dépit des dénégations farouches de Louis Leakey, la plupart des spécialistes étaient disposés, timidement, à attribuer à *africanus* le titre d'ancêtre – en se fondant désormais, plus encore qu'auparavant, sur son âge présumé. Leur raisonnement était le suivant : si Zinj (un australopithèque robuste) avait presque deux millions d'années, le type robuste d'Afrique du Sud devait avoir à peu près le même âge. Cela voulait dire qu'*africanus*, le type gracile d'aspect plus humain, provenant de grottes sud-africaines probablement plus anciennes, devait être encore plus vieux. Plus vieux de combien d'années, personne n'était en mesure de le dire. Mais il commençait à y avoir un consensus général autour de l'idée qu'*africanus* avait au moins deux millions d'années, et peut-être même deux millions et demi – ce qui lui laissait largement le temps d'évoluer jusqu'à l'homme.

Deuxièmement : On s'était débarrassé avec soulagement de l'Homme de Piltdown. Tout le monde fut enchanté de voir disparaître ces ossements frauduleux.

Troisièmement : La méthode de datation par le potassium/argon amena les géologues et les paléoanthropologues du monde entier à reconsidérer leurs datations des dépôts minéraux et des fossiles. L'âge de 1,8 million d'années attribué à Zinj provoqua quelques révisions étonnées des dates que les paléontologues avaient inscrites le long des arbres d'évolution des mammifères qu'ils avaient laborieusement construits. Il n'y avait rien à redire aux arbres eux-mêmes. L'apparition

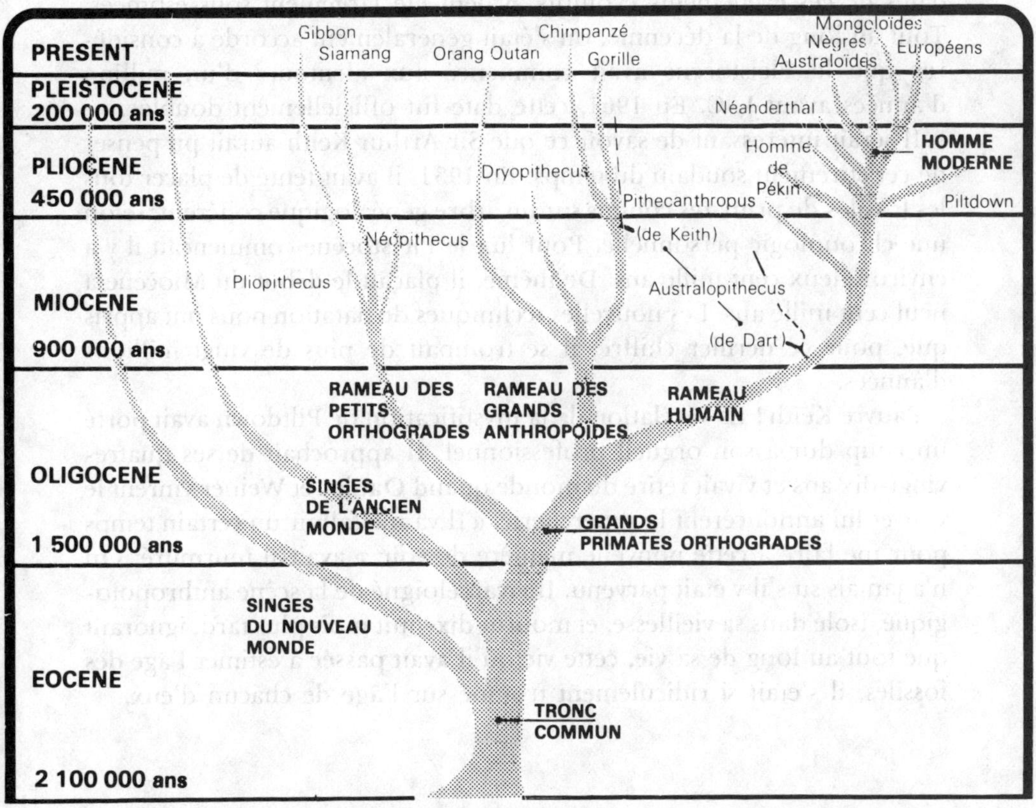

L'arbre généalogique des primates de Sir Arthur Keith, dessiné en 1931, illustre bien la méconnaissance, générale à l'époque, de l'évolution des hominidés. Cette situation était due au faible nombre de fossiles contenus dans les collections, à une mauvaise compréhension de leurs relations, à l'importance démesurée accordée aux différences qui séparaient les spécimens, à l'impuissance à reconnaître que l'Homme de Piltdown était un faux et à une méprise fatale sur la chronologie. La datation radiométrique situe aujourd'hui le Miocène aux alentours de vingt millions d'années. Keith la plaçait à moins d'un million. Comparez cette classification avec celle de la p. 409, réalisée en 1979 par David Pilbeam.

Troisièmement : La méthode de datation par le potassium/argon amena les géologues et les paléoanthropologues du monde entier à reconsidérer leurs datations des dépôts minéraux et des fossiles. l'âge de 1,8 million d'années attribué à Zinj provoqua quelques révisions étonnées des dates que les paléontologues avaient inscrites le long des arbres d'évolution des mammifères qu'ils avaient laborieusement construits. Il n'y avait rien à redire aux arbres eux-mêmes. L'apparition séquentielle d'une espèce de porc, d'antilope, de girafe ou d'éléphant après une autre avait été élaborée avec une élégante précision. Mais les dates de ces événements évolutifs avaient été largement sous-estimées. Tout au long de la décennie, on s'était généralement accordé à considérer que le Pléistocène avait commencé aux alentours d'un million d'années avant J.-C. En 1961, cette date fut officiellement doublée.

Il serait intéressant de savoir ce que Sir Arthur Keith aurait pu penser de cet étirement soudain du temps. En 1931, il avait tenté de placer tous les fossiles de primates connus sur un arbre généalogique cohérent, selon une chronologie personnelle. Pour lui, le Pléistocène commençait il y a environ deux cent mille ans. De même, il plaçait le début du Miocène a neuf cent mille ans. Les nouvelles techniques de datation nous ont appris que, pour ce dernier chiffre, il se trompait de plus de vingt millions d'années.

Pauvre Keith ! La révélation de la mystification de Piltdown avait porté un coup dur à son orgueil professionnel. Il approchait de ses quatre-vingt-dix ans et vivait retiré du monde quand Oauley et Weiner vinrent le voir et lui annoncèrent la supercherie. « Il va me falloir un certain temps pour me faire à cette nouvelle manière de voir, » avait-il murmuré. On n'a jamais su s'il y était parvenu. Il vivait éloigné de la scène anthropologique, isolé dans sa vieillesse, et mourut dix-huit mois plus tard, ignorant que tout au long de sa vie, cette vie qu'il avait passée à estimer l'âge des fossiles, il s'était si ridiculement trompé sur l'âge de chacun d'eux.

4.
Afrique orientale : *Homo habilis*, le premier homme ?

Depuis l'annonce de son apparition soudaine, « Homo habilis » a été l'objet d'une grande publicité ; et il faut tout particulièrement déplorer que son existence ait été annoncée bien avant qu'il n'ait été possible de réaliser une étude complète et détaillée de tous les fossiles en question... D'après les exposés sommaires qui ont été publiés, on est amené à espérer qu'il disparaîtra aussi vite qu'il est venu.

WILFRID LE GROS CLARK.

Je me vois contraint de protester une fois encore contre les guillemets qui entourent Homo habilis, Zinjanthropus *et* Kenyapithecus *dans la lettre de Sir Wilfrid, et contre l'absence d'italiques. Tous ces noms sont des noms valables en termes de nomenclature zoologique, et ne sont pas de simples surnoms.*

LOUIS LEAKEY.

Homo habilis *est un taxon creux improprement proposé, et qu'il conviendrait d'enterrer en bonne et due forme.*

C. LORING BRACE.

La découverte de Zinj en 1959 n'apporta pas seulement la célébrité à Louis Leakey ; elle mit aussi la paléoanthropologie à la mode. Depuis les années 20 et 30, avec les découvertes de l'Enfant de Taung et de l'Homme de Pékin, on n'avait plus trouvé aucun fossile humain de leur envergure, capable de passionner le public. La géologie et la paléontologie passaient pour des disciplines universitaires rébarbatives. Les fondations tournaient le dos aux gens qui venaient leur demander de l'argent pour aller fouiller la terre à la recherche d'ossements, dans des coins perdus. Quant aux journaux, ils ignoraient le sujet.

Mais quand Leakey eut mis la main sur Zinj, ce fut comme l'héritage d'un oncle d'Amérique. A présent il avait un hominidé, et cela faisait toute la différence. La National Geographic Society commença à financer son œuvre et à publier des articles sur lui dans sa revue. Avant Zinj, cette société ne lui avait jamais versé un sou.

Les fossiles humains exercent un charme bien particulier. Nous nous sommes toujours plus intéressés à nos propres origines qu'à celles de toute autre créature. Nous recherchons les racines de nos familles, et tirons vanité de leur ancienneté. Nous retraçons l'histoire des nations jusqu'à leurs sources. Au-delà de l'histoire écrite, nous nous penchons sur les débuts des civilisations, et enfin, sur les débuts de l'humanité elle-même. Ce qui nous intéresse, c'est de savoir d'où *nous* venons. Les hominidés fossiles ont toujours eu plus d'impact que les clams fossiles.

J'étais encore au lycée lorsque je lus un article sur Zinj dans le *National Geographic*. Le nom d'Olduvaï, avec sa sonorité caverneuse, exotique, vibra dans mon esprit comme un coup de gong. J'étais sur le point de terminer mes études secondaires, et malgré tout ce que mon mentor, Paul Leser, avait pu me dire sur les vertus de la chimie, je commençais à penser de plus en plus à l'anthropologie. L'expérience de Leakey prouvait qu'il était possible de faire une carrière en cherchant des fossiles.

Je partis pour l'Université et bientôt Leakey fut à l'origine d'un nouveau choc. En 1962, on apprit qu'il avait trouvé un nouveau fossile hominien à Olduvaï et qu'il ne s'agissait pas cette fois d'un australopithèque, mais d'un authentique être humain. Tout le monde connaissant le penchant de Leakey à découvrir – et à baptiser – des choses différentes de celles de tous les autres, il y eut une période d'incertitude, pendant laquelle on attendit de voir ce qui allait en sortir. En 1964, un compte rendu détaillé arriva. Leakey avait réuni une équipe formée de John Napier d'Angleterre, de Phillip Tobias (l'étudiant de Dart d'Afrique du Sud) et de lui-même. Ils avaient effectué une analyse rigoureuse de quelques nouveaux fossiles retrouvés dans la gorge au cours des deux années précédentes. Ces spécimens présentaient, affirmaient-ils, un cerveau beaucoup plus volumineux que les australopithèques, et étaient assez différents d'eux à d'autres égards pour mériter d'être rangés dans le genre *Homo*.

L'effet sensationnel de cette affirmation était dû à l'âge de ce nouvel *Homo* : environ 1,75 million d'années, le même âge que Zinj. D'un seul

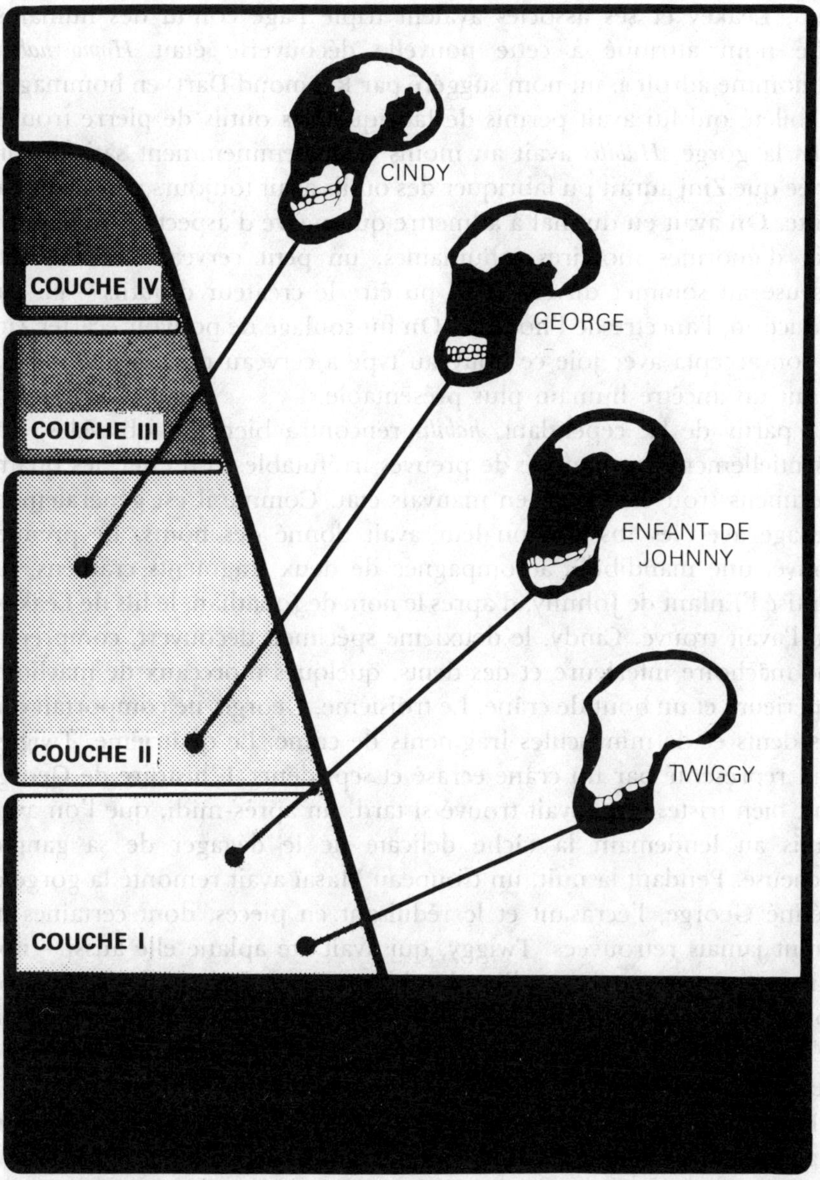

Homo habilis, le plus ancien des hommes connus, a été identifié et baptisé par Louis Leakey en 1964 à partir de ces quatre spécimens, tous trouvés dans la gorge d'Olduvaï. Les fragments conservés de ces fossiles apparaissent sur un fond noir représentant un crâne *habilis* complet. Les adversaires de cette nouvelle espèce objectèrent que les spécimens étaient beaucoup trop incomplets pour justifier l'appellation d'*Homo* et affirmèrent qu'il fallait les considérer comme des australopithèques graciles.

coup, Leakey et ses associés avaient triplé l'âge connu des humains.

Le nom attribué à cette nouvelle découverte était *Homo habilis* (« l'homme adroit », un nom suggéré par Raymond Dart) en hommage à l'habileté qui lui avait permis de fabriquer les outils de pierre trouvés dans la gorge. *Habilis* avait au moins cela d'éminemment satisfaisant : l'idée que Zinj aurait pu fabriquer des outils avait toujours paru extravagante. On avait eu du mal à admettre qu'un être d'aspect aussi primitif, avec d'énormes molaires inhumaines, un petit cerveau et une crête osseuse au sommet du crâne ait pu être le créateur d'outils – et, par déduction, l'ancêtre de l'homme. On fut soulagé de pouvoir écarter Zinj et l'on accepta avec joie ce nouveau type à cerveau plus développé qui faisait un ancêtre humain plus présentable.

A partir de là, cependant, *habilis* rencontra bien des obstacles, dus essentiellement au manque de preuves irréfutables. En effet, les quatre spécimens trouvés étaient en mauvais état. Comme il est généralement d'usage avec les fossiles, on leur avait donné des noms. Le premier trouvé, une mandibule accompagnée de deux fragments crâniens, fut baptisé l'Enfant de Johnny, d'après le nom de Jonathan, le fils de Leakey, qui l'avait trouvé. Cindy, le deuxième spécimen découvert, comprenait une mâchoire inférieure et des dents, quelques morceaux de mâchoire supérieure et un bout de crâne. Le troisième, George, ne comportait que des dents et de minuscules fragments de crâne. Le quatrième, Twiggy, était représenté par un crâne écrasé et sept dents. L'histoire de George était bien triste. On l'avait trouvé si tard, un après-midi, que l'on avait remis au lendemain la tâche délicate de le dégager de sa gangue rocheuse. Pendant la nuit, un troupeau Masaï avait remonté la gorge et piétiné George, l'écrasant et le réduisant en pièces, dont certaines ne furent jamais retrouvées. Twiggy, qui avait été aplatie elle aussi – non par un troupeau mais par l'implacable pression de la roche –, tira son nom d'un mannequin anglais de l'époque, particulièrement dépourvue de rondeurs. Cindy est le diminutif de Cinderella (Cendrillon). Quant à George, il semblerait que personne ne sache d'où vient son nom.

En dépit de l'état fragmentaire de ces crânes, un examen préliminaire suggéra qu'ils étaient probablement plus volumineux que le crâne gracile typique d'Afrique du Sud. C'en fut assez pour Leakey. Toujours obsédé par la découverte de fossiles humains, il soutint que ceux-ci appartenaient au genre *Homo* et devaient être baptisés en conséquence. Ses collaborateurs, commençant à se familiariser avec ces fossiles et à y reconnaître d'autres caractères semblant indiquer qu'il s'agissait d'*Homo*, le suivirent, sans grand enthousiasme. Tobias se chargea de reconstituer les crânes et d'en tirer une estimation de leur capacité cérébrale. Cette tâche se révéla extrêmement difficile, parce que les morceaux de crâne étaient si petits qu'il n'était pas toujours possible de déterminer avec certitude à quel angle il convenait de les insérer dans la reconstitution. Relevez l'angle légèrement, et le volume du cerveau augmentait ; abaissez-le un peu, et il diminuait. Malgré cette difficulté, Tobias parvint, grâce à des comparaisons entre les trois crânes et aux déductions qu'il put en tirer, à calculer que leur capacité cérébrale moyenne était de 642 centimètres cubes. Pour Leakey, c'était amplement suffisant : cela représentait 200 centimètres cubes de plus que la moyenne des australopithèques graciles, et, selon lui, cela plaçait indubitablement les trois hominidés d'Olduvaï dans une nouvelle espèce, plus évoluée.

Mais pourquoi cette espèce devait-elle appartenir au genre *Homo* ? Ne pouvait-il pas s'agir d'une nouvelle sorte d'*Australopithecus* ? Quel était le volume crânien minimal que pouvait présenter un hominidé tout en continuant à être accepté comme un être humain ? Et d'ailleurs, quelle était la définition exacte d'un être humain ?

On peut trouver ridicule que la science ait parlé d'humains, de préhumains et de proto-humains pendant plus d'un siècle sans même définir avec précision ce qu'est un humain. Ridicule ou non, c'est un fait. Nous ne disposons toujours pas aujourd'hui de définition universelle de l'humanité, de liste précise de caractéristiques autorisant n'importe quel anthropologue du monde à dire immédiatement et en toute confiance : « Cet être-ci est un humain ; celui-là non. »

Il serait faux d'affirmer qu'il n'existait *aucun* critère permettant d'estimer le degré d'humanité. A l'époque où Keith et Woodward mesurèrent la capacité crânienne de l'Homme de Piltdown, un gros cerveau représentait la condition *sine qua non*. La question qui se posait était la suivante : « Quelle est la capacité cérébrale minimale admissible chez un humain ? et la réponse était : « Le plus petit cerveau humain que nous ayons. » C'est un type de raisonnement qui se mord la queue, mais en l'absence de fossiles plus nombreux et plus parlants, c'était ce que Keith et ses contemporains pouvaient faire de mieux. Le chiffre généralement admis à l'époque était de 750 centimètres cubes.

Plus tard, Le Gros Clark réduisit cette taille minimale à 700 centimètres cubes. Il s'agissait toujours d'un chiffre arbitraire : c'était la capacité du plus petit crâne humain fossile dont on disposât alors. Mais, tout en fixant ce nouveau critère, Le Gros Clark n'ignorait pas qu'une nouvelle découverte pourrait le contraindre à diminuer encore ce chiffre. Il était également préoccupé par un problème auquel de nombreuses autres personnes avaient déjà réfléchi. Il savait qu'on ne peut définir correctement une espèce à l'aide d'une seule caractéristique. Il en fallait plusieurs, et c'était ce qui avait toujours manqué à l'*Homo* primitif. Si l'on avait eu autant de bras, de jambes, de pieds et d'os du bassin que de crânes et de dents, il aurait peut-être été possible de dégager quelques repères utiles de ces parties du squelette. Mais les restes postcrâniens étaient terriblement rares. Il fallait donc prendre en considération d'autres caractéristiques du crâne – sa forme aussi bien que sa taille, la nature des mâchoires et des dents.

Les australopithèques se situaient dans un fossé de plusieurs millions d'années séparant les humains authentiques des singes anthropoïdes de la fin du Miocène. Et c'était précisément la célèbre comparaison entre les dents de singe et d'homme de Le Gros Clark qui avait prouvé que les australopithèques n'étaient pas des singes. Mais ce n'étaient pas des humains non plus. Bref, les australopithèques avaient des dents bien à eux. Avec un volume s'échelonnant entre 430 et 550 centimètres cubes, leurs cerveaux étaient eux aussi tout à fait particuliers – incontestablement supérieurs à ceux des singes anthropoïdes, mais nettement inférieurs à ceux d'*Homo erectus*. Ce fut cet état intermédiaire du cerveau et des dents qui amena à considérer les australopithèques comme une étape transitoire sur la lignée généalogique reliant les singes anthropoïdes à l'homme – plus proche d'*Homo*, mais pas encore *Homo*.

Homo habilis était-il donc un humain ou un australopithèque ? Incontestablement un humain, affirmaient Leakey, Napier et Tobias. Son cerveau avait une bonne pointure de plus que celui de l'australopithèque. Ses dents étaient différentes, d'aspect plus humain. Son crâne avait une forme différente, plus humaine toujours. Le reste de son squelette ressemblait beaucoup à celui de l'homme moderne.

Incontestablement non, répondaient de nombreux détracteurs. Ils contestèrent le volume cérébral de 642 centimètres cubes calculé par Tobias, en prétextant la mauvaise qualité des échantillons. Ils critiquèrent les conclusions présentées touchant les dents et firent remarquer qu'on savait trop peu de choses sur le reste du squelette d'*habilis* pour prétendre en avoir une idée concrète.

En ce qui concernait la taille du cerveau, ils furent réduits au silence. Ralph Holloway, de l'université de Columbia, sans doute l'autorité mondiale en matière d'intérieurs de têtes hominiennes, étudia Cindy, George et Twiggy et arriva dans l'ensemble aux mêmes conclusions que Tobias. Les constatations des deux hommes allaient être confirmées quelques années plus tard par la découverte d'un crâne presque complet de type similaire dans le Nord du Kenya. Son cerveau était plus gros que celui des trois spécimens d'Olduvaï.

Quant au reste du squelette, les contradicteurs de Leakey marquaient un point. Il existait si peu de matériel postcrânien associé à *habilis* que d'aucuns trouvaient téméraire d'en faire un critère permettant de définir *habilis* comme une espèce.

En matière de dents, l'équipe de Leakey se trouvait en meilleure posture. Elle avait reconnu des traits humains dans les molaires et les prémolaires d'*habilis*. Celles-ci étaient plus étroites que celles d'*Australopithecus* en coupe transversale, de la joue vers la langue, et plus longues en coupe longitudinale. Mais J.T. Robinson, le jeune paléontologue formé par Broom, leva un instant le nez de ses propres études sur les dents d'australopithèques pour faire remarquer que ces différences de forme n'étaient pas significatives. Il affirma que l'on pouvait relever de plus grandes différences de forme au sein d'une population d'hommes modernes que Leakey n'en avait trouvé entre *habilis* et les australopithèques – ou même en fait, entre *habilis* et *Homo erectus*. Robinson estimait que si l'on se fondait exclusivement sur les indices dentaires, l'écart entre *Australopithecus* et *Homo erectus* était trop étroit pour laisser placer à une autre espèce. Esprit synthétique, il n'était pas impressionné par ces dents un peu plus étroites et plus longues, contrairement à Leakey, l'archétype de l'esprit analytique. N'étant pas homme à éviter les débats, Leakey choisit les pages de la revue scientifique *Discovery* pour entretenir une correspondance envenimée avec Le Gros Clark, qui avait tendance à faire cause commune avec Robinson.

Le débat s'acheva sans résultat, pour la bonne raison que le problème d'*habilis* dépassait largement une simple affaire de mesures. Il soulevait une question bien plus importante, celle de savoir comment l'on déterminait les espèces, quels critères l'on pouvait retenir, et quelle amplitude de variation l'on pouvait admettre au sein d'une même espèce. Prenons un seul exemple : on reconnaît aujourd'hui qu'en raison de sa variabilité, le volume cérébral pris isolément est un indice contestable pour identifier une espèce. Les hommes actuels ont des cerveaux dont la taille varie entre 1 000 et 1 800 centimètres cubes, et dans leur limite inférieure, ils recouvrent partiellement les cerveaux d'*Homo erectus*, dont le volume s'échelonnait entre 700 et 1 250 centimètres cubes. Si l'on devait comparer le spécimen d'*erectus* présentant le plus gros cerveau au *sapiens* possédant le plus petit – en ignorant tous leurs autres attributs –, il faudrait inverser leurs noms d'espèce. De même, le cerveau d'*habilis* (comme on allait l'apprendre plus tard) recouvre partiellement celui d'*erectus* : il varie en effet entre 500 et 800 centimètres cubes.

Il est clair qu'en se focalisant sur la taille des cerveaux, on risque fort de se fourvoyer. Cela devient encore plus évident lorsque l'on sait que les différences de volume cérébral à l'intérieur de notre propre espèce n'ont apparemment aucune corrélation significative avec l'intelligence de leurs possesseurs. Elles reflètent plutôt les différences de taille corporelle. Les hommes grands ont de grands cerveaux, mais ne sont pas plus intelligents que les hommes petits. Les hommes sont également plus grands que les femmes, et ont logiquement des cerveaux plus importants ; mais l'intelligence des deux sexes est équivalente. Le dysmorphisme sexuel ayant toujours été important chez les hominidés, il faut s'attendre à ce que les cerveaux fossiles présentent des différences de taille. Si un grand crâne et un petit crâne sont identiques à tous égards sauf par la taille, on ne peut ignorer la possibilité que le petit soit une femelle et le grand un mâle – et qu'ils appartiennent à la même espèce malgré cette différence de taille.

Ajoutez à ce problème celui des vitesses d'évolution différentielles des diverses parties du corps et vous aurez une idée encore plus claire des difficultés qu'il y a à diviser une famille animale en espèces. Les généalogies ne connaissent jamais de rupture brutale. Une mère australopithèque ne donne jamais naissance à un fils humain. Il y aura une période durant laquelle la mère comme le fils présenteront une combinaison de traits si confuse qu'il sera presque impossible de les attribuer à quelque espèce que ce soit. Si l'on pouvait réunir une série complète de squelettes mère-fils-mère-fils couvrant plusieurs millions d'années et se transformant pendant ce temps de quelque chose qui indubitablement n'est pas humain en quelque chose qui l'est tout aussi indubitablement, on aurait bien du mal à mettre le doigt sur le moment approximatif – sans parler du moment précis – où s'est produit le passage à l'humanité.

C'était là le problème d'*habilis*. Il se situait dans l'étroite frange séparant *Australopithecus* d'*Homo erectus*, et peut-être n'y avait-il pas assez de place pour lui à cet endroit. Leakey continua à soutenir qu'*habilis* était un homme, le plus ancien qu'on eût jamais trouvé. D'autres affirmaient que c'était un australopithèque gracile, une version un peu différente du type sud-africain, mais à qui l'on pouvait reconnaître un certain droit à la différence car les deux types vivaient à plusieurs milliers de kilomètres de distance.

Un point sur lequel tout le monde s'accordait était la nécessité de trouver des preuves plus tangibles, des fossiles plus nombreux et plus anciens.

Mais on ne pouvait aller plus loin à Olduvaï. La pioche avait touché le fond rocheux à moins de deux millions d'années. Le début du Pléistocène étant définitivement fixé à deux millions, cette date devint une sorte de seuil au-delà duquel les anthropologues se mirent à scruter l'horizon de plus en plus intensément. Au-delà de ce seuil, il y avait trois millions d'années de Pléistocène. Quelque part dans ses profondeurs se cachaient des hominidés plus anciens, qui feraient la lumière sur les origines des australopithèques et sur leurs relations mutuelles, et permettraient peut-être de se faire une idée plus juste d'*Homo habilis* en offrant un indice sur ce qu'il était vraiment. Peut-être, parmi ces hominidés plus anciens, s'en trouverait-il un qui marchait debout il y a trois millions d'années – ou peut-être même plus. C'étaient des idées grandioses, mais quand on ne peut pas voir de l'autre côté de la colline, rien ne vous empêche de rêver.

Deuxième partie

LA DÉCADE PRODIGIEUSE 1967-1977

5. Omo et sa règle magique

Peu m'importe à quoi ils ressemblent. On ne peut pas définir leurs relations avant de savoir quel âge ils ont. Les cochons vous le diront.

F. CLARK HOWELL.

Ah ! ces admirables cochons !

BASIL COOKE.

Il n'y avait jamais rien d'étriqué dans la pensée de Louis Leakey. Son esprit franchissait sans peine le Pléistocène pour plonger dans le Pliocène et, au-delà encore, dans le Miocène. Il n'avait aucun moyen de déterminer les dates exactes de ces périodes, mais il possédait lui-même quelques rudiments de géologie chèrement acquis, et prêtait la plus grande attention aux propos des spécialistes – se réservant toujours le droit ne pas être d'accord avec eux. Il engagea le Dr Richard Hay de Berkeley pour déchiffrer la stratigraphie d'Olduvaï. Hay y consacra douze années, et grâce à son travail, les versants de ce cañon sont presque aussi familiers à ses étudiants que ceux du cañon de la Cinquième Avenue aux étudiants spécialisés dans l'architecture de New York.

Comme c'était le cas de tous les paléoanthrolopologues avant 1969 et avant l'introduction de la datation par le potassium/argon, ce que Leakey savait des différents âges du Tertiaire (*cf.* diagramme p. 19) reposait sur une interprétation de la stratigraphie et sur un classement méthodique des fossiles animaux retrouvés dans les différentes strates. Cela lui permit de travailler commodément le long des berges et dans les petites îles du lac Victoria, dans des dépôts qu'il put définir, d'après le type de fossiles qu'il y trouva, comme étant du Miocène, sans savoir exactement à quand remontait celui-ci. Néanmoins, grâce à la grande diversité de ses compétences professionnelles, il avait un meilleur sens du temps géologique que la plupart des anthropologues. Tandis que certains imaginaient que le Miocène remontait sans doute à cinq ou dix millions d'années au maximum et que Keith avait parlé imprudemment de neuf cent mille ans, Leakey situait avec largeur ses débuts à vingt millions d'années ou plus – et la méthode par le potassium/argon a, depuis, confirmé son estimation.

Tout en étant beaucoup moins connues du public que son coup double d'Olduvaï avec Zinj et *habilis*, les découvertes du Miocène qu'il fit au lac Victoria entre 1932 et 1955 ont une importance scientifique comparable. Elles comprennent des restes partiels de nombreux types de singes anthropoïdes du Miocène, et nous font entrevoir un monde si lointain qu'aucun de ses mammifères n'a survécu jusqu'à l'époque actuelle. Le Miocène abondait en singes anthropoïdes de différentes tailles, contrairement au monde présent où leurs descendants sont réduits à cinq types seulement, présentant très peu de variations et tous menacés d'extinction, sauf un : l'homme. Il est un peu triste de constater qu'en pratique nous sommes les seuls survivants de la grande floraison de singes anthropoïdes du Miocène ; il est encore plus affligeant de remarquer que nous sommes responsables des désastres qui ont frappé récemment tous les anthropoïdes modernes. Envoyez quelques safaris de plus dans les forêts des montagnes du Ruanda, du Burundi et du Congo, et le gorille disparaîtra. Continuez à abattre la forêt de Budongo en Ouganda, régularisez la rivière Gombé, saccagez quelques habitats fragiles de plus, et le chimpanzé disparaîtra. Continuez le harcèlement de Bornéo, tuez encore quelques centaines de mères pour enfermer leurs petits dans des zoos, et l'orang-outan disparaîtra. Transformez en bois de charpente les quelques étendues de forêts de feuillus qui subsistent en Indochine et en Malaisie, et le gibbon disparaîtra. Et ce sera la fin des singes anthropoïdes. Il n'est pas impossible que cela se produise au cours des cinquante prochaines années – la disparition de vingt millions d'années d'évolution, une évolution que les malheureux singes anthropoïdes ont subie pour nous produire, nous, leur Némésis. Il est intéressant de constater que les petits singes ordinaires, qui sont moins proches de l'homme que les anthropoïdes et qui se sont vraisemblablement trouvés moins directement en concurrence avec nous, s'en sont beaucoup mieux sortis. Relativement rares au Miocène, ils sont aujourd'hui beaucoup plus abondants.

Les singes du Miocène de Leakey étaient extrêmement primitifs. Ils n'offraient qu'une très vague ressemblance avec les anthropoïdes modernes plus spécialisés. Alors que leurs fossiles semblaient suggérer de façon terriblement séduisante lesquels allaient devenir des chimpanzés au terme de leur évolution et lesquels des gorilles, ces orientations évolutives étaient encore trop floues pour fournir des réponses concrètes. Aucun d'eux ne pouvait revendiquer de lignée hominienne ; les traits hominiens, quels qu'ils fussent, n'étaient pas encore apparus. Pour Leakey, qui s'intéressait toujours aux premiers hommes, le Miocène était tout simplement trop ancien.

Il était aussi allé fureter dans le Pliocène. Au sud d'Olduvaï, en un lieu nommé Laetoli, il avait découvert quelques fossiles de mammifères du Pliocène en 1935. Mais il s'agissait de trouvailles éparses, qui ne comprenaient pas d'hominidés – c'est, du moins, ce que pensait Louis. Il y avait en fait une canine d'hominidé qu'il n'avait pas reconnue comme telle et qui ne fut identifiée que bien des années plus tard, par d'autres. Quoi qu'il en soit, il abandonna Laetoli et consacra désormais toute son énergie à Olduvaï. Mais il songeait toujours au Pliocène. Quand il proposa à Clark Howell de l'aider à aller prospecter à l'ouest et au nord du lac Turkana (anciennement lac Rudolf) en 1959, il savait parfaitement qu'il y avait d'importants dépôts du Plio-Pléistocène des deux côtés du lac et qu'ils se poursuivaient au-delà de la frontière du Kenya, en Éthiopie, et notamment au bord de la rivière Omo, qui amène l'eau des montagnes éthiopiennes jusqu'au lac Turkana, l'empêchant ainsi de tarir.

Clark recueillit des fonds, se rendit à Nairobi où il emprunta une Land-Rover à Leakey, qui lui donna également quelques conseils sur les endroits intéressants et sur la manière de s'y rendre, puis il se dirigea vers le nord. Auparavant, l'ambassade d'Éthiopie à Washington lui avait délivré l'autorisation de pénétrer en territoire éthiopien. Mais lorsqu'il arriva à la frontière, il se vit refuser l'entrée par le colonel de service – qui, pour être expédié dans ce coin perdu, avait dû figurer sur une liste noire quelconque.

« Je lui présentai mon visa de tourisme, dit Clark. Il dit que cela ne me permettait pas de vadrouiller comme j'en avais l'intention. Il était loin d'Addis-Abeba et déclara qu'il allait devoir envoyer un message radio pour demander des instructions. Comme sa radio ne marchait pas, j'ai dû passer plusieurs jours à traîner dans son bureau, sans rien faire. Le problème était que pour lui parler, j'avais dû en fait franchir la frontière et entrer en Éthiopie. Si je repartais, je n'avais pas le moindre espoir de revenir, car je n'avais de visa que pour une entrée. C'était ridicule : je me trouvais là, à quelques mètres du Kenya, sans rien à plus de cent kilomètres à la ronde sinon ce poste de police, et je ne pouvais ni entrer, ni sortir. »

Clark finit par persuader le colonel de lui donner un formulaire d'autorisation pour une deuxième entrée. Il retraversa la frontière du Kenya et passa plusieurs semaines à circuler là-bas et dans le Sud du Soudan, prospectant les coins les plus déserts de l'une des régions les plus désertes de la planète. Il avait de la nourriture, de l'eau et de l'essence, et allait où bon lui semblait, traversant lentement un paysage immense, dont le silence semblait un appel du passé lointain. Clark se souvient de ce voyage comme de l'une des grandes expériences de sa vie. Il trouva quelques sites d'outils des débuts de l'Age de pierre près de la frontière soudanaise, mais l'Omo semblait plus prometteur ; il retourna donc chez son colonel.

Cette fois, celui-ci fut un peu moins strict. Il dit à Clark qu'il n'avait encore rien reçu d'Addis, mais qu'à titre exceptionnel, il l'autorisait à se promener en vue du poste de police et en compagnie d'un capitaine et d'un sergent affectés à sa garde et chargés de s'assurer qu'il ne commettait rien d'illégal.

A sa première sortie, Clark tomba sur un crâne d'éléphant émergeant du sol. Il le photographia et, le soir même, alla présenter son rapport au colonel, qui sortit une bouteille de whisky de son bureau et l'invita à prendre un verre avec lui. Le colonel, qui parlait parfaitement anglais, souffrait de la solitude et au cours de plusieurs soirées amicales autour d'un verre, Clark fut progressivement autorisé à élargir le champ de ses activités. Pour finir, il put aller où bon lui semblait.

Les dépôts de l'Omo ne furent pas loin de l'atterrer. Il s'était attendu à trouver des fossiles, mais n'avait pas prévu la complexité de la stratigraphie. Un paléontologue français, Camille Arambourg, avait travaillé là près de trente ans plus tôt, et y avait ramassé un certain nombre de fossiles. Il avait publié par la suite une monographie ambitieuse sur la vallée de l'Omo, décrivant ce site comme un instant géologique unique, dont l'histoire était fort simple. Pour Clark, c'était loin d'être le cas. La géologie lui parut même incroyablement complexe : un empilement d'innombrables couches de matériaux, dont certaines étaient extrêmement épaisses et couvraient apparemment un énorme laps de temps.

Clark prit des notes et des photographies, et ramassa une petite collection d'échantillons d'os, qu'il confia au colonel en lui demandant de les faire suivre à Addis et de là aux États-Unis. Il ne les a jamais revus.

« Cela vous a-t-il ennuyé ? lui a-t-on demandé récemment.

– Pas le moins du monde. Ce n'étaient que des mammifères, pas des hominidés. Et maintenant, nous avons plus de quarante-cinq mille fossiles de mammifères provenant de l'Omo. Nous pouvions nous en passer. »

Howell fit son rapport à Leakey : l'Omo avait une histoire géologique fantastique et présentait plusieurs couches fossilifères. Leakey lui proposa de rester à dîner, et à la fin du repas, il apporta la fameuse boîte à biscuits contenant le crâne de Zinj. L'année suivante eut lieu la première datation d'Olduvaï par la méthode du potassium/argon, et les débuts du Pléistocène furent repoussés à deux millions d'années avant J.-C. Pour Clark, cela voulait dire que certaines des strates qu'il avait observées dans la vallée de l'Omo devaient probablement dater de trois millions d'années – en plein Pliocène.

Malgré tout le désir qu'il avait d'y retourner, Clark avait d'autres chats à fouetter. Il s'était engagé à travailler sur le site de chasse à l'éléphant d'*Homo erectus* en Espagne. De plus, il était à peu près impossible d'organiser une expédition en Éthiopie. Il fallut attendre 1965 pour remettre l'Omo sur le tapis. Cette année-là, Leakey se trouvait aux États-Unis, et il en discuta avec Clark.

« Il faudrait monter une expédition internationale, dit Leakey.

– Que voulez-vous dire ? demanda Clark.

– Je veux dire qu'il faut que nous demandions aux Français de venir. Ils y ont déjà travaillé. J'aimerais aussi que nous y participions. »

Clark comprit que ce « nous » ne désignait en fait que lui-même. « Ce serait formidable, dit-il.

– Les choses ont l'air de s'arranger, continua Leakey, laissez-moi un peu de temps, et je vous tiendrai au courant. Vous pourriez y aller ?

– Oh oui !

– Vous en êtes certain ?

– *Oh oui* ! »

Peu après, l'empereur Hailé Sélassié vint en visite officielle au Kenya et rencontra le président Jomo Kenyatta. Leakey fut invité à décrire à l'empereur les richesses en fossiles du Kenya et de la Tanzanie. « Comment se fait-il, demanda Sélassié, qu'il n'y ait pas de fossiles dans mon pays ?

– Il y en a, dit Leakey.

– Mais comment les trouver ?

– Le problème n'est pas là, Majesté. Je connais un jeune homme qui y est allé et qui sait où il y en a. Le problème est d'obtenir l'autorisation d'organiser une expédition en bonne et due forme. »

Sélassié fit un geste de la main : « Dès demain, un ordre vous donnera toutes facilités. »

Quelques semaines plus tard, Clark reçut un télégramme de Leakey : « OMO O.K. ! A BIENTÔT. »

Leakey aurait aimé de tout cœur participer à l'expédition tripartite qui fut bientôt organisée, mais il avait de graves problèmes lombaires et son articulation de la hanche était dans un tel état qu'il avait le plus grand mal à marcher. A regret, il plaça l'équipe kenyane sous la direction de son fils Richard.

Richard Leakey avait alors vingt-trois ans. C'était un jeune homme élancé, vif, aux traits fins et aux manières énergiques, cassantes. Il ne ressemblait en rien à son roc de père sinon par l'obstination et l'esprit d'indépendance qu'il en avait hérités. Bien que nous ayons presque le même âge lui et moi, nous n'avions pas réagi de la même manière aux découvertes de ses parents, à Zinj et à *Homo habilis*. Loin d'enflammer son imagination, tout cela le rebutait. Il avait eu largement sa dose d'anthropologie familiale dans son enfance, et en était saturé. Quand le moment fut venu de choisir une orientation universitaire, Richard déclara qu'il n'avait pas l'intention de faire d'études supérieures. Son père, qui avait espéré qu'il prendrait sa suite comme paléoanthropologue, fut, on le comprendra, passablement irrité. Il dit à Richard que dans ces conditions, il n'aurait qu'à se débrouiller tout seul.

C'est parfait, répondit Richard. Il en avait assez des os. Il aimait vivre au grand air à traquer et chasser le gibier. Il s'établit comme chasseur blanc, et commença à organiser des parties de chasse ou des safaris photographiques pour des touristes. Il s'avéra que c'était un domaine où il excellait. Aussi avait-il à peine dépassé ses vingt ans qu'il savait déjà parfaitement se débrouiller en terrain difficile. Ce fut cette expérience, à laquelle s'ajoutaient des dons évidents d'organisateur, qui incita Louis à lui confier la direction de l'équipe kenyane, bien qu'il n'eût aucune formation, ni d'anthropologue, ni de géologue. Il *savait* beaucoup de choses – ce qui n'était guère étonnant si l'on songe que ses parents étaient Louis et Mary Leakey – mais son instruction proprement dite s'était arrêtée au lycée.

Hailé Sélassié tint parole et l'expédition de recherches de l'Omo fut formée. En proposant aux Français d'en faire partie, Leakey avait fait preuve d'une grande sagesse. D'une part en effet, les Français se seraient élevés contre leur exclusion (ce qui aurait posé des problèmes car, de toutes les nations occidentales, la France était sans doute celle qui entretenait les meilleures relations avec l'Éthiopie). D'autre part, en vertu des règles tacites du jeu paléoanthropologique, on ne s'installe pas sans y être invité sur la concession d'un autre prospecteur pour commencer à y ramasser des pépites. Arambourg avait été le premier à exploiter ce site, et les autorités éthiopiennes le connaissaient. Aussi, malgré ses conclusions erronées sur la géologie et bien qu'il fût alors vieux et souffrant, on lui confia la responsabilité de l'équipe française. Pour accroître les compétences géologiques de cette équipe, on lui donna un adjoint, un homme plus jeune nommé Yves Coppens. Howell dirigeait le contingent américain, Richard Leakey le Kenyan.

Toute l'organisation et l'approvisionnement de l'expédition durent se faire à partir de Nairobi. Bien que l'Omo fût situé à plus de huit cents kilomètres de là et malgré l'état épouvantable des routes, on préféra cette solution au trajet plus court depuis Addis-Abeba : cette dernière voie était en fait à peu près impraticable en raison de l'âpreté du pays et du manque de routes. En outre, les produits de première nécessité comme le papier hygiénique ou la colle étaient introuvables en Ethiopie, et auraient dus être expédiés depuis un autre pays, et transiter par Addis. Nairobi était beaucoup plus commode et mieux approvisionné. En outre, les Leakey étaient sur place pour diriger le travail.

L'aventure de l'Omo, dont la première campagne eut lieu en 1967, avait été annoncée comme la première expédition anthropologique internationale réellement coopérative, ce qui n'était pas tout à fait exact. Chaque équipe fut constituée pour opérer de façon autonome. Clark Howell et Richard Leakey ne mirent pas longtemps à découvrir que les Français, exerçant leur droit de priorité, s'étaient réservés la plus grande étendue de dépôts le long de la rivière, à quelques kilomètres au-dessus de l'endroit où elle se jette dans le lac Turkana, à la frontière du Kenya. Clark se vit octroyer un secteur beaucoup plus restreint, juste au nord de la zone française. Richard Leakey se retrouva plus loin en amont, près d'un coude de la rivière et sur la berge située au-delà. Il n'y travailla que peu de temps et avec un sentiment de frustration croissant, dans des dépôts qui étaient de toute évidence trop récents pour lui plaire. Il était peu disposé par nature à travailler sous la direction de qui que ce fût ; par ailleurs, il comprit rapidement qu'il risquait fort de devenir l'Esaü de l'expédition, l'ignorant à qui l'on fait couper le bois et puiser l'eau, et que tout l'honneur des découvertes éventuelles reviendrait à ses Jacob, les scientifiques, Arambourg, Coppens et Howell. Ayant autrefois tourné le dos à la paléoanthropologie, il jugea que si déjà il devait faire volte-face et devenir paléoanthropologue, il serait plus judicieux de le faire comme il l'entendait, et à un endroit plus intéressant. Faisant en toute connaissance de cause le pari qu'il trouverait un endroit plus propice, il emprunta l'hélicoptère que l'expédition avait loué conjointement, et se dirigea vers le sud-est, à l'intérieur du Kenya, le long de la rive orientale du lac Turkana, où il survola une longue étendue de dépôts d'érosion, qui avaient l'air prometteur. Il se posa, et se trouva au milieu d'un paysage désolé du Plio-Pléistocène, jonché de fossiles. Tout amateur qu'il fût, il resta bouche bée. Il retourna au site de l'Omo et annonça qu'il quittait l'expédition. Désormais, il mènerait ses propres recherches dans son pays – décision audacieuse pour un garçon de vingt-trois ans ayant à affronter un père irascible.

Ce voyage en hélicoptère fut le plus décisif jamais entrepris par un chasseur de fossiles. Richard Leakey forma une équipe de professionnels, et établit un camp permanent à Koobi Fora, sur un promontoire se dressant au-dessus du lac Turkana. Les découvertes qu'il y fit au cours des quelques années qui suivirent (et dont nous parlerons dans le prochain chapitre) allaient avoir une profonde influence sur le regard que nous portons sur nos origines.

Les Français et les Américains restèrent là où ils étaient. Arambourg mourut, et Coppens reprit la direction de l'équipe française. Le travail se poursuivit régulièrement tous les ans jusqu'en 1974. Puis la situation politique éthiopienne se dégrada au point que toute campagne d'envergure devint impossible. Mais dès avant 1967, le consciencieux Howell avait suggéré, avec l'approbation de Louis Leakey, qu'il serait peut-être bon de faire faire un relevé préliminaire par un géologue compétent.

« Je ne suis pas géologue professionnel, a dit Howell, j'ai dû apprendre pas mal de géologie, c'est vrai, mais avant d'envoyer quarante ou cinquante personnes dans un coin paumé, j'ai pensé qu'il serait prudent que quelqu'un de compétent aille jeter un coup d'œil à l'Omo. J'étais à peu près sûr que ce que j'avais trouvé là-bas pendant mon petit tour de 1959 datait du Plio-Pléistocène, mais je voulais en être absolument certain. »

Un géologue, Frank Brown, refit le trajet de Clark jusqu'au poste frontière isolé. En décembre 1966, de retour à l'université de Californie pour faire son rapport, il accueillit Howell avec un large sourire. « Les dépôts sont du Plio-Pléistocène, comme vous le pensiez, dit-il. Vous devriez en être content. »

Il ne croyait pas si bien dire. Les grandes réussites de l'Omo ont été sa géologie et ses séquences animales. Ensemble, elles brillent comme une étoile scintillante au firmament généralement sombre et nuageux de la paléoanthropologie – ce domaine qui ne cesse d'être balayé par des tempêtes de controverses sur l'âge des choses, et, par là, sur leurs relations mutuelles. L'Afrique du Sud reste plongée dans des ténèbres presque impénétrables. D'autres sites se sont vu attribuer des dates douteuses, dues aux difficultés d'interprétation d'une stratigraphie confuse ou à l'impureté des échantillons volcaniques choisis pour effectuer les datations.

Mais l'Omo est un miracle. Cette vallée garde une trace continue des événements du passé qui est unique dans l'étude de l'évolution des hominidés fossiles. Son caractère unique résulte d'une combinaison de traits particuliers.

Les dépôts de l'Omo sont remarquables par leur profondeur (près de mille mètres), leur accessibilité et leur bonne datation. Ils sont formés de plusieurs centaines de strates qui ont été relevées par les mouvements de l'écorce terrestre, en formant un angle, si bien que les couches les plus anciennes, les plus profondes, apparaissent à la surface comme de longues vagues parallèles de matériaux distincts. Celles du premier plan sont plus anciennes que celles du fond. Leur âge global se situe entre quatre millions et un million d'années. Toute cette section est jalonnée de tufs volcaniques datables.

« *Primo*, le site est relativement grand, a dit Howell récemment. Ce n'est pas une gorge comme Olduvaï, mais un enchevêtrement d'affleurements érodés qui couvrent plusieurs centaines de kilomètres carrés. *Secundo*, il est profond. Les dépôts ont plus de neuf cents mètres d'épaisseur ; ceux du fond sont donc très anciens : neuf cents mètres de matériaux ne se déposent pas du jour au lendemain. *Tertio*, les couches sont disloquées. Il est inutile par conséquent de creuser jusqu'à neuf cents mètres de profondeur pour arriver au niveau inférieur. La croûte terrestre s'est relevée ou s'est déformée, et les couches apparaissent à un certain angle, si bien que même les plus anciennes sont visibles çà et là à découvert. En fait, on n'a même pas besoin de creuser du tout. Il suffit de se promener. Et à chaque pas que vous faites, vous avançez ou vous reculez dans le temps. »

La succession des strates exposées à nu dans la vallée de l'Omo formait comme une immense règle géologique sur laquelle les différentes tranches du temps étaient marquées par quelque deux cents dépôts séparés et distincts, constitués de boue, d'argile, de sable, de gravier ou de projections volcaniques. Plus d'une centaine de ces couches contenaient des fossiles. Dans leur totalité, elles embrassaient environ trois millions d'années, les plus anciennes remontant à quatre millions d'années, et les plus récentes à un.

« La quatrième chose extraordinaire sur ce site était l'activité volcanique, a dit Clark. On disposait ainsi de jalons qui pouvaient être datés. L'Omo a dû être un endroit joliment chaud autrefois à en juger par les dizaines de tufs que l'on a trouvés. Certains ont plus de dix mètres d'épaisseur – d'énormes bouffées exhalées par un volcan qui a disparu depuis. Nous le cherchons toujours. A plusieurs endroits, le point de contact entre les sédiments et les tufs sont d'une précision extrême. Une véritable bénédiction pour les géologues. Ils peuvent recueillir des échantillons de cendre parfaitement purs et les envoyer aux États-Unis pour les faire dater par la méthode du potassium/argon. Quand le labo commence à nous renvoyer des dates, nous pouvons déterminer très exactement l'âge des fossiles animaux ; certains tufs en effet sont très rapprochés et n'ont pas plus de cinquante mille ans d'écart. Cela veut dire qu'il est possible de dater un fossile pris en sandwich entre deux de ces tufs datant de, mettons, deux millions d'années et demi, avec une marge d'erreur de vingt-cinq mille ans seulement dans un sens ou dans l'autre. Et dans l'échelle de temps où nous nous situons, ce n'est rien. C'est comme si vous demandiez à un très vieux monsieur s'il a cent ans, et s'il vous répondait : "Non, seulement quatre-vingt-dix-neuf". »

Pour la datation, on n'a jamais trouvé l'équivalent de l'Omo dans toute l'histoire de la paléoanthropologie. Grâce à la précision de cette échelle, on a pu classer la multitude de fossiles de mammifères qui jonchaient le paysage de l'Omo car, comme les dépôts eux-mêmes, ils se trouvaient à nu, à la surface du sol. Au cours de ses huit années de travail, l'expédition de l'Omo a recueilli quelque cinquante mille spécimens, représentant plus de cent quarante espèces de mammifères. Certains des plus petits – rats, souris et musaraignes – présentent un grand intérêt, parce que les petits animaux de ce type ne se déplacent pas beaucoup et sont très sensibles aux modifications de l'environnement. Ainsi la présence d'un certain type de souris dans un sédiment particulier fournit des renseignements précis sur la nature du climat local au moment où ce sédiment s'est déposé. La même remarque peut généralement s'appliquer aux grands mammifères, mais dans leur cas, les informations ne sont pas aussi précises, car nombre d'entre eux – les antilopes par exemple – se déplacent sur de vastes étendues en fonction des saisons humides et sèches. Néanmoins, il existe des groupes de mammifères qui, considérés conjointement, évoquent un climat sec ; d'autres, comme les hippopotames, indiquent la présence de marais, de lacs et de rivières. En combinant les renseignements obtenus sur les animaux, les plantes et la géologie, on a commencé à se faire une idée de plus en plus nette de la géographie et du climat de l'Omo sur de longues périodes.

Chose tout aussi importante, l'habitude de Clark de dresser une carte minutieuse de tous les fossiles a permis de suivre le développement évolutif de différents types à travers le temps. On a obtenu ainsi de superbes séquences d'antilopes, de girafes et d'éléphants ; de nouvelles espèces évoluent à partir d'espèces plus anciennes et apparaissent dans des strates plus récentes, puis disparaissent à leur tour, remplacées par d'autres encore, dans des strates encore plus récentes. Bref, l'évolution se faisait sous les yeux des prospecteurs de l'Omo qui pouvaient même la chronométrer. Les meilleurs exemples de ce processus sont offerts par plusieurs lignées de porcs, extrêmement courants jadis dans la vallée de l'Omo et qui ont évolué rapidement. Le décryptage de l'histoire des porcs a été confié au paléontologue Basil Cooke. Il a élaboré des arbres généalogiques où les différents types de porcs sont datés avec une telle précision que ces animaux sont devenus eux-mêmes des repères utilisables pour toutes les découvertes d'âge contestable provenant d'endroits différents où l'on avait trouvé les mêmes porcs.

Cette tâche s'appelle la biostratigraphie. C'est un travail de longue haleine, répétitif et fastidieux. Il s'effectue en laboratoire, dans l'isolement, et personne n'en entend jamais parler en dehors de la profession.

Mais c'est le modèle auquel doit se plier tout grand rêve paléoanthropologique. L'hypothèse la plus sensationnelle sur l'évolution hominienne d'Afrique orientale sera condamnée à s'écrouler si elle ne concorde pas avec l'une de ces prosaïques séquences de porcs. Si elle y correspond, elle imposera le respect.

Que disait l'Omo de l'évolution des australopithèques ou de la respectabilité d'*Homo habilis* ? Directement, pas grand-chose. Les fossiles hominiens qu'on y avait trouvés étaient fragmentaires et de qualité médiocre. « Je dois avouer, m'a dit Clark un jour, que huit années de travail sur le terrain auraient dû en produire davantage. Nous avons trouvé des hominidés. Nous en avons trouvé à quatre-vingt-six endroits différents. Mais pour la plupart, ils étaient abîmés par l'abrasion et il n'en restait souvent que des dents. On ne peut pas dire grand-chose à partir d'une dent isolée. »

Clark sous-estime l'importance de ses découvertes en matière d'hominidés. Ce qu'il espérait trouver, c'était le Crâne Parfait. Il ne l'a pas trouvé, et j'ai dans l'idée qu'il ne le trouvera jamais. La vallée de l'Omo est un endroit de rivières, d'eau courante, et on ne peut s'attendre à y trouver l'immobilité qui règne au bord des lacs ou dans les marais. La taille des grains de sable et des cailloux qui sont charriés est en relation directe avec la vitesse à laquelle l'eau coule. Les dents ne sont pas plus grosses que de petits cailloux, et si l'eau peut emporter ceux-ci, elle emportera également des dents – à des kilomètres peut-être de la mâchoire dont elles se sont détachées. La mâchoire elle-même se cogne un peu partout et s'use. Ses traits les plus fins s'effacent. Cela semble tout particulièrement vrai dans la vallée de l'Omo.

« Une bonne part des problèmes de qualité sur ce site, explique Clark, est due, je l'admets, au mouvement des os. Mais je crois qu'il y a moyen de contourner cet obstacle. Vers la fin de notre travail à l'Omo, nous avions commencé à repérer des endroits où les fossiles étaient particulièrement nombreux, et nous avions identifié des strates particulièrement riches. Nous avions l'intention, au cours des campagnes suivantes, de nous concentrer sur ces endroits. Au lieu de ramasser en surface, nous voulions creuser. Le travail aurait avancé plus lentement, mais je crois que la qualité des découvertes aurait été meilleure. Malheureusement, pour des raisons politiques, nous n'avons pas pu y retourner. C'est une chose qui arrive souvent dans ce métier. Juste au moment où vous commencez à apprendre le plus de choses, un incident vient vous empêcher d'en retirer le bénéfice. »

Camille Arambourg (debout) explora l'Omo à la recherche de fossiles dans les années 30. Il y retourna avec Clark Howell et Richard Leakey en 1967, en tant que responsable français de l'expédition tripartite mais mourut peu après. Il fut remplacé par Yves Coppens, que l'on voit ici en train de dégager une mâchoire d'éléphant.

Je ne peux m'empêcher de penser que Clark en a tiré un plus grand bénéfice qu'il ne veut bien l'admettre généralement. Personne, bien sûr, ne sous-estime l'importance de ses fantastiques séquences animales et de sa datation. Mais elles sont si fantastiques qu'elles ont tendance à occulter ces pauvres vieux hominidés. Clark en a trouvé beaucoup. Et ce que l'on peut affirmer au sujet de quelques dents – qui en elles-mêmes ne disent pas grand-chose – c'est que si vous trouvez ailleurs, dans un horizon de temps similaire, un fossile mieux conservé présentant ces mêmes dents à leur place dans une mâchoire, celles de Clark prendront un grand intérêt. C'est ce qui s'est passé à Koobi Fora et à Hadar. Ces deux endroits ont livré de très beaux fossiles, qui jettent une vive lumière sur les découvertes de Clark.

On compare souvent la paléoanthropologie à un puzzle. C'est une très bonne analogie ; en effet, dans les deux cas, le problème consiste à assembler des éléments isolés, un par un, pour former une image complète. Mais l'amateur de puzzles se trouve en meilleure posture. Il a toutes les pièces. Il n'a qu'à les étaler sur la table et à se mettre au travail. S'il a un peu de bon sens, il ne va pas commencer par choisir un morceau, puis se mettre à trier tous les autres dans l'espoir de trouver celui qui s'y adapte. Il sépare les morceaux bleus des violets et essaie de les assembler. Il cherche aussi toutes les pièces qui présentent un côté rectiligne. Elles forment la bordure du puzzle, et il est relativement facile de les insérer les unes dans les autres pour obtenir un cadre. Il peut ensuite entreprendre d'emboîter les blocs bleus et violets qu'il assemble progressivement.

L'anthropologue ne peut pas tout à fait agir ainsi. Les pièces du puzzle ne lui tombent pas entre les mains en bon ordre. Le premier crâne de Néanderthal n'en représentait qu'une, et l'on n'avait rien avec quoi l'assembler. Plus tard, avec l'homme-singe de Java, on en eut une autre, mais on n'avait aucun moyen de savoir comment les deux se reliaient. Les grottes d'Afrique du Sud fournirent un certain nombre de pièces : bleues, disons, pour les graciles, et violettes pour les robustes. Dart, Broom et Robinson parvinrent à assembler quelques petits morceaux, mais le puzzle n'avait toujours pas de cadre. C'est alors qu'arriva Louis Leakey avec un autre morceau, Zinj, et *une date* – le premier morceau de la bordure.

Avec ses dates de l'Omo, Clark Howell apporta toute une bande de la bordure. Bien que leur qualité ne fût pas extraordinaire, les découvertes hominiennes qu'il y fit s'adaptaient au cadre. Il en trouva quatre sortes différentes. Tout en ne sachant pas les assembler, il savait quel était leur

Clark Howell, un pionnier de l'exploitation rigoureuse des sites, est en définitive l'homme à qui l'on doit l'exploitation méthodique des gisements de l'Omo. Il travaille ici sur un horizon contenant un certain nombre de petits fragments de fossiles. Pour conserver leurs relations spatiales exactes, la personne qui les a trouvés a dégagé le matériau qui les entourait, en laissant chacun d'eux sur son petit monticule particulier.

âge et put donc les disposer sur la table – ce qui avait été impossible jusque-là. De plus, certaines de ses trouvailles dataient du Pliocène – de plus de deux millions d'années. Il s'était évadé du Pléistocène, comme il l'avait espéré.

Voici en quoi consistaient les quatre types d'hominidés trouvés par Clark, selon un compte rendu datant de 1976 :

Un petit hominidé ressemblant à l'australopithèque gracile d'Afrique du Sud. On le voit apparaître dans la vallée de l'Omo il y a trois millions d'années ; sa présence est confirmée à deux millions et demi, et il a survécu peut-être jusqu'aux alentours de deux millions ; toutefois la qualité des fossiles rend cette survie ultérieure discutable.

Un hominidé robuste. Il était plus proche du Zinj super-robuste que du *robustus* sud-africain. Il apparaît à deux millions et disparaît à un. Des quatre types trouvés à Omo, c'est de loin le plus abondant.

Des traces d'*Homo habilis*. On les rencontre dans quelques dents d'aspect apparemment humain datées d'environ 1,85 million.

Enfin, *Homo erectus*. Il apparaît pour la première fois vers 1,1 million.

Quand ces quatre types furent triés et classés sur le papier suivant leur âge, certaines idées sur leurs relations éventuelles commencèrent à s'imposer. Par exemple, tous les types graciles se rencontrant avant deux millions d'années et tous les robustes après cette date, on commença à soupçonner que l'un pouvait descendre de l'autre. Ce soupçon se confirma quand on observa qu'en Afrique du Sud les graciles étaient aussi plus anciens que les robustes. N'était-ce qu'une très étrange coïncidence, ou ces éléments commençaient-ils à former un motif du puzzle ?

Deuxièmement, *Homo habilis* apparaissait dans la vallée de l'Omo comme à Olduvaï *après* deux millions d'années ; on se demanda donc s'il n'était pas possible qu'il ait eu, lui aussi, un ancêtre gracile. Devant tous ces éléments qui s'imbriquaient aussi facilement et de façon aussi suggestive, il était tentant de transformer la suggestion en fait, en réunissant les quatre lignées (*cf.* diagramme, extrême droite, p. 317). Mais c'eût été prématuré. « Suggestif ne veut pas dire définitif », m'a dit Clark Howell plus d'une fois. Pour pouvoir accepter ce diagramme, qui rencontrait déjà une large adhésion, nous sentions qu'il fallait attendre d'avoir plus de preuves. Et ces preuves, comme nous le verrons dans les chapitres suivants, allaient venir de Koobi Fora, de Laetoli et de Hadar.

Quand je quittai l'université d'Illinois pour m'inscrire au séminaire de Howell à Chicago, l'Omo était sur toutes les lèvres. Les autres thésards de Howell ne parlaient que de cela. Un déluge de témoignages – des cartes, des statistiques et des fossiles – se déversait régulièrement dans le laboratoire. Les hypothèses sur les interprétations possibles fusaient de toutes parts. Fidèle à lui-même, Clark restait très prudent.

Il avoue avoir été sceptique à l'époque sur la réalité d'*habilis*. « J'évitai de prendre position sur *habilis*, dit-il. J'hésitais. L'insistance de Louis Leakey à prétendre qu'*habilis* était le plus ancien type d'*Homo* connu semblait logique d'après ce que l'on pouvait conclure des fragments de fossiles. Mais ces fragments ne suffisaient pas. J'ai pu étudier à plusieurs reprises le matériel d'Olduvaï. Je le connais bien. Il était extraordinairement intéressant, mais pas concluant. Ce ne fut que plus tard, quand nous avons commencé à trouver à l'Omo des matériaux similaires de type *Homo* à 1,85 million, que je me suis mis à penser que Louis avait raison, et qu'il y avait effectivement place pour une autre espèce entre un ancêtre australopithèque et *Homo erectus*. Mais nous étions encore loin de l'avoir prouvé. »

J'étais tout excité de me trouver au centre de ce débat et de cette percée scientifique, et d'être présent au moment où de nouvelles idées étaient en cours de vérification. J'étais plus optimiste que Clark au sujet d'*Homo habilis*. Étant plus jeune, moins expérimenté, et ayant beaucoup moins de responsabilités professionnelles, je pouvais me le permettre. A l'époque, je n'étais qu'une voix de plus dans le babillage des thésards du labo de Clark.

La première fois que je regardai certaines de ces dents, je pensai : *Homo*. C'était une intuition. Je n'étais pas en droit de le penser. Je n'avais jamais vraiment étudié les collections d'australopithèques d'Afrique du Sud. Je ne les connaissais que par des lectures et par l'étude de moulages que possédait Clark. Ce que j'avais étudié, c'étaient les chimpanzés. J'avais choisi pour sujet de thèse une analyse complète de la dentition des chimpanzés. Toute la morphologie : les différences sexuelles, la variabilité au sein d'une population, le développement juvénile, la moindre bosse de chaque dent. Tout ce que quiconque pouvait souhaiter savoir sur le développement de la mâchoire d'un chimpanzé, sur le comment et le pourquoi de sa mastication, je serais en mesure de le lui dire.

Disposant aux États-Unis d'une collection de trois cents crânes de chimpanzés, je mis au point un système de fiches à partir des techniques de cartes perforées I.B.M., pour rassembler toutes les données que j'obtenais sur les différentes dents. Les dents de chimpanzé n'eurent bientôt plus de secret pour moi et, en les comparant avec d'autres dents de singes anthropoïdes – de gorilles et d'orang-outans – puis avec des dents humaines et des moulages de dents d'australopithèques, j'acquis un profond sens intuitif de ce qui faisait un singe, un australopithèque ou un être humain.

La plupart des anthropologues s'installent tôt ou tard de plus en plus confortablement dans un coin particulier de leur métier. Mon coin à moi allait être les dents. J'ai eu de la chance de tomber sur elles. Votre dentiste vous le dira : « Dis-moi ce que tu manges, et je te dirai qui tu es. » C'est même plus vrai qu'il ne le croit. Vos dents vous trahissent malgré elles et indiquent qui vous êtes, d'où vous venez.

Quand je jetai un coup d'œil aux dents de l'Omo que Clark attribuait timidement à *Homo*, je pensai qu'il fallait que nous nous prononcions ouvertement en les appelant *Homo*. Je le répète, je le *pensai*. Au moment même où cette pensée me traversait l'esprit, je me rendis compte qu'il allait falloir que j'en sache davantage. Il fallait que je voie par moi-même les collections sud-africaines – les fossiles originaux, et pas simplement des moulages. Pour la première fois de ma vie, je compris qu'il existait quelque chose sur quoi je devais absolument en savoir un peu plus long. Je commençais aussi à être impatient de sortir sur le terrain et de faire moi-même des découvertes.

Pour terminer ma thèse, il me fallait également plus de crânes de chimpanzés. Il existait deux collections en Europe qui, ajoutées à celles des États-Unis, formaient un total de 826 spécimens, un échantillonnage amplement suffisant pour être statistiquement valable. (Tous, soit dit en passant, étaient des crânes de chimpanzés modernes. On n'a jamais trouvé de crâne de chimpanzé fossile.)

A ce moment-là, je pris mon courage à deux mains. Clark m'avait aidé à obtenir une modeste bourse pour partir en Europe terminer mes études de crânes de chimpanzés. J'appris qu'il projetait d'aller en Afrique du Sud le même été pour travailler sur les collections d'australopithèques. Je lui demandai alors la permission de l'accompagner. Je lui expliquai le système de fiches que j'avais mis au point pour les dents de chimpanzé et lui montrai comment on pouvait l'utiliser pour réaliser une description plus détaillée et plus méthodique des dents d'australopithèques que tout ce qui avait été fait jusque-là. Clark s'enthousiasma pour cette idée. Certains dessins de cuspides et de gouttières dentaires n'avaient jamais été analysés. Il me dit : « D'accord. Indique une somme un peu plus importante dans ta demande de bourse pour couvrir ton billet d'avion d'Europe en Afrique du Sud. Nous nous retrouverons à Nairobi. »

Ce fut alors que je jouai mon va-tout. Je lui dis que si déjà j'allais jusqu'à Nairobi, ce serait vraiment dommage de ne pas pousser un peu plus loin, jusqu'à l'Omo, où je pourrais faire un peu de travail pendant l'été. Clark me jeta un drôle de regard mais il me donna son accord. Il parla de moi à Gerry Eck, le coordinateur de l'expédition. Eck me connaissait comme thésard et il bougonna : « Ce type ne me dit pas grand-chose. J'ai l'impression qu'il est du genre à aimer les grandes villes et les lumières. Avons-nous besoin de lui ? »

Je dois avouer qu'Eck avait raison à mon sujet. J'aime les villes et les lumières. Mais Clark expliqua que j'avais une certaine expérience en archéologie, et que je pourrais me rendre utile s'ils faisaient des fouilles cet été-là – et de toute façon, il ne s'agissait que de quelques semaines. Plutôt à contrecœur, Eck céda.

Au printemps 1970, je partis pour l'Europe, recueillis mes données sur les chimpanzés et pris l'avion pour Nairobi, où je passai quelques jours avec Clark. Ce fut une période de grande fièvre pour moi. Je me sentais m'épanouir, ma carrière commençait. Enfin, j'étais en Afrique. Je pouvais voir de mes propres yeux les fossiles légendaires – Zinj, Twiggy, Cindy et George – sur lesquels j'avais lu tant de choses sans les avoir jamais vus. Ils étaient là, alignés sur une table. En tendant la main, je pouvais même les toucher. Je soulevai le crâne de Twiggy, et fus frappé par son poids – il était lourd comme une pierre. Je me demandai s'il m'arriverait un jour de trouver une chose pareille, et si j'aurais l'adresse et la patience de reconstituer un crâne arrondi à partir de la Twiggy plate comme une crêpe que l'on avait trouvée.

Je fus présenté à Mary Leakey et renouai avec Richard, que j'avais déjà rencontré. Richard était déjà devenu un personnage prestigieux, bien connu de la presse mondiale. Il venait d'arriver de Koobi Fora d'où il rapportait quelques nouveaux fossiles fascinants d'australopithèques robustes. J'eus l'occasion de les contempler – une nouvelle source d'émotion, car ils n'avaient encore été l'objet d'aucune publication.

J'étais transporté par le sentiment de me trouver sur le front même d'une science, de parler aux personnes qui la faisaient, qui avaient trouvé de célèbres fossiles et étaient elles-mêmes devenues célèbres. Cette sensation ne me quitta pas pendant que nous volions, Clark et moi, vers l'Omo dans un petit avion que l'expédition utilisait comme navette pour le transport de passagers et de quelques provisions. Je regardai dehors, tandis que l'avion se dirigeait vers le nord, survolant les croupes vertes des montagnes d'Aberdara, la pointe enneigée du mont Kenya, remontant vers le nord plus poussiéreux, plus aride. Le paysage se transforma en étendues immenses ; des montagnes gris et lavande se dressaient dans un désert plat, de couleur bistre. Le lac Turkana apparut, s'étalant sur près de deux cents kilomètres et, à son extrémité nord, j'aperçus une longue ligne sinueuse et verte, qui s'éloignait en ondulant vers le nord pour disparaître dans la brume de chaleur. Ce serpent vert était une forêt fluviatile, une étroite bande d'arbres qui survivaient en s'accrochant aux berges de la rivière Omo.

Gerry Eck se trouvait sur la piste de gravier défoncée où nous atterrîmes – pas très enthousiaste, mais pas désagréable non plus. Il me montra la tente où j'allais dormir. Je défis mes bagages, enfilai un short et me précipitai dehors, bien décidé à prouver sans plus tarder mon utilité à Eck. En moins d'une demi-heure, j'avais changé d'avis ; j'étais à deux doigts de défaillir de chaleur, et tenais à peine sur mes jambes. Eck arpentait le terrain, marchant à grands pas sous le soleil torride, à la recherche de fragments de fossiles. J'avais le plus grand mal à le suivre ; et je dus constater avec embarras que j'étais incapable d'identifier un seul des fossiles que nous trouvions. Cette nuit-là, suffoquant dans l'obscurité de ma tente, je compris que cela ne pouvait pas continuer ainsi. Le lendemain, je confessai mon incompétence à Clark. Il me conseilla de prendre les choses plus calmement jusqu'à ce que j'aie pu m'habituer à cette chaleur terrible. Il m'invita à passer les après-midi avec lui à trier les sacs d'os provenant des prospections matinales. Au bout d'une semaine d'étiquetage et de numérotage, pendant laquelle il fallut me répéter inlassablement que tel os appartenait à un porc et tel autre à une antilope, je commençai à en reconnaître un grand nombre et Howell me dit : « A partir de maintenant, c'est toi qui vas pouvoir me dire ce que c'est. »

J'aimais beaucoup la vie de camp et me débrouillai pour me rendre utile ; je vérifiais les provisions, appris à réparer les véhicules en panne, dressai des cartes et fis beaucoup de paperasserie. J'acquis de bonnes bases en matière de fossiles de mammifères du Plio-Pléistocène. Bien plus, je pus me faire une idée claire de l'organisation de l'expédition elle-même – du rôle de Clark et de son style en tant que directeur, de ceux d'Eck comme coordinateur, de tous les détails dont il fallait s'occuper. Je regardai Eck travailler et en vins à éprouver une profonde admiration pour lui. Eck possédait une multitude de compétences pratiques qui n'avaient rien à voir avec sa spécialité professionnelle – les singes fossiles – et il les mettait en œuvre pour assurer l'approvisionnement du camp, la bonne humeur et la productivité de la main-d'œuvre locale et la coordination du travail des scientifiques. J'observai aussi Clark avec un vif intérêt. Lorsque mes trois semaines furent écoulées et qu'il fut temps de partir, je me rendis compte que je n'avais pas creusé une seule pelletée de terre en tant qu'archéologue – ce qui était en principe ce pour quoi j'avais été engagé.

« Tu t'en es très bien tiré, me dit Clark dans l'avion alors que nous filions plein sud vers Prétoria et Johannesburg. Tu as appris pas mal de choses, non ?

– Et comment ! »

En Afrique du Sud comme à Nairobi, et toujours grâce à Clark, je pus contempler les collections de fossiles, des spécimens que Broom lui-même avait dégagés de la brèche dans les grottes de Sterkfontein et de Kromdraai. Je m'approchai d'un crâne avec un sentiment qui ressemblait presque à de la vénération. C'était un fossile d'*africanus* connu sous le nom de « Mrs. Ples », un spécimen de Broom célèbre pour son bon état de conservation. Je promenai mes doigts sur lui, sur les fissures qui séparaient les petits fragments que les vieux doigts habiles de Broom avaient assemblés un quart de siècle plus tôt avec tant d'adresse. Je me demandai une fois encore si j'aurais jamais la chance de faire une chose pareille. Je regardai les autres fossiles trouvés par Robinson, la grande collection de Makapansgat de Dart : les découvertes légendaires d'hommes légendaires. Je n'avais jamais imaginé jusqu'à ce jour l'importance des collections sud-africaines. Certes, il s'agissait surtout de dents et de mâchoires, mais c'était précisément ce que je connaissais le mieux. Je m'installai avec Howell pour les analyser. Mon système de fiches marchait à merveille. Ensemble, nous rassemblâmes une masse énorme de données et décidâmes de leur consacrer un article l'année suivante. Nous ne l'avons jamais fait ; nous avons été tellement occupés depuis que nous n'en avons pas trouvé le temps.

Je quittai l'Afrique du Sud avec un sens plus aigu de la réalité des australopithèques qu'auparavant. J'avais vu des dizaines de mâchoires et des centaines de dents, et leurs possesseurs avaient petit à petit pris vie devant moi. Les schémas d'usure – les petites facettes lisses que la mastication avait peu à peu fait apparaître un ou deux millions d'années plus tôt – étaient parfaitement visibles, fidèlement conservés par le processus de fossilisation, avec une précision que ne pourrait jamais égaler un moulage de plâtre. La vision des facettes d'usure de ces antiques mâchoires faisait de leurs possesseurs des êtres en chair et en os, qui avaient mâché et digéré.

Il était évident pour moi comme pour Howell – et comme autrefois pour Broom et Robinson – qu'il existait en fait deux sortes d'australopithèques. Je commençais à reconnaître les innombrables traits de la dentition, de la mâchoire, de la forme du crâne et des attaches musculaires qui devaient se combiner pour produire un type robuste ou un type gracile. Une dent ne suffisait pas toujours. Par leur taille et leur forme, certaines d'entre elles se recouvraient partiellement. Mais dans l'ensemble, les deux types étaient parfaitement distincts. *Robustus* avait une mâchoire plus lourde, plus massive ; des molaires plus grosses, plus larges avec une couche d'émail plus épaisse ; des prémolaires caractéristiques ; des muscles masticateurs plus puissants, remontant sur les côtés de la tête ; une crête osseuse le long du sommet du crâne permettait l'ancrage de ces muscles plus importants. De toute évidence, *robustus* était un animal adapté à un régime à base de matières végétales coriaces : des racines, des bourgeons, des tiges. L'australopithèque gracile l'était beaucoup moins.

C'était la conclusion à laquelle Robinson était arrivé une bonne décennie plus tôt dans une célèbre monographie sur les dents d'australopithèques. Je pouvais constater désormais de mes propres yeux qu'il avait eu raison. J'en ressentis une profonde admiration pour lui, qui ne reposait pas seulement sur la logique de son analyse, mais aussi sur la rigueur de ses descriptions des différents fossiles. Formé professionnellement par Howell, j'étais en train d'acquérir un respect durable pour la précision des descriptions. Je pense que les fossiles de Robinson sont aussi bien décrits que tous ceux que j'ai pu étudier depuis. Je résolus en Afrique que si je devais avoir un jour la chance de décrire mes propres fossiles, j'utiliserais ceux de Robinson comme modèle.

De retour à l'Omo, je soumis quelques-unes de mes impressions à Clark. « Vous savez, ces molaires robustes m'ont tout l'air d'être des prolongements des molaires graciles. C'est le même genre de dents, mais simplement un peu plus affirmées.

– Mmm...

– Au fil du temps, elles deviennent de plus en plus grosses, de plus en plus spécialisées.

– Mmm, mmm...

– Ne pourrait-il pas s'agir d'une adaptation, ébauchée dans les types graciles et qui se serait tout simplement poursuivie ?

– Possible.

– Il serait devenu petit à petit de plus en plus robuste et aurait fini par l'être tout à fait.

– Peut-être.

– Mais si *africanus* s'est transformé en *robustus*, comment aurait-il pu en même temps être l'ancêtre d'*Homo habilis* ? »

Il n'était pas facile d'acculer Clark. J'insistai :

« Comment résoudre ce problème ?

– Il faut du temps.

– Avec les données que nous avons réunies ?

– Avec plus de fossiles.

– Mais nous venons d'en examiner toute une collection.

– On n'a pas de bonnes dates pour ceux-là.

– Mais nous savons que *robustus* est plus jeune.

– Plus jeune de combien d'années ? dit Clark. Tu peux me le dire ? J'aimerais bien le savoir. J'aimerais avoir de meilleurs fossiles, mieux datés et venant d'ailleurs.

– J'ai l'impression qu'il nous faut sans cesse de meilleurs fossiles.

– Ouais. »

Je passai l'hiver à poursuivre mes études de troisième cycle et à travailler à ma thèse. Pendant l'été 1971, je retournai à l'Omo. A la fin de cette campagne, j'avais acquis une connaissance approfondie des mammifères du Plio-Pléistocène, et une bonne notion des problèmes que posaient le décryptage de la stratigraphie d'un site géologiquement complexe et l'obtention d'une datation précise. J'étais devenu un prospecteur compétent et j'avais même trouvé personnellement quelques fossiles d'hominidés.

J'avais aussi appris à quel point les expéditions internationales sont une affaire épineuse. Les Français ne faisaient presque rien comme les Américains. Leur mode de financement était différent. L'appui qu'ils recevaient de leurs ambassades était différent. Le travail leur paraissait moins urgent.

A l'origine, les deux camps avaient été matériellement séparés par une distance considérable. Mais après la mort d'Arambourg, Coppens invita le groupe de Howell à venir s'installer dans la concession française et à en exploiter un petit secteur, à l'extrémité nord. Ce secteur était séparé de la partie qu'exploitaient les Français par un chemin qu'empruntait le bétail pour descendre à la rivière, et que l'on finit par appeler la ligne de démarcation, au-delà de laquelle toute intrusion professionnelle était interdite.

A en croire Eck, le coordinateur américain, avant mon arrivée à l'Omo, les Français avaient tendance à traiter les Américains en citoyens de seconde zone. Il se souvient que la première chose à faire en arrivant au camp chaque année était de construire une piste d'atterrissage. Il fallait pour cela couper des touffes d'herbe à la machette sur une surface de quinze mètres sur quatre-vingts, ce qui représentait trois journées de travail épuisant. Faute de quoi, les touffes d'herbe, dégagées de la poussière qui les entourait par le souffle de l'hélice, rendaient la piste si cahoteuse qu'un avion risquait fort d'y perdre une aile. Chaque année, les Américains faisaient la piste, et chaque année les Français commençaient immédiatement à l'utiliser – « sans même dire merci, affirme Eck ; j'en étais ulcéré. J'étais un peu soupe-au-lait à l'époque ».

A mon arrivée, et surtout au cours du deuxième été, pendant lequel je participai à l'administration du camp, les choses s'étaient améliorées. J'aimais bien les Français. J'allais fréquemment leur rendre de petites visites amicales.

Je me fis plusieurs amis dans l'équipe scientifique française. Quand je revins à Paris terminer mon travail sur les crânes de chimpanzés, je passai en voir quelques-uns. A une soirée, on me présenta à un jeune géologue qui se nommait Maurice Taieb, et qui fut très intéressé d'apprendre que je revenais du sud de l'Éthiopie.

« Je pars moi-même en Éthiopie, dit Taieb.

– Vraiment, où ça ?

– Dans le triangle de l'Afar, au nord-est d'Addis-Abeba. Je travaille sur l'évolution de la vallée de l'Awash pour ma thèse. » Il m'expliqua que cela l'intéressait parce que c'était un endroit de confluence entre trois systèmes de fossés d'effondrement. Leur histoire était liée au mouvement des plaques tectoniques, les grands blocs continentaux dont on sait aujourd'hui qu'ils dérivent à la surface du globe.

Trois étapes de la formation géologique d'Hadar, qui a été affectée par un changement climatique, des tremblements de terre et des manifestations volcaniques. Le dessin du haut montre l'état du site il y a 4 à 3,6 millions d'années, avec un petit lac se formant dans un creux. Des matériaux provenant du plateau et des montagnes situées plus loin à l'ouest commencent déjà à se répandre dans la dépression, et ont formé plusieurs cônes de déjection. Dans le coin inférieur droit, un volcan rejette du basalte. Sur le deuxième dessin (3,6 - 3,3 millions d'années), des rivières ont entaillé le plateau et charrient davantage de limon et de gravier dans le lac qui s'est agrandi par suite d'un climat plus pluvieux. Sur le troisième dessin (3,3 - 2,6 millions d'années), la région recommence à s'assécher et le lac s'est rétréci. Des hominidés ont vécu le long des rives du lac tout au long de cette période (4 - 2,6 millions d'années). Le basalte de Kadada Moumou (daté par James Aronson) a été enterré sous de profonds dépôts alluvionnaires. Aujourd'hui, cette région est presque désertique. Il n'y a plus de lac, mais seulement une petite rivière, l'Awash, au bord de laquelle le campement actuel est situé. Le basalte a été remis à nu.

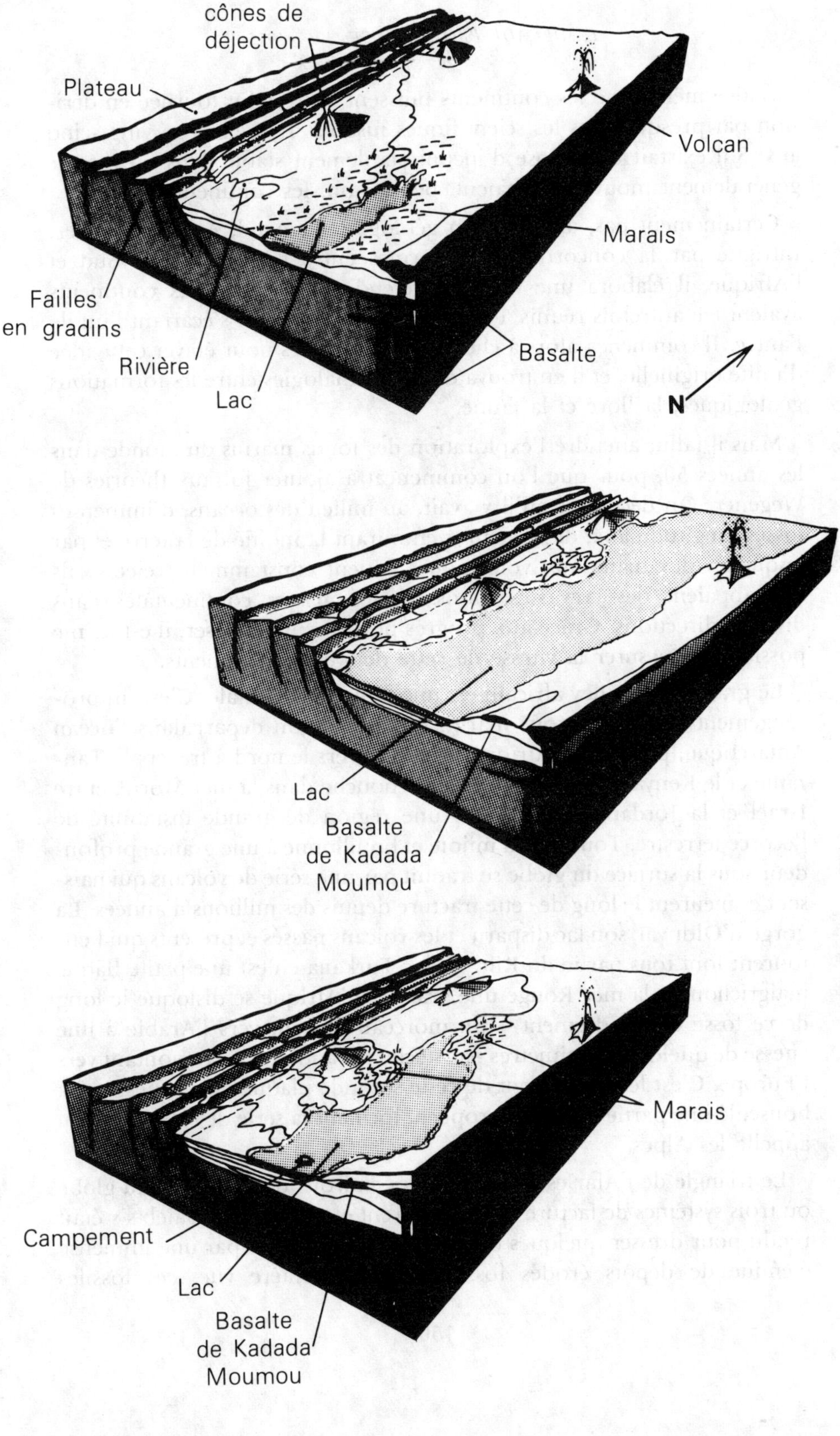

cônes de
déjection
Plateau
Volcan
Marais
Failles
en gradins
Basalte
Rivière
Lac
N
Lac
Basalte
de Kadada
Moumou
Marais
Campement
Lac
Basalte
de Kadada
Moumou

L'idée même que les continents puissent bouger fut tournée en dérision par presque tous les scientifiques jusqu'à il y a environ vingt-cinq ans. S'il existait une chose d'incontestablement stable dans un monde généralement mouvant, c'étaient, pensait-on, les continents.

Certainement pas, affirmait un géologue allemand, Alfred Wegener. Intrigué par la concordance de formes entre l'Amérique du Sud et l'Afrique, il élabora une théorie prétendant que ces deux continents avaient été autrefois réunis, et qu'ils avaient dérivé en s'écartant l'un de l'autre. Il commença alors à chercher des preuves pour étayer cette idée d'unité originelle, et il en trouva dans des analogies entre les formations géologiques, la flore et la faune.

Mais il fallut attendre l'exploration des fonds marins du monde dans les années 50, pour que l'on commençât à ajouter foi aux théories de Wegener. On découvrit qu'il y avait, au milieu des océans, d'immenses fossés longitudinaux, des fractures entourant la moitié de la terre et par lesquelles des matériaux volcaniques étaient constamment rejetés ; ils s'échappaient des crevasses, poussant les masses continentales dans diverses directions. Grâce aux progrès plus récents du laser, il est même possible de mesurer la vitesse de cette dérive des continents.

Le grand Rift Valley africain est une faille continentale. C'est un prolongement d'un fossé sous-marin, qui prend son départ dans l'océan Antarctique, pénètre en Afrique, se dirige vers le nord à travers la Tanzanie et le Kenya, puis l'Éthiopie, et débouche dans la mer Morte, entre Israël et la Jordanie. Le Rift est une région de grande instabilité de l'écorce terrestre. Tout ce qui mijote et bouillonne à une grande profondeur sous la surface du globe se traduit par une série de volcans qui naissent et meurent le long de cette fracture depuis des millions d'années. La gorge d'Olduvaï, son lac disparu et les volcans passés et présents qui l'entourent font tous partie du Rift. Le lac Turkana en est une petite flaque maigrichonne, la mer Rouge une grande. L'Afrique se disloque le long de ce fossé d'effondrement – un morceau glissant vers l'Arabie à une vitesse de quelques centimètres par siècle, et l'autre partie remontant vers l'Europe. C'est le mouvement de cette seconde plaque nord-ouest qui a bousculé une partie du bloc européen, formant la série de rides que l'on appelle les Alpes.

Le triangle de l'Afar est l'un des rares endroits de la surface du globe où trois systèmes de factures se rencontrent et se heurtent. Taieb s'y était rendu pour dresser quelques cartes et avait été frappé par une immense étendue de dépôts érodés fossilifères. A première vue, ces fossiles dataient du Plio-Pléistocène. Ils jonchaient le terrain et lui parurent en remarquablement bon état. N'étant pas paléontologue, il n'avait pas la moindre idée de ce dont il s'agissait.

« Tu devrais venir avec moi y jeter un coup d'œil », dit Taieb.

Cette invitation était terriblement tentante. J'avais passé deux étés à l'Omo. Je commençais à soupçonner que ce site ne livrerait jamais de fossiles hominiens exceptionnels. Je savais cependant qu'il existait des endroits le long du Rift septentrional qui en contenaient. Le site de Koobi Fora de Richard Leakey en était un exemple. Et si l'Afar devait être un gisement du même genre, riche en qualité comme en quantité ? Richard avait pris un risque, et il avait trouvé de l'or. Pourquoi pas moi ?

D'un autre côté, ma situation personnelle était loin d'être simple. Je n'avais pas terminé ma thèse, je n'avais pas de poste d'enseignement en vue, et pas d'argent. Je m'étais engagé pour une nouvelle campagne à l'Omo. Mon mariage, qui n'avait encore que quelques années, était déjà en train de craquer par suite de mes horaires de travail chargés et de mes absences répétées sur le terrain.

Mais si je refusais de venir, Taieb s'adresserait sûrement à quelqu'un d'autre. Il me montra quelques photos de fossiles de l'Afar qu'il avait prises. Je les identifiai immédiatement. Il y avait quelques dents de porcs du Pliocène, et surtout un crâne d'éléphant exceptionnellement bien conservé. Ce crâne me décida. Pour un fanatique du passé, un appât de ce genre est aussi irrésistible qu'un tête-bêche de la poste aérienne américaine le serait pour un philatéliste : cela valait la peine de courir un gros risque.

« C'est entendu, dis-je, je viens. » D'une manière ou d'une autre, j'arriverais à caser un voyage dans l'Afar parmi toutes les autres choses que j'avais à faire. Je passai un accord provisoire m'engageant à être le partenaire de Taieb lors d'un bref voyage d'inspection en avril-mai 1972, avant le début de la campagne de l'Omo. J'utiliserais mon billet d'avion pour l'Omo – avec une halte supplémentaire à Addis-Abeba. Pour le reste, j'arriverais bien à me débrouiller.

Quand, de retour aux États-Unis, j'expliquai tout cela à Clark Howell, il me dit que j'étais en train d'agir très imprudemment.

« Il faut que tu finisses ta thèse, dit Clark. Sans elle, tu ne peux pas obtenir ton Ph.D.[1]. Sans diplôme tu n'es rien. Tu ne peux pas trouver de travail. Tu ne peux pas faire de carrière. »

1. *Philosophiae Doctor* : docteur en philosophie. (N.d.T.)

Je réfléchis.

« Tu n'arriveras pas non plus à trouver d'argent », ajouta Clark. Je sortis de cette entrevue profondément déprimé. Mais quelques semaines plus tard, mes perspectives professionnelles s'améliorèrent. L'université de la Case Western Reserve de Cleveland avait entendu parler de moi et me proposa un poste de chargé de cours en anthropologie. Je partis à Cleveland pour en discuter, et me surpris moi-même en déclarant que si l'on pouvait m'avancer mille dollars pour participer à une campagne cet été-là, je commencerais mes cours à l'automne.

Un jeune homme qui n'a même pas terminé son troisième cycle ne demande pas d'argent avant d'être engagé. J'ignore encore d'où me vint cette audace. Mais il faut savoir saisir sa chance. C'était grâce à elle que j'avais fait la connaissance de Taieb. C'était encore grâce à elle que j'avais obtenu si rapidement cette offre de la Case. Les gens de la Case ouvrirent de grands yeux quand je fis allusion à ces mille dollars. Mais j'avais de bonnes recommandations. Ils avaient envie que je travaille chez eux, et ils acceptèrent.

Additionnée aux six cents dollars qui constituaient toutes mes économies, cette avance me permettait tout juste de m'en sortir. Je retrouvai Taieb à Addis-Abeba, et ensemble, nous jouâmes les tapeurs pendant une semaine, empruntant un réchaud à un couple américain installé à Addis et grand amateur de camping, et une tente à un Hollandais que Taieb connaissait. Nous trouvâmes quelques boîtes de conserve. Je pus m'acheter un sac de couchage. Taieb fournit deux vieilles Land-Rover du C.N.R.S. (Centre National de la Recherche Scientifique), un organisme qui finance l'activité scientifique française dans le monde entier et entretient un petit quartier général en Éthiopie. Il apporta également une contribution inestimable en obtenant un permis d'exploration du ministère éthiopien de la Culture. Munis de tout cela, nous nous dirigeâmes vers le nord-est, dévalant des montagnes centrales vers une région de plus en plus chaude, plate et aride, où presque rien ne bougeait hormis des tribus d'Afars avec leur bétail, leurs chèvres et leurs chameaux.

Une entreprise de travaux publics allemande, la T.R.A.P.P., était en train de construire une route reliant Addis à la ville d'Aseb. Nous fîmes de cette route une sorte de quartier général itinérant, prospectant le terrain à partir de là pendant un ou deux jours d'affilée, faisant de l'anthropologie éclair et essayant de couvrir le plus de territoire possible dans le moins de temps possible. Nous nous liâmes avec les équipes de terrassiers qui travaillaient le long de la route. Ces hommes solitaires étaient heureux de mettre à notre disposition des couchettes, de la nourriture et de l'eau en échange de notre compagnie et d'une bouteille d'alcool occasionnelle. Un soir, Taieb stupéfia une équipe en faisant un plat de bananes flambées largement arrosées de cognac sur un feu de camp, au bord de la route.

Nous prîmes un guide afar nommé Ali Axinum pour nous aider à suivre les sentiers de tribus à demi effacés, à descendre au fond de profonds cours d'eau saisonniers – des oueds –, puis à en ressortir, à donner des noms aux lits de rivières, aux montagnes et aux sièges des tribus, car nous dressions des cartes au fur et à mesure de notre progression. Nous parvînmes à localiser certains des gisements que Taieb avait repérés. Comme il me l'avait annoncé, ils contenaient de nombreux fossiles, d'une qualité remarquable. Dans l'un d'eux, je trouvai un squelette presque complet de singe colobe ; la découverte d'un primate était un signe très encourageant.

« Comment est-ce par rapport à l'Omo ? répétait Taieb.

– Bien mieux, bien mieux », répondais-je à chaque fois.

Il y avait en particulier deux endroits plus intéressants : Houna et Leadu. Il s'agissait de vastes étendues de plusieurs centaines de kilomètres carrés de bad-lands érodés qui, selon les critères de l'Omo, devaient remonter à deux ou deux millions et demi d'années. Je souhaitais m'y attarder, mais Taieb m'affirma qu'il y avait encore mieux. Nous passâmes toute une journée à chercher cet endroit, errant sans but dans un paysage uniforme comme une table de billard. Notre guide Ali, abruti par la mastication d'une grosse boulette d'une feuille narcotique appelée *qat*, ne cessait de s'égarer. Il nous enlisa dans des lits de rivières sablonneux, dont nous eûmes le plus grand mal à nous extraire. Juste au coucher du soleil, et tout à fait à l'improviste, nous arrivâmes au bord d'une immense étendue de terres désertiques qui s'étiraient au-dessous de nous. Sous la lumière rasante, oblique, les bandes de sédiments multicolores qui avaient été mis à nu par l'érosion brillaient de mille feux. Une petite rivière serpentait au fond de l'un des ravins.

« C'est là, dit Taieb.

– Hadar », dit Ali.

Je n'avais jamais rien vu de tel. Nous campâmes au bord du plateau et faillîmes bien être emportés pendant la nuit par le vent violent qui le balayait. Malheureusement, comme j'allais l'apprendre, le vent ne pénétrait pas jusqu'au fond de l'oued, où il faisait une chaleur d'enfer. Nous nous levâmes à l'aube. Il nous fallut plus d'une heure de va-et-vient avant de trouver un chemin par lequel la Land-Rover pût descendre dans les dépôts. Une fois sur place, nous pûmes circuler à peu près à notre gré, traversant des ravins à sec, qui présentaient tous des strates parfaites et semblaient regorger de fossiles. C'était un endroit comme les paléoanthropologues n'en voient qu'en rêve.

Nous y restâmes trois jours, ramassant une petite collection de crânes et d'os longs de mammifères parmi les mieux conservés que nous trouvâmes. Je ramassai aussi quelques dents de porc pour les dater en les comparant avec ceux de l'Omo. Grâce à ma bonne connaissance des mammifères de l'Omo, j'étais à peu près certain que nous nous trouvions aux alentours de trois millions d'années, mais je voulais des preuves irréfutables. Mon opinion fut confirmée par Yves Coppens, qui nous avait rejoints quelques jours auparavant. Coppens avait demandé à Taieb s'il pouvait se joindre à l'entreprise de l'Afar, et avait été accepté. Ayant dirigé l'équipe française de l'Omo, il connaissait bien ses porcs, lui aussi. « Ce sont les mêmes, affirma-t-il ; c'est un endroit plus intéressant. »

De retour à Addis, je passai un accord avec Taieb et Coppens pour organiser une expédition en bonne et due forme. Ce serait une entreprise internationale vraiment coopérative, où l'on éviterait les difficultés séparatistes de l'Omo. Chacun rassemblerait des fonds et recruterait son personnel individuellement, mais l'exploitation du site serait effectuée conjointement. Taieb serait géologue en chef, Coppens paléontologue en chef et moi-même paléoanthropologue en chef. Nous rédigeâmes un accord officiel spécifiant nos responsabilités respectives. Ainsi naquit l'Expédition internationale de recherches de l'Afar. Je me rendis au site de l'Omo, où je passai la fin de l'été, puis rentrai aux États-Unis. Je commençai mes cours à la Case, travaillai avec frénésie des nuits et des week-ends durant pour achever une thèse cyclopéenne sur la dentition des chimpanzés, que je finis par ramener à quatre cent cinquante pages. Je soutins, et obtins mon Ph.D. Je rédigeai une demande de subvention que j'adressai à la National Science Foundation, demandant cent trente mille dollars pour deux années de travail sur le terrain. On m'en accorda quarante-trois mille.

Je recrutai deux hommes, l'un qui m'avait été chaudement recommandé, Gene Dole, et l'autre qui ne l'avait pas été, Tom Gray. Gray faisait un troisième cycle en archéologie à la Case. Le corps enseignant m'affirma que c'était un mauvais choix, que c'était un garçon paresseux, sur qui on ne pouvait pas compter. Je le voyais d'un autre œil. Je savais qu'il était extrêmement intelligent et j'avais l'intuition qu'il se débrouillerait bien sur le terrain.

Le recrutement de novices pour une expédition est un terrible pari. Il est impossible de prévoir comment se conduira quelqu'un qui n'a jamais été sur le terrain. Dole était un jeune homme sérieux, mais il eut du mal à s'adapter à la vie de camp. La chaleur l'incommodait. Les menaces de guerre le long de la frontière éthiopienne le préoccupaient. Il était assez souvent souffrant. Au bout de la deuxième année, il ne revint pas. Mais Gray, le fumiste d'archéologie, était une perle. Apparemment, Hadar fut le catalyseur, le stimulant dont il avait besoin. Il devint mon coordinateur et mon associé le plus précieux.

Pendant ce temps, Taieb avait constitué sa propre équipe. Elle comprenait un scientifique-artiste nommé Guillemot et deux jeunes femmes qui se révélèrent inestimables au fil des campagnes. C'étaient Raymonde Bonnefille, une botaniste spécialisée dans les pollens fossiles, et Nicole Page, une géologue. Le groupe français était plus important que l'américain. Il était sous-financé par le C.N.R.S. et avant la fin de la première saison, je me vis contraint de puiser dans ma propre subvention pour aider les Français.

Il avait été convenu que la première saison de travail de l'expédition de l'Afar commencerait à l'automne 1973, juste après un important congrès d'anthropologie qui devait se tenir à Nairobi. Il s'agissait de la Circum-Rudolf Conference, que l'on avait organisée pour discuter des découvertes récentes en provenance de sites fossilifères situés autour du lac Rudolf (Turkana). Les deux sites les plus importants, bien sûr, étaient l'Omo et Koobi Fora. Howell et Coppens firent un grand laïus sur le travail de l'Omo. Mais la vedette du spectacle fut Richard Leakey qui, pour la première fois, donna en public un compte rendu détaillé de ses découvertes de Koobi Fora. Elles étaient sensationnelles. Il n'avait pas seulement retrouvé un grand nombre d'excellents fossiles d'australopithèques robustes représentant diverses parties du squelette ; il avait également un magnifique crâne *Homo* auquel son équipe de datation par la méthode du potassium/argon avait attribué 2,9 millions d'années. Ce crâne et cette date furent le clou du congrès.

J'y assistai moi-même, mais n'y occupai qu'une place très modeste. Je n'avais pas de fossiles ; je n'avais qu'une piste et un espoir. Face aux découvertes fabuleuses de Richard Leakey, je me sentais plutôt insignifiant. Quand Richard me demanda ce que je devenais, je lui fis part de mes espoirs au sujet d'Hadar.

« Tu penses vraiment y trouver des hominidés ? me demanda Richard.

— Oui, et plus vieux que les tiens, répondis-je bravement. Je veux bien te parier une bouteille de vin.

— Pari tenu », dit Richard.

6.
Koobi Fora : le triomphe d'*Homo habilis*

Je me contente de trouver des fossiles. Je laisse aux spécialistes le soin de les nommer.

RICHARD LEAKEY.

Le but de la science est de rechercher l'explication la plus simple de faits complexes. Nous sommes susceptibles de commettre l'erreur de penser que les faits sont simples, parce que la simplicité est l'objet de notre quête. La devise de tout physicien devrait être : « Cherche la simplicité, et méfie-t'en. »

ALFRED NORTH WHITEHEAD.

Pendant les années qui suivirent son retrait de l'expédition de l'Omo et son établissement à Koobi Fora, d'obscur colon de la brousse qu'il était, Richard Leakey devint l'un des plus éminents jeunes anthropologues du monde. Le gouvernement kenyan encourageait son travail et finit par lui confier la responsabilité de toute l'activité paléoanthropologique du pays. La *National Geographic Society* lui apporta son concours, exactement comme elle l'avait apporté à son père. Les articles sur Richard publiés dans sa revue étaient lus par des millions de lecteurs.

Le site de Koobi Fora n'est pas tout à fait aussi difficile d'approche que celui de l'Omo, mais il est loin d'être aisément accessible. Marsabit, l'unique ville du district frontalier septentrional du Kenya, sert de base avancée à Koobi Fora. Une bonne route la relie à Nairobi, mais après Marsabit, il faut franchir quelque trois cents kilomètres dans une région accidentée, en suivant une piste mal indiquée qui traverse un désert de terres alcalines puis serpente vers le nord à travers des étendues incultes de roches et de gravier volcaniques qui brisent les essieux de tous les véhicules sauf des plus robustes. Il existe des photographies romantiques montrant Richard Leakey filant à dos de chameau le long de cette route désolée ; cependant, le meilleur moyen de locomotion pour effectuer ce trajet est encore le camion, la Land-Rover ou un petit avion. Depuis, Leakey a appris à piloter, et il peut désormais atterrir sur une piste toute proche du promontoire de Koobi Fora où se trouve le camp. Ce fut sur cette saillie surplombant le lac que Leakey établit son quartier général. En 1969, il était plongé dans le décryptage de la stratigraphie extrêmement complexe des dépôts de la partie orientale du lac Rudolf. Le niveau du lac avait monté et baissé à plusieurs reprises dans le passé, et l'on éprouvait les pires difficultés à établir la corrélation entre les strates d'un endroit et celles d'un autre, car elles étaient interrompues par l'érosion ou par des intrusions postérieures de différents types de matériaux – provenant par exemple d'une rivière plus récente qui avait laissé sa signature en déposant une nouvelle couche de gravier ou de sable avant de tarir et de disparaître. La seule trace de son existence sont ces tourbillons de gravier qui déroutent les géologues.

Plusieurs géologues ont travaillé à Koobi Fora, et ils ont petit à petit élaboré une colonne stratigraphique des dépôts de la région, couvrant une période située entre environ trois millions et un million d'années avant notre ère. Cette colonne comprend quelques « couches-jalons » de tufs volcaniques, qui permettent d'obtenir des dates par la méthode du potassium/argon. L'une de ces couches a été découverte par une jeune femme de l'université de Yale, Kay Behrensmeyer, qui est entrée dans l'immortalité géologique en donnant son nom à ce tuf. Son diminutif est le tuf KBS et son importance est capitale ; il se trouve en effet entre un tuf-jalon (ou tuf-marqueur) situé à la base de la colonne et un autre placé plus haut, et fournit ainsi une date intermédiaire permettant de calculer l'âge des nombreux fossiles qui ont été trouvés juste au-dessus ou juste au-dessous de lui dans cette succession stratigraphique.

Outre l'attention qu'il porta aux problèmes géologiques, Richard Leakey fit à Koobi Fora un pas important en matière d'organisation, en formant une équipe d'authentiques Kenyans, auxquels il confia une grande partie du travail de prospection. Ces hommes sont devenus experts dans la recherche et l'identification des fossiles. Sous la direction de Kamoya Kimeu, ce sont eux qui ont trouvé la plupart des fossiles importants découverts dans la région de Koobi Fora. Kimeu est considéré aujourd'hui comme le meilleur prospecteur de fossiles hominiens d'Afrique orientale.

Des ossements d'hominidés sont apparus presque immédiatement parmi les découvertes provenant de trois zones de recherche ; l'une d'elles commence presque à la porte du camp et s'étend vers l'intérieur des terres depuis le bord du lac sur une distance d'une quinzaine de kilomètres. La deuxième est située à environ trente kilomètres au nord du camp ; la troisième – très productive – à Ileret, à environ quarante kilomètres au nord. Cette région a connu énormément de dislocations, les strates d'un endroit se trouvant repoussées vers le haut, et celles d'un autre vers le bas ; en outre les terrains situés entre ces sites ont subi un important lessivage. Une grande partie du travail des géologues a consisté à tenter de démêler ce sac de nœuds et à trouver des corrélations entre les sites – c'est-à-dire à reconnaître une similitude entre certaines séquences de strates d'un endroit et celles d'un autre. Grâce à de tels rapprochements, et même si l'érosion a fait disparaître la couche-jalon volcanique du premier site, il est toujours possible de dater les fossiles de celui-ci en se fondant sur son analogie géologique avec le second site.

Les hominidés les plus abondants trouvés par l'équipe de Koobi Fora étaient des australopithèques robustes. On découvrit également des spécimens plus petits, qui, selon Leakey, semblaient correspondre parfaitement aux caractéristiques de Cindy, George et Twiggy, ces spécimens *habilis* fuyants d'Olduvaï. Cela l'encouragea beaucoup. Comme son père, Leakey était obsédé par le vieil *Homo*. Il espérait étayer l'affirmation de son père prétendant qu'*Homo habilis* était une espèce valable, et par ailleurs faire remonter plus loin dans le temps la vie attestée de cette espèce. Il semblait possible de mener à bien ces deux entreprises à Koobi Fora. Les dépôts étaient plus importants et plus riches que ceux d'Olduvaï ; ils étaient plus anciens, et beaucoup des fossiles trouvés étaient de meilleure qualité.

En 1972, Richard Leakey annonça une découverte absolument sensationnelle : on avait trouvé sous le tuf KBS un crâne superbe. Ce tuf datant de 2,6 millions d'années selon l'analyse de deux spécialistes anglais de la méthode du potassium/argon, ce nouveau crâne devait être encore plus ancien. Leakey suggéra de lui attribuer provisoirement 2,9 millions d'années.

« Quel nom lui donnez-vous ? lui demanda-t-on au cours d'une interview en 1972.

– *Homo*. Je ne lui donnerai pas de nom d'espèce, car ce n'est pas ma spécialité. Pour moi, il existe deux sortes d'hominidés au lac Turkana.

Tous les robustes, je les appelle *Australopithecus* ; tous les graciles, *Homo.* »

Cette nouvelle découverte fut baptisée KNM-ER 1470. Les lettres sont les initiales de Kenya National Museum East Rudolf, et les chiffres son numéro d'inventaire dans la collection du musée. Pour je ne sais quelle raison, on ne lui a jamais donné de surnom. On le connaît universellement sous l'appellation de 1470 et c'est l'un des plus remarquables fossiles découverts au cours de ce siècle. Il suffit de lancer le chiffre de 1470 au milieu de n'importe quel groupe de paléoanthropologues du monde entier, pour que tout le monde sache immédiatement de quoi il est question.

C'était un *Homo*, effectivement. Son crâne était plus fin, plus haut et plus arrondi que celui de n'importe quel australopithèque. Et surtout, il avait une capacité cérébrale de 775 centimètres cubes. C'était un chiffre incontestable, qui n'avait rien du caractère douteux des mesures cérébrales des fossiles d'Olduvaï ; en effet, le crâne 1470 était presque complet. Il avait été assemblé par Meave, la femme de Richard, dans un élan d'inspiration qui lui avait permis de réaliser ce travail de puzzle, après que Richard lui-même et un certain nombre d'autres personnes y eurent renoncé : il y avait trop de morceaux, ils étaient trop petits, il existait trop de possibilités d'assemblage. Mais Meave, travaillant lentement et avec d'infinies précautions, réalisa une reconstitution, chaque pièce en place diminuant la perplexité causée par les fragments restants.

La découverte de 1470 fut un rude coup pour tout le monde, sauf pour Louis Leakey. Il exultait. Ce crâne confirmait ce qu'il n'avait jamais cessé d'affirmer : que l'humanité était vieille, très vieille ; qu'on en trouverait la preuve. Ce fut l'un des rares instants de bonheur pour Louis cette année-là. Il était vieux lui-même, gravement malade et accablé par un fardeau de responsabilités dont il refusait de se décharger. Quel triomphe pour le père que de voir son propre fils dissiper avec une fantastique découverte personnelle le nuage d'incertitudes qui planait au-dessus de sa dernière, et peut-être de sa plus chère revendication en matière d'hominidés : la reconnaissance d'*Homo habilis* comme espèce valable. Quel grand moment pour Louis, et quelle chance que cet événement se soit produit en 1972 – l'année même de sa mort.

L'émotion considérable causée par 1470 était due à son aspect remarquablement humain conjugué à une ancienneté non moins remarquable. Les autres spécimens d'*habilis*, Cindy, George et Twiggy, avaient environ 1,5 à 1,8 million d'années. Leur volume crânien atteignait en moyenne 640 centimètres cubes. Et voilà que l'on trouvait un crâne dont le cerveau avait une bonne taille de plus, et qui était *plus vieux d'un million d'années* !

Des révélations aussi inattendues laissent les paléoanthropologues pantois. Il faut qu'ils aillent s'asseoir un peu dans leur coin pour réfléchir tranquillement, le temps de se faire à l'idée que les arbres généalogiques qu'ils ont tracés sont peut-être complètement erronés ; en effet, 1470 lançait quelques sérieux défis aux conceptions sur les débuts de l'évolution hominienne.

Pour commencer, il était désormais hors de doute que les australopithèques robustes ne pouvaient être les ancêtres d'*Homo*. Les plus anciens fossiles robustes trouvés dans la vallée de l'Omo avaient autour de deux

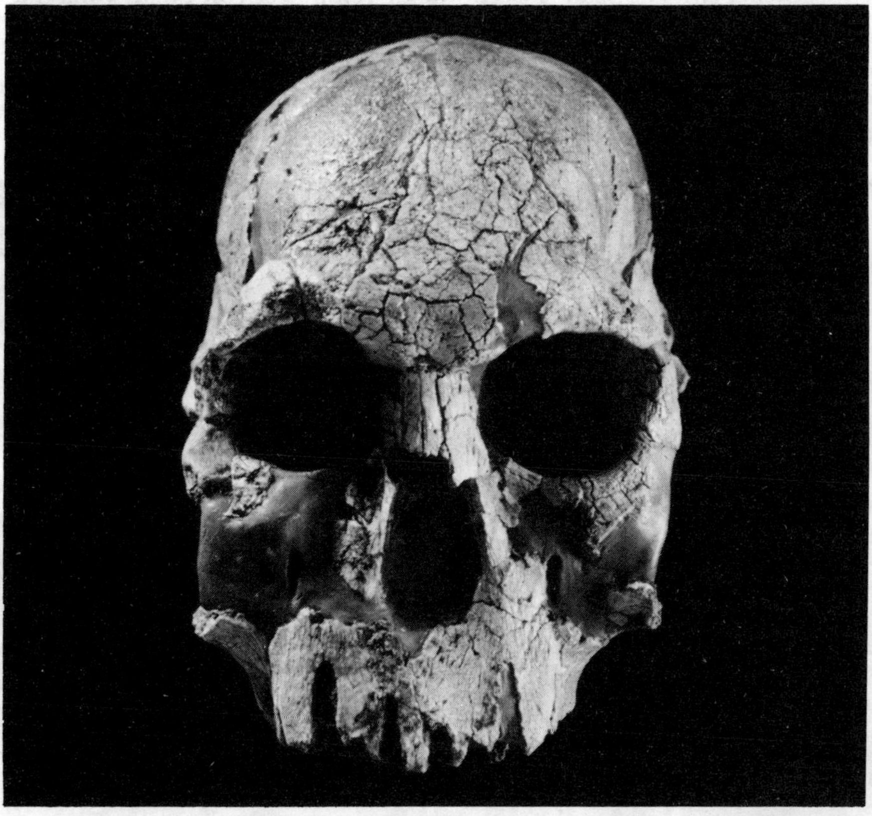

Le crâne 1470 est la découverte la plus spectaculaire de Richard Leakey à Koobi Fora, et l'un des plus importants fossiles hominiens jamais trouvés. C'est indubitablement un *Homo*. Il est en bien meilleur état que tous les spécimens *habilis* d'Olduvaï et présente un cerveau plus volumineux. On a d'abord cru qu'il avait près de trois millions d'années — une curieuse date en vérité, car il aurait été plus âgé que beaucoup de ses ancêtres présumés, les australopithèques. Une datation plus récente à partir d'échantillons de cendre plus purs a convaincu la plupart des spécialistes qu'il a moins de deux millions d'années.

millions d'années. Or le même type resurgissait à Koobi Fora, et ses plus anciens spécimens avaient encore deux millions d'années. Si la date de 2,9 millions attribuée à 1470 tenait debout, la plus élémentaire des logiques voulait que 1470 ne pût descendre d'un type qui avait au minimum trois quarts de million d'années de moins que lui.

En vertu de la même logique, pouvait-il y avoir un australopithèque quelconque qui fût l'ancêtre de 1470 ? Soudain, l'hypothèse de Louis Leakey prétendant qu'il n'y en avait pas semblait marquer des points. Il s'était formé un consensus de plus en plus général autour de l'idée que le type gracile, *africanus*, était susceptible de remplir ce rôle ; mais voilà que cette idée commençait elle aussi à perdre de sa crédibilité. Encore une fois, c'était un problème de dates. En Afrique du Sud, l'âge d'*africanus* était encore incertain, bien qu'une accumulation d'indices semblât suggérer qu'il se situait entre 2 et 2,5 millions d'années. Dans la vallée de

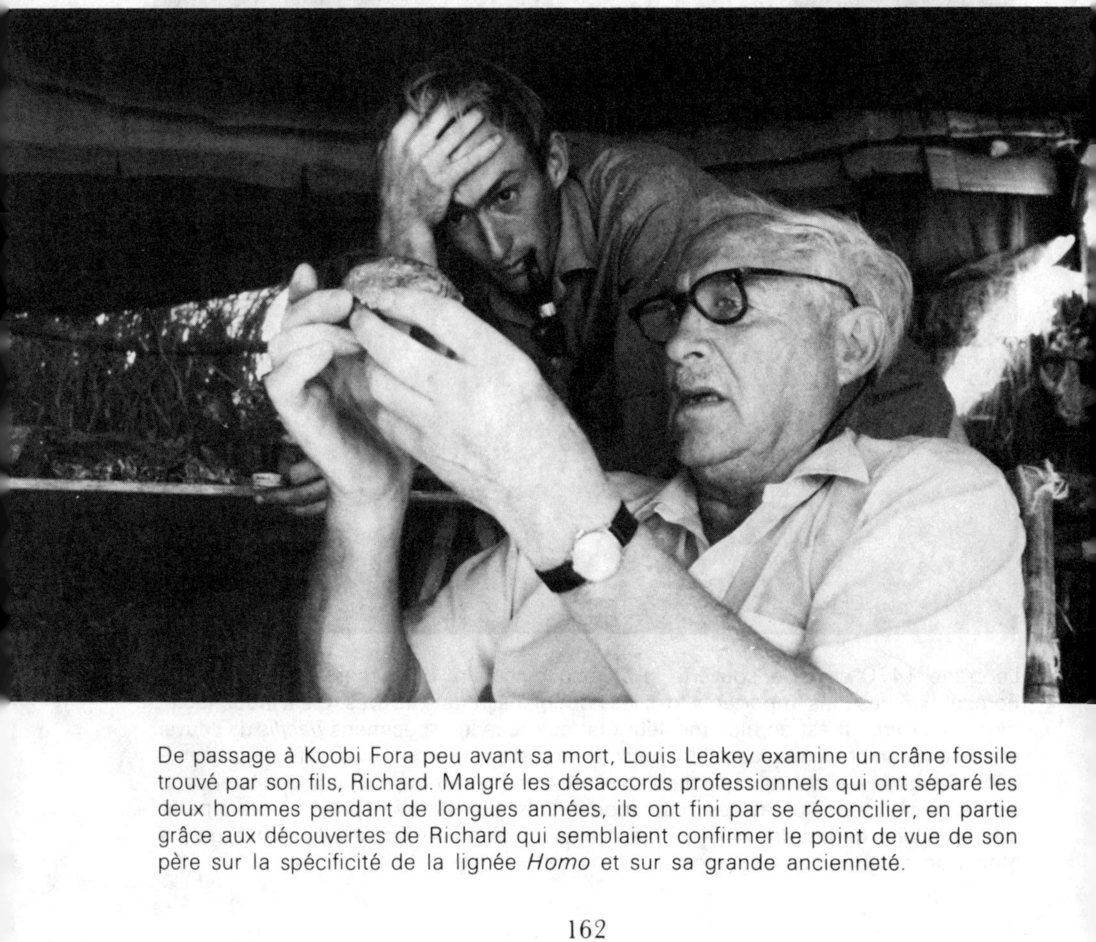

De passage à Koobi Fora peu avant sa mort, Louis Leakey examine un crâne fossile trouvé par son fils, Richard. Malgré les désaccords professionnels qui ont séparé les deux hommes pendant de longues années, ils ont fini par se réconcilier, en partie grâce aux découvertes de Richard qui semblaient confirmer le point de vue de son père sur la spécificité de la lignée *Homo* et sur sa grande ancienneté.

l'Omo, les quelques dents graciles que l'on avait trouvées se situaient dans une marge de 2 à 3 millions d'années ; mais leur qualité était si médiocre que Clark Howell avait dû se contenter de leur attacher l'étiquette générale d'australopithèque. Il ne pouvait affirmer avec certitude si elles appartenaient à *africanus*, à des ancêtres d'*africanus*, ou à autre chose encore. En tout cas, aucun fossile en bon état, ni au nord ni au sud, n'était suffisamment plus âgé que 1470 avec ses 2,9 millions d'années, pour permettre de déclarer en toute confiance qu'*africanus* était l'ancêtre de 1470.

En fait, les seuls hominidés au monde à être plus anciens étaient deux fossiles du Nord du Kenya : un humérus provenant de Kanapoï, qui a peut-être quatre millions d'années, et un morceau de mâchoire contenant une molaire trouvé à Lothagam et qui a environ cinq millions d'années et demi. Tous deux sont trop usés et trop fragmentaires pour nous apprendre grand-chose sur eux-mêmes, sinon qu'ils appartiennent probablement à des hominidés. Mais s'agit-il d'ancêtres, de cousins, ou d'australopithèques ? Personne n'en sait rien. Ils se trouvent très loin, au fin fond d'un faubourg ancestral où les traits hominiens eux-mêmes commencent à s'estomper.

Bref, quand on réexamina précipitamment les collections d'australopithèques après l'annonce de l'extraordinaire découverte de 1470, il fallut se rendre à l'évidence : on avait là un *Homo* étonnamment développé, qui était à peu près aussi vieux que n'importe lequel d'entre eux. Ou, pour dire les choses autrement, l'un des fossiles hominiens les mieux conservés et les plus vieux du monde, et dont on pût être sûr, était un humain, et non un australopithèque. Et pourtant, les australopithèques étaient indéniablement plus primitifs par un certain nombre de caractéristiques. Tout cela était absurde.

Ce qui ne l'était pas en revanche, c'était *Homo habilis*. Son crédit s'était soudain considérablement accru. Comme nous l'avons dit, Richard Leakey se refusa à attribuer un nom d'espèce à 1470. « Je me contente de l'appeler *Homo* », répétait-il. D'autres, cependant, n'eurent guère de mal à faire le lien entre 1470 et les trois spécimens *habilis* d'Olduvaï. L'étroit interstice temporel qui avait tant nui à la réputation de Cindy, de George et de Twiggy s'était élargi jusqu'à un million d'années. Cela laissait plus de place à une espèce qu'il ne lui en fallait ; et l'existence d'*Homo habilis* fut désormais généralement admise.

Il y avait toutefois quelques contradicteurs, parmi lesquels C. Loring Brace, de l'université du Michigan. Des années durant, Brace s'était prononcé en faveur d'un arbre généalogique d'une extrême simplicité.

Esprit synthétique s'il en fut, il réduisait au strict minimum le nombre d'espèces, préférant attribuer les différences existant entre les divers fossiles à une grande variabilité au sein d'une même espèce, plutôt que de créer inlassablement de nouvelles espèces pour rendre compte de ces différences. Brace et ses adeptes ont défendu pendant plusieurs années un arbre généalogique qui consiste en fait en une ligne droite. Le voici : *Australopithecus* ⟶ *Homo erectus* ⟶ *Homo sapiens*. Cet arbre suppose que l'on englobe dans une même espèce tous les australopithèques et *habilis*. Le schéma de Brace présente l'avantage d'être simple, mais – avec l'existence de 1470 – l'attribution de tous ces types à une espèce unique exige une grande souplesse d'esprit. Brace a récemment résolu ce dilemne en séparant le type robuste et en en faisant une espèce distincte. Mais il continue à considérer les types gracile et *habilis* comme appartenant à la même espèce.

Richard Leakey a résolu le problème différemment. Jusqu'à une date récente, il a refusé de reconnaître l'existence d'un type gracile en Afrique orientale. Il a attribué tous les spécimens graciles à *Homo* et tous les robustes à *Australopithecus*. Mais, dans les deux cas, que l'on suive Leakey ou Brace, *africanus* et *habilis* se retrouvent dans le même sac. Leakey et Brace se sont contentés d'attacher des étiquettes différentes à leur sac.

Lorsqu'on traite ce genre de sujet, on en arrive fatalement à la vieille question que voici : comment définit-on un être humain ? Ou en termes plus généraux : comment définit-on une espèce ? Et enfin, encore plus généralement : cela a-t-il de l'importance ? Pour répondre tout de suite à cette dernière question, je dirais oui, incontestablement. A la base de toute recherche scientifique, on trouve une mise en ordre sensée des données. L'évolution ne pourrait être ni comprise ni retracée sans l'existence de séquences de fossiles démontrant qu'elle s'est produite. Ces fossiles ne peuvent être classés en séquences ni baptisés tant que leurs relations n'ont pas été établies par une description minutieuse de chacun d'eux et par un inventaire de leurs différences. Nous ne pouvons tenter de comprendre d'où vient l'homme – quand, comment ou pourquoi – sans en passer par là. Et ce processus amènera inéluctablement à baptiser des espèces, car il n'est plus possible de soutenir que les hommes disparus sont identiques aux humains modernes. La question se réduit à une décision concernant le nombre d'espèces humaines qui seront identifiées en fin de compte.

Pour en venir à la définition d'une espèce, voici celle d'Ernst Mayr : « Les espèces sont des groupes de populations naturelles à l'intérieur desquels les individus sont capables de se croiser ; toute espèce est isolée, du point de vue de la reproduction, des autres espèces[1]. » C'est la description classique d'une espèce biologique. Le Gros Clark ajoute qu'une espèce biologique est « une entité génétique, génétiquement isolée des autres espèces ».

Les deux hommes insistent sur la notion d'isolement ; en effet, c'est exclusivement dans l'isolement – sans échanges possibles de gènes – que l'on va voir se développer progressivement des différences de comportement ou de structure au sein de groupes d'animaux ou de plantes. L'isolement peut être matériel – un désert ou un océan qui maintient effectivement à l'écart deux populations autrefois réunies. Il peut s'agir d'un isolement de comportement – un refus de s'accoupler de la part de deux créatures qui ne se reconnaissent plus mutuellement comme des partenaires appropriés. Les chiens par exemple ne s'accouplent pas avec les chats. Cela ne leur vient pas à l'esprit ; en outre, en raison des importantes différences génétiques qui se sont créées en eux, une telle tentative serait vouée à l'échec. Il est impossible aujourd'hui de produire, même par insémination artificielle, une portée de chatiots ou de chientons – quel que soit le nom que l'on veuille leur donner. Les chevaux et les ânes en revanche, étant plus proches que les chiens et les chats, peuvent se croiser pour produire des mules. Mais celles-ci sont stériles, et notre définition d'une espèce reste donc valable. Le cheval et l'âne se sont isolés du point de vue de la reproduction ; leur accouplement ne peut pas donner naissance à une progéniture fertile.

Ces exemples concernent des créatures vivantes. On peut les qualifier d'exemples « horizontaux », en ce sens qu'ils partent d'un instant précis, le présent, pour démontrer l'apparition d'une espèce à travers une évolution qui s'est faite dans deux directions, à partir d'un ancêtre commun. Si cet ancêtre est très proche, comme il l'est apparemment chez le cheval et l'âne, la possibilité d'un accouplement réussi est elle aussi très proche : la mule échoue de justesse ; elle vient au monde, mais ne peut pas se reproduire. Reculez d'un million d'années, et nous trouverons peut-être un cheval et un âne qui pouvaient s'accoupler pour produire des « mules » fécondes. Reculez encore d'un ou deux millions d'années, et nous en trouverons sûrement. Les chevaux et les ânes modernes n'avaient pas encore évolué. Seul leur ancêtre commun était en scène, et il s'accouplait librement avec tous ses congénères. Ce ne fut que par une séparation des populations au fil du temps, et par l'apparition progressive de différences

1. Trad. C. Bocquet, *in* : *Encyclopedia Universalis*, VI, art. « Espèce biologique ».

au sein de ces populations, que deux espèces, le cheval et l'âne, surgirent là où il n'y en avait eu qu'une à l'origine.

Le temps peut lui aussi réaliser l'isolement de différentes populations. Ici, la séparation est moins horizontale que verticale. Il s'agit à présent de lignées de descendances, de changements qui se produisent au fil des générations à l'intérieur des groupes, et non entre eux. *Homo erectus* n'a pas produit plusieurs types qui aujourd'hui, un million d'années plus tard, se considèrent comme des étrangers biologiques. A l'heure actuelle, dans le monde entier, tous les êtres humains peuvent se croiser, et ils le font. Ce qu'a fait *Homo erectus*, c'est engendrer des descendants qui peut-être ne l'accepteraient pas, *lui*, comme partenaire sexuel. Il serait intéressant de savoir si un homme moderne et une femme *Homo erectus* d'il y a un million d'années pourraient, ensemble, donner naissance à un enfant fécond. On a tendance à penser que oui ; l'évolution qui s'est produite n'est probablement pas du genre qui empêche une union fertile. Mais cela n'enlève rien à la validité de la définition de l'espèce donnée plus haut, parce que les deux ne peuvent pas s'accoupler. Ils sont isolés du point de vue de la reproduction par le temps. Aussi est-il possible de tracer une ligne de séparation entre les espèces quelque part le long du chemin évolutif qui mène de l'un à l'autre, à condition que les anatomistes jugent qu'ils sont séparés par des différences significatives.

L'acception du terme de « significatif » variant selon les personnes, on ne cessera jamais de discuter sur l'endroit où il convient de tracer une ligne de séparation dans des lignées éteintes – voire sur l'opportunité d'en tracer. Loring Brace admet qu'il existe des différences mesurables entre *africanus* et *habilis*, mais il estime qu'elles sont insuffisantes pour justifier d'apposer une autre étiquette sur ce dernier. Il préférerait attendre une progression plus marquée des signes d'évolution, l'apparition d'un cerveau encore plus important, de différences encore plus nettes dans les proportions crâniennes, d'un faciès plus plat et d'une dentition plus humaine – toutes les caractéristiques que l'on finit par rencontrer chez *Homo erectus*. Brace accepte volontiers de tracer une frontière à cet endroit : les types les plus anciens sont tous des australopithèques ; les plus récents sont tous des humains. La plupart des spécialistes le désapprouvent. Ils souhaitent ajouter *habilis*. La découverte de 1470 semble confirmer la pertinence de cet ajout.

Les 2,9 millions d'années attribués à 1470 ne satisfaisaient pas tout le monde. Néanmoins, c'était l'âge qui avait été indiqué, et on l'accepta, bon gré mal gré. Cela faisait de 1470 l'un des plus vieux fossiles hominiens correctement conservés, et impliquait qu'il allait falloir rechercher ses ancêtres dans des dépôts encore plus anciens – de trois millions d'années, voire davantage. Quand j'entendis parler de 1470 à la Circum-Rudolf Conference, j'y vis une merveilleuse opportunité : le gisement où j'allais travailler à Hadar quelques semaines plus tard *avait* trois millions d'années.

« Si nous y trouvons des hominidés, dis-je, tout excité, à un collègue, ce seront forcément des ancêtres.

– Bonne chance. Je vous souhaite d'en trouver.

– Et, qui sait, il pourrait même s'agir d'*Homo*.

– J'en doute.

– Pourquoi pas ? dis-je. Si 1470 a 2,9 millions d'années, ça n'a rien d'impossible.

– Gardez-le pour vous, mais je ne crois pas que 1470 ait 2,9 millions d'années.

– Mais on l'a trouvé sous le tuf KBS. Le tuf en a 2,6. C'est une date du potassium/argon.

– Alors, il y a quelque chose qui cloche dans cette date. Écoutez – nous sommes au-delà de la ligne des deux millions, d'accord ? Et de l'autre côté de cette ligne, il n'y a rien, sinon une bande de ces espèces d'australopithèques qui ont des dents bizarres, un petit cerveau et une allure plutôt primitive. Puis on remonte encore d'un demi-million d'années, et soudain, surgissant du néant, on tombe sur 1740 – quelque chose de moderne à vous en faire dresser les cheveux sur la tête.

– Vous voulez insinuer que la date est *fausse* ? demandai-je.

– Je n'en serais pas surpris. »

N'ayant pas eu l'occasion d'examiner 1470, je n'avais aucun commentaire à faire à ce sujet. J'avais cependant visité Koobi Fora en 1971, et je savais que sa stratigraphie était extrêmement complexe et difficile à interpréter. Les dépôts étaient peu profonds, et risquaient donc d'être très érodés et contaminés par d'autres dépôts tout aussi minces. De plus, les tufs volcaniques servant de jalons n'étaient pas continus de site à site. Ils étaient eux aussi interrompus par l'érosion et par des failles, et l'on avait du mal à trouver leurs corrélations. Mais ce qui m'avait le plus frappé, c'était que les fossiles animaux trouvés juste au-dessus et juste au-dessous du tuf-jalon KBS de 2,6 millions d'années ne ressemblaient pas aux fossiles du même âge trouvés dans le gisement de l'Omo. Théoriquement, ces animaux auraient dû être les mêmes aux deux endroits, qui n'étaient distants que d'environ quatre-vingts kilomètres. Il était possible – et même vraisemblable – que des animaux ayant un vaste territoire, comme les éléphants, se fussent rendus d'un site à l'autre. Le climat était le même aux deux endroits.

Ce fut vers cette époque-là que Clark Howell fit remarquer à Basil Cooke, le spécialiste des porcs :

« Les cochons de Koobi Fora ne ressemblent pas à nos cochons de la même période. Leurs cochons sont trop jeunes.

– Je suis bien d'accord, dit Cooke. » Son intérêt pour ces animaux, déjà considérable, s'accrut encore.

Entre-temps, j'étais rentré à Cleveland pour mes cours. Lorsque mes étudiants m'interrogèrent sur 1470, je leur répondis en leur donnant un devoir sur le sujet.

Imaginez que l'on ait trouvé un nouveau crâne. Tout ce que vous en savez, c'est qu'il présente un cerveau important, son volume crânien ayant été estimé à presque 800 centimètres cubes ; que sa voûte crânienne n'est pas épaisse ; que ses arcades sourcilières ne sont pas proéminentes ; que ce fossile est indubitablement bipède, car on a trouvé en association avec lui des tibias identiques à ceux de l'homme moderne ; que ce crâne a été retrouvé en plusieurs centaines de fragments ; que ces fragments ont été découverts sous le tuf-jalon de 2,6 millions d'années. Confrontez ces données avec votre modèle du Plio-Pléistocène inférieur, et essayez de voir comment ce spécimen pourrait influencer les idées contemporaines sur les débuts de l'évolution hominienne, sans oublier de réfléchir au problème du concept de l'espèce unique ainsi qu'à celui d'une interprétation des australopithèques comme deux espèces. Quelles sont les questions que vous souhaiteriez le plus poser sur ce spécimen pour vous aider à résoudre le problème que pose sa découverte ?

En d'autres termes, qu'en pensaient-ils ? Ce que je voulais qu'ils me disent, c'était que 1470 était un *Homo*. J'avais joint une photographie à la description, et ils auraient dû reconnaître immédiatement qu'il s'agissait d'un *Homo*. Mais, dans ce cas, cela posait certains problèmes de relations. J'aurais mis 15 à tous ceux qui, en se fondant sur son âge, se seraient posé des questions sur la possibilité que les australopithèques fussent ses ancêtres. J'aurais mis 15 à tous ceux qui auraient contesté la date. J'aurais mis 18 à tous ceux qui auraient poursuivi en disant qu'ils auraient aimé en savoir plus sur la manière dont le crâne avait été reconstitué. Cela aurait montré qu'ils se posaient des questions sur le volume cérébral, et qu'ils envisageaient qu'il pût être faux. Les étudiants ont tendance à croire ce qu'on leur dit. *Africanus*, un ancêtre, monopolisait la première place dans tous les ouvrages spécialisés. J'aurais souhaité qu'ils se demandent s'il n'était pas possible que cela aussi fût faux. J'aurais mis une mauvaise note à tous ceux qui s'en seraient tenus à la théorie de l'espèce unique. Un *Homo* qui a plus de deux millions d'années et un australopithèque robuste qui n'en a qu'un ne peuvent tout simplement pas appartenir à la même espèce.

Pour rendre justice à la théorie de l'espèce unique, il faut souligner que ses adeptes reconnaissent cette anomalie. Il faut aussi souligner que cette théorie paraissait plus plausible à l'époque où elle a été formulée qu'elle ne le semble aujourd'hui.

Pour commencer, certains des paléoanthropologues les plus perspicaces à l'œuvre entre 1930 et 1960 avaient pris conscience que la variabilité au sein d'une espèce était apparemment beaucoup plus importante qu'on ne l'avait pensé initialement. Au fur et à mesure de la découverte de nouveaux fossiles, ce fait devint de plus en plus évident. Allant à l'encontre de la tendance à baptiser une nouvelle espèce chaque fois que l'on trouvait un fossile tant soit peu différent, la théorie de l'espèce unique fut accueillie comme une saine simplification. Elle connut ses premières difficultés lorsque les grottes sud-africaines commencèrent à livrer deux types d'australopithèques incontestablement différents. On trouva une explication : il s'agissait de mâles et de femelles. C'était plausible ; en effet, les crânes et les dents de nombreux primates présentent des différences sensibles selon qu'il s'agit de mâles ou de femelles, notamment chez les gorilles et les babouins. Mais quand on fit remarquer que tous les australopithèques mâles auraient vécu à Swartkrans et à Kromdraai (où l'on trouve le type robuste), et toutes les femelles à Sterkfontein et à Makapansgat (où se trouve le gracile) – un type de ségrégation sexuelle absolument inconnue dans le monde des primates –, cette explication s'effondra.

Cet effondrement n'entraînait pas forcément celui de la théorie de l'espèce unique. On observa que les types robustes étaient plus récents que les graciles et pouvaient donc en descendre ; leurs différences s'expliquaient alors par l'évolution au sein d'une même espèce, au fil du temps. En considérant les australopithèques de cette manière – échelonnés, en quelque sorte – il était raisonnable de s'attendre à quelques différences aux deux extrémités.

Le concept essentiel étayant la théorie de l'espèce unique était une idée sur l'évolution humaine qui a prévalu depuis l'origine : il n'y avait jamais eu et il n'y aurait jamais place sur notre planète pour plus d'une sorte de bipède en cours d'évolution vers l'homme à la fois. Les descendants du singe anthropoïde à station verticale sont uniques et l'ont toujours été. Il n'en existe qu'une sorte aujourd'hui : *Homo sapiens*. Il n'en existait qu'une hier : *Homo erectus*. Pourquoi donc y en aurait-il eu plus d'une avant-hier ? Le singe anthropoïde primitif, quels que fussent le temps et le lieu de son apparition, devait être seul à porter le flambeau montrant le chemin vers l'humanité. Il avait dû exercer un droit de préemption sur la niche écologique que sa bipédie et le développement de son cerveau et de sa civilisation lui avaient permis de se créer. Tout envahisseur arrivant par la suite et tentant de rivaliser avec lui aurait été handicapé, étant un marcheur moins habile, un animal moins intelligent, un utilisateur d'outils débutant moins expert, etc. Il aurait été incapable de lutter, et serait tombé au bord du chemin. Il était encore plus vraisemblable qu'il ne serait jamais apparu.

Formulé aussi simplement, c'est un argument convaincant. Il touche au vif d'un principe fondamental de la biologie, qui affirme qu'en effet, deux espèces ne peuvent occuper la même niche écologique en même temps. La moins bien adaptée disparaîtra ou se glissera dans une autre niche.

Parmi les oiseaux par exemple, les quelque cinquante espèces de fauvettes qui passent l'été en Amérique du Nord peuvent paraître contredire ce principe ; mais le fait est qu'elles ne sont pas en compétition. Chacune occupe sa propre niche. Différentes espèces vivent dans différentes parties du continent. Quand elles se recouvrent, elles choisissent des habitats différents – des halliers touffus, des forêts de pins, de grands arbres à feuilles caduques, ou même différents niveaux dans les arbres – et se nourrissent de différentes sortes d'insectes, car ces derniers aussi ont leurs habitats particuliers. L'une des merveilles de l'évolution est la manière dont tant de plantes et d'animaux apparemment similaires sont arrivés à trouver le moyen de vivre côte à côte. Cela semble vrai également des premiers hominidés. Le type *Homo* gracile se présente comme un omnivore à plus petite mâchoire et à plus petites dents ; le type robuste comme un mangeur de végétaux coriaces, de plus en plus spécialisé. Cette seule différence de régime alimentaire suffit à permettre la coexistence de deux types d'hominidés à station verticale ; et grâce à Richard Leakey, nous savons aujourd'hui que les deux ont coexisté. L'une de ses découvertes les plus importantes de Koobi Fora est un superbe crâne d'*Homo erectus*. Il remonte à 1,5 million d'années. Il a donc vécu en même temps que les australopithèques robustes – et aucun anthropologue au monde n'irait prétendre aujourd'hui que ces deux types appartiennent à la même espèce.

Ainsi donc, si deux espèces d'hominidés à station droite ont coexisté il y a un million et demi d'années, il est possible que deux espèces – voire davantage – aient existé auparavant. Pour tirer cette affaire au clair, il allait falloir trouver plus de fossiles, et en meilleur état, autour de deux à trois millions d'années. A la veille de me lancer dans ma première campagne d'envergure à Hadar, j'espérais bien être l'homme qui les trouverait.

J'avais parlé d'Hadar avec autant d'enthousiasme que possible à la Circum-Rudolf Conference. Il y avait là des dizaines de spécialistes célèbres du Plio-Pléistocène, et j'espérais arriver à en amener quelques-uns à travailler avec moi. Mais ils gardèrent une prudente réserve. Tous avaient des emplois du temps chargés. Ils écoutèrent poliment mes descriptions optimistes de dépôts bourrés de fossiles de qualité supérieure, et mes prédictions confiantes sur les chances d'y trouver des hominidés. On m'écouta parce que j'étais le protégé de Howell ; j'avais travaillé trois saisons sur le terrain avec lui et j'arrivais avec de bonnes recommandations.

Mais je n'avais jamais dirigé d'expédition moi-même. Comment savoir si j'en serais capable ? Quelle était la valeur des autres membres de mon équipe ? Notre travail stratigraphique serait-il sérieux ? Réussirais-je à persuader les Éthiopiens de me laisser sortir des fossiles du pays ? Si oui, leur datation et leur localisation seraient-elles dignes de foi ? Nos données seraient-elles rapidement mises à la disposition des chercheurs, ou traîneraient-elles pendant dix ans ou plus au fond d'un tiroir de musée en attendant que quelqu'un se décide à en faire quelque chose ? Des échecs sont possibles sur tous ces points, et ils ne sont pas rares. La plus grande déception que puisse éprouver un anthropologue est de se trouver mêlé d'une manière ou d'une autre à un projet qui s'en va en eau de boudin, qui finit par avorter par manque de soin, de fonds ou de résolution – ou pire encore, d'un manque de confiance dans le sérieux des données.

J'avais terriblement besoin d'aide dans une demi-douzaine de domaines spécialisés. Mais mon seul atout à la Circum-Rudolf Conference était l'assurance que je déployai.

Il fallait que je convainque ces gens, que je les persuade que si je leur envoyais un paquet d'os d'antilopes à étudier, ils pourraient être sûrs de leur datation. J'expliquai que nos gisements d'Hadar étaient comparables aux horizons les plus anciens de l'Omo, où les fossiles étaient plus médiocres, et que c'était une formidable occasion de combler cette lacune. Je harcelai Alan Gentry. Alan travaille au British Museum ; c'est une autorité mondiale en matière d'antilopes et je voulais l'intéresser à mon projet. Je parlai de girafes à John Harris. Je parlai de porcs à Basil Cooke. Je dépensai beaucoup de salive.

Je partis pour Hadar avec de nombreuses manifestations d'intérêt mais très peu d'engagements fermes.

7. La première campagne d'Hadar : l'articulation du genou

Don était accroupi sous le soleil brûlant, en train d'essayer d'assembler ces deux os, quand soudain, ça lui a sauté aux yeux : ce n'est pas un singe, c'est un être humain.

MAURICE TAIEB.

Bien qu'étant la capitale de l'Éthiopie, Addis-Abeba ressemble plus à un mélange de casbah et de ville-champignon qu'à une métropole nationale. Ses palais royaux, quelques bâtiments administratifs et certains de ses ministères sont de toute beauté, mais ses marchés sont misérables. L'atmosphère générale de la ville est celle d'un village africain qui aurait beaucoup grandi et se serait étalé démesurément. Sous l'empereur Hailé Sélassié, toute l'énergie descendait du sommet au compte-gouttes, par l'intermédiaire d'une administration qui devait lui rendre personnellement des comptes. Pour un étranger, il était impossible de faire quoi que ce fût à distance. Il fallait être sur place.

Maurice Taieb n'ignorait rien de tout cela. A mon arrivée à Addis à l'automne 1973 en compagnie de Dole et Gray, je trouvai mon associé français en train de faire la tournée des ministères pour obtenir les autorisations nécessaires : pour les véhicules, pour pénétrer dans la région de l'Afar, pour emporter des fossiles. Il fallait un formulaire pour tout, et chaque formulaire devait être tamponné par le fonctionnaire compétent – dans certains cas même, par plusieurs. Je me contentai de le suivre.

Il y eut d'innombrables entrevues, d'innombrables petites tasses de café. Les Éthiopiens sont des gens très chaleureux, mais ils ne sont pas toujours sur la même longueur d'onde que nous. Il faut se résoudre à prendre son mal en patience.

En une semaine, j'appris beaucoup de choses sur la bureaucratie éthiopienne, et en particulier quelles personnes, dans quels ministères, pouvaient être utiles aux archéologues. Je me fis aussi une relation très précieuse, un Anglais qui enseignait l'histoire à l'université locale. Richard Wilding allait petit à petit devenir le factotum de l'expédition à Addis, son confident, son conseiller, son médiateur et son fournisseur quand nous étions sur le terrain. Enfin, une fois le dernier formulaire tamponné, le dernier véhicule réparé et le dernier sac de farine chargé, une petite caravane se mit en route pour l'Afar. Il y avait quatre Américains, sept membres de l'équipe française, plus quelques ouvriers amharas recrutés à Addis, un cuisinier, Kabété, et un représentant du ministère de la Culture, Alémayehu Asfaw. J'avais déjà sérieusement écorné mes quarante-trois mille dollars : j'avais dû acheter des moustiquaires et un peu de matériel pour certains Français qui n'en avaient pas – et qui n'avaient pas d'argent.

Le camp d'Hadar fut installé sur un petit promontoire surplombant la rivière Awash. Il y faisait chaud, mais de loin pas autant que dans les petits ravins abrités du vent et dans les cañons étouffants où nous allions prospecter. Par ailleurs, on pouvait se baigner dans la rivière, et une fois son eau filtrée, on put l'utiliser pour faire la cuisine et pour la boire. Mais quand il y avait eu de fortes pluies dans les montagnes lointaines, les campeurs le savaient : le niveau de l'Awash montait, et son eau prenait une couleur café. Pour citer Tom Gray : « Je ne peux pas dire que j'aime beaucoup nager, mais un jour, je me suis rendu compte que j'étais si sale que j'avais du mal à me supporter dans mon propre sac de couchage. Je suis donc descendu à la rivière et j'y ai plongé une jambe. Elle en est ressortie brun foncé. Alors j'ai préféré puer une semaine de plus. »

Au début, certains membres de l'expédition refusèrent de se baigner, parce que la rivière était infestée de crocodiles. Mais ceux-ci étaient plus petits que les monstres mangeurs d'hommes du Kenya et d'Ouganda, et ils n'avaient pas l'air de trouver à leur goût les membres des tribus Afars locales, qui passaient leur temps à entrer et sortir de l'eau. Au bout de quinze jours, la plupart des chercheurs se baignaient quotidiennement. Heureusement, le courant de la rivière était assez fort pour éliminer tout risque de bilharziose, une maladie débilitante transmise par des escargots d'eau douce et qui frappe les milliers de personnes qui barbotent ou nagent dans des eaux dormantes comme celles du lac Victoria.

Le campement était simple et fonctionnel. Il comprenait une grande tente destinée aux repas, aux travaux de géologie et de paléontologie, et des moustiquaires pour dormir. La grande tente était en fait un auvent, dont les côtés restaient ouverts pour donner un peu de fraîcheur, avec de petits rabats pour empêcher le soleil d'entrer. Elle contenait de grandes tables. Tout le travail de classification, de tri, de nettoyage, de numérotation et de paperasserie se faisait là, l'après-midi, quand il faisait trop chaud pour chercher des fossiles et encore assez clair pour les trier soigneusement, ce qui était difficile le soir, à cause de la faiblesse des lampes à butane du camp.

Une fois le bivouac installé, le travail scientifique put commencer. Taieb s'attela immédiatement à la tâche complexe consistant à interpréter la géologie d'Hadar. Contrairement aux dépôts de l'Omo, ceux d'Hadar ne sont pas inclinés. Il y a eu très peu de dislocations, et par conséquent les dépôts n'ont guère eu tendance à se redresser vers la surface du sol. En fait, les différentes couches ont été mises au jour par l'érosion sur les versants des ravins. Certains ravins sont hauts et peu profonds. D'autres commencent plus bas et sont plus profonds. Certaines régions sont presque plates, et ont été contaminées par des matériaux qui se sont déposés bien plus tard, en remplaçant d'autres qui ont pu être lessivés, et brouillant ainsi la stratigraphie d'origine. A d'autres endroits, les strates sont propres et n'ont pas été perturbées ; elles sont aussi distinctes que les couches d'un millefeuille. L'un dans l'autre, Hadar est un labyrinthe de couches érodées de différentes profondeurs et de schémas stratigraphiques différents. Le travail de Taieb consistait à interpréter ces différences et à élaborer un diagramme géologique vertical cohérent de toute la région – ce que l'on appelle une colonne stratigraphique.

Au début, il avança très lentement, se familiarisant avec quelques-unes des strates les plus fréquentes et les plus faciles à identifier, et essayant de retrouver des superpositions constantes de couches. Une fois ce schéma en tête, il lui devint possible de découvrir une disposition similaire de l'autre côté d'un ravin – ou dans un autre ravin à quelque distance de là – et d'établir des relations entre eux. A certains endroits, les strates les plus courantes et les plus frappantes étaient absentes ; elles pouvaient avoir été complètement érodées ou bien elles étaient encore enfouies. Quelquefois, il arrivait dans un coin, et était tout surpris d'y trouver un schéma de dépôts qui ne ressemblait à aucun autre. Étaient-ils plus vieux ou plus jeunes ?

Pour répondre à cette question, Taieb devait trouver des points de jonction, dont les couches supérieures avaient l'air de correspondre aux couches inférieures d'autres endroits, et inversement. Il put ainsi commencer à établir un certain nombre de brèves séquences et, de temps en temps, en assembler deux triomphalement, pour en former une plus longue. Puis venait l'affreuse déception, lorsque les recoupements révélaient qu'après tout, elles ne s'assemblaient pas ; la couche clé, qui était censée les raccorder, avait réapparu ailleurs au milieu d'autres couches qui ne correspondaient à rien. Maurice devait alors démanteler ses séquences et tenter de trouver un autre moyen d'assembler leurs segments.

Les difficultés étaient dues en partie à la similitude entre plusieurs séquences, formées d'alternances de boue ou d'argile et de sable apparemment identiques. En observant une tranche de deux ou trois couches de ce genre, il n'était pas facile de définir la place qu'elles occupaient dans la séquence générale. Il aurait été possible, bien sûr, de mesurer leur épaisseur, mais cette donnée variait en fonction de la pente du terrain et de la profondeur de l'eau des lacs.

Pour contrebalancer cet imbroglio, on pouvait distinguer des différences entre la taille des grains des diverses strates. Plus l'eau s'écoule rapidement, plus les matériaux qu'elle peut charrier sont volumineux. Au pied de la chaîne de montagnes située à l'ouest, se produit un tri de roches de plus en plus petites au fur et à mesure qu'elles descendent vers la plaine, charriées par les cours d'eau qui dévalent les flancs de la montagne lors des crues de la saison humide. Lorsque cette eau atteint Hadar, à quelque cent cinquante kilomètres de là, elle coule lentement, et ne peut charrier que du gravier, du sable, un limon fin, et de l'argile. Lorsqu'elle s'approche d'un lac, son débit peut devenir d'une lenteur extrême. Un sable fin se dépose sur les rives du lac et dans les deltas des rivières. Le matériau le plus fin de tous, l'argile, dérive très lentement jusqu'au milieu du lac, où elle finit par se déposer. A Hadar, on peut identifier un ancien lit de lac en trouvant des dépôts de matériaux extrêmement fins qui ne contiennent pas de fossiles. Les boues ou les argiles qui renferment des os sont généralement interprétées comme les vestiges de marais ou de plaines alluviales marécageuses situés en bordure de lacs disparus.

Tandis que Taieb et ses collaborateurs se colletaient avec la géologie d'Hadar, les paléontologues s'étaient mis au travail. Ils n'avaient ni cartes topographiques ni photographies aériennes de la région, mais ils faisaient un relevé précis de leurs prospections. Dès qu'ils ramassaient un fossile, ils établissaient une « localité », lui attribuaient un numéro, qu'ils peignaient sur un rocher. A la fin, toutes les informations sur les fossiles devaient être rassemblées sur une seule carte générale, qui ferait apparaître l'ensemble de leurs relations temporelles et spatiales.

Sans ces précautions, nous aurions été complètement déroutés. Il faut savoir exactement d'où provient chaque fossile. Je confiai ce travail à Tom Gray, qui imposa la Loi de Gray : « Si tu n'as pas l'intention d'en faire un relevé précis, *ne le ramasse pas*. » Tom s'emporta furieusement un après-midi contre un des chercheurs, qui rentra au camp avec quelques intéressants fossiles de mammifères, qu'il n'avait pas pris la peine de localiser avec précision. Ils ne pouvaient servir à rien, et Tom les jeta tous à la rivière.

Gray s'inquiétait aussi du sérieux de l'échantillonnage global de fossiles qui commençait à s'accumuler. Un spécialiste des cornillons d'antilope ne risquait-il pas de négliger les dents de porc, et de donner ainsi une fausse image de l'abondance relative de chaque espèce ? N'avait-on pas tendance à ne ramasser que les fossiles rares et inhabituels dans un secteur donné, et à ignorer les plus courants, faussant ainsi une nouvelle fois l'échantillonnage ?

Gray a participé récemment à un congrès à San Francisco, et il a fort bien expliqué l'éternel dilemme du chercheur de fossiles à un groupe de personnes à qui il décrivait le travail effectué à Hadar. « Vous êtes là, dehors, à vous traîner lamentablement par une chaleur infernale. Vous avez déjà ramassé une bonne centaine de dents de cheval. Vous en apercevez une autre, là-bas. Belle affaire ! Allez-vous prendre la peine d'aller la ramasser ? Si vous le faites, vous allez devoir établir une nouvelle localité, la porter sur la carte générale, y envoyer un géologue pour étudier la géologie du lieu – et tout cela pour pouvoir dater cette unique dent de cheval.

« Alors, vous la ramassez ? lui a-t-on demandé.

– En théorie, oui. Si vous disposiez d'un temps et de ressources illimités, vous ramasseriez le moindre fragment d'os dans chaque localité que vous avez marquée. C'est irréalisable, bien sûr, d'où mon inquiétude au sujet d'une éventuelle erreur d'échantillonnage. Nous avons essayé de faire nos prospections selon un plan rigoureux, en exploitant les dépôts méthodiquement. Mais certains ne le faisaient pas toujours. J'ai découvert qu'il fallait que je repasse derrière eux pour effectuer ce que j'appelais un échantillonnage de "recensement" – pour vérifier si le pourcentage de ce que j'avais trouvé correspondait à ce qu'ils avaient ramassé.

– Et alors ? »

Gray admit à contrecœur que généralement, cela concordait. Tout comme Gerry Eck dans la vallée de l'Omo, il n'éprouvait pas une admiration démesurée pour le travail de certains Français.

Personnellement, en revanche, je me suis toujours bien entendu avec eux. Les différences de méthode entre Français et Américains ne m'ont jamais gêné. Mon associé, Maurice Taieb, et moi avons des tempéraments assez différents. C'est un homme exubérant, vif, loquace et amical, quelquefois impatient et colérique. Loin d'être importuné par ses quelques éclats, j'estime qu'ils ont eu l'avantage de mettre les choses au point à certains moments critiques, où la léthargie éthiopienne et la paperasserie menaçaient de paralyser les activités de l'expédition. Bref, après quatre campagnes en commun, il me semble que les avantages d'une entreprise bipartite l'emportent de loin sur ses inconvénients.

Cette première année, j'étais moins préoccupé par les relations internationales que par les fossiles. Nous en étions déjà à la moitié de la saison, et nous n'avions pas trouvé un seul hominidé. Dans ma demande de subvention à la National Science Foundation, je n'avais pas à proprement parler *promis* de rapporter des hominidés, mais en la rédigeant, je savais pertinemment que si je n'incluais pas une allusion limpide à ces derniers, je n'obtiendrais pas un sou. Il était fort peu probable que l'on m'envoyât en Éthiopie pour ramasser des dents de cochon. Et même ainsi, les quarante-trois mille dollars ne représentaient que le tiers de ce que j'avais demandé. Une partie de cette somme avait déjà été dépensée pour les Français, et je ne me faisais aucune illusion ; je savais que si je voulais les garder sur le terrain jusqu'à la fin de la saison, j'allais devoir continuer à débourser.

Que fait un jeune homme qui dirige sa première expédition, quand on lui a donné une subvention pour deux ans, qu'il en a dépensé la plus grande partie la première année et qu'il n'a pas trouvé ce qu'il est venu chercher ? Il se demande ce qu'il va faire la seconde année. Il se demande s'il n'est pas en train de faire faillite, s'il ne risque pas d'acquérir une réputation d'irresponsable, avant même que sa carrière n'ait véritablement débuté. Il en a des sueurs froides.

Je connus ma part de sueurs froides, et d'espoirs, et de recherches fiévreuses. Je ne cessais de me demander comment j'allais arriver à expliquer que les coûts de départ avaient été élevés. J'avais dû acheter toutes ces tentes. J'avais dû débourser dix mille dollars pour une Land-Rover. C'étaient des frais extraordinaires, et inévitables. Dehors, au milieu des dépôts, je me répétais tous les jours que tout mon argent allait être dépensé avant la fin de l'année, fondu comme neige au soleil. Me donnerait-on l'occasion de recommencer ? Aurait-il été plus prudent de commencer modestement, de prévoir une équipe de quatre ou cinq chercheurs au lieu de onze ?

Ces idées me préoccupaient tant que pendant que je prospectais, à la fin d'un après-midi, je donnai négligemment un coup de pied dans ce qui ressemblait à une côte de rhinocéros sortant du sable. L'os se détacha et apparut intégralement : ce n'était pas une côte de rhinocéros, mais le tibia proximal – la partie supérieure de l'os – d'un petit primate.

Un singe, me dis-je, et je décidai de le ramasser. Je notai l'endroit dans mon calepin, et lui attribuai un numéro de localité. Tout en écrivant, je remarquai un autre fragment d'os à quelques mètres. C'était un fémur distal – l'extrémité inférieure –, minuscule lui aussi. Il était fendu en deux, et n'avait plus qu'un seul de ses condyles – la protubérance osseuse qui s'adapte au tibia pour former l'articulation du genou. Gisant dans le sable, juste à côté de lui, se trouvait l'autre condyle. J'assemblai les deux, puis essayai de les ajuster au tibia. Ils avaient la même taille et la même couleur. Tous les trois s'adaptaient parfaitement. Une fameuse découverte.

En l'observant, je me rendis compte qu'en joignant le fémur et le tibia, j'avais formé un angle. Je ne l'avais pas fait exprès. Ils s'étaient placés ainsi naturellement, comme ils *devaient* se placer. Je me rappelai alors que le tibia et le fémur du singe forment une ligne droite. Presque malgré moi, je commençai à essayer d'imaginer le squelette d'un être humain, et à revoir l'angle ouvert du genou vers la cuisse caractéristique des êtres dotés de la station verticale.

Je m'efforçai de réajuster les os en les mettant en ligne droite. C'était impossible. L'idée qu'il s'agissait d'un fossile d'hominidé me traversa soudain l'esprit.

Gray s'approcha. Je lui montrai le tibia. « Qu'est-ce que tu en penses ?

– Un singe ? dit Gray. Un petit primate quelconque ? On ne peut pas dire grand-chose avec un seul tibia.

– Et si j'ajoute ça ? » dis-je en lui présentant des deux fragments de fémur. Je les plaçai dans ma main, l'angle entre le fémur et le tibia bien visible.

Gray fixa les fossiles, puis leva les yeux vers moi : « C'en est un ? » dit-il après un instant de silence.

J'acquiesçai, et à ce moment précis, je pris pleinement conscience du fardeau qui avait pesé sur moi tout au long de ce mois. J'en étais soudain déchargé. Je me sentais étourdi, hébété de soulagement – et en même temps, j'avais peine à croire à ma chance. En enveloppant les os pour les rapporter au camp, j'avais l'impression de rêver. Personne dans l'histoire de l'anthropologie n'avait encore vu l'articulation du genou d'un hominidé de trois millions d'années. Si c'en était vraiment une, elle était unique au monde. Se pouvait-il que cette extraordinaire rareté fût *ma* découverte ? J'avais toujours envisagé de trouver des dents et des mâchoires, ou, avec beaucoup de chance, un crâne. Mais quelque chose que la science ne connaissait pas encore, c'était trop. Le lendemain, je me mis à douter de ma première intuition. J'avais eu le temps pendant la nuit de réfléchir à certaines des implications de cette découverte, et j'avais bien saisi qu'une articulation de genou identique à celle de l'homme supposait un mode de locomotion identique, lui aussi. Dans ce cas, il s'agissait de la première attestation de l'existence il y a trois millions d'années d'une créature à station droite.

« Il faut que nous puissions la comparer à quelque chose, dis-je à Gray le lendemain. Je ne suis pas assez sûr de mes connaissances en anatomie pour être parfaitement tranquille. Il nous faut l'articulation d'un genou humain.

– Qui est le pire flemmard du camp ? dit Gray. On pourrait peut-être se passer de lui.

– Sois sérieux, répondis-je ; il faut que je sache. »

J'avais un problème dont Gray n'était pas conscient. Selon les termes de l'accord passé entre l'expédition et le gouvernement éthiopien, tout fossile jugé assez important pour être sorti du pays devait être décrit lors d'une conférence de presse avant de pouvoir être emporté. Cela me plongeait dans l'embarras. Si je décrivais imparfaitement cette articulation, on considérerait que ma première interprétation importante et personnelle d'un fossile avait été bâclée. Mais si je ne décrivais pas le fossile, je ne serais pas autorisé à l'emporter.

« Il n'y a pas moyen d'y couper, dis-je. Il nous faut l'articulation d'un genou humain.

– Laisse-moi une semaine, dit Gray. Je vais faire la peau à un des Français. »

Plus tard, le même après-midi, il me vint une idée. Je demandai à Gray de m'accompagner hors du camp, au sommet d'une colline voisine.

La première découverte hominienne faite par Johanson à Hadar a été l'articulation du genou, que l'on voit ici entre un genou humain moderne et celui d'un singe anthropoïde. Avec ses trois millions d'années, c'est le plus ancien fossile connu de ce genre. Ce fut en observant l'angle que forment les deux os que Johanson fut convaincu qu'il était en présence d'un hominidé. Chez les singes anthropoïdes, la jonction est droite. Vues de profil (dessins du bas) les trois articulations se ressemblent beaucoup. Quand on les examine en coupe transversale, la différence entre les deux hominidés et le singe apparaît clairement. Leurs os ont une section ovale ; celui du singe en a une ronde.

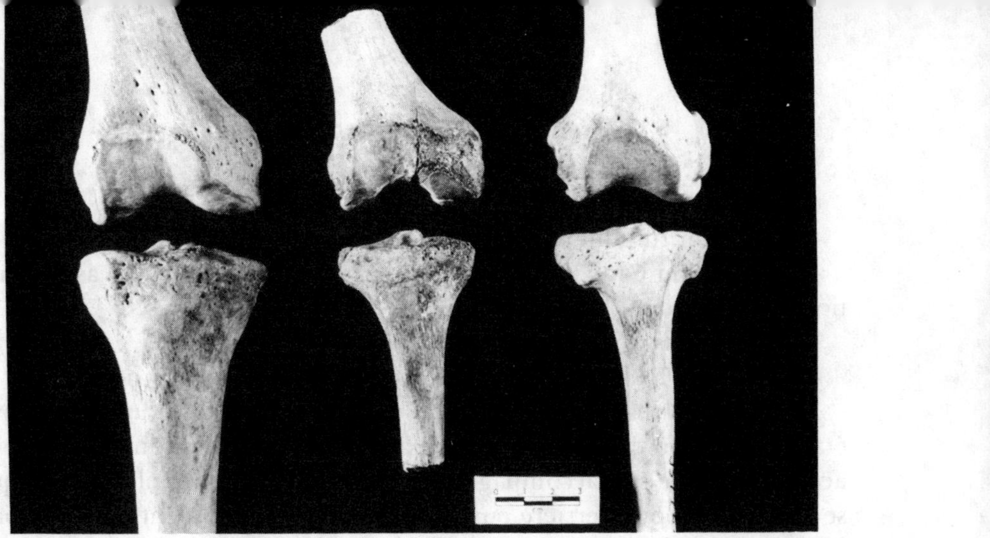

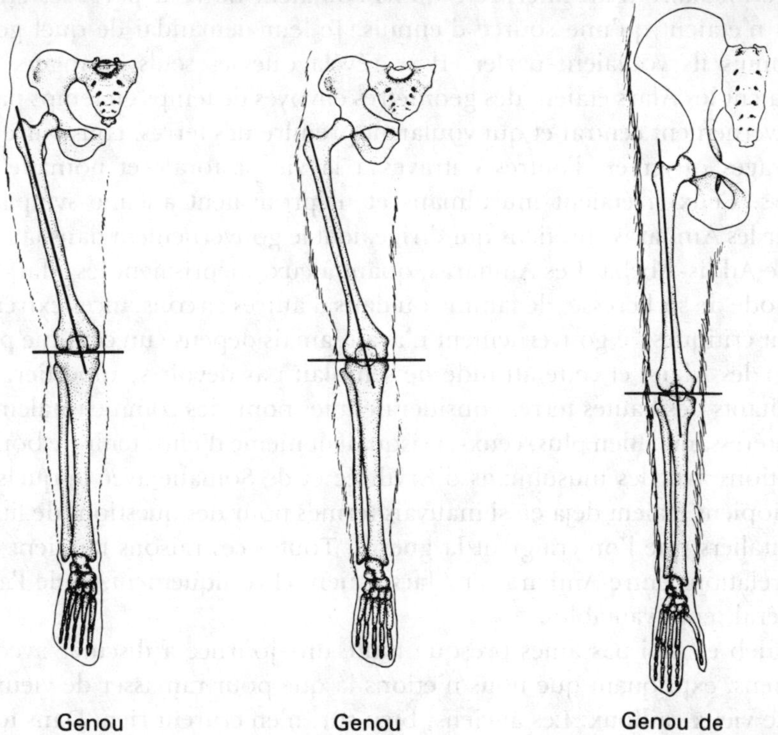

Genou humain — Genou d'*Afarensis* — Genou de singe anthropoïde

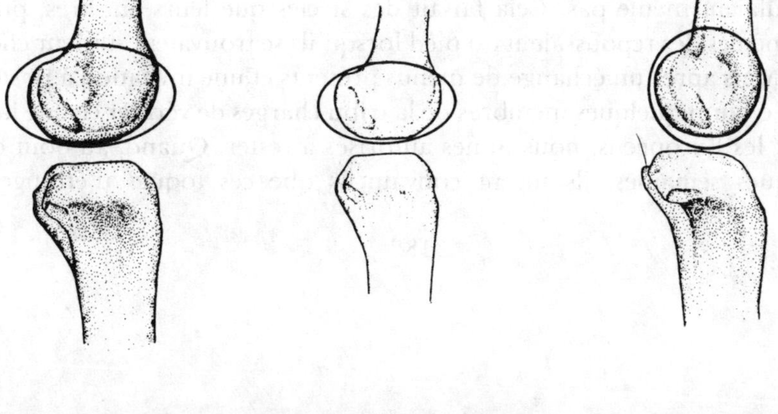

« Pour quoi faire ? dit Gray.
– Il y a un tumulus afar par là-bas.
– Minute, dit Gray, on est en bons termes avec ces gens. Tu as l'intention de piller une de leurs tombes ?
– Je veux juste y jeter un coup d'œil.
– Pas moi. Tu te souviens des anciens qui sont venus nous voir ? »

Je m'en souvenais. Il s'agissait de plusieurs vieillards d'une tribu, qui étaient venus au camp une semaine après notre installation. Ils s'étaient accroupis sur le sol, accompagnés de quelques membres plus jeunes qui se tenaient debout derrière eux, armés de fusils, et avaient expliqué par l'intermédiaire d'un interprète qu'ils voulaient notre départ : les étrangers n'étaient qu'une source d'ennuis. Je leur demandai de quel genre d'ennuis ils voulaient parler. Il se révéla que les seuls étrangers que voyaient les Afars étaient des géomètres envoyés de temps en temps par le gouvernement central et qui voulaient prendre des terres, construire des barrages ou créer d'autres entraves à la vie pastorale et nomade des Afars. Ceux-ci étaient musulmans et n'éprouvaient aucune sympathie pour les Amharas chrétiens qui dirigeaient le gouvernement dans la lointaine Addis-Abeba. Les Amharas, quant à eux, méprisaient les Afars. En période de sécheresse, de famine ou dans d'autres circonstances extrêmement critiques, le gouvernement n'avait jamais dépensé un centime pour aider les Afars, et cette attitude ne semblait pas devoir se modifier. Les habitants des hautes terres considéraient les nomades comme totalement inintéressants. Bien plus, ceux-ci risquaient même d'entretenir de bonnes relations avec les musulmans d'Érythrée et de Somalie avec lesquels les Éthiopiens étaient déjà en si mauvais termes pour des questions de litiges frontaliers que l'on craignait la guerre. Toutes ces raisons faisaient que les relations entre Amharas et Afars étaient chroniquement, et de l'aveu général, épouvantables.

Taieb et moi passâmes presque toute une journée à discuter avec les anciens, expliquant que nous n'étions là que pour ramasser de vieux os et de vieux cailloux. Les anciens, bien sûr, n'en crurent rien. Dans toute la région, il n'y avait *que* des cailloux – que pouvions-nous bien en faire ? Quant aux os, il y en avait partout aussi. Ils ne se mangeaient pas. Ils ne se brûlaient même pas. Cela faisait des siècles que leurs ancêtres, puis eux-mêmes, les repoussaient du pied lorsqu'ils se trouvaient sur leur chemin. Mais après un échange de menus présents et une invitation à poster dans le camp quelques membres de la tribu chargés de vérifier ce que faisaient les Européens, nous fûmes autorisés à rester. Quand, au bout de quelques semaines, ils furent convaincus que ces toqués d'étrangers ramassaient vraiment des pierres et des os – et rien d'autre – les guetteurs repartirent. D'autres Afars arrivèrent. Ils vendaient des chèvres au cuisinier de l'expédition, Kabété. Certains se firent embaucher comme ouvriers. Leurs femmes arrivèrent avec leurs bébés. Un groupe de huttes indigènes surgit de terre à quelques centaines de mètres du camp principal. L'économie locale stagnante prit un rapide essor.

« On va tout flanquer par terre, dit Gray. Imagine qu'ils nous voient.

– Il est tard. Ils ne remarqueront rien.

– Ils vont nous tirer dessus. Ils vont nous courir après.

– Il me faut un fémur. »

Tout en discutant, nous étions arrivés au tumulus. Ce dôme formé de blocs grossièrement assemblés était sans doute assez ancien, car l'un de ses côtés s'était effondré. Je regardai à l'intérieur. Il y avait un énorme tas d'ossements – un caveau de famille. Sur le sommet, un fémur ne demandait qu'à être emporté. Tom s'en empara. Nous regardâmes autour de nous. Personne en vue. Tom glissa l'os dans sa chemise et l'emporta au camp. Cette nuit-là, je le comparai au fossile. Mis à part leur taille, ils étaient presque identiques.

L'articulation du genou fut trouvée vers la fin de la première campagne et remonta considérablement le moral de tous les membres de l'expédition. Au cours des saisons suivantes, nous allions trouver d'autres fossiles – meilleurs. Mais aucun ne m'a autant ému que celui-là. La première pépite a toujours quelque chose de particulier. Je suis sûr que les chercheurs d'or éprouvent la même chose. Ce sont des joueurs eux aussi. Ils vivent d'espoir. La seule chose qui les soutienne, c'est la conviction qu'ils vont trouver de l'or dans la prochaine batée de sable, ou dans la suivante. Une fois qu'ils en ont trouvé, la raison même de leur présence, le cœur de leur motivation la plus secrète, est justifiée. Lorsqu'on prospecte, on éprouve le même sentiment. Le paysage est tellement monotone. Il fait si chaud. Vous venez de si loin. Tant de gens ont misé sur vous. Les os sont intéressants, certes, mais vous êtes vite blasé. Comme l'a dit Tom Gray, c'est à peine si vous arrivez à vous forcer à ramasser encore une dent de cheval. Mais vous la ramassez. Vous construisez un cadre, vous assemblez le puzzle. Chaque morceau sert à quelque chose. Et puis soudain, vous tombez sur LE MORCEAU. De votre vie, vous n'oublierez jamais cet instant.

L'articulation du genou fut la grande découverte de cette première campagne. En l'absence de l'extrémité proximale (supérieure) du fémur, il était impossible de savoir comment cet os s'attachait au bassin. Mais deux os trouvés à proximité permirent de répondre à cette question.

C'étaient des fémurs proximaux, les extrémités supérieures brisées de l'os. L'un gisait tout près de l'articulation du genou. L'autre à une quinzaine de mètres ; il portait des marques de dents de carnivore, ce qui donnait à penser qu'il avait été traîné plus loin pour être rongé. Ces os provenaient du même horizon que l'articulation. Ils avaient la même couleur et la même taille. Je crois, sans pouvoir le prouver toutefois, qu'ils représentent la partie supérieure des jambes du même individu.

La saison touchait à sa fin. Taieb et son équipe rentrèrent en France. Je restai avec Tom Gray pour fermer le camp. Nous entassâmes tout dans les camions, achevâmes les travaux de paperasserie, mangeâmes les derniers restes. Nous payâmes les ouvriers locaux, qui nous regardèrent partir, aussi déroutés par notre soudain départ qu'ils l'avaient été par notre arrivée.

Les Afars avaient fini par considérer que nous faisions partie du décor. Leurs chèvres leur avaient été bien payées – jusqu'à quinze dollars pièce, ce qui était bien supérieur au tarif en vigueur à notre arrivée. Ils avaient touché un salaire en espèces, et récupéré une quantité considérable de boîtes de conserve et de bric-à-brac qu'avec notre mentalité incompréhensible, nous avions abandonné en échange d'os et de pierres sans valeur. Certains des hommes qui avaient travaillé pour nous avaient appris quelques mots d'anglais. Ils furent enchantés de savoir que nous avions l'intention de revenir l'année suivante, et promirent de retravailler avec nous.

Mais l'année suivante, un ou deux seulement se présentèrent. Bien que les Afars soient des gens extrêmement sympathiques, on ne peut pas vraiment compter sur eux. Dire qu'ils manquent de parole serait les juger selon un critère occidental, ce qui serait injuste. Les nomades sont différents de nous. Ils ont une autre notion du temps. Ils ignorent ce que sont le progrès et l'histoire, car eux-mêmes n'en ont pas. Leur vie n'a pas changé en un millénaire. Ils n'ont pas la moindre idée de la forme ou de la taille du monde. Aucun d'eux, ou presque, n'a jamais quitté le triangle de l'Afar.

Ce sont les étrangers de passage qui sont bizarres, ce sont eux qui détonnent. Ils sont incapables de vivre du désert comme les Afars. En moins d'une semaine, ils seraient morts de faim ou de soif. Nous avions apporté avec nous presque tout ce que nous avions, sauf l'eau que nous puisions dans l'Awash, et les chèvres que nous vendaient les Afars. Les chèvres elles-mêmes n'étaient pas très abondantes. Les Afars en tirent un peu de lait, mais ils les utilisent surtout pour faire du commerce. Il est rare qu'ils en mangent une eux-mêmes.

Il m'arrive de m'inquiéter des conséquences que notre intrusion a pu avoir sur leur vie. Nos nombreux achats ont fait terriblement monter le prix des chèvres. On nous en amenait depuis des kilomètres à la ronde, parce qu'on savait que Kabété, notre cuisinier, en achetait une tous les deux jours.

Malgré leurs habitudes de nomades, les Afars sont de bons ouvriers, en ce sens qu'ils sont intelligents et serviables. Ils ont une vue incroyablement perçante. Ce sont de bons prospecteurs. Quand ils eurent compris ce que nous cherchions – et notamment quand ils surent que nous cherchions des hominidés –, ils apprirent à les reconnaître remarquablement bien. Mais attendre d'un Afar qu'il se présente à heures régulières pour tamiser du gravier par une chaude journée, alors qu'il a envie de faire autre chose, c'est méconnaître leur mode de vie.

Les ouvriers les plus sérieux étaient les Tigréens, qui viennent d'une région située au nord du triangle de l'Afar. Nous en avions quelques-uns au camp, ainsi que quelques Amharas, appartenant à la tribu dirigeante originaire des montagnes éthiopiennes. Les Amharas sont les plus instruits et se considèrent comme supérieurs aux autres. Ils sont plus habitués à donner des ordres qu'à en recevoir. Les Afars ont une autre forme d'indépendance. Ils vivent dans un monde à eux – coupés de tout.

Je m'installai un jour avec un de nos ouvriers amharas qui savait la langue des Afars, et tentai d'expliquer par son intermédiaire ce que nous faisions à quelques Afars. Ils furent polis, mais il ne faisait aucun doute pour eux que nous étions complètement fous. Cela ne les gênait pas. Ils nous observaient, et essayaient de deviner ce que nous allions bien pouvoir inventer de nouveau. Ils s'amusaient beaucoup à nous singer, mais le meilleur imitateur du camp était un Tigréen. Il avait décrété que tous ceux qui se promenaient en trimbalant une petite boîte noire qu'ils plaçaient devant leurs yeux en faisant clic-clic-clic étaient timbrés. Il prenait un paquet de cigarettes ou une boîte de biscuits, courait dans tous les sens à demi accroupi en disant clic-clic-clic, et le camp se tordait. Une fois qu'il avait attiré l'attention générale, il se pavanait, bombant le torse, les poings sur les hanches et le menton en l'air. Alors tout le monde s'écroulait pour de bon – c'était Taieb craché.

De retour à Addis, je confiai tout le matériel de l'expédition à mon nouvel ami, l'archéologue et historien Richard Wilding qui accepta de l'entreposer jusqu'à la prochaine saison. Je laissai la Land-Rover à Jon Kalb, un Américain qui vivait à Addis et avait travaillé avec nous comme géologue. Bien que Taieb fût déjà rentré à Paris et ne pût participer à la présentation publique de l'articulation du genou, j'étais obligé d'annoncer son existence à la presse pour pouvoir la sortir du pays. Les responsables du département des antiquités au ministère de la Culture furent transportés d'apprendre qu'on avait découvert en Éthiopie un fossile d'hominidé très ancien, mais je les persuadai de limiter la diffusion de l'information aux journaux éthiopiens, et préparai un bref communiqué à leur intention.

Le lendemain, je pris l'avion pour Nairobi pour aller montrer l'articulation du genou et quelques fossiles de mammifères aux Leakey. Meave, la femme de Richard, m'attendait à l'aéroport et me dit : « Nous avons entendu parler de tes os à la radio hier soir. »

Je restai stupéfait. Je ne comprenais pas comment c'était possible.

« Je ne sais pas. Un journaliste étranger a dû mettre la main sur ton communiqué de presse. En tout cas, la radio a dit que tu avais trouvé une articulation du genou, qui avait entre trois et quatre millions d'années. Ils ont dit que c'était le plus ancien témoignage de bipédie hominienne. C'est vrai ? »

En ce qui concernait la bipédie, c'était vrai, lui répondis-je, conscient que j'allais désormais être professionnellement sur la sellette. Quant à la date, je n'en étais pas sûr. Taieb avait trouvé une coulée de lave – une couche de basalte – dans une partie des dépôts. On avait envoyé des échantillons en demandant une datation par le potassium/argon, mais les résultats n'étaient pas encore arrivés. En attendant, sur la foi des indications biostratigraphiques, nous avions estimé que la couche de basalte avait à peu près trois millions d'années. Comme l'articulation du genou était située bien au-dessous d'elle dans les dépôts, elle devait être beaucoup plus ancienne. Ces questions de profondeur avaient soulevé quelques discussions. Nous étions d'avis, Gray et moi, que la couche de basalte aurait dû être placée plus bas dans la colonne stratigraphique, et compter donc moins de dépôts au-dessous d'elle ; dans ce cas, le temps représenté par ces derniers aurait été moins important. Mais Taieb était le géologue en chef, et nous nous étions inclinés. De plus, comme tous ceux qui ont eu entre leurs mains les premiers fils de l'histoire hominienne, nous avions tendance à pencher en faveur de l'ancienneté. Si l'on plaçait la couche de basalte en haut, les strates situées sous elles seraient plus nombreuses et les fossiles sous-jacents plus vieux. Nous avions estimé que l'on pouvait avancer raisonnablement le chiffre de « trois à quatre millions d'années ».

Mary et Richard Leakey confirmèrent mon diagnostic : l'articulation appartenait à un hominidé. Mon soulagement fut vif. J'emportai le fossile à Paris, où Taieb et Coppens annoncèrent officiellement sa découverte « au monde », obtenant ainsi leur part d'honneurs, chose essentielle pour pouvoir dans l'avenir se procurer de nouveaux fonds et continuer à jouir de l'appui de leur gouvernement. Cela fait, je poursuivis ma route vers les États-Unis. Je me rendis directement à Kent, Ohio, où mon ami C. Owen Lovejoy, une autorité mondiale en matière de locomotion, enseigne l'anthropologie (à la Kent State University). Pendant que nous bavardions, j'ouvris négligemment la boîte contenant les trois morceaux de l'articulation.

« Jette un coup d'œil là-dessus, Owen.

– C'est un adulte, dit-il après les avoir observés longuement.

– C'est bien ce que je pensais.

– Mais ils sont vraiment très petits.

– Oui, plutôt.

– Quel âge as-tu dit qu'ils avaient ? demanda-t-il.

– Trois millions d'années.

– Impossible. On dirait une articulation de genou moderne. Ce nabot était parfaitement bipède.

– *A peu près* trois millions, rectifiai-je.

– Comment ça, “à peu près” ? Tu n'as pas de date ?

– J'ai des indications biostratigraphiques. Beaucoup. D'après les fossiles animaux, il a trois millions d'années. J'aurai la date du potassium/argon dans quelques semaines.

– Tu as intérêt à ce qu'elle soit juste », dit Lovejoy.

C'est un homme aux yeux gris, avec une chevelure à la Franz Liszt, et qui a un sens de l'humour dévastateur, dément. Il jeta la tête en arrière, et se mit à rire à gorge déployée.

« Qu'est-ce qui ne va pas ?

– Qu'est-ce qui ne va pas ? C'est tout ce foutu machin qui ne va pas. Je me demande ce que certains vont penser quand ils verront ce petit bonhomme pour la première fois. Il courait sur ses pattes de derrière. Il trottait pour de bon. Mais je parierais que son cerveau n'était pas beaucoup plus gros qu'une cacahuette. Comment est-ce possible ? Il mesurait à peine un mètre, tu sais.

– Et alors ?

– Et alors, est-ce que vous, les gars, vous avez une place pour un truc pareil dans votre arbre généalogique ? Un petit singe d'un mètre qui courait sur ses pattes de derrière ? Il va semer une jolie pagaille. Où est-ce qu'on va le mettre ?

— Je n'en sais rien.

— Personne ne te croira. Tu ferais mieux de retourner là-bas pour en trouver un entier.

— Mais il marchait debout ? insistai-je.

— Pour marcher debout, il marchait debout. Tu lui aurais expliqué ce qu'est un hamburger, et il serait arrivé neuf fois sur dix avant toi au Mac Donald le plus proche. »

C'était ce que j'avais voulu entendre. Enfin, j'avais la confirmation d'un spécialiste.

8.
La deuxième campagne d'Hadar : quelques mâchoires d'hominidés et Lucy

J'ai trouvé quelque chose de curieux : un babouin avec de très grosses molaires.

ALÉMAYEHU ASFAW.

La vie est l'art de tirer des conclusions satisfaisantes d'indices insatisfaisants.

SAMUEL BUTLER.

Examinez tous les jugements qui ont l'air vrais et mettez-les en question.

DAVID RIESMAN.

Ma première description publique de l'articulation du genou eut lieu à un congrès d'anthropologie organisé à New York au début de 1974 par la Wenner-Gren Foundation, une association créée par un industriel suédois pour favoriser la recherche anthropologique.

Tout le monde me demanda ce que cela pouvait bien être. Je répondis que je ne le savais pas très bien moi-même. Tout ce que je pouvais leur dire, c'était qu'il s'agissait d'une minuscule créature bipède ; si c'était un australopithèque, il était plus petit que tous ceux que l'on avait trouvés jusque-là.

Je pensais avoir été convaincant, mais plus tard, pendant que je déjeunais avec Mary Leakey, elle me dit :

« Je ne peux pas vous donner de noms, mais il y a quelques personnes à ce congrès qui prétendent que ce sont des os de singe.

– Mais ce n'est pas vrai.

– Bien sûr que non. Je le sais aussi bien que vous. Mais les choses se passent toujours comme ça quand on trouve quelque chose de nouveau. Tous ces anatomistes se croient si malins qu'ils ne veulent pas admettre que quelqu'un ait pu trouver quelque chose de différent.

– Ils vont le dire ?

– Bien sûr. Mais tenez-leur tête. Vous savez ce que vous avez trouvé. Ce ne sont que des jaloux. Le genre à ricaner en se disant : "Attendons qu'il publie ; et puis, on lui rentrera dedans". »

Je n'étais pas en mesure de publier tout de suite ; il fallait que je rentre à Cleveland pour reprendre mes cours. Il fallait aussi que je commence à recueillir des fonds pour la prochaine campagne. Mes quarante-trois mille dollars de subvention initiale, censés couvrir les frais de deux campagnes, avaient été presque intégralement dépensés la première année, et je ne pouvais plus m'adresser à la National Science Foundation. Je décidai, à la fin d'une conférence que je donnai au Muséum d'histoire naturelle de Cleveland, d'adresser un vibrant appel à la générosité publique. Le résultat dépassa mes espérances : les contributions locales s'élevèrent à vingt-cinq mille dollars, dont l'essentiel avait été offert par un couple de Cleveland.

Ce fut un moment délicat pour moi. C'était la première fois que je faisais la quête et c'était plus difficile que d'adresser une demande de subvention à un organisme. Je tenais mon chapeau à la main, et je le tendais à des êtres bien réels, et non à un comité.

J'avais une autre source de préoccupations. Je m'étais engagé l'année précédente dans une querelle d'argent qui avait mal tourné. Un scientifique américain, qui avait entendu parler de l'expédition de l'Afar, m'avait expliqué qu'il serait en Afrique au courant de l'automne, et m'avait demandé s'il pourrait participer à notre travail pendant deux semaines. J'avais accepté ; il avait alors précisé qu'il voulait toucher un salaire journalier pour le temps qu'il passerait à Hadar, mais aussi pendant le reste de son séjour en Afrique. Je lui avais répondu sans ménagements : « Je ne vous paierai que pour le temps que vous passerez avec nous. Vous ne pouvez pas me demander de financer un travail que vous faites ailleurs en Afrique. » Il s'était vexé et avait refusé de venir à Hadar.

J'avais commis une erreur, et m'étais fait un ennemi. J'aurais dû trouver le moyen de lui expliquer poliment que mes fonds étaient si réduits que je ne pouvais me charger de cette dépense. Mais, irrité par cette tentative d'escroquerie, je n'avais pas réfléchi. J'ai appris depuis à être plus diplomate, et c'est une des raisons pour lesquelles je m'entends si bien avec Maurice Taieb. Nous savons qu'il faut être souple. Quand il se produit un désaccord franco-américain quelconque, nous nous asseyons et discutons jusqu'à ce qu'il soit réglé. Avec Maurice, c'est facile, parce que nous nous respectons mutuellement. Avec certains autres, il faut regarder où l'on met les pieds. J'étais en train d'apprendre que le métier d'anthropologue n'est pas fait que d'os.

Mais les os peuvent être précieux, surtout si ce sont les bons os. S'il y a eu des chicanes ou des murmures autour de l'articulation du genou au congrès Wenner-Gren, je n'en ai jamais eu le moindre écho. La plupart des participants avaient été fascinés. Je compris rapidement que ce fossile m'avait fait gravir un échelon ; désormais, lorsque je discutais avec d'autres chercheurs, j'avais une bonne tête de plus qu'avant. J'avais entre les mains un fossile hominien unique bien à moi, et quelques superbes spécimens de mammifères. Les scientifiques qui s'étaient contentés de m'écouter poliment l'année précédente, quand j'avais fait du battage autour d'Hadar, commencèrent à s'intéresser sérieusement au travail qui s'y faisait. Basil Cooke, le spécialiste des porcs, était du nombre. Il accepta de travailler sur les porcs d'Hadar. Plusieurs experts français furent tellement séduits par la collection de mammifères de la première année, qu'ils demandèrent à se rendre sur le terrain la deuxième année. Michel Beden s'engagea, attiré par la qualité et l'abondance des fossiles d'éléphants. Il fut imité par Véra Eisenmann (chevaux), Germaine Petter (carnivores), Jean-Jacques Jaeger (rongeurs) et Claude Guérin (rhinocéros). Notre expédition, qui, l'année précédente, s'était concentrée sur les travaux de géologie et de prospection et avait été pour le moins pauvre en expertises paléontologiques, était désormais bien pourvue dans ces trois domaines. Tout semblait marcher à merveille. Argent en poche, et venant d'embaucher toute une équipe de spécialistes, Taieb et moi étions sur le point de partir en Éthiopie au mois d'août pour préparer le terrain, quand nous reçûmes un coup terrible. Une lettre arriva du ministère de la Culture, nous informant que notre droit à travailler à Hadar – et en fait nos compétences mêmes – était contesté par un autre scientifique.

Ce rival était Jon Kalb, l'Américain qui vivait à Addis-Abeba. Il avait prétendu avoir une certaine expérience en géologie, et m'avait été recommandé par Taieb. Kalb nous avait accompagnés lors de la première campagne, mais nous n'avions pas vraiment sympathisé. A notre arrivée à Addis, nous trouvâmes Kalb au ministère avec une liste de nos incompétences et de nos infractions : travail scientifique médiocre, rupture de contrat, corruption d'indigènes, mise à profit des craintes tribales. Le ministre nous lut ce réquisitoire et nous informa qu'aucune autorisation ne nous serait délivrée tant que nous ne nous serions pas lavés de toutes ces accusations.

Taieb était stupéfait. Il faillit s'effondrer. Ce fut l'unique fois où j'ai vu flancher cet homme énergique et optimiste. Il n'y avait rien à faire sinon commencer à discuter, ce que je fis. Kalb avait demandé que l'affaire fût soumise à un arbitre neutre. J'acceptai, et proposai Clark Howell. Kalb le récusa. On apprit alors qu'il avait déjà un candidat : l'homme avec lequel je m'étais disputé l'année précédente à propos de son salaire journalier. Je savais que cet homme m'en voulait encore de lui avoir refusé cet argent, et je le récusai donc à mon tour. J'expliquai au ministre que nous n'avions jamais travaillé ensemble sur le terrain, et qu'il n'avait aucun moyen de juger de mes compétences ; c'était donc un arbitre inacceptable. Le ministre écouta cet argument. Cela m'encouragea et je continuai à parler. Je lançai quantité de noms. J'aurais aimé pouvoir joindre la National Science Foundation, mais cet organisme gouvernemental ne donne pas de renseignements sur ses chercheurs. J'écrivis néanmoins à Howell qui envoya une lettre virulente au ministre.

Pendant près de deux semaines, nous passâmes toutes nos journées au ministère. Petit à petit, nous prîmes l'avantage. Je crois que le ministre finit par comprendre que nous étions des scientifiques sérieux, ce qui n'était peut-être pas le cas de Kalb, et qu'il n'aurait jamais dû prêter l'oreille à cette controverse. Il nous accorda son autorisation et dit à Kalb de faire la paix avec nous ou de s'en aller. Il préféra partir.

Au cours des dernières séances de discussion, j'avais commencé à me sentir souffrant. Le jour où l'autorisation nous fut délivrée, j'avais de la fièvre. J'eus tout juste la force de téléphoner à Kalb pour lui demander de nous ramener la Land-Rover qui lui avait été confiée à la fin de la saison précédente. Kalb me répondit qu'il ne l'avait plus et raccrocha. Je m'évanouis.

Taieb revint à la vie en rugissant. Kalb finit par lui avouer qu'on lui avait réclamé le paiement d'une taxe sur la Land-Rover et qu'il ne s'en était pas occupé ; il avait préféré remettre la Land-Rover au service des douanes, et il avait égaré sa carte grise. A présent, il n'y avait plus la moindre trace de son entrée dans le pays, et aucun moyen de la retrouver. J'avais heureusement conservé une photocopie de la carte grise, ce qui permit à Taieb de retrouver la piste de la Land-Rover. Puis, brandissant une énorme liasse de papiers, il fit le siège de l'administration, passant de bureau en bureau, agitant les bras, agitant ses papiers, obligeant les employés à les tamponner. Pour finir, il tomba sur quelqu'un qui lui dit que les photocopies n'étaient pas valables. Si nous voulions dédouaner la Land-Rover, il fallait la carte grise originale. Taieb explosa.

En général, quel que soit le pays, il n'est pas très judicieux de se mettre en colère contre des ronds-de-cuir. Avec les Éthiopiens, qui sont d'un naturel calme et digne, c'est particulièrement inefficace. Mais Maurice était au bout de son rouleau, et il prit cet homme par surprise. Il le stupéfia. Il frappa un grand coup sur son bureau et vociféra : « Je ne suis qu'un imbécile d'étranger. Je fais tout ce que vous me dites. Je cherche tous les papiers que vous me réclamez. Je vais ici. Je vais là-bas. Je passe ma journée à courir dans tout ce bâtiment. Et maintenant, vous venez me dire que ça ne sert à rien. Je ne le tolérerai pas. Là – signez. » Il fut tellement surpris qu'il signa.

Le lendemain, ma fièvre tomba. Je me rendis au ministère pour remercier le directeur général, un homme courtois et compréhensif, de nous avoir accordé l'autorisation de faire cette campagne. Le directeur général ouvrit le tiroir de son bureau et en sortit une lettre.

Apparemment, l'homme au salaire journalier avait nourri contre moi une rancune plus tenace que je ne l'avais cru. Il avait adressé au ministère une lettre écrite sur le papier à en-tête de l'université où il occupait une chaire, prétendant avec force détails que j'étais un scientifique incompétent, que mes observations – ainsi que celles de Taieb – sur la géologie d'Hadar n'étaient pas sérieuses et que les fossiles que j'avais sortis d'Éthiopie n'avaient pas été emportés aux États-Unis pour étude avant restitution, mais se trouvaient en fait au Musée national du Kenya, d'où ils ne bougeraient plus.

Je fus consterné. « Vous aviez cette lettre en votre possession pendant notre... notre controverse avec Jon Kalb ?

– Vos problèmes d'autorisation ? Oui.

– J'en veux une copie.

– Je ne vous la donnerai pas. Si je n'ai pas fait état de cette lettre pendant cette discussion, c'était délibérément, pour ne pas vous nuire. Maintenant, je vais la détruire » – ce qu'il fit. Je fus très affecté par toute cette histoire. Je venais d'être confronté à un aspect vindicatif et peu reluisant de l'anthropologie, dont j'ignorais encore l'existence.

Kalb refit parler de lui quelques mois plus tard. Il avait monté sa propre entreprise de recherches, la Rift Valley Research Mission (Mission de recherches de la Rift Valley), écrit à plusieurs scientifiques américains pour tenter d'obtenir leur concours, et persuadé un fonctionnaire éthiopien de lui céder par écrit un important secteur des dépôts d'Hadar, qui nous avait déjà été attribué. Nous retournâmes au ministère, Taieb et moi. L'atmosphère y avait sensiblement changé depuis notre dernière visite. Une surveillance plus étroite reflétait l'inquiétude croissante de tous les fonctionnaires éthiopiens sur l'imminence d'une crise gouvernementale. L'étreinte d'Hailé Sélassié sur le pays, inflexible depuis plusieurs dizaines d'années, s'était relâchée. Il y avait de sanglantes émeutes d'étudiants, et des rumeurs constantes de coup d'État militaire. Le ministre qui nous reçut avait l'air sur ses gardes, et semblait épuisé.

« Le fonctionnaire qui a signé ce papier pour M. Kalb, dit-il, a été muté. La situation politique n'est pas très stable ici à l'heure actuelle, comme vous devez le savoir. »

Nous acquiesçâmes.

« Vous pouvez engager des poursuites contre cet homme, si vous le souhaitez. Si nous découvrons qu'il a touché un pot-de-vin ou qu'il a exercé un abus de pouvoir quelconque, il risque d'être condamné à mort. Est-ce cela que vous souhaitez ? »

Nous secouâmes la tête.

« Dans ces conditions, je pense qu'il serait plus prudent d'attendre et de laisser cette affaire se régler d'elle-même. Êtes-vous d'accord ? »

Ce ministre était un homme sage. A nouveau, nous acquiesçâmes, et nous prîmes congé.

Ce fut avec soulagement que nous retrouvâmes les problèmes simples et directs du terrain. Le camp avait été dressé comme l'année précédente sur la berge de l'Awash, mais plus loin en amont, et à une échelle plus importante et plus efficace. On intensifia le travail de prospection : des dizaines de nouvelles localités furent portées sur la carte générale. Il y en eut bientôt plus de deux cents.

Nous avions commencé par la localité numéro 1. Chaque fois que nous trouvions un fossile à un autre endroit, nous établissions une nouvelle localité : 2, 3, 4, et ainsi de suite. Certaines localités ne sont qu'à dix ou quinze mètres l'une de l'autre. D'autres à huit cents mètres. Chacune doit être décrite. Si je trouvais un fossile dans mon salon, je lui attribuerais un numéro et voici à peu près ce que je noterais : « La localité 300 est caractérisée par un canapé au nord et une cheminée au sud. Elle a environ six mètres de large et sa surface de dépôt est un tapis persan. » Sur le terrain, cela donnerait ceci : « La localité 199 est caractérisée par une étendue de sable DD3 (une strate que nous étions parvenus à reconnaître et à laquelle nous avions donné un nom) au nord, profondément érodée, avec des parois raides au sud et à l'est. » Il faudrait ensuite prendre une photographie du site au Polaroid, y dessiner un cercle indiquant le périmètre de la localité et marquer l'emplacement du fossile. Puis il faudrait porter ce renseignement sur une photographie aérienne, et enfin sur la carte topographique générale.

La saison avançant, les géologues suivirent dans le sillage des prospecteurs pour étudier la géologie de chaque localité. Ainsi, la nature physique de tout le secteur se mit lentement en place. J'ai déjà évoqué le problème de l'élaboration d'une colonne stratigraphique unique à Hadar. Au cours de la campagne de 1974, on commença à y voir plus clair. Nous avions déjà remarqué que certains horizons étaient beaucoup plus riches en fossiles que d'autres, et nous concentrâmes nos efforts sur eux. Mais il arrivait que, soudain, nous perdions leur trace. Nous étions en train d'avancer paisiblement en suivant notre strate, quand brusquement elle disparaissait. Taieb venait à notre secours. Il arrivait, jetait un coup d'œil et disait : « Laisse tomber. Il y a une faille. Ce que tu cherches est enfoui douze mètres plus bas. » Son assistante, Nicole Page, était merveilleuse. Consciencieuse et méticuleuse, elle nous aidait à retrouver des horizons à travers des ravins et dans d'autres parties des gisements. Avec Taieb et peut-être une autre exception, Nicole a une meilleure connaissance d'Hadar que tous les géologues qui y sont allés.

L'exception dont je viens de parler est James Aronson, un Américain de la Case Western Reserve University, un spécialiste du potassium/argon. C'était à lui que j'avais envoyé des échantillons de la couche de basalte qu'avait trouvée Taieb. Roche volcanique, le basalte peut être daté par la méthode du potassium/argon. Aronson nous avait récemment envoyé ses premiers résultats. Ils indiquaient que le basalte avait au moins trois millions d'années, avec une marge d'erreur de deux cent mille ans de part et d'autre. L'articulation du genou de l'année précédente ayant été trouvée sous cette couche de basalte, notre chiffre provisoire – entre trois et quatre millions d'années – semblait désormais plus fondé.

« Dieu merci, dis-je, nous voilà tirés d'affaire sur ce point.

– Comment ça, tirés d'affaire ? dit Gray. Il n'y a jamais eu de problème. Tu n'as pas confiance en tes propres connaissances sur les fossiles animaux ? Tu es allé dans la vallée de l'Omo. Tu sais à quoi ressem-

blent ceux qui ont trois millions d'années là-bas. On a les mêmes ici.
– D'accord, d'accord. Je peux être content d'avoir une confirmation par le potassium/argon, non ? »

C'était rassurant, mais nous n'étions pas encore tout à fait tranquilles. Au fur et à mesure de nos prospections quotidiennes, nous commencions à nous familiariser, nous aussi, avec la géologie d'Hadar. Chacun de notre côté, nous arrivâmes à la conclusion que nos soupçons de l'année précédente sur la position de la couche de basalte dans la colonne stratigraphique étaient fondés. Taieb l'avait placée trop haut.

« C'est ton avis ? dit Gray.

– Oui, je commence à le penser.

– Qu'allons-nous faire ?

– Il faut qu'Aronson vienne ici. Nous ne pouvons pas nous permettre d'erreurs dans nos observations géologiques. »

C'était un point qui me tenait à cœur. Dans un article rendant compte de la première campagne d'Hadar, j'avais représenté une colonne stratigraphique en plaçant la couche de basalte en haut. Par précaution, j'avais précisé dans une note que toutes les données géologiques étaient provisoires et sujettes à révision ; néanmoins cette colonne stratigraphique était imprimée à côté de mon nom, ce qui me mettait mal à l'aise. Maintenant que je connaissais mieux Hadar, mon malaise s'accentuait.

Je n'ignorais rien non plus de la controverse qui faisait rage autour de l'âge du tuf KBS de Koobi Fora. Richard Leakey avait beau continuer à défendre la date de 2,6 millions d'années que lui avaient attribuée deux scientifiques anglais, Frank J. Fitch et Jack Miller, certaines rumeurs s'amplifiaient. Quelques mois plus tôt, Basil Cooke avait publié un article accablant sur l'évolution des porcs. Il montrait que les porcs de l'Omo datés de deux millions d'années étaient identiques aux porcs de Koobi Fora provenant du tuf KBS qui était censé en avoir 2,6. Cet écart de six cent mille ans impliquait une erreur soit dans l'analyse des porcs de Cooke, soit dans la date du potassium/argon de Fitch-Miller. Connaissant toute la rigueur du travail de ramassage de Clark Howell et la précision de la datation qu'avait permise la présence des nombreux tufs-jalons volcaniques de l'Omo, Cooke prit fait et cause pour ses cochons. Leakey prit fait et cause pour Fitch et Miller.

J'avais commencé à soupçonner que Leakey se trompait peut-être et je me rendais parfaitement compte que toute sa conception de l'évolution hominienne risquait d'être l'objet de révisions des plus complexes s'il s'avérait qu'il avait tort. Sur la foi des 2,6 millions d'années attribuées au tuf KBS, Leakey avait affirmé que son crâne 1470 d'*Homo habilis* en avait

2,9. Il était donc difficile d'envisager que n'importe quel australopithèque connu pût être l'ancêtre d'*Homo.* Aussi, suivant en cela la conviction de son père, Leakey avait-il arrêté sa pensée sur l'idée logique que les australopithèques formaient une branche collatérale ; le jour où l'on découvrirait l'ancêtre d'*Homo*, il se révélerait beaucoup plus proche d'*Homo* que tous les australopithèques trouvés jusque-là. Réorganiser tout cela dans son esprit sur la base de quelques fossiles de cochon risquait d'être affreusement difficile. « Ou bien nous rejetons ce crâne (1470), écrivit-il en 1973, ou bien nous rejetons toutes nos théories sur les premiers hommes. Il ne correspond en effet à aucun modèle antérieur des origines de l'homme. » Il préféra rejeter la théorie présentant les australopithèques comme nos ancêtres.

J'étais bien décidé à ne pas me laisser enfermer dans des dilemmes de dates ; les chiffres d'Hadar devaient être d'une solidité à toute épreuve. Je commençais à me tracasser au sujet des échantillons envoyés à Aronson pour être datés par le potassium/argon ; peut-être étaient-ils mauvais ? Je compris que je ne pourrais être pleinement rassuré sur ce point que lorsque j'aurais obtenu d'Aronson qu'il vienne lui-même en ramasser. Je demandai à Taieb s'il serait d'accord pour faire venir Aronson à Hadar.

« Oui, s'il accepte de venir », dit Taieb.

Aronson ne se déplaçait pas volontiers. Je l'avais déjà invité l'année précédente, mais il avait refusé : il avait une accumulation d'analyses en retard à effectuer sur sa machine à Cleveland, c'était un travail extrêmement difficile, et il était en train de former un assistant. Il aurait aimé venir à Hadar, parce que c'est un homme d'une méticulosité qui frise la maniaquerie, un saint Thomas, qui veut tout voir par lui-même, et qui éprouvait une certaine méfiance à l'égard des échantillons de basalte en sa possession. Mais il était resté à Cleveland et s'était contenté d'assortir ses résultats d'une importante réserve : « J'obtiens une date de trois millions, mais je ne peux être certain de son exactitude, car il est possible que l'échantillon ait été altéré. Si c'est le cas, laissez tomber cette date ; elle ne vaut rien. Je préférerais de loin travailler sur un échantillon que j'aurais ramassé moi-même. » Avec l'assentiment de Taieb, je bondis sur l'occasion et téléphonai à Aronson : « Parfait. Viens en ramasser. » Aronson accepta et annonça son arrivée en décembre 1974, vers la fin de la deuxième campagne.

Une des raisons du développement des travaux de prospection dès le début de la saison 1974, dans les premiers jours d'octobre, fut la présence du représentant éthiopien du ministère, Alémayehu Asfaw, qui excellait dans cette tâche. Son aptitude à reconnaître les différents fossiles croissait de jour en jour. Bientôt, je lui fis suffisamment confiance pour le laisser partir de son côté, ramasser ses propres spécimens et prendre lui-même les notes nécessaires. Cela lui convenait à merveille. C'est un homme calme, extraordinairement observateur, qui préfère travailler seul.

Un jour, Alémayehu trouva un petit fragment de mâchoire inférieure, contenant quelques molaires. Elles étaient plus grosses que les molaires humaines et il m'annonça qu'il venait de découvrir une mâchoire de babouin avec de grosses dents bizarres.

« Vous pensez que c'est un babouin ? lui demandai-je.

– Ma foi, avec des molaires d'une taille inhabituelle.

– C'est un hominidé. »

L'articulation du genou de l'année précédente avait prouvé l'existence d'hominidés à Hadar. Tout le monde avait espéré que l'on en trouverait d'autres en 1974. En fait, les Français avaient été si impatients que dès le premier jour ils étaient partis prospecter, laissant les Américains dresser les tentes. Mais après des semaines de vaines recherches, cette ardeur était un peu retombée. Elle reprit alors, mais Alémayehu fut de loin le plus enthousiaste du groupe.

Il est impossible de décrire ce que l'on ressent lorsqu'on trouve quelque chose de ce genre. Cela vous submerge. C'est pour cela que vous êtes venu. Vous avez travaillé sans désemparer, et soudain, vous marquez un but. Au moment où je dis à Alémayehu qu'il avait trouvé un hominidé, son visage s'éclaira, et il bomba le torse. Extraordinairement stimulé par cette découverte, il prit l'habitude d'aller fureter tranquillement pendant une heure ou deux avant la tombée de la nuit. Il choisit des secteurs proches du camp, car ils étaient aisément accessibles sans Land-Rover. Il s'abstint de dire – mais je suis sûr que ce fut l'une des raisons pour lesquelles il choisit certains endroits – qu'il avait commencé à se rendre compte qu'il était un prospecteur plus soigneux et plus observateur que certains autres.

Le lendemain de la découverte de la mâchoire hominienne, Alémayehu trouva un crâne de babouin complet. Je l'avais posé sur ma table en vue d'une description minutieuse l'après-midi suivant, quand Alémayehu arriva au camp, hors d'haleine.

Les yeux lui sortaient de la tête. Il m'annonça qu'il venait d'en trouver une autre. Après en avoir vu une, il était sûr que c'était une nouvelle mâchoire humaine. Je lâchai le crâne de babouin et courut derrière Alémayehu, oubliant que j'étais nu-pieds. Je commençai à m'entailler les pieds si douloureusement sur le gravier que je dus retourner à ma tente en clopinant pour enfiler des chaussures. Guillemot et Petter, qui étaient avec moi, continuèrent. Je les rejoignis enfin dans une petite dépression, à quelques centaines de mètres à peine au-delà du cantonnement afar. Guillemot et Petter s'étaient accroupis pour observer une superbe mâchoire fossile qui sortait de terre. Piteusement, Guillemot montra du doigt ses propres empreintes de pas, à moins de trois mètres : c'était là qu'il avait prospecté sans rien voir le premier matin de la campagne.

Une foule se rassembla, et tout le monde se mit à battre le terrain fébrilement. Un Français poussa un cri : une mâchoire ! C'était une hyène, découverte excellente car les carnivores sont toujours rares. Et puis l'intérêt retomba. Il commençait à faire sombre. Les autres rentrèrent au camp. J'arrêtai de chercher, et j'allai ramasser la mâchoire d'Alémayehu, quand je vis celui-ci gravir péniblement une pente voisine, agitant les bras, à bout de souffle.

« J'en ai une autre, souffla-t-il, deux je crois. »

Je courus vers lui. Il s'agissait en fait de deux moitiés. Quand je les assemblai, elles s'ajustèrent parfaitement pour former un palais complet – une mâchoire supérieure – dont toutes les dents étaient en place : une découverte superbe. En moins d'une heure, Alémayehu avait trouvé deux des plus anciennes et des plus belles mâchoires hominiennes jamais vues. En y ajoutant le fragment de mâchoire trouvé quelques jours plus tôt, il mériterait de figurer dans le *Livre Guiness des records*, comme l'homme qui a découvert le plus de fossiles hominiens dans le plus court laps de temps.

La petite dépression en question a pris le nom de Vallée des hominidés. En tout, elle a livré trois mâchoires : les deux d'Alémayehu et une autre, quelques jours plus tard, trouvée par l'un des ouvriers tigréens du camp. Ces découvertes sensationnelles furent annoncées à Addis-Abeba, où la situation politique était très agitée. L'empereur Hailé Sélassié avait été déposé et placé en résidence surveillée. Une junte militaire, le *Derg*, avait pris le pouvoir. De nombreux membres éminents de l'ancien régime avaient fui le pays.

Les contacts entre l'expédition et la capitale étaient maintenus par un avion qui nous apportait à dates irrégulières des vivres et des nouvelles de la situation politique à Addis. Pour autant que nous pouvions en juger Taieb et moi, le *Derg* ne semblait pas s'en prendre aux fonctionnaires des différents ministères ; les relations de l'expédition ne paraissaient pas en danger. En fait, l'annonce des découvertes de mâchoires d'Alémayehu fut accueillie avec une grande émotion au ministère de la

Culture. Plusieurs de ses représentants exprimèrent le désir de visiter Hadar, et l'on prit des dispositions pour les recevoir. Nous commençâmes à jouer les hôtes pour un flot de personnages officiels qui venaient en avion, survolaient le camp pour annoncer leur arrivée et poursuivaient jusqu'à une petite piste d'atterrissage qui avait été aménagée à environ trois quarts d'heure de route du camp. Une Land-Rover allait chercher ces dignitaires, qui restaient généralement quelques heures, regardaient les fossiles avec intérêt mais incompréhension, inspectaient les lieux avant de repartir pour Addis-Abeba, soulagés de quitter la chaleur torride pour la fraîcheur des hauteurs.

Pendant quelques semaines, je fus littéralement débordé. Un rapide examen des mâchoires avait révélé quelques caractéristiques extrêmement curieuses. Il m'aurait fallu du temps pour en faire une description complète et consciencieuse, puis pour y réfléchir dans le calme. Mais ce fut impossible. Je dus préparer un communiqué de presse, aller à Addis pour le remettre, puis donner des explications à tous les visiteurs – autorités et journalistes – qui envahirent le camp. Bien pire, je dus constater qu'une fois encore, l'expédition se trouvait à court d'argent. Il ne restait rien de la subvention de deux ans de la National Science Foundation, et pas grand-chose des fonds que j'avais recueillis à Cleveland.

J'avais fait part de mes problèmes financiers à Clark Howell, qui savait, de par sa propre expérience des campagnes, que l'expédition de l'Afar était insuffisamment financée. Quand je lui parlai des mâchoires d'Alémayehu, il en comprit immédiatement l'importance, et décida de faire tout ce qui était en son pouvoir pour me garder sur le terrain aussi longtemps que possible. Il envoya un télégramme nous demandant de plus amples détails et utilisa ces renseignements pour tâcher d'obtenir de l'argent. Il s'adressa à la Leakey Foundation, créée en hommage à Louis Leakey, mort deux ans plus tôt. La Leakey Foundation envoya dix mille dollars, ce qui fut juste suffisant pour permettre à l'expédition de terminer la saison 1974, m'évitant ainsi le désagrément de devoir recourir une nouvelle fois à mes commanditaires de Cleveland.

Délivré provisoirement de mes soucis financiers et tous les visiteurs ayant quitté le camp, je pus enfin m'occuper des mâchoires. Elles étaient tout à fait déconcertantes. Ma première conclusion fut qu'il s'agissait d'australopithèques ; les longues séances que j'avais passées avec Howell en Afrique du Sud, deux ans plus tôt, à étudier et à mesurer les fossiles qui s'y trouvaient, avaient gravé dans ma mémoire les caractéristiques de la dentition australopithèque. Dans l'ensemble, les dents des mâchoires d'Alémayehu s'en rapprochaient beaucoup. Mais elles présentaient également quelques différences troublantes. Une chose qui me frappa immédiatement, par exemple, fut les rapports de taille entre certaines dents. Chez les australopithèques, les molaires sont très importantes et les incisives très petites. Chez les humains, c'est l'inverse. Nos molaires sont petites et nos incisives sont proportionnellement grandes. A cet égard, les mâchoires d'Alémayehu étaient plus humaines qu'australopithèques. L'aspect des canines, en revanche, n'était ni humain, ni australopithèque, mais semblait suggérer un état plus simien qu'aucune autre mâchoire.

Bizarre, bizarre. Ces mâchoires ne ressemblaient tout à fait ni à l'un ni à l'autre. Qu'est-ce que cela pouvait bien être ? Plus je les examinais, plus j'hésitais. Leur étrange combinaison de traits *Homo* et australopithèques, auxquels venait s'ajouter un relent de quelque chose de plus primitif, était vraiment déroutante. Pour ajouter à ma perplexité, il se posait un problème de taille : les spécimens d'Alémayehu appartenaient tous les deux à des adultes, mais l'un était beaucoup plus grand que l'autre. Y avait-il deux espèces d'hominidés à Hadar ?

Je me rendis compte que j'avais atteint un point où il devenait urgent de discuter de ces étranges découvertes avec un autre chasseur de fossiles du Plio-Pléistocène. J'avais besoin de la stimulation qu'apporte un débat, et décidai finalement de demander à Richard Leakey de venir visiter Hadar. Je devais une invitation à Richard : en effet, j'étais allé à Koobi Fora deux ans plus tôt et j'avais eu la possibilité de voir le travail qui s'y faisait et de bavarder avec les scientifiques qui en étaient responsables. Maintenant que j'avais quelque chose à montrer à Richard, une invitation s'imposait. Mais surtout, je voulais parler, comparer, écouter, faire jaillir des idées. J'envoyai une lettre à Richard, lui proposant de venir avec sa mère, Mary, sa femme, Meave, et toutes les personnes qu'il souhaitait emmener.

Ils vinrent tous les trois, en compagnie de John Harris, un spécialiste des girafes, qui avait épousé la sœur de Meave et travaillait comme paléontologue dans l'équipe de Koobi Fora. Richard les conduisit d'abord à Addis dans son petit avion personnel. Là, il se rendit au ministère de la Culture afin de me laver de l'accusation d'avoir remis au musée de Nairobi – où ils seraient définitivement sous clé – les fossiles que j'avais emportés d'Éthiopie. Cette accusation, affirma Richard avec véhémence, était sans fondement. Les fossiles se trouvaient aux États-Unis pour étude, et seraient restitués à l'expiration de la période de prêt réglementaire de cinq ans. Puis il emmena ses passagers à Hadar, découvrant ainsi une vue aérienne des dépôts que nous-mêmes, les membres de l'expédition d'Hadar, ne connaissions pas, car nous avions toujours circulé en camion. Les Leakey furent stupéfaits par leur étendue : des milliers et des milliers de kilomètres carrés de paysage érodé, de quoi occuper une dizaine d'équipes de chasseurs de fossiles pendant quelques siècles.

Mary et Richard Leakey étaient aussi impatients de voir les mâchoires que moi de les leur montrer. Ils les examinèrent avec beaucoup de soin. « Ce ne sont certainement pas des australopithèques robustes, dit Richard. Ils n'ont rien de commun avec les spécimens *boisei* que nous avons trouvés à Koobi Fora. Leurs mâchoires sont trop délicates et leurs molaires beaucoup trop petites pour appartenir à des robustes. Tu ne trouves pas ?

– Si, si, répondis-je.

– L'un dans l'autre, j'aurais tendance à les appeler *Homo*.

– Moi aussi », dit Mary.

J'entendis cela. Je m'y étais un peu attendu, l'avais un peu escompté, et un peu cru moi-même. Si ce diagnostic tenait, cela voulait dire que c'étaient les plus vieux fossiles humains du monde.

J'emmenai ensuite les Leakey faire un tour dans les dépôts et leur montrai la couche de basalte que Taieb avait trouvée. Toute la datation d'Hadar reposait sur son âge, estimé à trois millions d'années. Nous revînmes ensuite au camp pour regarder les fossiles de mammifères, dont nous avions à présent une importante collection, et dont beaucoup étaient dans un état exceptionnel. Les Leakey les soumirent à un examen des plus approfondis, et s'attardèrent notamment sur une collection de dents d'un ancêtre du cheval, l'hipparion, qui s'est éteint un peu après trois millions d'années avant J.-C. Le vrai cheval, *Equus*, est un migrateur d'Asie qui n'apparaît en Afrique orientale qu'à deux millions d'années. John Harris tournait et retournait les dents d'hipparion entre ses doigts.

« Que cherchez-vous ? lui demandai-je.

– L'ectostyle », dit Harris.

L'ectostyle est une petite cuspide présente sur les dents inférieures de l'hipparion, mais pas sur celles d'*Equus*. C'est l'un des moyens de les différencier.

« Il ne semble pas y en avoir.

– Il y est, dis-je. Toutes ces dents en ont un. Il y est forcément.

– Je ne le vois pas sur celle-ci, dit Harris.

– Juste là, dis-je, la couronne n'est pas encore assez usée pour qu'il apparaisse.

– Difficile à voir, insista Harris. Je ne suis pas sûr qu'il y soit.

– Il y est. Si vous voulez que j'aille chercher une scie à métaux et que je

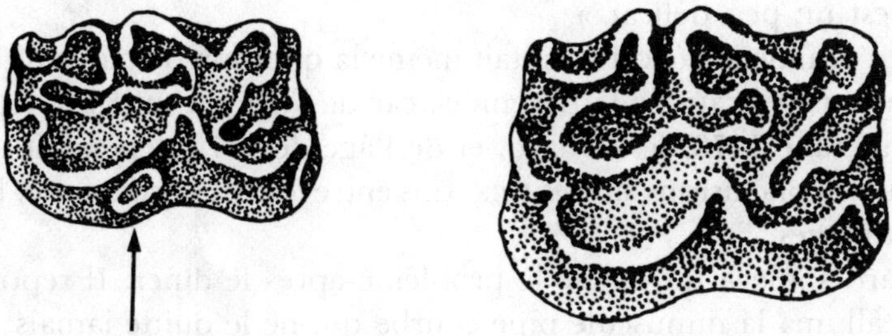

L'ectostyle que recherchait John Harris dans la collection de dents de cheval d'Hadar est la petite bosse circulaire que l'on voit (cf. flèche) sur la surface de mastication de la dent. L'hipparion, qui en règle générale présente cette bosse, s'est éteint trois millions d'années avant J.-C., et a été remplacé aux alentours de deux millions par un vrai cheval, *Equus*, dont les dents n'ont pas d'ectostyle. La présence à Koobi Fora de dents d'*Equus* — qui ne peuvent avoir plus de deux millions d'années — dans la même strate que les fossiles d'*Homo* fut une des raisons pour lesquelles Harris et Tim White contestèrent l'âge présumé du crâne 1470, soit 2,9 millions d'années.

vous coupe la dent en deux pour vous le prouver, d'accord. Toutes les dents que vous êtes en train de regarder ont un ectostyle. » A contrecœur, Harris finit par l'admettre.

« Où voulait-il en venir ? me demanda Gray un peu plus tard.

— Je crois que c'est une histoire de datation, dis-je. Ils ont des problèmes. Ils ont trouvé des dents d'*Equus* sous le tuf KBS à Koobi Fora. A en croire leur datation, elles devraient avoir près de trois millions d'années. C'est pour le moins curieux, car il n'existe pas de dents d'*Equus* de cet âge en Afrique orientale. Les plus vieilles que l'on connaisse n'ont que deux millions d'années environ. Personne n'est prêt à avaler cette histoire de dents d'*Equus* de trois millions d'années. Alors Harris pense qu'il faut qu'il se mette en chasse pour en trouver d'autres. Je suppose qu'il espérait bien en dénicher ici.

— L'ectostyle ?

— Exactement. Ils ont vu notre couche de basalte aujourd'hui. Maurice leur a expliqué toute la géologie. Ils savent que nos chevaux ont trois millions d'années. Tout ce qu'ils ont à faire, c'est en trouver un qui n'ait pas d'ectostyle et, *subito presto*, voilà leur *Equus* de trois millions d'années. Et mon vieux, on peut dire qu'ils en ont besoin. John essayait simplement d'ôter une épine du pied à Richard.

— Pourquoi ne l'a-t-il pas dit ?

– C'est un peu délicat. »

C'était vraiment délicat – c'était même la question de paléoanthropologie la plus délicate de la décennie : car de l'âge du tuf KBS dépendait l'âge du crâne 1470 de Richard, et de l'âge de 1470 dépendait tout un faisceau de conclusions sur les relations entre les êtres humains et les australopithèques.

Richard souleva lui-même le problème après le dîner. Il repoussa sa chaise, alluma la minuscule pipe courbe qui ne le quitte jamais, et dit : « Don, j'aimerais te poser une question. Quel est l'âge du tuf KBS ?

– A mon avis, il doit avoir 1,8 million d'années, répondis-je.

– Sur quoi te fondes-tu ?

– Essentiellement sur les études de porcs de Basil Cooke, sur les porcs de l'Omo et sur ceux de Koobi Fora. Et même sur ceux d'ici. Et aussi sur les antilopes et les éléphants. En amont comme en aval de toute la Rift Valley. Tout concorde. Je me tournai alors vers Harris : « Et sur les dents de chevaux, John. Vous ne pouvez pas faire d'un hipparion de trois millions d'années un *Equus* de deux simplement parce que ça vous arrange. »

Harris concéda ce point, mais se mit à envisager que la vitesse de l'évolution avait pu être différente pour certaines espèces en raison de différences du milieu environnant. Il fit remarquer que la vallée de l'Omo est une région de rivière et de forêt, différente de la savane sèche de Koobi Fora, et qu'il était possible que cela eût suffisamment affecté la rapidité des changements évolutifs pour justifier certaines contradictions apparentes dans les indications des fossiles. « Ne compliquons pas les choses à plaisir, dis-je ; à quoi bon toutes ces hypothèses tirées par les cheveux alors que le témoignage général des fossiles est aussi clair ? »

Richard se mêla à la conversation. « Mais que penses-tu de l'idée de John, Don ? Estimes-tu qu'étant différentes de celles de Koobi Fora, les conditions de l'Omo ont pu entraîner une vitesse d'évolution différente ? »

Je répondis qu'il y avait peut-être eu de légères différences d'environnement pendant de courtes périodes, et qu'elles auraient pu accélérer l'évolution.

« C'est bien, dit Mary Leakey, ne te laisse pas embobiner. Il est exactement comme Louis. Il va discuter avec toi et essayer de te piéger. Défends-toi. »

Encouragé par sa remarque, je dis alors qu'aucune des collections de fossiles n'avait été datée avec assez de subtilité pour pouvoir refléter cela. « Les fossiles ne sont pas datés à quelques dizaines d'années près, poursuivis-je. Il s'agit de dizaines de milliers d'années, ou même de centaines de milliers, et là, le témoignage est absolument limpide – partout.

– Quelle intéressante soirée », dit Richard. Il débourra sa pipe et alla se coucher. Le crâne 1470 – le cœur du problème – n'avait pas été évoqué. Le lendemain matin, les Leakey partirent.

Ils me laissaient bien des sujets de réflexion. Ils avaient confirmé mes soupçons concernant les traits *Homo* des mâchoires que nous venions de trouver. Bien plus, ils avaient transformé ces soupçons en quelque chose qui ressemblait fort à une conviction. Il allait falloir que je mette tout cela par écrit dans un article. J'avais remis cette tâche à plus tard, hésitant à me prononcer. Mais en me réveillant le lendemain matin, je sus ce que j'allais faire : j'allais attribuer provisoirement ces mâchoires à *Homo*. En même temps, je soulignerais les traits extrêmement primitifs qu'elles contenaient. Mon raisonnement était que si elles étaient *Homo*, il s'agissait des plus vieux fossiles d'*Homo* connus et qu'ils étaient assez anciens pour conserver quelques caractéristiques simiennes ancestrales. Il n'y avait pas de problème. En fait, c'était prévisible. Il aurait été curieux de ne pas rencontrer de traits simiens en remontant jusqu'à trois millions d'années. Avec une sorte de clin d'œil mental, je reconnus que j'en étais arrivé au point où d'autres anthropologues avant moi étaient arrivés, et où chacun avait dû se poser la même question : où tirer le trait ?

Je ne m'étais jamais posé cette question. N'ayant pas de fossiles à moi, je n'avais pas eu à le faire. Maintenant, pour la première fois, je pris conscience du problème qu'avaient dû connaître les autres, remontant le long d'un fil humain ancestral de plus en plus ténu, de plus en plus lointain, jusqu'à ce qu'il ne fût plus humain du tout. Ce problème pouvait être aussi bien affectif que scientifique. Le chercheur risquait de reculer de plus en plus loin, jusqu'à dépasser les origines de l'homme, sans pour autant être capable de l'abandonner. Il y aurait toujours un ancêtre humain : un peu plus vieux, un peu plus primitif – mais toujours humain.

Je chassai ces idées. Je ne me permettrai jamais de me laisser entraîner par le sentiment ; et en même temps, je me rendis compte qu'au même moment, le sentiment était peut-être en train d'affecter mon jugement. Ces mâchoires étaient-elles vraiment humaines ?

L'étaient-elles ? En définitive, ce serait à moi de me prononcer. Et comment être sûr qu'il ne s'agirait pas d'un jugement préconçu, dicté par l'unique pointe d'humanité perdue au milieu d'une masse de caractéristiques simiennes ? Je réexaminai les mâchoires. Je glissai sur une prémolaire aux traits primitifs gênants pour me concentrer sur une molaire d'aspect humain. Elle avait une couche d'émail relativement mince, et elle était petite par rapport aux incisives. Elle ne ressemblait pas aux molaires d'australopithèques sud-africains ; c'était certain. Et c'était suffisant ; ma décision du réveil avait été la bonne. Va pour *Homo*.

Cette décision prise, je contemplai ma table de travail. Elle était couverte de papiers, de lettres attendant une réponse (tâche retardée par la visite des représentants du ministère éthiopien), de factures impayées (que j'allais enfin pouvoir régler grâce à la contribution de la Leakey Foundation). Toutes ces affaires – auxquelles s'ajoutait la description des mâchoires – devaient être réglées séance tenante. Je décidai de m'y attaquer après le petit déjeuner.

Je me rendis à la tente-réfectoire et me servis une tasse de café. En la buvant, j'éprouvai une envie irrépressible de remettre la paperasserie à plus tard et de sortir prospecter. Je savais que ce n'était pas raisonnable. Mais ce fut alors que Gray entra et me demanda où était la Localité 162. S'ajoutant à l'intuition que c'était un bon jour pour la chasse aux fossiles, cela me décida. Les papiers pouvaient attendre. Nous sortîmes du camp, Gray et moi. Deux heures plus tard, nous trouvions Lucy.

Lucy était absolument renversante ; il n'y a pas d'autre mot pour la décrire. Elle laissa tout le camp pantois. Tout en elle était sensationnel. Alors même qu'ils voyaient les preuves s'accumuler sous leurs yeux, les chercheurs avaient peine à croire que lorsqu'on aurait trié et mis en place tous les fragments, presque la moitié d'un squelette complet allait apparaître sur la table de la tente d'anthropologie.

La créature que l'on était en train d'assembler était tout aussi étonnante. Elle ne dépassait guère un mètre, avait un cerveau minuscule et pourtant, elle marchait debout. Au lieu d'être arrondies à l'avant comme certaines autres mandibules, ses mâchoires avaient une forme en V, et étaient plus petites qu'aucune autre. De plus, sa première prémolaire n'avait qu'une cuspide, alors que les prémolaires des plus grandes mâchoires en avaient deux. La prémolaire à cuspide unique étant plus primitive que celle – plus humaine – à deux cuspides, j'arrivai à la conclusion provisoire que Lucy était différente du type à plus grande mâchoire. En observant les fossiles, il me sembla que les mâchoires d'Alémayehu représentaient quelque chose de très ancien sur la lignée *Homo*, comme l'avaient dit les Leakey, et que Lucy représentait autre chose – que c'était peut-être un très ancien représentant des australopithèques.

Quand les os sont rares, on peut se livrer aux conjectures les plus audacieuses sans crainte d'être contredit. Quand les os commencent à être plus nombreux – quand, à un fossile unique, s'ajoute un large échantillonnage de fragments provenant de plusieurs individus –, ces fragments commencent à fournir quelques renseignements qui démentent certaines des suppositions antérieures. L'accumulation d'informations à elle seule supprime un certain nombre de possibilités sur ce que ces créatures pouvaient être ou sur ce qu'elles pouvaient faire. Par ailleurs, une bonne collection d'os accroît la crédibilité de certaines autres hypothèses. Grâce à ces témoignages plus convaincants, de simples suppositions prometteuses deviennent des probabilités logiques. Une fois, de temps en temps, quelques ossements apportent une certitude.

Lucy apportait une certitude. De façon brutale et définitive, elle mettait un terme à toutes les discussions antérieures sur l'existence ou l'inexistence d'une bipédie primitive – toutes ces vieilles discussions pour savoir si *Australopithecus africanus* marchait en se dandinant ou en traînant les pieds. Nous avions là une petite créature à cerveau de singe, dont le bassin et les os de jambes étaient presque identiques en fonction à ceux des hommes modernes. Je me rappelai mes timides hypothèses sur l'articulation du genou l'année précédente, et le soulagement que j'avais éprouvé lorsque Owen Lovejoy m'avait rassuré sur sa ressemblance avec le genou humain moderne. Maintenant je savais, grâce à la certitude qu'apportait cet extraordinaire fossile, que les hominidés marchaient debout trois millions d'années avant J.-C. Et, chose encore plus surprenante, ils avaient marché *avant* que leurs cerveaux n'eussent commencé à se développer. Il ne pouvait y avoir aucune contestation à ce sujet, pas plus qu'on ne pouvait se demander si tel ou tel tibia et tel ou tel crâne appartenaicnt ou non au même individu. Ils étaient là, ensemble, formant un invraisemblable squelette.

Comme tous les fossiles qui apportent des certitudes, celui-ci posait aussi de nouvelles questions. L'une d'elles exigeait absolument une réponse : si la station droite avait précédé le développement cérébral, quelle en avait été la cause ? Pendant des années, on s'était accordé à supposer que la dextérité, l'utilisation croissante d'outils et le développement du cerveau s'étaient conjugués pour inciter certains singes anthropoïdes à se dresser sur leurs pattes de derrière ; étant de plus en plus dépendants dans leur vie quotidienne de la manipulation d'objets, la station droite leur permettait d'emporter plus de choses avec eux. Ce point de vue avait trouvé un porte-parole éloquent en la personne de Sherwood Washburn, de l'université de Californie. Dans les années 60, celui-

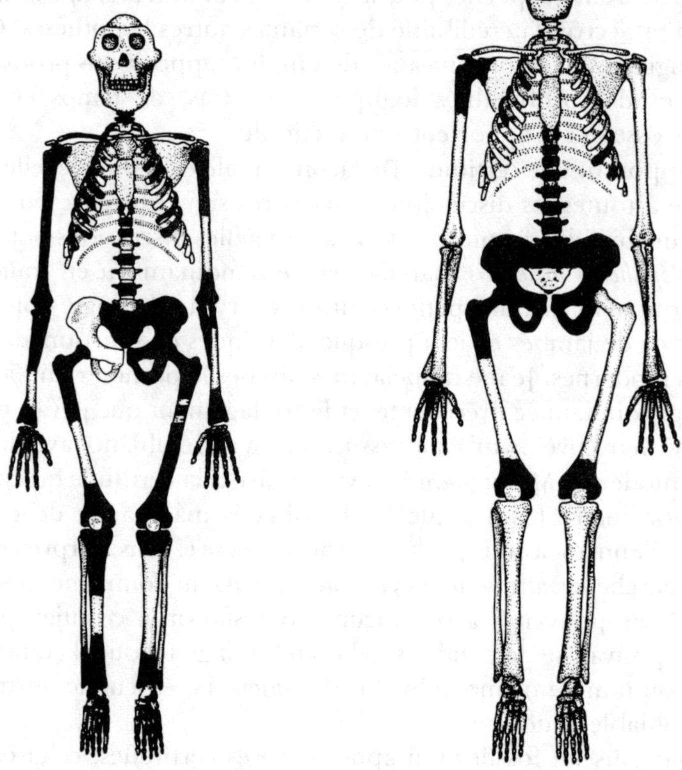

A. afarensis ***A. africanus***

Si tous les fossiles trouvés à Hadar étaient rassemblés en un seul squelette, ils formeraient les parties noires de la figure de gauche. Cela montre bien à quel point l'on connaît mieux *afarensis* qu'*africanus* et *robustus* (qui sont représentés de la même manière). En fait, les crânes des trois squelettes auraient également dû être noircis, mais on a préféré ne pas le faire pour ne pas estomper leurs traits. A droite, à titre de comparaison, un squelette humain moderne.

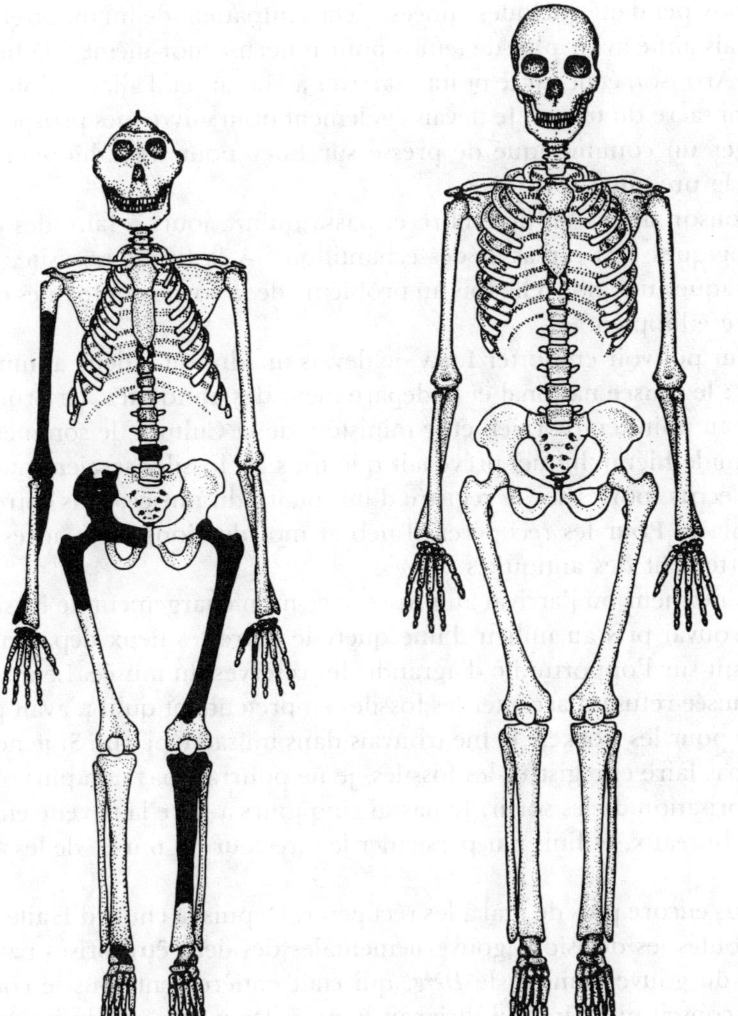

A. robustus *H. sapiens*

ci avait affirmé de manière persuasive que l'utilisation d'outils et l'accroissement du volume cérébral étaient antérieurs à la bipédie et étaient probablement responsables de son apparition.

Lucy balayait ce raisonnement. Je me surpris à me demander par quoi on allait le remplacer. Ce sujet allait vraisemblablement occuper Owen

Lovejoy pendant quelques années. J'étais impatient de lui montrer Lucy. J'aurais aimé avoir plus de temps pour réfléchir moi-même à la bipédie, mais Aronson était sur le point d'arriver à Hadar, et il allait falloir que je lui consacre du temps. Je devais également poursuivre mes prospections, rédiger un communiqué de presse sur Lucy pour les Éthiopiens, puis aller le présenter à Addis.

Aronson arriva en décembre et passa quinze jours à faire des études géologiques et à ramasser des échantillons. A la fin de sa visite, je dus m'attaquer une nouvelle fois au problème de la sortie des fossiles du territoire éthiopien.

Pour pouvoir emporter Lucy, je devais m'adresser à deux administrations : le musée national et le département des antiquités. La procédure mise au point entre Taieb et le ministère de la Culture (le sommet de la pyramide hiérarchique) prévoyait que tous les fossiles seraient numérotés, décrits, portés sur le registre d'inventaire du musée, puis entreposés sur place. Pour les récupérer, Taieb et moi devrions nous adresser au département des antiquités.

Au moment où j'arrivai au musée avec mon chargement de fossiles, je me trouvai pris au milieu d'une querelle entre les deux départements, portant sur l'opportunité d'agrandir les réserves du musée. Le directeur du musée refusa d'accepter les fossiles en prétendant qu'il n'avait pas de place pour les stocker. Je me trouvais dans un sacré pétrin. Si je ne pouvais pas faire enregistrer les fossiles, je ne pourrais pas non plus obtenir l'autorisation de les sortir. Je passai cinq jours à faire la navette entre les deux bureaux, et finis par persuader le directeur du musée de les accepter.

J'eus encore plus de mal à les récupérer. Depuis la chute d'Hailé Sélassié, toutes les décisions gouvernementales devaient être prises par l'organe du gouvernement, le *Derg*, qui était entièrement sous le contrôle d'un conseil militaire qui dirigeait le pays. Dans toute l'administration, les responsables de départements rechignaient à prendre quelque décision que ce fût. Je passai toute une semaine au département des antiquités à essayer d'obtenir la lettre de cession des fossiles. Ayant fini par comprendre que personne n'avait l'intention de prendre pareille responsabilité, j'organisai une rencontre entre le directeur des antiquités, le directeur adjoint, le responsable du musée, le magasinier du musée et un ou deux autres fonctionnaires. Cette entrevue débloqua la situation, et le ministre accepta enfin de désigner quelqu'un pour dicter la lettre de cession dont j'avais besoin.

« Il me la faut aujourd'hui, dis-je, le musée ferme dans quelques heures et ne rouvrira qu'après Noël. A ce moment-là, je serai aux États-Unis.

— A mon avis, il faudrait peser tous les fossiles », dit inopinément l'une des personnes présentes.

J'expliquai que c'était inutile, que cela n'avait jamais été fait et que le musée n'avait pas de balance. A mon grand soulagement, il ne fut plus question de pesée et je finis par avoir ma lettre. « Téléphonez au musée, s'il vous plaît, et dites-leur que j'arrive. » Je fonçai.

Je trouvai le directeur enfin disposé à me remettre les fossiles. La seule difficulté était que le magasinier, la personne qui devait matériellement les pointer et me les remettre, était sorti, et n'était pas encore rentré. L'heure de la fermeture approchait. Je commençais à désespérer.

« Il va falloir qu'il travaille tard quand il reviendra, dis-je.

— Je ne peux pas lui demander cela. C'est un homme peu commode. Il partira à six heures tapantes, quoi que je lui dise. » Il était cinq heures et demie.

« Bon Dieu !

— On va le faire nous-mêmes dit alors le directeur. Mais il faut faire vite — avant que le magasinier ne revienne. »

Je me demandai soudain si je n'étais pas en train de me faire piéger ; n'allait-on pas m'arrêter à l'aéroport le lendemain matin, me confisquer les fossiles et me jeter en prison pour transfert illégal d'un patrimoine national ? Mais je me trompais sur le directeur. Il faisait tout ce qu'il pouvait pour m'aider — quitte à faire un accroc à la routine bureaucratique. Je le remerciai avec effusion, et j'étais en train de franchir le seuil avec les fossiles sous mon bras, quand j'aperçus le magasinier à l'autre bout du vestibule. Je poursuivis mon chemin. En arrivant à l'aéroport le lendemain matin, je m'attendais au pire. Mais à la douane, je ne rencontrai que deux jeunes filles en uniforme, qui me firent signe de passer avec un sourire. Nous étions sortis, Lucy et moi. Lors d'une halte à Paris, je dus repasser à la douane et un employé insista pour voir ce que contenaient les curieux petits paquets que j'avais dans ma valise. Je lui expliquai que c'étaient des fossiles d'Éthiopie. « Vous voulez parler de Lucy ? » demanda le douanier. C'était un fana d'anthropologie, et il avait entendu parler d'elle dans la presse. Une foule se rassembla et me regarda disposer un par un les os de Lucy sur le comptoir de la douane. Je commençai à entrevoir l'immense fascination qu'elle allait désormais exercer partout où elle irait. Il me vint aussi à l'esprit que je n'étais plus un diplômé d'anthropologie inconnu, mais un jeune chercheur plein d'avenir, en possession de fossiles aussi exceptionnels que ceux de la star de la paléoanthropologie, Richard Leakey.

James Aronson chauffe un échantillon de cendre volcanique dans un appareil de laboratoire qu'il a conçu pour calculer l'âge de matériaux volcaniques. Pour une explication du fonctionnement de cette machine, voir p. 222 et 223.

9.
Quel âge a Lucy ?

Notre inventaire de fossiles représente une série de coupes locales du passé. Mais ces coupes ne s'étendent pas très loin. On obtient une bonne date à un endroit, et pas à un autre. Le seul endroit où l'on trouve une importante sédimentation continue, c'est au fond de la mer, et bon sang ! ça ne nous avance pas beaucoup !

F. CLARK HOWELL.

Maurice Taieb a passé deux ans à essayer d'élaborer une colonne stratigraphique des dépôts d'Hadar. La tâche fut rude. Il a trouvé une coulée de lave – une couche de basalte – que l'on pouvait dater. Il l'a placée relativement haut dans la coupe stratigraphique, au-dessus de tous les fossiles.

TOM GRAY.

Le problème de la couche de basalte était qu'elle ne s'étendait pas jusqu'à l'endroit où se trouvaient les fossiles. Il fallait que nous trouvions des corrélations. Et quand nous les avons trouvées, nous avons découvert que la couche de basalte se trouvait en fait très bas dans la coupe. Beaucoup des fossiles se trouvaient au-dessus d'elle.

JAMES ARONSON.

Notre butin de fossiles hominiens de 1974, accompagné d'un échantillonnage d'os d'animaux, ayant quitté le pays sans encombres, il allait falloir s'atteler à la formidable tâche consistant à les nettoyer, à les classer en fonction de leur histoire géographique locale et enfin à les décrire. La description matérielle est un très long travail. Il faut prendre d'interminables mesures au compas, puis reporter tous ces chiffres dans des carnets. J'avais déjà commencé à le faire pour les mâchoires d'Alémayehu, mais j'étais loin d'en avoir fini avec elles. Et voilà que je me trouvais pris sous l'avalanche des os de Lucy, et sous une nouvelle masse de mesures à prendre. Et je devais absolument avoir achevé tout cela avant de pouvoir commencer à élaborer une hypothèse scientifique sérieuse sur ce qu'étaient les hominidés d'Hadar. Le point capital de cette décision était leur âge. Il leur fallait des dates rigoureuses, scientifiquement incontestables, et je ne pouvais me cacher que la datation d'Hadar était loin d'être inattaquable. J'espérais que le récent séjour d'Aronson pourrait nous aider à résoudre ce problème.

Taieb, il est vrai, était parvenu à trouver une coulée de lave – la couche de basalte – et à localiser d'autres fines couches de cendre volcanique plus haut dans la coupe. La lave et les cendres étant des sources potentielles de dates, on avait ramassé l'année précédente quelques échantillons de chacune d'elles, qu'on avait envoyés à Cleveland, au laboratoire où Aronson appliquait la méthode du potassium/argon, et où il les avait lui-même examinés. Il avait jugé que les échantillons de cendre avaient été trop altérés par les intempéries pour être utilisables, mais que le basalte, malgré quelques signes d'altération, était en assez bon état pour pouvoir être analysé au moyen d'un appareil qu'il avait conçu pour extraire des dates à partir d'échantillons volcaniques. Il avait effectué plusieurs analyses et en avait déduit que le basalte devait avoir trois millions d'années, avec une marge d'erreur possible de deux cent mille ans de part et d'autre.

Ce chiffre de trois millions d'années était une moyenne, calculée à partir des différents résultats des séries d'analyses. La marge d'erreur de deux cent mille ans reflétait les différences enregistrées au cours des analyses, et était trop importante pour satisfaire entièrement Aronson. Si l'échantillon de lave avait été plus pur, les séries auraient donné des chiffres plus uniformes, réduisant ainsi la marge d'erreur à cent mille, voire cinquante mille ans seulement. Il était moins préoccupé par le problème de la datation précise du basalte (malgré tous les avantages qu'elle aurait eus) que par le fait que d'importantes variations dans une série d'analyses jettent le doute sur la qualité de l'échantillon lui-même. De toute évidence, un tel échantillon a été altéré ; à quel point, la question est là. N'ayant pas ramassé les échantillons lui-même, il lui était impossible d'y répondre. Tout ce qu'il pouvait dire, c'était que si l'échantillon était altéré, il aurait tendance à indiquer une date trop récente, car une partie de son argon se serait échappée et aurait disparu.

Les échantillons de roche ne sont pas tous identiques, même lorsqu'ils sont du même type. Par suite de son exposition à l'air, au soleil ou à l'action d'une eau courante contenant des produits chimiques en solution, la surface d'un galet peut être toute différente de son centre. Les surfaces de lave s'érodent et s'effritent sous l'effet des intempéries. Outre ce type d'altération, la cendre est souvent contaminée sans qu'on s'en rende compte par des particules de poussière apportées par le vent et qui peuvent être dix ou cent fois plus vieilles qu'elle. Ces subtilités ne concernent pas les géologues ordinaires, qui n'ont pas besoin de prêter pareille attention aux échantillons qu'ils prélèvent. Mais lorsqu'il s'agit d'obtenir une date, elles sont capitales. L'état des échantillons est aussi important que les échantillons eux-mêmes. Le chercheur les examine avec l'œil d'un connaisseur. Au fil des ans, il apprend à rapprocher les impressions éprouvées sur le terrain des résultats qu'il obtient en laboratoire, et finit par avoir un sens inné de l'état des roches. Il les connaît de la même manière que certaines personnes connaissent l'état d'un cheval ou d'un chien rien qu'à les regarder. C'est une science qui s'acquiert très lentement.

« Il faut beaucoup observer, dit Aronson, et beaucoup se souvenir. Il faut aussi beaucoup marcher. »

Jim Aronson est un homme attachant, aux cheveux tirant sur le roux, à la barbe d'un roux éclatant et aux yeux d'un bleu tout aussi éclatant. Ses manières douces et raffinées contrastent étrangement avec la callosité de ses mains, dont les paumes ressemblent à du cuir à chaussures. Il est généreux de son temps, et quand je lui avouai que, tout en sachant en théorie ce qu'était la datation par le potassium/argon, je n'avais pas la moindre idée de la manière dont il s'y prenait pour obtenir des dates, il m'invita immédiatement à assister à une démonstration.

« Le mieux, c'est de faire ça avec la machine, sur place.

– Je suis comme un étudiant de première année. Il faut que tu fasses comme si je ne savais rien.

– C'est parfait », dit-il.

Je le retrouvai dans son bureau, à la Case Western Reserve University, et il me fit traverser le hall pour m'emmener dans une pièce contenant un appareillage compliqué.

« Voilà la machine que j'ai conçue, dit-il. En fait, elle est relativement petite. Je n'avais pas beaucoup d'argent et j'ai dû m'en contenter. Heureusement, j'ai pu dénicher d'excellentes petites pompes et me procurer un spectromètre de masse (un appareil de mesure extrêmement sensible). Il est trop petit, lui aussi. Ce que cet appareil mesure le mieux, ce sont les choses récentes.

– Récentes ?

– Oui, qui n'ont que deux ou trois millions d'années.

– Et tu appelles ça récent ?

– Pour un géologue oui. Il y a des tas de gens qui veulent connaître l'âge de choses vraiment anciennes – les géologues pétroliers, les spécialistes en dinosaures, des gens comme ça. Ils veulent connaître l'âge d'échantillons qui peuvent avoir des centaines de millions d'années. Mais je m'intéressais au Plio-Pléistocène, et j'ai construit cette machine spécialement pour ça. Quand tu regarderas, prends bien garde à ne pas toucher ce gros câble, et à ne pas passer dessous. Le courant qu'il transporte est assez fort pour te tuer. »

Le câble en question était guipé et sortait d'un tableau électrique d'à peu près un mètre quatre-vingts de haut, couvert de commutateurs et de cadrans. Il traversait toute la pièce, suspendu au plafond, et se terminait en s'enroulant autour de plusieurs tubes de verre scellés ayant à peu près la taille de bouteilles de lait. A l'intérieur des tubes se trouvaient des petits récipients de métal, contenant chacun un échantillon de cendre volcanique. Des tuyaux sortaient du fond des tubes, passaient par des joints, des points de contrôle, des pompes et des compteurs et disparaissaient dans un autre appareil, connecté à un ordinateur par des fils électriques.

« Le spectromètre de masse est à ce bout-ci. Ce n'est pas la peine que je t'explique ce que c'est. Sache simplement que c'est un appareil qui permet de mesurer de très faibles quantités de produits. Voilà ce que nous allons faire : nous allons brancher le courant pour chauffer les échantillons volcaniques qui sont dans ces bouteilles. En fondant, ils vont laisser échapper tout leur argon. Nous récoltons ainsi très peu de gaz – à peine quelques atomes. C'est pour cela qu'il nous faut un spectromètre de masse ; il amplifie suffisamment les résultats pour que nous puissions les lire. Avant son invention, ce travail était impossible. Les quantités obtenues sont beaucoup trop infimes pour être mesurées par n'importe quelle autre méthode. »

Aronson actionna un interrupteur et tourna un cadran sur le tableau électrique, augmentant progressivement le champ électrique autour de l'un des tubes de verre.

En quelques minutes, l'échantillon qui était à l'intérieur se mit à rougeoyer.

« Nous allons attendre qu'il ait fondu. Puis nous ferons passer le gaz jusqu'au spectromètre de masse. »

Il m'expliqua que l'épaisseur des joints du tuyau était destinée à assurer une étanchéité parfaite au système. Bien que petites, les pompes étaient extrêmement puissantes ; elles avaient aspiré 99,999 999 999 999 % de l'air contenu dans le système, laissant un vide presque absolu.

« Voici la raison de ce vide : l'air contient beaucoup d'argon, beaucoup plus qu'il n'y en a dans notre échantillon volcanique. Si nous laissions de l'air dans l'appareil, notre échantillon serait si gravement contaminé qu'il ne serait plus bon à rien. Il faut que tout l'air reste à l'extérieur. »

L'argon qu'Aronson était en train de mesurer est le produit de la désintégration du potassium radioactif, un isotope rare d'un minéral courant.

« Ton corps contient en ce moment près d'une livre de potassium ordinaire. Sur cette quantité, il n'y a que vingt milligrammes de potassium radioactif – ou potassium 40 pour lui donner son nom chimique officiel. Ce n'est pas beaucoup. Mais cela fait tout de même beaucoup d'atomes. En raison de sa radioactivité, le potassium 40 disparaît progressivement, se changeant petit à petit en un élément stable, l'argon, un gaz inerte. En ce moment précis, le potassium 40 de ton corps se transforme en argon à une vitesse approximative de cinq cents atomes par seconde. Tu penses peut-être que c'est rapide, et que tout le potassium 40 va bientôt être consommé. Eh bien, tu te trompes. Par rapport au nombre d'atomes qu'il y a, c'est très lent. Ce processus existe depuis les origines de la terre, et il n'a pas encore cessé. Il y a des milliards et des milliards d'atomes de potassium 40 dans ton corps. Depuis des millions d'années, cette matière, contenue dans les roches et dans d'autres corps, se recycle perpétuellement, se désintégrant toujours à une vitesse constante. »

Il se reprit : « Je dis à une vitesse constante. En fait, ce n'est pas exact. La vitesse de désintégration est proportionnelle à la quantité de potassium 40 qui reste dans le potassium ordinaire. Au fur et à mesure que la quantité de potassium 40 diminue, la vitesse de décomposition décroît. Par exemple, si tu étais un australopithèque vivant il y a trois millions d'années, tu perdrais environ cinq cent un atomes par seconde au lieu des cinq cents que tu perds aujourd'hui. Donc, en ce qui nous concerne, c'est une vitesse constante – mais elle ne le serait pas pour les dinosaures ; pour eux la différence commencerait à être significative. Au moment où la terre a été créée, la vitesse de désintégration était d'environ quatre mille atomes par seconde. Mais au cours de milliards d'années qui se sont écoulées depuis, il y a eu une perte de potassium 40 si importante que la vitesse a considérablement décru. Forcément, parce que la vitesse de désintégration doit rester fixe, *proportionnellement à ce qui reste.* »

« Comme tous les éléments radioactifs, expliqua Aronson, le potassium 40 a ce que l'on appelle une demi-vie : le temps nécessaire pour qu'une de ses moitiés se désintègre et se transforme en un autre élément. La demi-vie du potassium 40 est de 1,3 milliard d'années. Ainsi, sur la quantité de potassium 40 qui reste sur terre aujourd'hui, la moitié aura disparu dans 1,3 milliard d'années, et la moitié de cette moitié au bout d'encore 1,3 milliard d'années, et ainsi de suite. Au fur et à mesure que la quantité totale diminuera, la désintégration se ralentira à l'extrême. Dans un avenir incroyablement lointain, s'il ne reste qu'une centaine d'atomes de potassium 40 sur terre – et s'il y a toujours une terre –, il faudra encore 1,3 milliard d'années pour les réduire à cinquante.

– Tu veux dire que tout le potassium 40 du monde se désintègre progressivement et se transforme en argon ? demandai-je.

– Exactement. Il y en a de moins en moins. Et il y a tous les jours de plus en plus d'argon.

– Et où va tout cet argon ?

– En fin de compte, dans l'atmosphère. Quand la terre a été créée et l'atmosphère formée, elle ne contenait presque pas d'argon. Mais il s'est progressivement accumulé. Pendant que nous parlons toi et moi, nous laissons échapper dans l'air des atomes d'argon par notre peau. Il contient aujourd'hui à peu près 1 % d'argon. Voilà pourquoi il faut que je prenne bien soin d'éliminer tout l'air que je peux des échantillons d'argon captif que je mesure.

– Tu veux dire qu'après plusieurs milliards d'années, il n'y a que 1 % d'argon dans l'air ?

– Oui.

– Apparemment, ce n'est pas beaucoup.

– C'est beaucoup pour l'argon. C'est beaucoup plus que dans ces échantillons volcaniques. L'argon est très rare. »

Je me demandai soudain pourquoi il n'était pas possible, puisque les corps humains contiennent du potassium 40 qui se transforme régulièrement en argon, de mesurer directement la désintégration du potassium 40 dans les fossiles. Pourquoi devions-nous utiliser des échantillons volcaniques ?

« Il existe plusieurs raisons à cela, répondit-il, dont deux ont une importance capitale. D'abord, il y a si peu de potassium 40 dans un os fossile qu'il est impossible de le mesurer avec précision. Chose encore plus importante, cela fait un ou deux millions d'années que l'os laisse échapper de l'argon ; il est donc absurde d'essayer de mesurer ce qui en reste. Pour obtenir une date précise de quoi que ce soit, il est nécessaire d'utiliser un échantillon qui ne fuit pas. Les matériaux volcaniques présentent l'énorme avantage d'être par essence étanches et de retenir le gaz en petits cristaux.

« Les matériaux projetés à une pression et à une température très élevées au cours d'une éruption volcanique, expliqua Aronson, commencent à refroidir dès qu'ils atteignent l'atmosphère. Ce faisant, ils fusionnent, en formant quelquefois une matière vitreuse et quelquefois de petits cristaux. Cela se passe très rapidement, en quelques heures à peine. Les cristaux ainsi formés représentent donc un instant unique. Ils se constituent dans une pureté absolue. Ce sont des pages blanches, vierges de toute contamination par un argon plus ancien. Et s'ils sont capables de retenir tout l'argon que dégage à partir de ce moment-là la désintégration du potassium qu'ils contiennent, on trouvera de toute évidence en eux une clef permettant de connaître leur âge.

« Tout ce que je fais, c'est libérer l'argon en le chauffant, puis le mesurer, poursuivit Aronson. Comme je sais quelle quantité de potassium j'avais au départ et que je connais sa vitesse de désintégration, je peux obtenir l'âge de l'échantillon par un simple calcul. »

Ce n'est pas tout à fait aussi simple. Il reste par exemple une toute petite quantité d'air qui adhère aux surfaces de l'échantillon lui-même. Quelle que soit la qualité des pompes d'Aronson, elles ne parviennent jamais à l'éliminer complètement. Il faut mesurer cette contamination atmosphérique. Pour ce faire, Aronson profite d'une particularité de l'argon.

Comme le potassium, l'argon se présente sous plusieurs formes. La forme en laquelle le potassium 40 se transforme est l'argon 40, le type qui est si courant dans l'atmosphère. Cependant, l'atmosphère en contient déjà une variété beaucoup plus rare, l'argon 36. Comme il n'y a pas d'argon 36 dans l'échantillon volcanique, tout l'argon 36 détecté par le spectromètre de masse proviendra inévitablement de la très faible quantité d'air qui reste dans l'appareil après le travail des pompes à vide. La proportion d'argon 40 par rapport à l'argon 36 étant constante dans l'atmosphère – 295,5 atomes du premier par atome du second –, Aronson se contente de mesurer la quantité d'argon 36 contenue dans l'échantillon à analyser, de multiplier ce chiffre par 295,5 et de le soustraire du total. Ce qui reste est l'argon 40 dégagé par la désintégration radioactive à l'intérieur du cristal. « Et cette quantité est vraiment infime, dit Aronson, à peine mesurable.

– Pourquoi est-elle si petite ?

– Parce que l'échantillon est très récent. Je t'ai dit que nous avions affaire à des choses qui n'ont que deux ou trois millions d'années. Elles n'ont tout simplement pas eu le temps de produire une quantité d'argon respectable.

– Quelle quantité d'argon peut-il y avoir dans un échantillon de cristaux volcaniques de trois millions d'années ?

– Très peu. Quelques billions d'atomes.

– Et c'est peu ?

– Les atomes sont tout petits », répéta-t-il.

En plus de la difficulté inhérente à la manipulation dans son laboratoire d'échantillons récents, Aronson était confronté à un autre problème, tout aussi contrariant : il devait disposer d'échantillons d'une pureté convenable. « Il faut qu'ils soient propres. Il faut qu'ils soient vierges de toute contamination. Et il faut qu'ils n'aient pas été endommagés, ce qui aurait pu leur faire perdre une partie de leur argon. C'était le problème que me posait l'échantillon de basalte que tu m'as envoyé d'Hadar. A en juger par son aspect, j'avais l'impression qu'il avait été altéré et qu'il avait laissé échapper un peu d'argon ; mais j'étais incapable de dire combien. J'ai quand même décidé de l'utiliser, malgré le problème annexe de la contamination par l'air adhérant à sa surface.

« J'aurais souhaité pouvoir me servir des premiers échantillons de cendres volcaniques que j'ai reçus, mais ils étaient beaucoup trop altérés pour être utilisables. Généralement, je préfère la cendre : elle contient souvent des cristaux de feldspath ou de mica, qui sont riches en potassium. Avec des échantillons aussi jeunes, tu travailles vraiment à la limite de tes capacités de mesure ; il faut donc trouver quelque chose qui soit relativement riche en potassium. Sinon, la quantité d'argon que tu obtiendras sera si faible que tu risques de ne pas pouvoir la mesurer, pour peu que la contamination par l'air atmosphérique soit importante.

– Toutes les cendres volcaniques contiennent-elles du potassium ? demandai-je.

– La plupart, oui. Mais elles ne sont pas toujours assez riches pour qu'on puisse s'en servir. Et puis la cendre pose d'autres problèmes. Il faut s'assurer que les cristaux ne sont pas abîmés. S'ils le sont, que ce soit pas suite d'intempéries ou d'une exposition à des températures trop élevées, ils ont pu laisser échapper de l'argon. Et, ce qui est plus grave, ils sont susceptibles d'avoir été contaminés par des cristaux beaucoup plus âgés, qui ont pu se mélanger à eux d'une manière ou d'une autre. Ce matériel plus ancien pouvait être présent au moment où la cendre est tombée, ou bien il a pu être apporté beaucoup plus tard. Le feldspath potassique est un minéral assez courant, tu sais. Imagine que j'aie prélevé un échantillon d'une couche volcanique d'Hadar. Il pourrait contenir en plus de la cendre du feldspath apporté par les cours d'eau depuis les montagnes. Ce feldspath pourrait avoir plusieurs centaines de millions d'années et être littéralement bourré d'argon. Mélanges-en simplement quelques cristaux à ton échantillon et tes résultats n'auront plus aucun sens. C'est la raison pour laquelle je me suis dit qu'il fallait que j'aille moi-même à Hadar, pour être sûr d'avoir des échantillons aussi purs que possible. Tes fossiles ont une trop grande importance pour qu'on leur attribue des dates fantaisistes. »

A son arrivée à Hadar en décembre 1974, la première tâche d'Aronson avait été de se familiariser avec la reconstitution géologique de Taieb, de prélever des échantillons de la couche de basalte, de localiser tous les autres horizons datables qu'il pouvait, et de s'en procurer de bons échantillons. Taieb et lui avaient immédiatement sympathisé. Taieb lui avait montré la colonne stratigraphique qu'il avait élaborée, puis l'avait emmené faire un tour dans les dépôts. A partir de ce moment-là, Aronson avait été livré à lui-même. Véritable bourreau de travail, il se levait tous les jours avant le point du jour et sortait du camp à pas de loup, son piolet et un sac sur l'épaule, ne croisant, dans les ténèbres précédant l'aube, que quelques femmes afars matinales, pour lesquelles il n'était qu'un fou d'étranger de plus.

Il se rendit partout. « On n'apprend pas la géologie au volant d'une voiture », disait-il. Il commença à la limite occidentale des dépôts qu'il arpenta en se traînant péniblement, prenant des notes et ramassant des échantillons. Il parcourait une vingtaine de kilomètres par jour. Il découvrit plusieurs couches-jalons que Taieb avait identifiées, et les suivit de part et d'autre des ravins. Il suivit ainsi ce que l'on appelait le triple tuf de Taieb : trois étroites bandes de cendres volcaniques qui s'étaient déposées en une succession rapide, séparées par une couche caractéristique ; c'était la couche d'ostracodes, ainsi nommée en raison d'une grande concentration de coquilles de minuscules organismes aquatiques, très prospères à l'époque où le lac était assez riche en sels minéraux pour favoriser leur croissance. La couche d'ostracodes, entourée du triple tuf, était l'un des horizons-jalons les plus faciles à identifier de la colonne stratigraphique de Taieb. Elle se retrouvait dans les ravins un peu comme un panneau de signalisation.

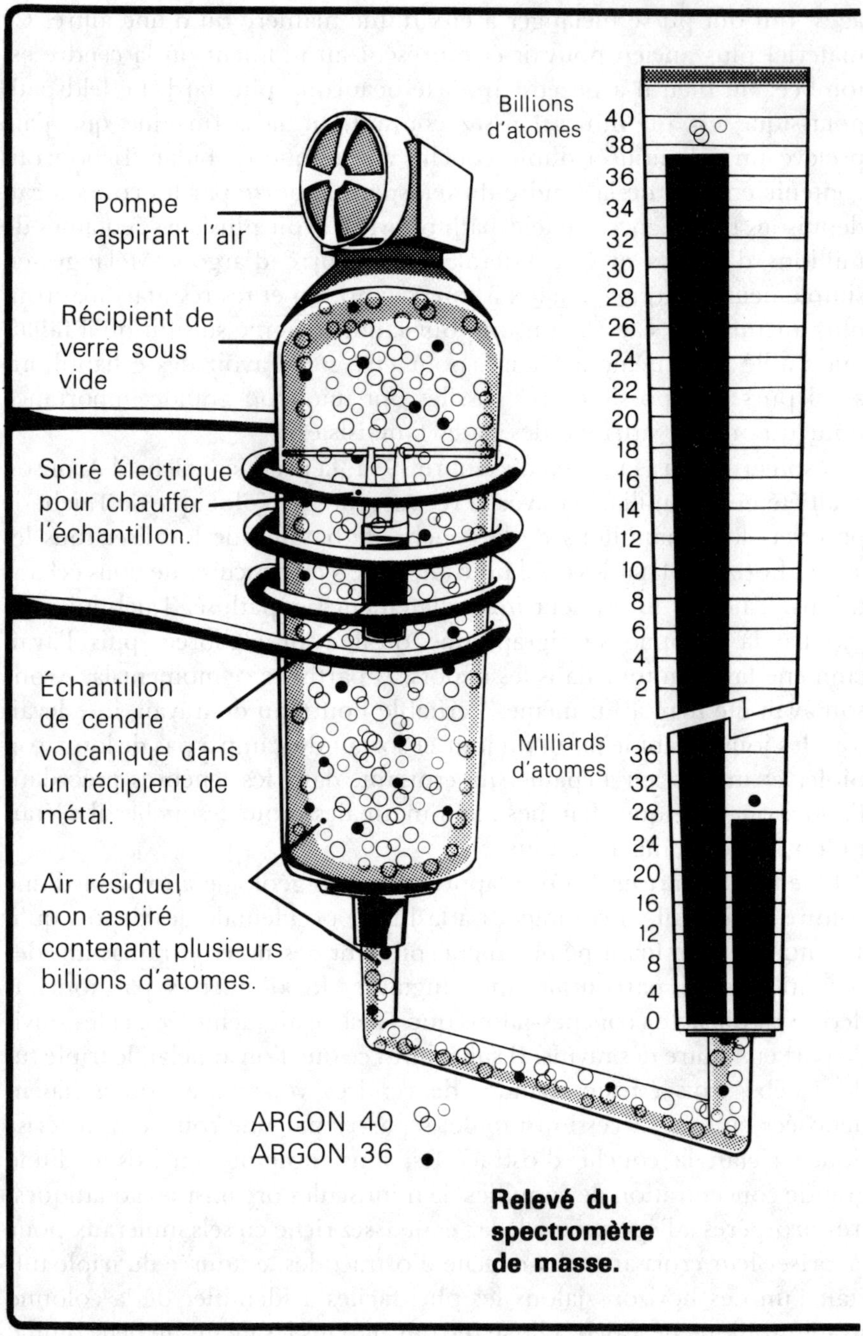
Billions d'atomes
40
38
36
34
32
30
28
26
24
22
20
18
16
14
12
10
8
6
4
2
Pompe aspirant l'air
Récipient de verre sous vide
Spire électrique pour chauffer l'échantillon.
Échantillon de cendre volcanique dans un récipient de métal.
Air résiduel non aspiré contenant plusieurs billions d'atomes.
Milliards d'atomes
36
32
28
24
20
16
12
8
4
0
ARGON 40
ARGON 36
Relevé du spectromètre de masse.

COMMENT CALCULER UNE DATE PAR LA MÉTHODE DU POTASSIUM/ARGON

1. *Mesurer la taille de l'échantillon et sa richesse en potassium.*
   Ceci se fait aisément par des méthodes de laboratoire courantes, et montre que l'échantillon contient 0,1 gramme de potassium.

2. *Calculer la vitesse annuelle de désintégration pour un échantillon de cette taille.*
   On sait que le potassium 40 contenu dans un gramme de potassium ordinaire se désintègre en argon à la vitesse de 3,5 atomes par seconde. D'où :

$$\begin{aligned} 3{,}5 \times 60 &= 210 \text{ par minute} \\ \times 60 &= 12\,600 \text{ par heure} \\ \times 24 &= 302\,400 \text{ par jour} \\ \times 365 &= 110\,376\,000 \text{ par an.} \end{aligned}$$

   0,1 gramme de potassium produit donc 11 037 600 atomes d'argon par an.

3. *Chauffer l'échantillon* et faire passer le gaz dans le spectromètre de masse (en même temps que l'air de contamination qui peut se trouver dans la bouteille).

4. *Relever le résultat du spectromètre de masse.*
   Cet échantillon particulier donne le résultat suivant :

   36 765 875 000 000 atomes d'argon 40 (provenant de l'air et de l'échantillon)
   27 070 000 000 atomes d'argon 36 (provenant uniquement de l'air).

5. *Éliminer la contamination atmosphérique.*
   Sachant qu'il y a 29,5 atomes d'argon 40 par atome d'argon 36 dans l'atmosphère, multiplier le total d'argon 36 par 295,5 :

$$\begin{array}{r} 27\,070\,000\,000 \\ \times \quad 295{,}5 \\ \hline 7\,991\,850\,000\,000 \end{array}$$

   Le résultat obtenu représente le nombre d'atomes d'argon 40 de contamination que contient encore l'échantillon.

   Donc, du résultat total du spectromètre de masse : 36 765 875 000 000
   soustraire la contamination atmosphérique : 7 991 850 000 000

$$\begin{array}{r} 36\,765\,875\,000\,000 \\ 7\,991\,850\,000\,000 \\ \hline 28\,774\,025\,000\,000 \end{array}$$

   Le résultat obtenu représente le nombre d'atomes d'argon dégagés par l'échantillon.

6. *Calculer l'âge de l'échantillon.*
   L'échantillon se désintégrant à une vitesse de 11 037 600 atomes par an, il faut diviser le nombre d'atomes d'argon de l'échantillon par ce nombre :

$$\frac{28\,774\,025\,000\,000}{11\,017\,000} = 2\,606\,909{,}5$$

RÉPONSE : L'échantillon a 2,6 millions d'années.

Aronson suivit lentement le triple tuf et la couche d'ostracodes en se dirigeant vers l'est. Il identifia un autre horizon que Taieb avait localisé : la couche de gastropodes, formée des coquilles de petits escargots aquatiques. Il poursuivit son chemin en longeant cette couche, ainsi qu'une couche d'argile bien visible, l'horizon « CC » (Confetti Clay : argile à confettis) – ainsi nommée parce qu'une fois érodée, elle présentait un aspect de confettis. A tout prendre, il fut vivement impressionné par le travail de reconstitution stratigraphique de Taieb.

Il finit par arriver à la couche de basalte, la coulée de lave datable qui couvre les dépôts situés à l'extrême est d'Hadar, et dont les premiers échantillons quelque peu suspects lui avaient donné une marge d'erreur de plus ou moins deux cent mille ans par rapport à une date provisoire de trois millions d'années. Aronson était bien décidé à s'assurer de l'exactitude de cette date, et à réduire la marge d'erreur. Il ramassa un certain nombre d'échantillons, prenant bien soin d'en choisir qui semblaient n'avoir souffert d'aucune altération.

Dès le début, la couche de basalte avait posé un problème géologique, car sa position dans la colonne stratigraphique était douteuse. Il n'y aurait eu aucun problème si elle avait été présente dans tout le secteur, mais ce n'était pas le cas. Pour pouvoir la raccorder aux dépôts principaux où l'on avait trouvé les fossiles, il fallait trouver une correspondance entre des couches placées au-dessus ou au-dessous d'elle et d'autres couches situées ailleurs. Il était impossible de le faire avec des couches situées au-dessus d'elle, car il n'y en avait pas. Tous les matériaux déposés au-dessus de la couche de basalte avaient été enlevés par l'érosion ; elle était exposée à l'air et les géologues pouvaient se promener à sa surface. Au-dessous d'elle, il y avait quelques couches formées d'un matériel si peu caractéristique qu'il s'était révélé très difficile de leur trouver un équivalent dans d'autres secteurs des dépôts. Taieb avait fait de son mieux. Il pensait avoir trouvé une corrélation et avait placé la couche de basalte à quatre-vingt-dix mètres environ au-dessus de la base de la colonne stratigraphique qu'il avait construite.

Un jour, Aronson arriva au camp et annonça que le basalte était mal placé. Il était plus vieux, et devait être placé beaucoup plus bas dans la colonne.

« Tu as des preuves ? demanda Taieb.

– Je crois que oui. »

Au cours de ses laborieuses pérégrinations, Aronson avait remarqué, de son œil perçant, certaines choses qui avaient échappé à tous les géologues qui avaient séjourné à Hadar. Pour commencer, il avait localisé la lèvre de la coulée de lave, l'endroit où elle avait cessé de s'étaler pour commencer à se solidifier. D'autres avant lui l'avaient située, mais sans l'examiner de près. Aronson le fit. Juste devant la lèvre, il trouva un lit de cours d'eau rempli de sable, qui avait été entaillé par l'érosion plus tard. Il savait que cela s'était produit plus tard, car des blocs de basalte s'étaient détachés de la lèvre et y étaient tombés. Si ce lit avait été entaillé plus tôt et s'était rempli de sable et de gravier avant que la coulée de basalte ne se fût étalée à la surface, ces fragments de basalte n'auraient pas pu tomber au fond du lit.

Satisfait sur ce point, Aronson se mit alors à examiner le contenu de ce lit. A sa grande déception, ces matériaux ne présentaient pas grand intérêt. Ils ressemblaient à la plupart des autres matériaux sableux, si fréquents dans tous les dépôts d'Hadar. Mais dans la couche située immédiatement au-dessus du lit, il distingua très nettement le dessin d'anciennes empreintes de racines. Avec une excitation croissante, il suivit ces empreintes, qui se poursuivaient hors du secteur principal des dépôts ; il put ainsi les fixer à vingt mètres au-dessous de la couche d'ostracodes : on avait enfin une connexion sérieuse.

« J'ai bien peur que tu ne doives faire descendre le basalte jusque-là », dit-il.

Le moment aurait pu être délicat. Mais pas avec Taieb ; c'est un scientifique, désireux de découvrir la vérité. Il n'est pas obsédé par des questions d'amour-propre. Je connais des anthropologues et des géologues qui resteront cramponnés à leur point de vue longtemps après que leur erreur aura été démontrée. Ce n'est pas le genre de Maurice. Quand Aronson arriva avec ce petit chef-d'œuvre d'enquête policière géologique, Maurice fut enchanté.

Le camp se dispersait. Taieb était rentré en France. Ceux d'entre nous qui restaient – Aronson, moi-même et quelques autres – étaient réduits à manger les quelques restes que Kabété, le cuisinier, s'ingéniait à faire durer. Il nous avait servi essentiellement de la viande de chèvre : de la chèvre rôtie, de la chèvre frite, de la fricassée de chèvre, des brochettes de chèvre, des hamburgers de chèvre. Nous en étions à notre dernière chèvre, un jeune chevreau auquel Aronson s'était beaucoup attaché.

Assis à table pour son dernier dîner, il demanda :

« Qu'est-ce que c'est ?

– De la chèvre.

– Quelle chèvre ? Il n'y a plus de chèvres.

Kabété, le cuisinier du camp, faisait tout le travail dehors, ses torchons, sa batterie de cuisine et les provisions accrochés aux branches d'un acacia voisin. Ici, il fait du pain. Deux chèvres sont suspendues, prêtes à être cuites.

– C'est *ta* petite chèvre. »

Il sortit de table, se dirigea vers le désert et se passa de dîner. Les autres campeurs ne le revirent qu'au matin.

« On est obligés de faire ça, dis-je.

– Je sais, je sais. » Mais il était visiblement choqué par le meurtre de son petit compagnon, la seule créature insouciante et innocente qu'il eût vue pendant tout son séjour dans cette terre désolée. Le jour même, il partit pour les États-Unis avec ses échantillons.

Ces échantillons apprirent à Aronson un certain nombre de choses. D'abord, les analyses qu'il effectua fournirent une série de dates étroitement groupées autour de trois millions d'années. C'était pour le moins rassurant. Ces résultats confirmaient en effet son analyse précédente ; de plus, la quasi-uniformité des nouveaux chiffres lui permit de réduire sa marge d'erreur de plus ou moins deux cent mille ans à plus ou moins cinquante mille – une variation quatre fois moindre.

Mais il n'était toujours pas satisfait. Il avait examiné tous les échantillons de basalte au microscope, et avait détecté même dans les meilleurs d'entre eux ce qu'il supposait être d'infimes traces d'altération, impliquant qu'ils avaient probablement laissé échapper un peu d'argon. Dans ce cas, le basalte avait plus de trois millions d'années – combien d'années de plus, il n'aurait su le dire, car il n'avait aucun moyen de déterminer la quantité d'argon perdue.

Il décida de vérifier son soupçon. Il avait ramassé délibérément un certain nombre d'échantillons plus gravement altérés par les éléments. Il les analysa alors, supposant que plus l'altération serait importante, plus la perte en argon le serait, et plus l'échantillon semblerait récent. Cette hypothèse se révéla juste. Un échantillon, qui avait été altéré au point que sa couleur était devenue grisâtre au lieu d'être presque noire, donna une date de quatre cent mille ans plus récente. Un fragment encore plus gris et plus effrité donna une date de cinq cent mille ans plus récente ; il avait perdu une quantité considérable d'argon. Comme le type d'altération présenté par les « mauvais » échantillons (visible à l'œil nu et beaucoup plus importante) était le même que celui que présentaient les meilleurs (à un degré moindre et au microscope), Aronson conclut à contre-cœur que ces derniers étaient eux aussi légèrement altérés, et que la date de trois millions d'années comportait effectivement une petite erreur, indéterminable pour le moment.

« Tu peux être sûr que le basalte a au moins trois millions d'années. Mais mon intuition est qu'il est plus vieux.

– De combien d'années ?

– Je ne peux pas encore te le dire. Mais le paléomagnétisme devrait nous aider à calculer ça. »

En effet, le paléomagnétisme (les propriétés magnétiques de la terre elle-même) put nous aider. La terre est un aimant. Comme tous les aimants, elle a un pôle positif et un pôle négatif. A notre époque, qui est considérée comme « normale », l'extrémité positive de l'aimant est située au pôle nord et son extrémité négative au pôle sud. Mais, pour des raisons qui tiennent apparemment au flux et au reflux de matière magnétique en fusion profondément enfouie sous l'écorce terrestre, les pôles basculent de temps en temps, et il existe de longues périodes d'« anomalie » ou d'inversion magnétique, pendant lesquelles le pôle nord est négatif et le pôle sud positif.

En étudiant la disposition des cristaux magnétiques dans les roches, les géologues ont été en mesure d'élaborer un graphique de ces inversions magnétiques, en remontant jusqu'à plusieurs millions d'années. Ces inversions n'apprennent rien en elles-mêmes sur l'époque à laquelle elles se sont produites, mais permettent de se faire une idée claire de l'ordre selon lequel elles ont eu lieu. En 1972, grâce à la marée de datations indiscutables que déversèrent les laboratoires par suite des mesures de radioactivité, trois chercheurs, travaillant séparément, présentèrent des chronologies presque identiques des déplacements paléomagnétiques, avec des dates précises. Celles-ci s'appliquaient à la planète tout entière, et allaient pouvoir être utilisées à Hadar dès qu'on y aurait ramassé des roches contenant des cristaux magnétiques.

Une série continue de quatre cents échantillons de roche d'âge croissant fut rassemblée par un géologue, Tom Schmitt. En les soumettant à l'analyse magnétique, on découvrit rapidement que le basalte s'était déposé au cours d'une période d'inversion polaire. Mais laquelle ? Était-ce l'inversion dite du Mammouth, dont on sait aujourd'hui qu'elle s'est étendue entre 3,1 et 3 millions d'années avant J.-C. ? Ou était-ce l'inversion de Gilbert, qui a eu lieu entre 3,6 et 3,4 millions d'années ? Aucune date intermédiaire n'était possible, car ces trois cent mille ans furent occupés par une période normale.

« Donc, dis-je à Aronson, en appliquant le paléomagnétisme, tu me dis que le basalte a soit entre 3,1 et 3 millions d'années, soit plus de 3,4.

– Exactement, répondit-il. Mon intuition me dit que la date la plus ancienne pourrait bien être la bonne, mais je ne peux pas le prouver. Si le basalte est tant soit peu altéré – ce que je soupçonne fortement –, cela voudra dire qu'il est un peu plus vieux que ne l'indiquent les analyses. Dans ce cas, il faut éliminer l'inversion du Mammouth à 3,1 millions d'années. Il ne peut pas non plus avoir 3,2 ou 3,3 millions d'années, car cela le placerait dans une période normale. Donc, si l'on exclut la période du Mammouth, il faut remonter à l'inversion de Gilbert et à une date de 3,4 à 3,6.

– D'accord ; alors laquelle est-ce que je choisis ?

– C'est à toi de voir. Le plus sûr serait de choisir trois millions. C'est la date qu'indique le potassium/argon. Jusqu'à preuve du contraire, je crois que nous devons nous y plier. Mais j'éviterais de me compromettre en disant *au moins* trois millions. C'est ce que je recommanderai que nous indiquions quand nous publierons notre article sur la datation. »

Cette imprécision de la date du basalte ennuyait beaucoup Aronson. Il décida d'essayer de la supprimer en emmenant à Hadar l'année suivante un de ses assistants, un jeune vulcanologue nommé Bob Walter. Ses longues pérégrinations à travers les dépôts lui avaient appris que l'histoire volcanique d'Hadar était très complexe et il espérait que Walter serait en mesure de nous aider à la démêler, et, qui sait, de découvrir peut-être des tufs volcaniques qui pourraient se prêter à une datation. Le basalte étant le seul horizon datable trouvé jusque-là, il lui était impossible de se livrer au moindre recoupement, essentiel pourtant dans ce travail.

Walter se rendit à Hadar à l'automne 1975 et remarqua rapidement quelque chose d'extrêmement important : trois minces couches de cendre assez proches l'une de l'autre, et situées assez haut dans la coupe. Elles furent baptisées BKT-1, BKT-2 et BKT-3. Il dut écarter presque immédiatement les numéros 1 et 3, trop gravement contaminés pour servir à une datation ; mais celle du milieu, la cendre BKT-2, avait l'air prometteuse. Il nous la montra, à Taieb et moi, et, en partant de sa position dans la colonne stratigraphique, nous nous livrâmes, au pied levé, à une estimation de son âge : « Nous pensons qu'elle doit avoir 2,5 millions d'années. » Bob préleva plusieurs échantillons et les rapporta à Cleveland. Il en donna quelques-uns à Aronson en vue d'analyses par le potassium/argon, et conserva le reste pour l'étudier avec une technique personnelle différente. Nous espérions fermement que les deux méthodes fourniraient effectivement des réponses identiques.

La technique utilisée par Walter s'appelle la datation par traces de fission. Elle repose sur la présence d'uranium dans certains petits cristaux appelés des zircons, que l'on trouve dans les tufs volcaniques. Les zircons peuvent avoir différentes tailles. Les grands sont considérés comme des pierres semi-précieuses. Ceux qui sont rejetés au cours d'éruptions volcaniques sont minuscules. Ce sont des bâtonnets transparents comme du verre, et pointus à chaque extrémité. Ils ressemblent aux longs prismes de verre triangulaires qui sont suspendus aux lustres, mais ils sont si petits qu'il faut un microscope pour y reconnaître des cristaux. Un échantillon pur de zircons de taille uniforme provenant d'un tuf volcanique ressemble à un tube à essais plein de sable si fin qu'on dirait presque de la poudre.

Pour obtenir un tel échantillon, Walter ramasse dans l'un des tufs d'Hadar une pelletée de cendre qui lui semble pouvoir convenir. Il la tamise ensuite au moyen d'une série de cribles de plus en plus fins, jusqu'à ce qu'il ne reste que de tout petits cristaux de divers minéraux. Pour trier les zircons, il les plonge dans des liquides de densité croissante.

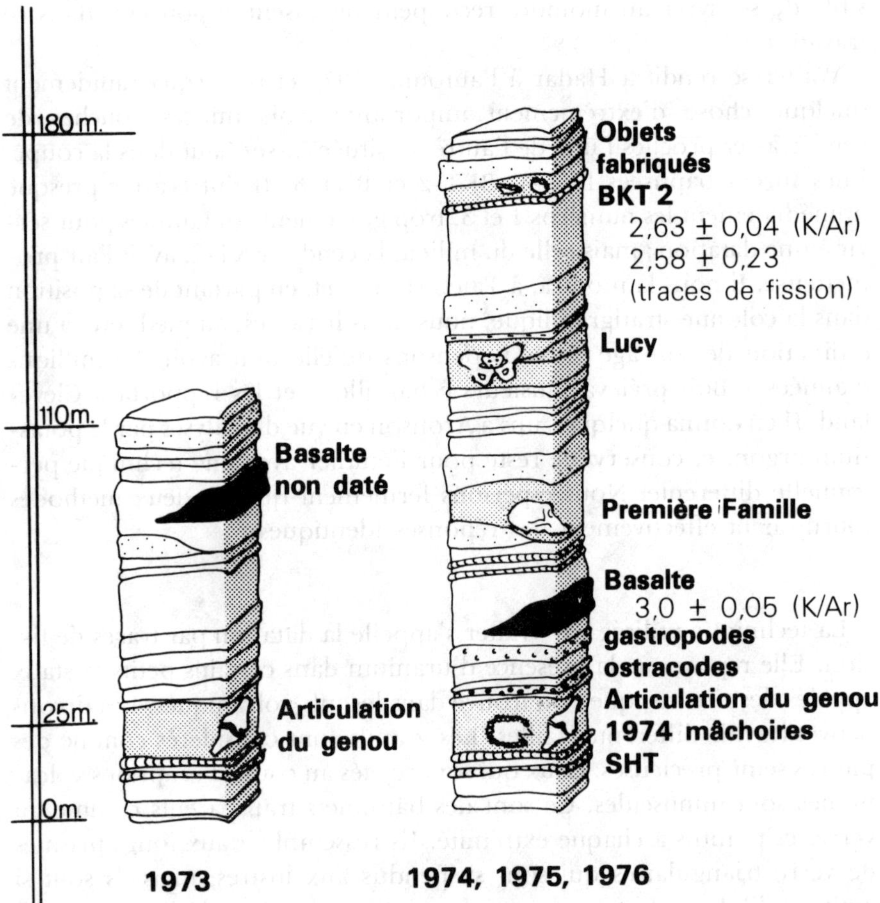

La datation des fossiles d'Hadar prit sept ans et nécessita la synchronisation de cinq techniques : la géologie, la datation par la potassium/argon, la datation par traces de fission, le paléomagnétisme et la biostratigraphie. Toutes furent nécessaires à l'élaboration progressive d'une colonne stratigraphique précise et détaillée. La colonne portant la date de 1973 montre ce que la géologie seule put apprendre à Taieb lors de sa première tentative. Les trois années suivantes apportèrent une avalanche de

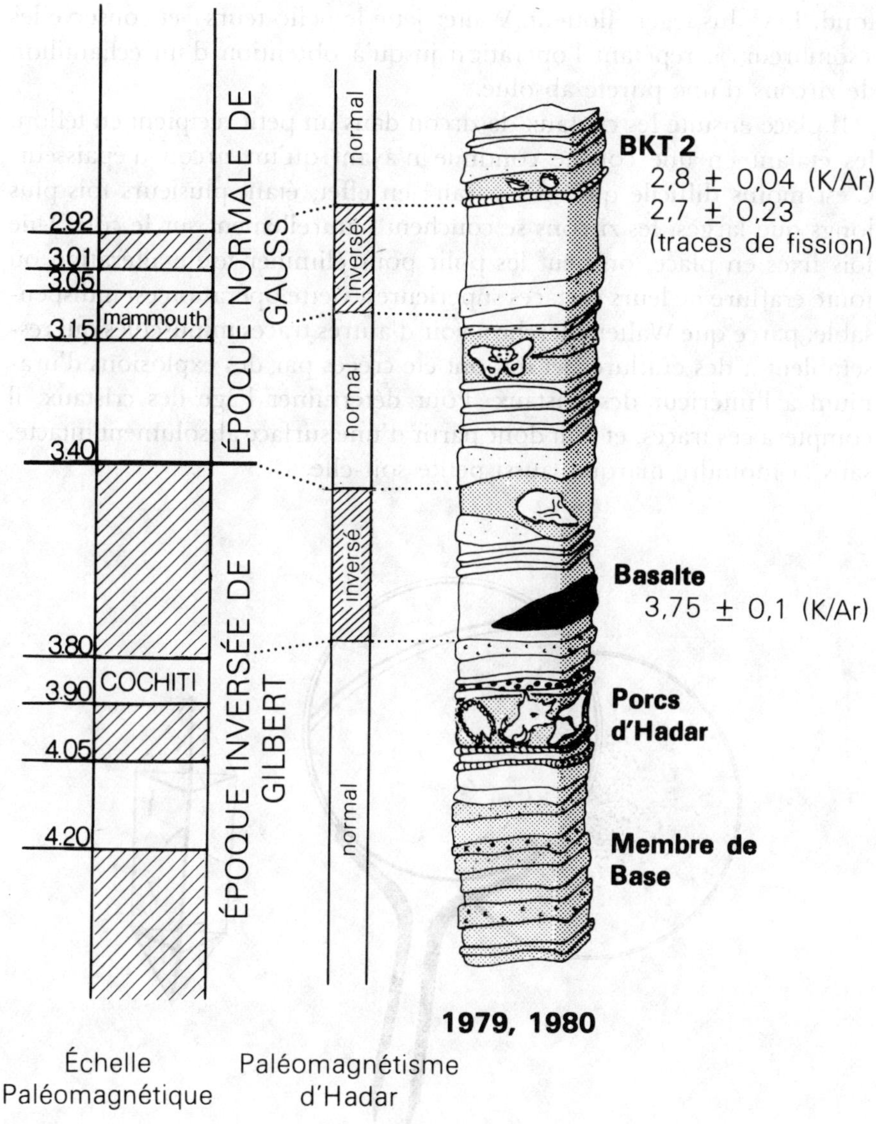

fossiles et de dates qui furent corrigées en 1979 et en 1980 grâce aux indications du paléomagnétisme et des fossiles de porcs (biostratigraphie). En se fondant sur tous ces calculs, Aronson pense pouvoir affirmer désormais avec certitude que le basalte a 3,75 millions d'années. Lucy et la Première Famille auraient donc près de 3,5 millions d'années, et les mâchoires et l'articulation du genou près de 4.

Plus lourds que la plupart des autres cristaux, les zircons tombent au fond. Les plus légers flottent. Walter jette les « flotteurs » et conserve les « sombreurs », répétant l'opération jusqu'à obtention d'un échantillon de zircons d'une pureté absolue.

Il place ensuite les cristaux de zircon dans un petit récipient en téflon, les étalant en une couche continue n'ayant qu'un zircon d'épaisseur. C'est moins difficile qu'il n'y paraît ; en effet, étant plusieurs fois plus longs que larges, les zircons se couchent naturellement sur le côté. Une fois fixés en place, on peut les polir pour éliminer toute altération ou toute éraflure de leurs surfaces supérieures. Cette opération est indispensable, parce que Walter cherche à voir d'autres traces minuscules qui ressemblent à des éraflures, et qui ont été créées par des explosions d'uranium à l'intérieur des cristaux. Pour déterminer l'âge des cristaux, il comptera ces traces, et doit donc partir d'une surface absolument intacte, sans la moindre marque, aussi petite soit-elle.

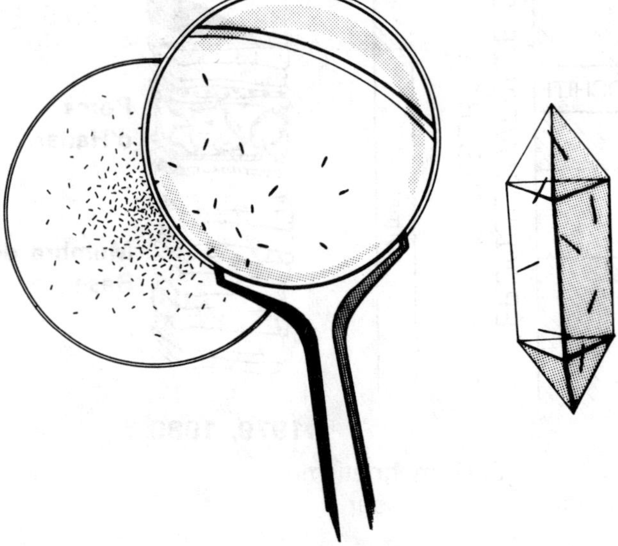

La datation par traces de fission s'obtient au moyen de tout petits cristaux de zircon, qui sont d'abord tamisés jusqu'à obtention d'un échantillon pur, puis polis pour éliminer toutes les éraflures superficielles. Toutes les marques qui restent dans les cristaux sont l'œuvre d'atomes d'uranium qui ont explosé un par un au cours d'un très long laps de temps. Le nombre de ces marques — traces de fission — indique l'âge du cristal.

L'uranium 238 est un élément radioactif dont les atomes se désintègrent en plomb à un rythme lent mais régulier, exactement comme le potassium 40 se transforme petit à petit en argon. La différence est que la transformation du potassium en argon se fait dans le calme, alors que celle de l'uranium en plomb s'accompagne d'un dégagement infime d'énergie, qui se produit simultanément aux deux extrémités de l'atome, avec une puissance suffisante pour déplacer certains autres atomes du zircon. Il en résulte une légère trace de dégâts, comparable au sillage que laisse un homme en traversant un champ de blé. Le sillage laissé dans le zircon s'appelle une trace de fission, et lorsqu'on l'élargit en l'attaquant délicatement avec un produit chimique, on peut la voir au microscope.

La désintégration par fission de l'uranium 238 est encore plus lente que celle du potassium 40. Il a une demi-vie de plusieurs milliards d'années. Avec une vitesse de transformation aussi léthargique, et pour peu qu'il contienne peu d'uranium, un cristal de zircon peut rester des centaines de milliers d'années sans connaître la moindre explosion d'uranium.

« Pour avoir un nombre significatif de traces de fission, il nous faut une concentration d'uranium relativement élevée, a dit Walter récemment. Mais si l'uranium est trop riche, il y a tant de traces qu'elles s'entrecroisent et qu'on ne peut plus les compter. La teneur idéale pour notre travail est d'environ deux à trois cents parties d'uranium par million de zircon. Avec moins de cinquante parties par million, nous ne pouvons rien faire. Une fois que j'ai un échantillon de teneur adéquate et que je l'ai poli, je le place sous microscope et je compte les traces de fission. Je fais ce comptage sur une dizaine de cristaux. Vous pourriez penser que j'aurais à le faire sur cinquante ou soixante, mais l'expérience m'a prouvé que dix suffisent. Au-delà de ce nombre, on ne fait que confirmer une réponse qu'on a déjà. »

La datation par traces de fission n'est généralement pas aussi précise que la datation par le potassium/argon, mais elle permet d'obtenir des dates d'échantillons de cendre qui, en raison d'altération et de contamination, seraient inutilisables avec l'autre méthode. Pour Aronson, son intérêt essentiel est qu'elle repose sur une technique toute différente. C'est un peu comme si l'on devait calculer l'âge d'un arbre en comptant ses cercles de croissance annuelle, puis comparer ce résultat à une série de vieilles photographies de famille où l'on voit l'arbre à l'arrière-plan, en déduisant son âge de l'âge connu des personnages figurant sur la photo et, pour finir, aller interroger quelques vieilles personnes qui prétendent se rappeler le jour où l'arbre a été planté. Si les résultats de toutes ces enquêtes concordaient, on pourrait affirmer sans risque d'erreur que l'on connaît l'âge de cet arbre.

Les choses se passèrent de la même manière avec l'examen des traces de fission de Walter. Ses résultats firent remonter en flèche la confiance que l'on avait dans la datation d'Hadar. Ils indiquaient que le tuf BKT-2 avait 2,58 millions d'années – un chiffre très proche des 2,63 millions d'années obtenu par la méthode d'Aronson, celle du potassium/argon.

Quand Aronson et Walter eurent achevé leur travail, la colonne stratigraphique d'Hadar présentait l'aspect suivant : une couche de cendre volcanique près du sommet, à environ 2,6 millions d'années – une date sérieuse vérifiée par deux méthodes différentes ; plus bas dans la colonne, la couche de basalte, à laquelle on avait attribué trois millions d'années (âge vérifié désormais par une demi-douzaine d'analyses du potassium/argon, qui reproduisaient le même résultat avec une constance rassurante). Entre ces deux couches, il y avait Lucy, à un niveau qui suggérait qu'elle devait avoir 2,9 millions d'années.

« Le seul problème est que nous ne le *savons* pas encore, dis-je à Aronson. Si tu penses vraiment que le basalte est plus ancien, Lucy serait-elle aussi plus ancienne. Qu'est-ce que je vais bien pouvoir faire ? Vérifier encore une fois les fossiles animaux ?

– Ce serait sans doute la meilleure chose à faire. »

Cela impliquait d'avoir recours à Basil Cooke et à ses séquences de porcs. Ces dernières avaient déjà permis de résoudre une énigme de datation au lac Turkana en faisant avancer le crâne 1470 d'*Homo habilis* de Richard Leakey de 2,9 millions d'années à moins de deux. Peut-être pourraient-elles résoudre également le problème de Lucy ? Mais, dans ce cas, loin de la rajeunir, elles risquaient fort de la vieillir. En observant le caractère extrêmement primitif de notre collection, je commençais à être de plus en plus persuadé que c'était ce qui allait se passer.

Mon soupçon, cependant, ne put se changer en conviction. Cooke, apprit-on, avait des séquences de porcs remontant jusqu'à quatre millions d'années, mais il n'était pas encore disposé à en parler. En fait, il garda le silence jusqu'en 1978. Cette année-là, il publia un article dans lequel il comparait les porcs d'Hadar avec ceux de l'Omo, en disant : « Un âge de 3 à 3,4 millions d'années semblerait plus pertinent pour Lucy que les 2,9 millions d'années obtenus à l'heure actuelle à partir du basalte. »

Cette affirmation, apparemment innocente, changeait tout. Cela voulait dire qu'il fallait retirer le basalte de l'inversion du Mammouth pour le placer dans celle de Gilbert. Cela voulait dire que Lucy pouvait avoir jusqu'à 3,3 ou 3,4 millions d'années, et que certaines des mâchoires trouvées plus bas dans la coupe, sous le basalte, remontaient peut-être à 3,7 millions d'années.

Si seulement j'avais su cela en 1975 ! Cela aurait bien simplifié les choses. Peut-être aurais-je dû attendre le verdict de Cooke. Mais on me pressait de toutes parts de publier sur les fossiles d'Hadar. Il est impossible d'annoncer l'existence d'une chose pareille, puis de faire le mort. On commençait à me harceler. Je publiai donc, et je commis une erreur. En fait, dans mes premiers articles, j'en commis même plusieurs.

Dans le premier article que nous avons sorti, Taieb et moi, nous avons placé la couche de basalte trop haut dans la coupe. J'ai publié ensuite un deuxième article sur Lucy et les mâchoires, et j'ai commis une deuxième erreur : j'ai affirmé que Lucy et les mâchoires représentaient sans doute des espèces différentes. Puis, sur la question des dates, j'ai adhéré aux trois millions d'années attribués au basalte. C'est, en gros, la normale du parcours. Une erreur en géologie, une erreur en paléontologie, et une erreur de datation. Mais on corrige le tir au fur et à mesure. On finit toujours par s'en sortir.

10.
La troisième campagne d'Hadar : la première famille

Quand Don m'a montré la première articulation du genou, je lui ai demandé de retourner là-bas et de me trouver un animal complet. Fort obligeamment, il m'a alors rapporté Lucy. Je lui ai demandé d'y retourner encore une fois et d'aller m'en chercher un assortiment. L'année suivante, il a trouvé Papa, Maman, et les gosses.

C. OWEN LOVEJOY.

A mon retour aux États-Unis en 1975, je me trouvais dans une situation bien différente de celle de l'année précédente. J'avais alors dépassé le budget de ma subvention, j'avais très peu de chose à présenter à ma décharge, et me sentais menacé de me voir cataloguer comme un organisateur d'expédition irresponsable. Maintenant, en revanche, j'étais en possession du fossile sans doute le plus excitant du monde, et les gens se pressaient pour travailler avec moi. L'argent cessa d'être un problème sérieux. Le *National Geographic*, toujours généreux dès que la mine commence à livrer des pépites, me demanda un article et accepta d'envoyer un photographe, David Brill, en Éthiopie à l'automne suivant, en vue d'un grand article sur le travail d'Hadar. En même temps, une équipe de cinéma française envisageait un tournage. La National Science Foundation renouvela sa subvention.

Ce qui m'importait davantage, c'était que la datation d'Aronson, conjuguée au travail paléontologique que nous avions effectué Gray et moi, avait convaincu la majorité des spécialistes qu'Hadar était un site de haut niveau scientifique, exploité avec méticulosité ; ils pouvaient risquer leur temps et leur réputation en participant à ce qui s'y faisait.

Mais Lucy m'avait également créé de nouvelles responsabilités. En 1974, je fus nommé conservateur du département d'anthropologie physique du Muséum d'histoire naturelle de Cleveland. Il fallait que j'arrête un programme. Il fallait aussi que je commence à placer petit à petit les meilleurs de mes étudiants, qui passaient leur diplôme à la Case et souhaitaient faire leur doctorat avec moi au musée. Enfin, on me demandait des conférences. L'un dans l'autre, j'eus à peine le temps de m'occuper de l'article sur la saison 1974 que j'écrivis en collaboration avec Taieb et Coppens. Le point principal en était que l'on avait découvert deux sortes d'hominidés. L'une (les mâchoires d'Alémayehu) représentait un type *Homo* extrêmement primitif. L'autre, le plus petit (Lucy), représentait autre chose.

Si je le pouvais, je retirerais cet article immédiatement. Il m'a servi de leçon en m'apprenant qu'il ne faut jamais agir avec précipitation. Je n'ai pas honte des descriptions que j'ai rédigées. J'ai essayé de prendre exemple sur celles que J.T. Robinson avait faites des australopithèques d'Afrique du Sud, et je crois qu'elles sont aussi bonnes que les siennes. Quant aux interprétations... eh bien, j'ai appris pas mal de choses depuis, et je dois dire que si je devais les refaire aujourd'hui, elles seraient bien différentes. Bien que Mary et Richard Leakey m'aient incité à le penser, je ne considère plus que les mâchoires d'Alémayehu appartiennent à des êtres humains. Je ne pense pas non plus que Lucy soit différente des mâchoires. C'est simplement un petit modèle de la même créature.

Mon souci majeur en 1975 fut de retourner à Hadar. Depuis la fin de la campagne de 1974, la situation politique éthiopienne avait connu des changements radicaux. L'armée avait désormais le pays bien en main. Rien ne bougeait sans son autorisation ; aucune décision n'était prise qui ne fût la sienne. N'osant prendre aucune initiative, les différents ministères étaient proches de la paralysie. Pour ajouter à l'agitation intérieure, les menaces de guerre avec l'Érythrée se précisaient. A mon arrivée à Addis-Abeba en septembre 1975, l'ambassade américaine m'avertit qu'il était hors de question de se rendre dans la région de l'Afar. « Nous ne voulons pas que vous y alliez. Nous serions obligés d'aller vous chercher. » J'appris que la menace érythréenne était réelle du point de vue éthiopien, mais ne nous concernait pas vraiment. Des commandos harcelaient les troupes le long de la frontière. Pour se rendre à Hadar, ils auraient dû traverser une vaste étendue désertique, habitée seulement par des tribus afars qui ne manqueraient pas d'attaquer tous les envahisseurs qu'elles trouveraient sur leur chemin. On considérait que les chances pour qu'un groupe armé érythréen pénétrât jusqu'à Hadar et en ressortît vivant étaient extrêmement réduites. Si les envahisseurs s'encombraient d'otages, leur fuite était à peu près impossible.

Je fus aussi encouragé par mon fournisseur d'Addis, l'archéologue et historien Richard Wilding. Wilding est le type même du colonial britannique. Cela fait des années qu'il vit à Addis-Abeba, et il n'en repartira sans doute jamais. Calme, imperturbable, il supporte de bonne grâce les inconvénients d'une vie dans un climat politique instable. Si une bombe explose au bout de la rue, il l'ignore. Si l'approvisionnement en eau ne se fait plus ou s'il n'y a plus rien à acheter au marché local, il considère que c'est le prix à payer pour vivre dans un pays qu'il adore. Il fait des réserves, et se débrouille tant bien que mal. Éventuellement, il s'en passe.

Ragaillardis par Wilding et par son analyse de la situation et convaincus que le *Derg* appuierait notre travail – cela risquait de compliquer notre tâche en nous noyant dans la paperasserie, mais cela ne nous faisait certainement courir aucun danger –, Taieb et moi convoquâmes tous les membres de l'expédition la veille du jour prévu pour leur départ en camion d'Addis pour Hadar. Je leur dis que toute incursion dans le désert, dans une poudrière comme l'Éthiopie, impliquait un certain risque. J'avais pesé ce risque aussi bien que je le pouvais et avais décidé, pour ma part, que cela valait la peine de le courir. Tout membre de l'expédition qui serait d'un autre avis était libre de partir sans aucun préjudice : l'expédition se chargerait de son aller-retour en avion.

Personne ne répondit. Je répétai ma question. Tous dirent alors qu'ils voulaient venir. Je n'en fus pas surpris. C'était un groupe extraordinaire. La vie à Hadar est vraiment pénible, mais ils l'aiment, comme moi. Il y a quelque chose dans ce lieu – son silence, son isolement, et sa beauté – qui vous fascine. Et le travail... cette impression constante que quelque chose d'important est sur le point de se produire. Lorsqu'on est un fanatique du passé – et nous le sommes tous – comment pourrait-on souhaiter être ailleurs ?

De plus, aucun de nous ne pensait que le danger fût réel. Nous avions passé deux saisons avec les Afars, et nous nous étions entendus à merveille avec eux. Ils étaient tous armés, bien sûr. Pas nous. J'avais décrété qu'aucun membre de l'expédition ne porterait d'arme. Aussi éprouvions-nous un peu le sentiment d'être sous la protection des Afars. Je dis bien, *nous* en avions le sentiment. Les ouvriers amharas qui descendaient des montagnes ne le partageaient pas. Ils avaient peur des Afars. Ils sentaient leur hostilité et ne s'éloignaient jamais du camp. Je me souviens d'un ouvrier amhara qui, s'étant engagé dans une querelle quelconque avec un Afar, s'entendit dire : « Quand la bagarre commencera, tu seras le premier que je tuerai. » Ce n'était pas une vaine menace. Les patrouilles de police étaient très loin. Elles s'aventuraient rarement dans cette partie du pays. Bien qu'elle se trouvât en principe sous le contrôle du gouvernement central, elle dépendait en fait des chefs de tribus.

Par précaution, nous mîmes au point avec Wilding un système de signal de détresse. N'ayant pas de radio (le gouvernement nous l'interdisait), nous lui demandâmes de faire un vol hebdomadaire, non seulement pour nous apporter des provisions et remporter des fossiles, mais aussi pour s'assurer que tout se passait bien. Le signal consistait dans la manière dont les véhicules seraient disposés dans le camp. S'ils étaient parqués en ligne, le pilote qui survolait le camp avant d'aller se poser sur la piste à quelques kilomètres de là saurait que tout allait bien. Si les véhicules étaient en désordre, cela voudrait dire que nous avions des problèmes.

Il se trouva qu'un des premiers vols de Wilding eut lieu un jour où l'on avait trouvé un grand crâne d'éléphant, et on avait expédié un camion et une remorque pour le rapporter au camp. Quand l'avion de Wilding arriva, la remorque se trouvait devant la tente de paléontologie, et le camion un peu plus loin. Wilding n'atterrit même pas. Il retourna directement à Addis, alerta les Marines américains, commença à organiser notre évacuation par hélicoptère, et avisa même la flotte américaine basée en mer Rouge. Puis, par pure précaution, il retourna à Hadar... et trouva tous les véhicules parfaitement alignés. L'alerte de la Marine fut annulée.

Le problème majeur de Wilding concernait ses pilotes. Il lui fallait user de toute sa force de persuasion pour les amener à faire ce voyage. La piste sur laquelle ils atterrissaient se trouvait à trois quarts d'heure de route du camp. Les pilotes ne voulaient pas laisser leur appareil sans surveillance, mais en même temps, ils avaient peur de rester seuls, une fois que Wilding avait été accueilli et emmené au camp. Ils s'inquiétaient aussi de ce que les Afars pourraient leur faire. Cependant, aucun d'eux ne fut jamais importuné, et les vols se poursuivirent sans incident pendant toute la saison.

Une personne que les Afars n'inquiétaient guère était David Brill, le photographe envoyé par le *National Geographic.* C'était un être constitué de deux mètres dix de jambes surmontés d'un petit buste, avec une casquette de base-ball pour couronner le tout. Quand l'avion rasa le camp pour nous avertir de son arrivée, Gray se rendit au terrain d'atterrissage. D'abord, il ne vit rien. L'avion était reparti. Et puis, tout au bout de la piste, il remarqua un morceau d'étoffe accroché à un buisson. Confortablement installé à l'ombre, Brill dormait. En arrivant au camp, il me dit : « Vous devez être Docteur Don. » Sans doute mourait-il d'envie de dire : « *Dr Johanson, I presume* », mais il s'en abstint. Nous avions demandé au *Geographic* de nous envoyer quelqu'un qui fût capable de vivre à la dure, et leur choix était parfait. Brill n'était pas seulement un merveilleux photographe, mais l'un des hommes les plus accommodants et les plus patients que j'aie jamais rencontrés.

Depuis quelque temps, j'étais en proie à une envie maladive de sucreries. J'en rêvais la nuit, et avais demandé à Brill de m'en apporter. Une des premières choses que je lui dis fut : « Tu as du chocolat ?

– Tends la main, et recule », dit Brill.

J'obéis. Brill fouilla dans ses poches, et finit par en extirper trois ou quatre ridicules pastilles de chocolat, poisseuses, à moitié fondues.

« C'est tout ? demandai-je.

– Tu sais, j'étais affreusement pressé à l'aéroport. Et puis, j'ai eu faim, alors j'ai presque tout mangé. »

Ce soir-là, après le dîner, Brill se remit à parler de chocolat, s'excusant de n'avoir pu faire mieux. Il remit le sujet sur le tapis à l'heure du coucher, dans la tente que nous partagions, en me disant qu'au moment de m'endormir, j'allais sûrement rêver du chocolat que j'aurais pu être en train de manger à ce moment précis, s'il n'avait pas été aussi pressé.

« Boucle-la un peu avec ce chocolat, tu veux ? lui dis-je.

– Très bien, répondit Brill. Mais, j'y pense... » Il ouvrit son sac à dos. A l'intérieur, il y avait dix-huit tablettes de délicieux chocolat suisse.

Dans son travail, Brill était beaucoup moins loufoque. Il parcourut les dépôts avec le même genre de détermination qu'Aronson, mais dans un but différent. Il voulait voir quel aspect ils présentaient – ainsi que les escarpements – sous différentes lumières. Le jour où l'on trouva un superbe crâne de machairodus, il se mit à gémir : « Pourquoi est-ce que vous trouvez toujours des trucs en plein milieu de la journée ? Vous ne pourriez pas les trouver en fin d'après-midi, quand la lumière est bonne ? »

Je ne répondis pas.

« Quand est-ce que tu as l'intention de trouver un nouvel hominidé ?

– Demain », lui répondis-je, exaspéré.

Plus tard, Brill allait raconter à qui voulait l'entendre que pour trouver des hominidés en Éthiopie, il suffisait de le demander : en effet « demain » allait être l'une des journées les plus extraordinaires de l'histoire de la paléoanthropologie. J'étais parti prospecter avec Mike Bush, un jeune médecin féru d'archéologie. Mike est un homme très silencieux. C'est un bûcheur, qui ne dit jamais rien, mais qui n'a pas les yeux dans sa poche. En fait, son silence agaçait les Français. « Pourquoi est-ce qu'il ne parle pas ? me demandait-on. Qu'est-ce qu'il a ? »

Ma foi, il n'avait rien. Cela faisait à peu près une heure que nous étions dehors, quand il m'appela très calmement, de l'autre côté d'une butte : « Viens voir, je crois que j'ai quelque chose. » Je le rejoignis. Effectivement, il y avait un bloc de pierre d'où émergeaient deux prémolaires hominiennes. Elles passaient complètement inaperçues. Je me demande encore comment il a pu les voir. Je ne suis même pas sûr qu'Alémayehu les aurait remarquées.

Brill arriva et je lui dis : « Tiens, voilà l'hominidé que je t'ai promis.

– Et voilà que ça recommence, dit Brill. Il faut que tu en trouves un en plein milieu de la matinée – c'est un moment épouvantable pour prendre des photos.

– Très bien, Sire, à quelle heure souhaitez-vous que nous trouvions le prochain ? »

Brill observa le soleil : « Demain matin, à huit heures. »

Nous interrompîmes notre travail, et nous nous rassemblâmes le lendemain matin pour commencer à dégager le fossile de Bush. Brill installa son équipement pour photographier l'opération. Il y avait également un couple de cinéastes français, dont la femme s'appelait Michèle. Nos découvertes la passionnaient, mais elle aurait été incapable de distinguer un fossile d'un goulot de bouteille de Coca-Cola. Pendant que nous travaillions au bas d'une pente assez raide, elle grimpa à mi-chemin pour s'installer à l'ombre d'un petit buisson d'acacias, et manqua de s'asseoir sur quelques os. « Qu'est-ce que c'est ? » demanda-t-elle en les brandissant. Je grimpai pour les regarder, et faillis tomber à la renverse. L'un d'eux était un calcanéum hominien (l'os du talon). L'autre un fémur, identique en tous points à celui que j'avais trouvé deux ans plus tôt, mais deux fois plus grand. Tout cela fut photographié par Brill et par les cinéastes français. C'est la première fois au monde que des photographes professionnels prenaient des photos de fossiles à l'instant même de leur découverte. Toutes celles que vous avez pu voir dans des livres – *toutes* – sont des reconstitutions.

La découverte de deux dents au bas de la pente et de deux autres os à mi-chemin nous incita à examiner celle-ci de plus près. On aperçut presque immédiatement d'autres fragments. En regardant de l'autre côté du buisson d'acacias, je fis l'expérience déconcertante de trouver presque côte à côte deux péronés – le plus petit des deux os de la jambe. Une nouvelle Lucy ? Non. Les deux étaient des jambes droites, indiquant la présence de plusieurs individus. Pendant ce temps, j'entendais les autres pousser des cris pour annoncer leurs propres trouvailles, qui étaient toutes des fragments d'hominidés. Les fossiles semblaient ruisseler le long du versant, comme d'une fontaine. Une sorte de frénésie s'empara de nous, nous nous bousculions pour les ramasser. Pendant un instant, je sus à peine ce que je faisais. Je n'avais jamais vu rien de tel. Je n'avais jamais *entendu parler* de rien de tel. Nous étions comme fous. Finalement, la chaleur eut raison de nous et notre excitation tomba.

Le versant jonché d'ossements fut dûment porté sur la carte générale

Maurice Taieb examine la paroi dégagée du site 333, à la recherche d'indices géologiques pouvant rendre compte de l'événement qui a causé la mort soudaine et simultanée de tant d'australopithèques.

sous le nom de site 333. Le reste de la saison – et la plus grande partie de la suivante – fut exclusivement consacré à son exploitation. Pour commencer, tout le versant fut ratissé systématiquement – et non pas à la débandade comme pendant cette première heure d'euphorie extravagante. Puis la couche de gravier superficielle fut descendue au bas de la pente – des tonnes de gravier – pour être tamisée, tas par tas, au moyen de cribles grossiers. En définitive, le versant allait livrer près de deux cents dents et fragments d'os. La présence de nombreux fragments identiques révélait clairement l'existence de treize individus au moins. Il nous fut impossible d'assembler de nombreux os pour former des squelettes partiels comme on l'avait fait pour Lucy, car les fossiles étaient mélangés et éparpillés le long de la pente. Il faut donc envisager la possibilité qu'il y ait en fait beaucoup plus de treize individus.

De même que l'on entend toujours un léger ronflement résiduel ou un bourdonnement parasite lorsqu'un poste de radio est allumé, de même on entend à Hadar un léger bruit de fond omniprésent de fossiles animaux. Où que vous alliez prospecter, vous verrez apparaître des fragments de fossiles d'animaux. Ces débris de bêtes errantes peuvent être plus visibles à certains endroits qu'à d'autres, mais ils ne sont jamais totalement absents, et révèlent toutes les possibilités de dépôt offertes par le simple passage du temps, la lenteur de l'activité géologique, les divagations et les morts incessantes d'innombrables animaux – ce perpétuel va-et-vient, qui se produit tandis que des centaines de mètres de dépôts s'accumulent au cours de plusieurs centaines de milliers d'années. Le résultat du tamisage du versant 333 frappait justement par l'absence quasi totale de fossiles animaux. La masse de fragments épars qu'aurait dû normalement livrer toute opération intensive de ramassage dans n'importe quelle strate fossilifère manquait, pour une raison ou pour une autre ; tout ce qui provenait de ce versant était hominien.

Comment cela pouvait-il s'expliquer ? Une bande entière avait-elle été décimée soudainement, si soudainement que le dépôt normal d'os d'animaux n'avait pu se faire ? Apparemment oui. Les fossiles hominiens semblaient provenir d'une source commune, d'un horizon stratigraphique situé près du sommet du versant. Ce que l'on avait trouvé le long de la pente avait dû être entraîné par la pluie au cours des dernières saisons humides. Ce raisonnement fut confirmé par la découverte de l'horizon lui-même, qui livra, lors d'une fouille préliminaire, une vingtaine de fragments de fossiles supplémentaires. Il était aisé d'en déduire qu'avant que l'érosion eût commencé à les disperser, tous ces os s'étaient trouvés réunis, et que leurs propriétaires étaient morts ensemble.

Mais par quoi avaient-ils été tués ? Une épidémie ? Dans ce cas, comment se faisait-il qu'aucun charognard ne les eût trouvés et n'eût rongé leur os ? Et comment avaient-ils pu éliminer le « bruit de fond » d'os d'animaux, qui auraient dû normalement se mêler aux leurs pendant qu'ils restaient exposés aux éléments, recouverts progressivement par le limon ?

Plus je réfléchissais à ces deux anomalies, moins l'hypothèse de l'épidémie me semblait plausible. Il était impossible de concevoir que la mort naturelle de toute une bande d'hominidés, étalée sur plusieurs jours, voire sur des semaines, ait pu conduire à une telle pureté de conservation.

Mais alors quoi ? un combat ? Était-ce le premier exemple attesté d'une agression féroce, de ce comportement dont Raymond Dart avait fait le patrimoine naturel des hominidés ? Une bande d'australopithèques en aurait-elle exterminé une autre ? Cela semblait tout à fait improbable. Cette hypothèse ne reposait sur rien, sinon sur des conjectures. De plus, un massacre ne pouvait justifier le fait qu'aucun charognard ne se fût attaqué aux cadavres, ni la rareté déconcertante d'ossements d'autres animaux. En fait, la théorie de Dart impliquait que les australopithèques étaient dévorés par leurs congénères ; c'était l'une de leurs principales sources de protéines. S'il s'était agi d'un carnage délibéré, les agresseurs auraient brisé les os pour accéder à la moelle.

Une noyade ? Une bande s'était-elle fait surprendre par une crue subite, dans un étroit ravin ? Cela semblait plus plausible. Dans le monde entier, les gens du désert évitent de planter leur camp dans des oueds ou dans des défilés. Un journaliste qui voyageait récemment dans le désert du Sinaï a observé que les Bédouins qui y vivent éprouvent une véritable panique à l'idée de se faire prendre dans des ravins. Une expérience amère leur a appris que dans un paysage rocailleux dépourvu de toute végétation pouvant servir d'éponge en absorbant une pluie soudaine, un ravin peut constituer un piège mortel ; en effet une crue subite peut se produire plusieurs heures après l'averse d'origine, et à des kilomètres de distance. Lors de telles crues, l'eau peut monter de trois à six mètres en quelques minutes, et engloutir tout ce qui se trouve sur son passage.

J'exposai ce problème à Taieb, qui fit de son mieux, en étudiant la stratigraphie du versant, pour voir s'il y avait quelque trace d'une crue soudaine. Il détermina que tous les os provenaient d'une unique strate presque entièrement constituée d'argile pure. La minceur de la couche suggérait un événement particulier comme une crue. L'argile elle-même non ; une eau courante aurait charrié un mélange de particules plus épaisses. Ce qui avait pu se passer, dit Taieb, c'était que tout l'ensemble – os, boue, sable – ait dévalé très rapidement, en direction du bord d'un lac ou vers un autre lieu plus plat, plus ouvert, où les os auraient pu se déposer lentement, tranquillement, recouverts par un matériau fin. Taieb souligna que malgré toute sa logique, cette hypothèse était invérifiable. La géologie est une science merveilleusement instructive grâce à la sédimentation, au volcanisme, aux failles, etc., mais elle n'a pas encore atteint un niveau de raffinement suffisant pour interpréter des événements locaux, qui se sont produits du jour au lendemain, il y a trois millions d'années. Le meilleur indice en faveur de la noyade, poursuivit-il, était l'absence d'animaux fossiles. Les animaux n'auraient pas fréquenté un ravin habité par des hominidés, et auraient donc échappé à la catastrophe. D'ici à ce qu'ils aient recommencé à errer aux alentours, les hominidés auraient été enfouis en sûreté dans leur couche d'argile. Le retour ultérieur des animaux est attesté par la présence de leurs os – notre fameux bruit de fond – dans les strates situées au-dessus de la couche d'argile 333.

Taieb ne pouvait pas aller plus loin. Le groupement exceptionnel d'une bande d'hominidés reste un mystère. Il faudra attendre, pour déterminer son ampleur exacte, d'avoir achevé l'analyse de tous les os retrouvés jusqu'ici, et la fouille complète du versant, car j'espère bien y trouver d'autres os, beaucoup moins dispersés. J'espère trouver une nouvelle Lucy, plus complète. J'espère trouver un crâne d'adulte en meilleur état que celui de Lucy. Et surtout, j'espère trouver plus d'os, pour élargir mon échantillon de population. Car c'est là tout le prix du site 333. Il offre un mélange représentatif de sexes et d'âges qui est, à sa manière, encore plus précieux que l'inestimable Lucy. Lucy est extraordinaire, c'est incontestable. C'est comme quelque chose d'entrevu au moment d'un éclair, tous ses détails illuminés d'une clarté surnaturelle pendant une fraction de seconde. Ce bref instant nous révèle beaucoup de choses sur elle. Nous la voyons presque intégralement. Mais, ne pouvant la comparer à rien, comment comprendre ce qu'elle est ? Est-elle représentative de son espèce ? Si oui, celle-ci était très petite. Elle avait une curieuse mâchoire inférieure qui s'assemblait devant en formant un V. Les mâchoires d'Alémayehu n'ont pas cette forme. Représentaient-elles une espèce différente ? Étaient-elles semblables aux dents et aux mâchoires des nouveaux fossiles du site 333, surnommés la Première Famille ? Entre les anthropologues et les réponses à ces questions, il y avait les os eux-mêmes, tout un enchevêtrement d'os qu'il allait falloir nettoyer, classer, décrire, et enfin interpréter – plusieurs années de travail.

En décembre 1975, la troisième campagne d'Hadar s'acheva. Taieb et ses collaborateurs rentrèrent en France, où ils allaient passer l'hiver à classer des mammifères, à analyser des pollens et à effectuer des études géologiques. Aronson et Walter retournèrent à Cleveland, chargés d'échantillons volcaniques. J'emportai la Première Famille à Addis-Abeba et me préparai à lutter pour l'obtention de son visa de sortie.

Étant déjà passé par là une fois, je me sentais plus sûr de moi. Nous fîmes, Taieb et moi, l'inévitable conférence de presse pour expliquer l'importance des fossiles, puis vinrent les tournées des ministères pour obtenir les papiers nécessaires. Tout marcha à merveille. Je passai à la douane les doigts dans le nez et pris l'avion pour Nairobi en compagnie de Tom Gray, pour aller montrer les fossiles à mes amis Mary et Richard Leakey, et à plusieurs autres scientifiques, qui avaient participé aux campagnes de Koobi Fora et dont je connaissais déjà certains. Je fis également la connaissance de chercheurs qui avaient travaillé pour Mary Leakey à Laetoli, un site de Tanzanie, à quelques kilomètres au sud d'Olduvaï.

Quand j'étalai notre nouveau butin, l'effet fut immédiat. On n'avait jamais rien trouvé jusque-là qui associât leur très grande ancienneté, leur remarquable qualité et leur profusion. Les fossiles passèrent de main en main au milieu d'un brouhaha général. Mary et Richard Leakey les examinèrent attentivement, puis exprimèrent leur opinion : la Première Famille tendait à confirmer les conclusions auxquelles ils étaient arrivés lors de leur visite à Hadar l'année précédente ; c'étaient des fossiles d'*Homo*, encore que de nature très primitive. Lucy, qu'ils avaient pu observer depuis, était, à leur avis, quelque chose d'autre. J'étais assez d'accord avec eux sur ce point.

Au milieu de la bousculade générale pour manipuler les fossiles, une personne se tenait sur la réserve : un jeune homme aux yeux de hibou cachés derrière d'épaisses lunettes, aux cheveux raides, filasse, et en blouse blanche, qui restait à l'écart de l'agitation ambiante. J'attribuai son attitude à la timidité. J'appris que c'était un jeune Américain qui avait travaillé à Koobi Fora pendant quelques saisons comme paléontologue sous la direction de Richard Leakey, et qui travaillait à présent pour la mère de Richard. Il s'appelait Tim White.

J'ai rappelé récemment cette journée à Tim. « Tu étais tapi dans ton coin, comme si tu étais trop timide pour en sortir. Tu te souviens ? Je suis allé vers toi, je me suis présenté, et nous avons commencé à bavarder.

– Ce n'était pas de la timidité, grand Dieu ! C'était simplement de la prudence. Tu étais là, toi, le jeune crack, le beau parleur, en train de palabrer sur tous tes formidables fossiles. Je ne te connaissais pas. Je ne savais même pas si tu étais capable de reconnaître une côte d'hippopotame d'une queue de rhinocéros. J'attendais simplement que tu te plantes, que tu sortes une bourde monumentale. »

Owen Lovejoy, qui assistait à la conversation, gloussa. « Tim est un véritable saint Thomas, lui expliquai-je. Le vrai type hargneux, têtu, de je-ne-le-croirai-que-quand-vous-me-l'aurez-prouvé-avec-des-fossiles. Il ergotera sur n'importe quoi avec n'importe qui.

– Don est un vendeur de vernis à ongles : il sait s'y prendre. Je me suis dit qu'il fallait que je l'aie à l'œil. Et puis, il était en train de gober toutes les niaiseries que les Leakey lui sortaient sur un *Homo* de trois millions d'années. » Il se tourna vers moi : « C'est vrai, tu sais !

– Je ne les gobais pas, dis-je, je les *pensais*. Dans le contexte de ce que nous savions à l'époque, c'était logique.

– C'était logique si tu gobais tout un tas d'âneries sur les dates, et si tu ne prenais pas la peine d'observer les traits primitifs de la dentition. C'était logique si tu étais irréfléchi et naïf.

– Moi, irréfléchi ? Naïf ?

– Ouais, les deux. »

Bien que White m'ait pris pour un frimeur à cette première rencontre à Nairobi, et bien que j'aie pris, à tort, pour de la timidité ce qui était en fait une approche calme et intransigeante de la science, conjuguée à un idéalisme qui empêchait Tim d'éprouver une réelle admiration pour plus d'une ou deux personnes dans ce domaine, nous sympathisâmes immédiatement. Tim me parla de quelques fossiles que Mary Leakey avait trouvés à Laetoli. Finalement, il s'avança pour examiner les spécimens d'Hadar. Après les avoir regardés, il dit une chose que je n'oublierai jamais : « J'ai l'impression que vos fossiles d'Hadar et ceux de Mary de Laetoli sont peut-être les mêmes. » Il m'en montra quelques-uns. Ils avaient l'air presque identiques.

C'était fantastique. Les deux sites se trouvaient à des kilomètres de distance. La datation provisoire des spécimens de Laetoli indiquait 3,7 millions d'années. C'était trois quarts de million d'années de plus que les trois millions attribués par Aronson au basalte d'Hadar. Certes, Aronson m'avait prévenu que le basalte pouvait être plus ancien. Mais les indications des porcs de Basil Cooke, qui pourraient peut-être confirmer cette date plus ancienne, n'allaient être disponibles que dans trois ans.

Les fossiles d'Hadar et de Laetoli ne formaient-ils qu'une seule et même espèce ? Comment diable allions-nous pouvoir résoudre ce problème ?

Nous décidâmes, Tim et moi, de rester en contact.

11.
La quatrième campagne d'Hadar : nettoyage

La connaissance ne repose pas seulement sur la vérité, mais aussi sur l'erreur.

C.G. JUNG.

Tu sais... tout le monde est ignorant, mais sur des sujets différents.

WILL ROGERS.

Quand j'avais quatorze ans, mon père était tellement ignare que j'avais du mal à supporter sa présence. Mais quand j'en ai eu vingt et un, j'ai été étonné de constater tout ce que le vieux avait appris en sept ans.

MARK TWAIN.

A mon retour aux États-Unis au début de 1976, je fus surchargé de travail. Le nouveau butin de fossiles du site 333, la Première Famille, se dressait devant moi, tel un Éverest de classifications et de descriptions que j'allais devoir escalader. Je partis en reconnaissance parmi mes étudiants de troisième cycle, à la recherche de brillants sujets à qui confier quelques parcelles de ce travail. Je finis par en trouver deux : Bill Kimbel, un jeune colosse qui porte une tignasse noire et frisée et une moustache à la Fu-Man-Chu, et Bruce Latimer, un blond fauve qui représente si bien l'idéal du jeune Américain pur sang viril qu'on l'a surnommé « le surfeur ». Tous deux se sont montrés exceptionnellement consciencieux dans leur travail, et font aujourd'hui pour ainsi dire partie des meubles de mon laboratoire au Muséum de Cleveland. Kimbel est plongé dans l'étude d'un crâne d'enfant du site 333, le premier de son genre à être assez complet pour permettre une comparaison avec cet autre enfant célèbre, l'Enfant de Taung de Raymond Dart. (En 1979, Kimbel s'est rendu en Afrique du Sud pour faire cette comparaison.) Latimer s'est vu confier la responsabilité de décrire et d'analyser les os de pieds d'Hadar. Mike Bush, qui avait découvert le premier fossile du site 333, a pris les mains. Owen Lovejoy, de la Kent State University, l'expert en locomotion, s'est chargé de tous les os de jambes, des bassins et des vertèbres. Quant à moi, je m'en suis tenu à ma spécialité : les dents et les mâchoires.

Il fallut mener à bien tous ces projets en dépit des distractions causées par deux problèmes urgents. Le premier était un problème d'espace. Avec l'avalanche de nouveaux fossiles et l'équipe de thésards que j'étais en train de réunir pour travailler dessus, nous commencions à nous trouver à l'étroit dans le petit local qui nous avait été attribué au Muséum de Cleveland. Je finis par adresser à la direction un ultimatum désespéré : si l'on ne m'accordait plus de place, je me verrais contraint d'aller ailleurs.

Le musée accepta de nous libérer une partie des réserves, mais exigea que je l'aide à trouver l'argent nécessaire pour faire de ce local un laboratoire convenable. Je me lançai dans une course aux fonds et en quelques mois, je réunis deux cent mille dollars, ce qui permettait d'équiper un très beau laboratoire. Celui-ci fut officiellement inauguré en décembre 1976, ce qui ne laissait guère le temps de s'occuper du problème numéro deux.

Lors de mes négociations sur la sortie d'Éthiopie des fossiles du site 333, les autorités ne m'avaient autorisé à les conserver qu'un an. Il fallait que je mette à profit ce bref délai pour les nettoyer – une tâche très minutieuse et très laborieuse – puis pour en faire faire des moulages. Cette dernière étape dépendait de l'installation d'une salle de moulage dans le nouveau laboratoire. J'avais déjà trouvé un spécialiste, Bill McIntosh. Stimulé par ce calendrier serré, McIntosh s'installa et se mit au travail bien avant l'achèvement des travaux dans le reste du laboratoire.

Cette année-là, j'écrivis également plusieurs articles scientifiques et un article de vulgarisation pour le *National Geographic*. Le premier de ces articles était celui qui contenait le diagramme de la première colonne stratigraphique élaborée par Taieb, où le basalte était mal placé. Cette erreur n'était pas grave. L'article comportait une note précisant que les conclusions géologiques étaient provisoires et sujettes à révision.

L'avalanche de nouveaux fossiles s'accompagnait d'un flot d'informations décrivant les découvertes et les datations géologiques de la campagne qui venait de s'achever. Toutes ces données nécessitaient la publi-

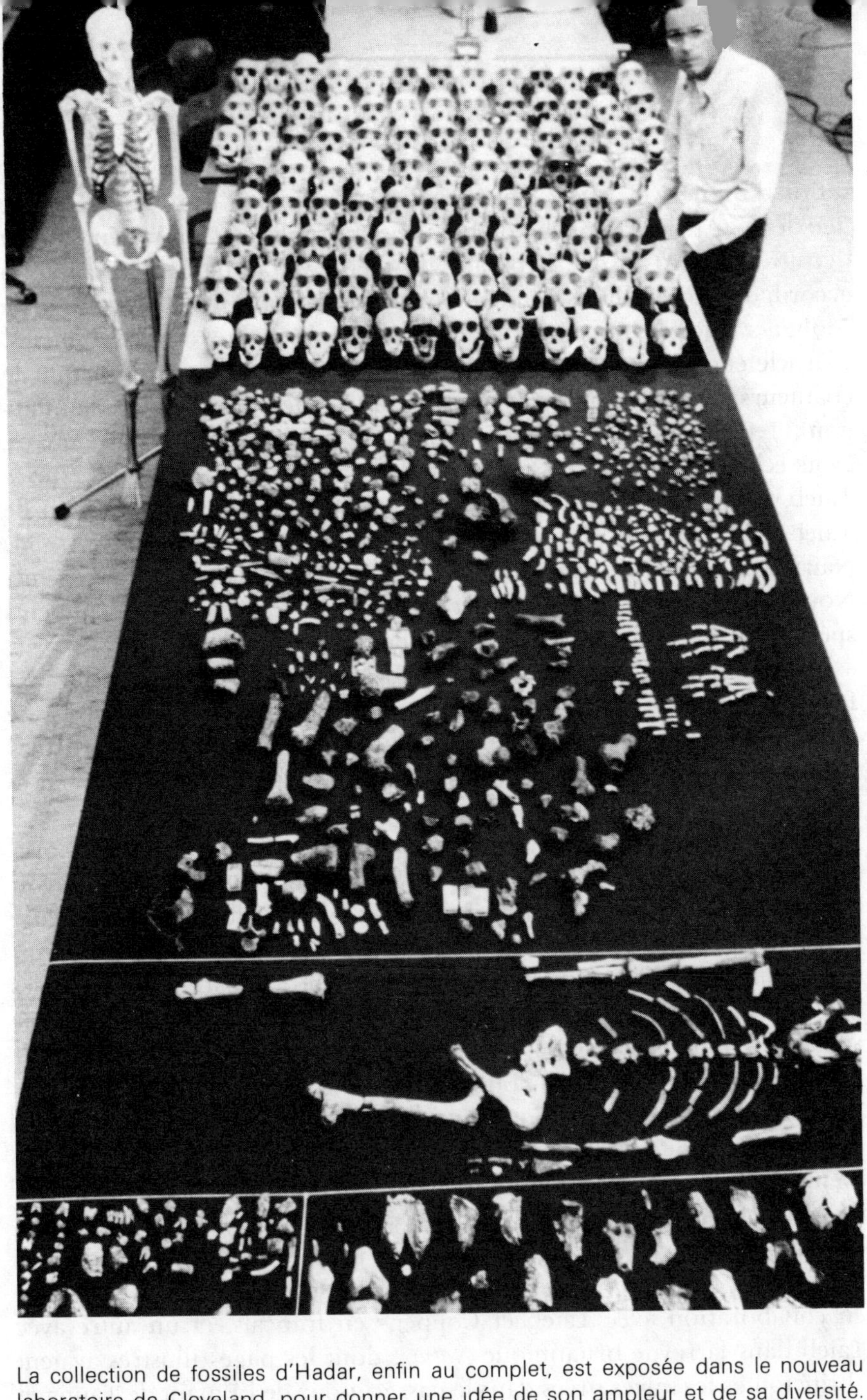

La collection de fossiles d'Hadar, enfin au complet, est exposée dans le nouveau laboratoire de Cleveland, pour donner une idée de son ampleur et de sa diversité. L'articulation du genou, quelques mâchoires, et d'autres fragments divers sont placés au premier plan. Ensuite vient Lucy. Derrière elle, la Première Famille du site 333, classée selon les différentes parties du squelette. A l'arrière-plan, Tim White, à côté de crânes de chimpanzés appartenant à la collection de référence du musée. Les hominidés de Laetoli sont à gauche, au premier plan.

cation d'un nouvel article, pour rectifier et compléter le premier. Dans ce deuxième article, la couche de basalte était replacée conformément aux découvertes d'Aronson ; le basalte lui-même y était daté, d'un commun accord, de trois millions d'années, mais nous avions pris la précaution de souligner que ce chiffre « devait être considéré comme un âge minimal ». L'article était gigantesque et était signé par une liste impressionnante de coauteurs : James Aronson (spécialiste de la méthode du potassium/argon), T.J. Schmitt (le géologue américain qui avait ramassé les quatre cents échantillons), Bob Walter (datation par traces de fission), Maurice Taieb (géologue), J.-J. Tiercelin (un géologue français, collaborateur de Taieb), C.W. Naeser (un expert américain en traces de fission), A.E.M. Nairn (un spécialiste britannique du paléomagnétisme) et moi-même. Nous jouissions désormais, Taieb et moi, du soutien actif d'éminents spécialistes, et nous en tirions le meilleur parti possible.

Un autre article que je publiai en 1976 – j'y fus contraint par de très fortes pressions – contenait une appréciation sur les fossiles trouvés. Le monde de l'anthropologie avait entendu parler de la première articulation du genou, des mâchoires, de Lucy. Comment toutes ces pièces s'assemblaient-elles ? Tout le monde voulait le savoir.

En fait, on voulait le savoir alors que je n'étais pas vraiment prêt à parler. J'avais trouvé tant de fossiles si rapidement, que j'étais loin d'avoir terminé de les classer et de les décrire. Je n'avais évidemment pas encore eu le temps de me livrer à l'exercice plus lent consistant à les placer dans un schéma général. On insistait également pour que je montre les fossiles à d'autres scientifiques. Je n'avais pas l'intention de les garder sous clé ; je sentais qu'il fallait les mettre à la disposition des autres chercheurs pour qu'ils puissent les examiner. En même temps, j'étais conscient des dommages irréparables qui risquaient d'être commis si des descriptions incorrectes ou des affirmations erronées, faites par d'autres, se mettaient à envahir la littérature scientifique. Je résolus ce problème en acceptant de mettre les fossiles à la disposition de personnes qualifiées, à condition que rien ne fût écrit à leur sujet avant que je n'aie eu le temps de publier moi-même. On me pressa d'autant plus de le faire. Je publiai un article en collaboration avec Taieb et Coppens en français, et un autre avec Taieb dans la revue britannique *Nature*, dont les pages illustres avaient abrité toutes les salves tirées dans le passé autour de l'Enfant de Taung et d'*Homo habilis*. Dans ces deux articles, je soutenais la conclusion à laquelle les Leakey et moi-même étions arrivés d'abord en 1974 à Hadar, puis à Nairobi en 1976 : les grands individus représentés par les mâchoires d'Alémayehu, ainsi que les membres de la Première Famille que l'on venait de trouver, étaient des *Homo*. Lucy ne l'était probablement pas.

Alors que le premier article de géologie, imparfait, mais rapidement corrigé, ne me causa aucun souci, l'article de *Nature* me donna bien du fil à retordre. Pour le corriger, il me fallut d'abord réviser mes propres conceptions. Cela m'amena à élaborer des conclusions plus générales sur l'évolution hominienne, qui, si elles étaient acceptées, allaient affecter le regard que tous les paléoanthropologues porteraient désormais sur le schéma de l'ascendance humaine.

Aucune de ces perspectives ne m'effleura au moment de signer cet article et de l'envoyer pour publication.

En 1976, je revis également Timothy White, cette fois à Nice, pour un congrès. Tim avait avec lui quelques moulages des fossiles de Mary Leakey provenant de Laetoli, sur lesquels il travaillait. Nous nous installâmes pour les comparer aux spécimens d'Hadar. Il avait déjà affirmé à Nairobi qu'il était fort possible, à son avis, que les deux collections représentent une seule espèce d'hominidés. Quand il répéta ces propos ce jour-là, je l'arrêtai immédiatement :

« Une espèce ? Au singulier ?

– Au singulier. Une seule espèce.

– Mais nous en avons deux à Hadar. La petite Lucy et les grands.

– Je n'en suis pas si sûr. Il va falloir étudier ça. »

Nous nous séparâmes sur cette note alléchante : Tim partit pour le Michigan terminer sa thèse, et je retournai à la multitude de corvées qui m'attendaient, dont la réalisation des moulages et la description des fossiles 333. Je décidai qu'il me serait impossible de me rendre à Hadar cet automne-là ; j'avais trop à faire sur place. Je confiai la responsabilité de l'équipe américaine à Tom Gray, puis convoquai Bill Kimbel, mon thésard, dans mon bureau ; je lui dis : « Tu as fait du bon travail. Tu as terminé tes cours et tu t'es donné à fond à tes études d'anthropologie. Ça te dirait d'aller à Hadar comme assistant de Tom Gray ? »

Kimbel resta sans voix. Hadar était certainement devenu le site au monde où le plus de spécialistes du Plio-Pléistocène auraient souhaité travailler. Il n'y avait pas un étudiant de troisième cycle du pays qui n'eût aimé être à la place de Kimbel.

J'avertis Taieb de ces changements, et appris à ma grande consternation que la situation politique éthiopienne avait encore évolué. Taieb me dit que quel que fût le travail que j'avais à faire aux États-Unis, il fallait que je l'interrompe et que je le rejoigne pour l'aider à organiser la prochaine campagne ; faute de quoi, il n'y en aurait pas.

« De toute façon, c'est un risque, dit Taieb. Et si nous ne sommes pas là tous les deux pour nous battre, l'affaire est réglée. »

Nous nous retrouvâmes à Addis en septembre 1976. Je compris immédiatement que Taieb avait eu raison. L'activité ministérielle était au point mort par suite de la paralysie générale de la fonction publique. On entendait parler couramment de disparitions et d'exécutions.

Nous nous présentâmes aux ambassades française et américaine, qui toutes les deux nous déconseillèrent vivement toute forme d'expédition. Selon l'ambassade américaine, on attendait des développements majeurs, d'un jour à l'autre. Personne ne put m'expliquer ce qu'ils entendaient par là, mais on me dit : « Si vous vous faites prendre là-bas, vous allez vous retrouver en rade.

– Pouvez-vous nous empêcher de partir ? demandai-je.

– Non. Mais nous voulons que vous compreniez bien que nous souhaitons vivement que vous ne partiez pas. Vous ne ferez qu'ajouter à nos soucis, cela fera d'autres personnes dont il faudra s'inquiéter, qu'il faudra surveiller – et finalement secourir. »

Même Wilding, l'imperturbable Britannique, nous déconseilla de partir ; les protecteurs proverbiaux de l'expédition, les membres des tribus afars, étaient eux-mêmes en effervescence et risquaient de ne plus être sûrs.

Maurice et moi décidâmes de vérifier cela par nous-mêmes. Nous localisâmes le quartier général d'un chef afar, dans une plantation de coton à quelque quatre-vingts kilomètres au nord d'Hadar. Nous lui fîmes dire que nous souhaitions le rencontrer à la plantation, où nous nous rendîmes dans un petit avion de location. Des hommes en armes nous accueillirent sur la piste d'atterrissage de la plantation, et nous conduisirent à une maison, dont la porte était gardée par des sentinelles. Tout cela dégageait un parfum de quartier général militaire. A l'intérieur, un petit homme nommé Habib était assis à une table, le visage impénétrable ; derrière lui se trouvaient d'autres gardes armés. C'était le fils de l'ancien sultan de la région, qui avait été exilé au Moyen-Orient quelques années plus tôt par un autre sultan, Ali Mira.

Ali Mira avait exercé le pouvoir dans la région pendant toutes les campagnes précédentes. Il levait ses propres impôts, rendait lui-même la justice et n'avait strictement aucun contact avec Hailé Sélassié, sinon un arrangement tacite apparent l'autorisant à faire ce qu'il voulait pourvu que ce fût dans l'Afar et nulle part ailleurs. Après le départ de Sélassié, les vagues causées par la tempête politique d'Addis s'étaient propagées jusque dans l'Afar, et Ali Mira avait été déposé par des partisans de l'ancien sultan.

Maintenant, le fils de ce sultan occupait la place. C'était un petit homme impassible, assis, très calme, derrière son bureau poussiéreux. Mais il avait le regard sombre d'un oiseau de proie et respirait la détermination. Il nous demanda ce que nous voulions.

Nous répondîmes que tout ce que nous demandions, c'était l'assurance que les troubles locaux ne perturberaient pas notre expédition. Nous craignions d'être pris entre deux feux si des combats sérieux se déclenchaient entre Afars.

Il nous répondit de ne pas nous inquiéter. Quelques bandes errantes de partisans d'Ali Mira se trouvaient encore en liberté, mais plus pour longtemps. La région pouvait être considérée comme sûre. Vu nos bonnes relations passées avec les membres des tribus et notre totale neutralité politique, nous étions les bienvenus.

Le nouveau chef désigna un de ses seconds pour nous servir de guetteur. « Il s'appelle Muhammed Goffra. Il va vivre avec vous. Ses hommes vous garderont. Je peux vous assurer de son entière loyauté à mon égard – vous serez donc en parfaite sécurité. »

En écoutant ces propos, j'éprouvai à nouveau le sentiment de me trouver dans un camp militaire. Et pourtant, je me sentais rassuré. Ce pouvoir brut, exercé directement, convenait en quelque sorte à ce décor de frontière aride. Il était simple, et inspirait confiance. Il n'avait rien des arcanes de la politique du gouvernement central. Dans l'avion qui nous ramenait à Addis, je dis à Maurice que je me sentais mieux.

« Moi aussi.

– Qu'en dis-tu ? On s'en tient à notre plan ?

– D'accord. »

La campagne de 1976 démarra comme prévu, l'équipe américaine étant placée sous la direction de Gray. Je rentrai aux États-Unis pour essayer de venir à bout d'une partie du travail qui m'attendait. En décembre, tout à la fin de la campagne, je retournai à Hadar avec les fossiles de l'année précédente, qui devaient être rendus aux Éthiopiens selon les termes de l'accord que nous avions passé avec eux.

Je voulais demander une prolongation d'un an, mais hésitais à le faire devant la situation politique. Il fallait à tout prix préserver notre crédibilité aux yeux du *Derg*. Les intérêts en jeu étaient trop élevés. J'avais appris que le ramassage superficiel du site 333 était à peu près achevé, et avait été très fructueux ; il allait donc falloir que j'obtienne, quelques semaines plus tard, l'autorisation d'emporter ce nouveau butin. De plus, une petite incision pratiquée au flanc du site 333 avait révélé la présence d'autres fossiles ; j'étais sûr qu'une fouille complète de la colline l'année suivante livrerait des découvertes spectaculaires – pourquoi pas un nouveau filon contenant des individus intacts ? Dans mon esprit, je voyais déjà d'autres Lucy, des Lucy plus belles encore. Enfin, on avait trouvé, juste de l'autre côté de la rivière par rapport au camp, une mâchoire et des dents magnifiques, dans des dépôts qui n'avaient pas du tout été prospectés pour le moment. Je ne pouvais qu'imaginer tout ce qu'ils devaient encore contenir.

Rendre des fossiles qui n'avaient pas été moulés ou minutieusement décrits en échange de nouveaux fossiles et de la possibilité d'en trouver davantage encore revenait à déshabiller Pierre pour habiller Paul. A quoi bon emprunter un fossile intéressant, le garder au fond d'une poche pendant quelque temps, puis le ressortir et le rendre, afin de faire de la place pour un autre ?

En cet instant d'intense frustration, je décidai que ce que je pouvais faire de mieux, c'était emmener avec moi mon mouleur, Bill McIntosh, d'organiser une opération temporaire de moulage en Éthiopie, et d'espérer que McIntosh pourrait réaliser au moins quelques empreintes de plus avant la date de restitution des fossiles au musée national.

Pendant ce temps, Gray avait dû faire face à ses propres problèmes. Cette année-là, la grande difficulté fut la question des transports. L'expédition avait acheté une nouvelle camionnette, et avait prévu de l'utiliser pour se faire livrer toutes les semaines de la viande, des fruits et des légumes depuis Addis. Le chauffeur de l'année précédente, effrayé par

l'agitation qui régnait dans la région, avait refusé de revenir. Gray se mit en quête d'un nouveau chauffeur et lui fit faire un tour d'essai au milieu de la circulation d'Addis. Ils n'avaient pas dépassé trois pâtés de maisons que le chauffeur avait déjà embouti la camionnette en rentrant dans un camion. Pendant qu'on la réparait, Gray retourna voir l'ancien chauffeur, et, dans un élan d'éloquence, le persuada de revenir sur sa décision. Il fit deux trajets avant de démissionner. Sa mère, dit-il, était sûre qu'il allait tomber dans une embuscade et se faire assassiner au moment où il ralentissait pour traverser une rivière. Gray finit par dénicher un troisième homme, dont le regard s'illumina à la vue de la camionnette toute neuve. Il conduisit très bien au cours de l'essai, mais c'était un coureur automobile dans l'âme. Lorsqu'il était seul, il roulait à tombeau ouvert, comme s'il était au Mans. Il se retrouva rapidement sur le toit au fond d'un ravin de plus de quatre mètres ; la camionnette était complètement démolie, et lui-même blessé à la tête.

On abandonna les tentatives d'approvisionnement par route depuis Addis. On organisa alors quelques trajets en avion, mais ces voyages s'interrompirent à leur tour quand les Éthiopiens jugèrent que les risques de se faire abattre devenaient inadmissiblement élevés. Kabété dut, une fois de plus, se débrouiller avec les chèvres locales.

Malgré ces inconvénients, je trouvai Gray et Kimbel d'excellente humeur à mon arrivée au camp. Kimbel en particulier exultait. Il me raconta la découverte de la mâchoire, de l'autre côté de la rivière. Elle avait été rapportée au camp par un petit garçon afar, qui avait appris tout seul à reconnaître les mâchoires d'hominidés en observant et en écoutant ses aînés décrire les os qui, parmi tous ceux qui jonchaient le paysage, intéressaient le plus ces toqués d'étrangers.

Le fossile que le garçon apporta était la moitié droite d'une mâchoire inférieure, avec toutes ses dents en place – un spécimen vraiment superbe. Il affirma que l'autre moitié se trouvait de l'autre côté de la rivière ; il savait où elle était, et y emmènerait Kimbel, à condition qu'on l'embauchât comme aide-cuisinier. L'après-midi même, Kimbel et Nicole Page traversèrent la rivière en pataugeant et suivirent le petit garçon pendant près d'une heure ; il les guida sans hésiter jusqu'à l'autre moitié de la mâchoire. Une fois assemblés, ces deux fragments constituèrent la plus belle mâchoire inférieure de toute la collection d'Hadar.

Un autre exploit de la campagne 1976-1977 fut la première découverte à Hadar d'outils de pierre. Une des collaboratrices de Taieb, une archéologue française nommée Hélène Roche, en avait ramassé plusieurs à la surface du sol, dans un ravin situé à environ cinq kilomètres du camp. Malheureusement elle avait dû rentrer en France avant d'avoir pu approfondir ce nouvel élément capital. Son départ laissait l'expédition sans archéologue – il n'y avait plus personne de compétent dans l'étude des objets fabriqués et des coutumes présumées des premiers hominidés. Je demandai donc à Taieb s'il accepterait que j'invite un spécialiste à rejoindre l'équipe pendant quelques semaines. Je pensais en particulier à Jack Harris, un jeune archéologue néo-zélandais très compétent, qui avait une certaine expérience des outils de pierre, car il avait travaillé dessus à Koobi Fora, sous la direction de Glynn Isaac et de Richard Leakey. Il me fallait le consentement de Maurice, parce que, étant très forts en archéologie, les Français avaient le sentiment que c'était leur « territoire » à Hadar. Maurice connaissait Harris et l'estimait beaucoup. Il envisagea les réactions que l'intégration d'un archéologue non français dans l'équipe était susceptible de provoquer parmi ses collaborateurs et décida que cette embauche était justifiée.

Les outils de pierre ont joué un rôle confus dans l'explication de la préhistoire africaine. On en a découvert de temps en temps en Afrique du Sud, et l'on s'est efforcé de les relier aux fossiles australopithèques que l'on y avait également trouvés. Si ce lien existait, on pouvait en déduire que les outils avaient au moins un million d'années, voire deux. Mais ce lien n'a jamais pu être établi, et personne n'a été en mesure de prouver que les australopithèques d'Afrique du Sud utilisaient des outils. En fait, on dispose aujourd'hui d'éléments de plus en plus nombreux suggérant qu'aucun australopithèque, *nulle part*, n'a jamais fabriqué ni utilisé couramment d'outils. Les plus anciens que l'on ait trouvés sont généralement associés à des fossiles d'*Homo*. Il semble par exemple que les outils sud-africains aient été l'œuvre d'*Homo erectus*. Dans la gorge d'Olduvaï, où les outils ont près de deux millions d'années, leur présence est justifiée par celle d'*Homo habilis*.

Il n'est pas facile de calculer l'âge d'un outil de pierre. La pierre dont il est constitué ne se prête pas à une datation radiométrique, même s'il s'agit d'une roche volcanique. En effet, l'hominidé qui a fabriqué cet outil peut très bien avoir ramassé une pierre qui avait cinquante ou cent millions d'années de plus que lui. Il peut aussi l'avoir fabriqué à un endroit, et l'avoir perdu ailleurs. De plus, les outils qui ont été clivés ou violemment frappés présentent des surfaces tellement altérées que les dates que l'on pourra obtenir comporteront une marge d'erreur inadmissible. Aussi faut-il observer l'outil lui-même, et ses associations géologiques et biostratigraphiques.

Bien souvent, l'outil lui-même ne nous apprendra presque rien. Le problème est qu'il s'agit sans doute de l'objet le plus résistant au monde. Une fois fait, il défie la destruction. Il peut être fabriqué, jeté, enfoui sous des dépôts, et puis réapparaître plusieurs millions d'années après, très peu marqué par son voyage à travers le temps et la géologie. Par conséquent, si l'on trouve à la surface du sol un outil ne présentant aucune particularité d'exécution permettant de le dater, comment pourra-t-on déterminer son âge ? Autrement dit : si des hommes ont fabriqué des outils analogues il y a mille ans et les ont laissé traîner, comment un archéologue pourra-t-il les distinguer d'un outil semblable, fabriqué un million d'années plus tôt ?

Certaines différences dans la fabrication de l'outil fournissent des indications sur son âge. On trouve par exemple l'industrie oldowayenne, extrêmement primitive, identifiée et baptisée par les Leakey à la gorge d'Olduvaï, et dont on sait aujourd'hui qu'elle remonte au moins à 1,8 million d'années – et probablement à deux, si l'on se fonde sur la découverte d'objets identiques dans la vallée de l'Omo et au lac Turkana. Il y a aussi l'industrie acheuléenne, plus avancée, dont on pense généralement qu'elle est liée à l'apparition d'*Homo erectus*. Ce type d'outils comme ce type d'êtres humains semblent apparaître assez subitement aux alentours de 1,5 millions d'années, et évoluer très peu par la suite. Tous deux ont résisté opiniâtrement au changement pendant un million d'années au moins. Il semblerait que la trousse à outils acheuléenne ait amplement suffi aux besoins du chasseur-cueilleur africain primitif, et qu'il n'ait eu que peu de raisons de l'améliorer – voire aucune.

Lorsqu'il me parla des outils, Harris évoqua ce problème. Il me dit qu'il était absolument impossible de dater un outil trouvé à même le sol au lac Turkana, parce que les hommes modernes qui avaient eu besoin de lames grossières pour débiter des animaux, il y a de cela mille ans seulement, avaient fabriqué des instruments similaires, et qu'il existait même quelques personnes qui en faisaient encore aujourd'hui. Grâce à leur indestructibilité, observa Harris, on pouvait entendre dans toute l'Afrique un « bruit de fond » d'outils de pierre analogue à celui des fossiles animaux ; mais ces outils ayant très peu évolué, ce bruit de fond était beaucoup moins utile. L'unique méthode pour dater un fossile était de fouiller, afin de le trouver à sa place, dans l'horizon où il avait probablement été laissé par l'individu qui l'avait fabriqué.

Fouiller impliquait d'empiéter sur le territoire réservé des archéologues français. Maurice jugea préférable que Harris se tînt à l'écart du lieu de travail d'Hélène Roche. Aucun d'eux ne sachant exactement à quel endroit de la pente d'un certain ravin elle avait travaillé, je demandai à Harris de se limiter à l'exploitation de l'autre versant du ravin.

Harris partit, et je me mis en devoir de faire quelques jours de nettoyage de fossiles. J'avais avec moi quelques spécimens de l'année précédente provenant du site 333, qu'il fallait encore débarrasser de leur croûte et décrire. Je pouvais faire ce travail sur le terrain car j'avais apporté une petite pompe qui produisait assez d'air comprimé pour faire fonctionner le type d'instrument qu'on utilise pour nettoyer les fossiles en laboratoire : un appareil pneumatique qui fonctionne comme un marteau-piqueur miniature, et dont on se sert pour faire sauter les incrustations de pierre qui recouvrent les fossiles. Cet appareil doit être manipulé avec d'infinies précautions sur les dents, parce que leurs surfaces doivent être mises à nu sans être ni rayées ni entaillées. La moindre éraflure estomperait en effet les traces d'usure, révélées par les facettes que des années de mastication forment sur toutes les dents. Pour éviter les dégâts, le nettoyage final des dents et des mâchoires se fait toujours avec de petits instruments de dentiste.

Je venais à peine de m'installer avec mes fossiles que Harris revint ; il pensait avoir trouvé un gisement intéressant et venait chercher de l'aide.

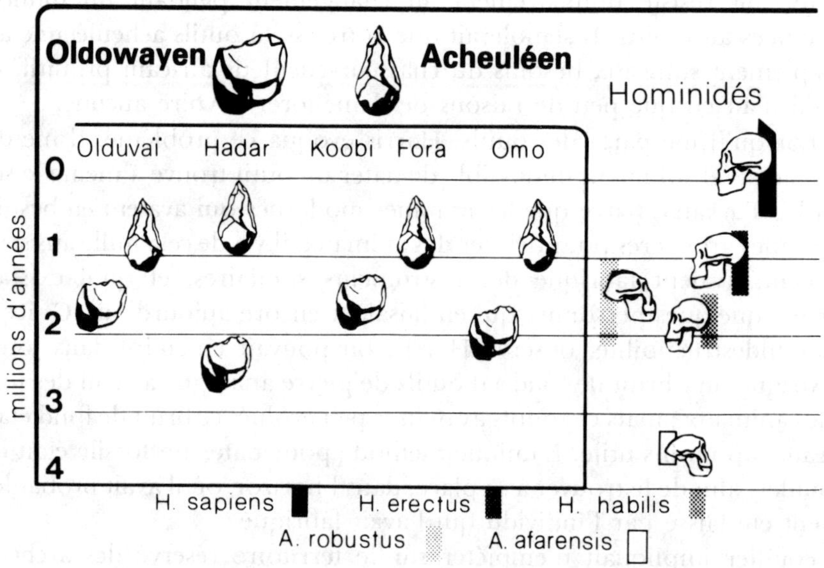

Le classement des outils oldowayens et acheuléens suivant leur âge et le site où ils ont été trouvés révèle que les oldowayens sont probablement l'œuvre d'*Homo habilis*, et les acheuléens celle d'*Homo erectus*. Les outils oldowayens de 2,5 millions d'années trouvés à Hadar suggèrent qu'en définitive *Homo habilis* pourrait également remonter à cette date. Rien ne permet en effet de penser que les australopithèques aient fabriqué des outils, de quelque type que ce soit. Apparemment, les outils de pierre sont l'invention d'*Homo*.

J'avais une certaine expérience en archéologie grâce aux fouilles indiennes que j'avais effectuées aux États-Unis quand j'étais étudiant. Ce n'était pas la peine qu'on me dise comment tenir une mire d'arpenteur, ni comment utiliser un théodolite ou diviser le terrain en carrés de fouille. Nous nous mîmes immédiatement au travail. Nous creusâmes une surface de sept mètres et demi de côté, sur une profondeur de quelques pieds. Nous y trouvâmes une vingtaine de pierres façonnées, accompagnées d'un morceau de molaire d'éléphant et d'autres fragments d'os. En observant la géologie environnante, je pus me faire une idée relativement précise du niveau auquel nous nous trouvions dans la colonne stratigraphique ; il me sembla bien reconnaître en effet une couche de cendre BKT, le matériau qu'Aronson et Walter avaient utilisé pour leur datation dans une autre partie des dépôts. Pour m'en assurer, je demandai à Walter de remporter des échantillons à Cleveland. Il nous a affirmé depuis qu'à première vue, l'origine des outils se situe entre les tufs BKT-2 et BKT-3. Ils auraient donc deux millions et demi d'années, et seraient par conséquent les plus vieux du monde.

Les outils que nous avions trouvés étaient en basalte et avaient été façonnés à dessein et avec esprit de suite : ils étaient plutôt mieux travaillés que ceux d'Olduvaï. Cette découverte était pour le moins stupéfiante, et tendait à confirmer l'hypothèse que j'avais exprimée dans mes articles : les grands hominidés d'Hadar étaient des *Homo*. Des australopithèques auraient-ils pu fabriquer des choses pareilles ? Je ne le pensais pas. Je commençai à me demander sérieusement à quelle tâche il conviendrait d'accorder la priorité l'année suivante : fallait-il concentrer tous nos efforts sur l'archéologie, sur les outils, nous attaquer à l'horizon fossilifère situé au sommet du versant du site 333 – ou nous atteler aux deux à la fois ? Cette dernière solution nécessiterait une équipe encore plus importante que celle de cette année ; il faudrait donc trouver plus d'argent. Mais avec deux arguments aussi attrayants – les plus vieux humains, et les plus vieux outils – à présenter aux fondations et aux commanditaires privés, je me sentais en terrain sûr.

Le terrain parisien, en revanche, se révéla glissant. Hélène Roche apprit l'invasion de « son » chantier de fouilles et alla se plaindre à Taieb. Il fallut réunir toutes les parties concernées, lors du Congrès panafricain de Nairobi en septembre 1977, pour mettre les choses au point. L'affaire fut réglée à l'amiable. Chose essentielle, ce conflit d'attributions n'affecta en rien l'estime et la confiance des relations que j'entretenais avec Taieb.

« Si tu veux ramener Harris l'année prochaine, me dit Maurice à la fin de la réunion, nous tâcherons de trouver un moyen de l'utiliser. C'est un type précieux. Je suis sûr que quand Roche et lui se connaîtront, ils feront du bon travail ensemble.

– Je l'espère. Si nous devons vraiment attribuer 2,5 millions d'années à des outils, nous aurons intérêt à avoir un travail archéologique impeccable pour étayer cette affirmation : ils vont tous en tomber à la renverse.

– C'est probable », dit Taieb.

Cette réunion au sujet des outils eut lieu en fait plusieurs mois après la fin de la campagne. Le camp avait déjà été fermé et tout le monde était parti. J'avais emballé tous les fossiles hominiens et m'étais rendu à Addis, chargeant Gray et quelques autres des derniers rangements. Comme d'habitude, on avait manqué de vivre les quelques derniers jours. Le matin du départ, Kabété avait fait une énorme omelette avec un unique œuf d'autruche ; il y avait eu à manger pour onze personnes, et c'était absolument délicieux.

Cette année-là, Gray eut beaucoup de rangements à faire. Il fallut mettre en caisses avant stockage une importante collection de fossiles animaux, qui étaient trop volumineux et trop encombrants pour pouvoir être expédiés aux États-Unis. Les tentes, le matériel de couchage et de cuisine, les filtres à eau, les tables, les chaises de camping et les lampes portatives furent chargés dans des camions et des remorques. Toutes les boîtes en fer-blanc, les cartons, les mètres de ficelle et de fil de fer, les feuilles de plastique et tout le bric-à-brac d'une saison d'activité furent revendiqués par les Afars ; leurs femmes envahirent les lieux et commencèrent à tout ramasser avant même que la caravane n'eût entamé en grinçant la longue grimpée en direction du plateau qui précédait la randonnée cahotante jusqu'à la capitale.

Entre-temps, je m'étais rendu à Addis avec tous les nouveaux fossiles du site 333, plus la petite sélection de l'année précédente que j'étais parvenu à nettoyer au camp, à la dernière minute.

L'essentiel des spécimens du site 333 de 1975 était resté aux États-Unis, où l'on avait travaillé dessus le plus longtemps possible. Je m'étais arrangé pour que Bobbie Brown, une fille de mon équipe, les apporte en avion à Addis au dernier moment, et m'expose le travail qui restait à faire. Je devais alors décider s'il convenait ou non de demander au musée une prolongation du prêt. J'espérais que le fait que j'aie pris la peine de rapporter tous les fossiles serait considéré comme une marque de mon sérieux et de ma bonne volonté.

Bobbie arriva comme prévu et me remit ses fossiles, en précisant que certains n'avaient pas encore été moulés. Je les apportai tous aux autorités. L'autorisation de sortie ayant été signée l'année précédente en présence d'Alémayehu, le représentant éthiopien auprès de l'expédition, celui-ci devait obligatoirement assister à leur restitution et vérifier que le compte y était. Au milieu de toute cette confusion, je craignais qu'il ne vînt pas, mais à mon grand soulagement, il arriva. Il contrôla les fossiles et déclara que la liste était complète. Tout se passa si bien que je décidai de prendre le risque de demander si l'on m'autoriserait éventuellement à en récupérer certains pour finir de travailler sur eux. A ma surprise, on accéda immédiatement à ma requête.

L'affaire des fossiles de 1975 étant réglée de façon si heureuse, je m'attaquai alors à la collection de 1976-1977. Cette opération nécessitait la présence d'un autre Éthiopien, Gétachew, qui avait remplacé Alémayehu sur le terrain cette année-là. Le lendemain il m'accompagna au ministère de la Culture pour se procurer les papiers autorisant l'enregistrement et le prêt de la nouvelle collection. Nous fûmes reçus par le secrétaire général du ministère, un jeune homme dynamique qui signa les papiers d'un geste élégant, en souriant. Il était alors dix-sept heures trente. Une demi-heure plus tard, le secrétaire prit sa voiture pour rentrer chez lui, et fut abattu sur le seuil de sa maison.

Je ne sus rien de cette affaire. Je ne l'appris que le lendemain matin, en retournant au ministère avec Gétachew pour m'occuper des papiers. Le ministère était en état de choc. Dans cette atmosphère de panique paralysante, je passai de bureau en bureau, murmurant mes condoléances à des fonctionnaires de toute évidence atterrés, leur faisant vérifier des photographies, regarder des os, viser des papiers. Je rappelai à des employés hésitants que le secrétaire devait être l'enterré l'après-midi, et qu'il serait judicieux de se débarrasser de ce dernier petit travail à temps pour que tout le monde pût assister aux obsèques. A la fin de la matinée, j'avais terminé ma tournée et étais en possession de toutes les signatures nécessaires. Je confiai les papiers à Gétachew jusqu'au lendemain matin. Nous devions alors les présenter au musée et retirer les fossiles.

« Qu'ont-ils donc ? demandai-je à Gétachew en sortant du ministère. On dirait qu'ils sont tous morts de peur.

– Moi aussi j'aurais peur, répondit-il.

– Mais à ce point ! Certains avaient l'air de croire que l'on pourrait s'en prendre à *eux*.

– Oui.

– Comment ça "oui" ? Pourquoi voudrait-on tuer des fonctionnaires ?

– Je ne sais pas. Il y a des rumeurs. Il est en train de se passer quelque chose.

– Irez-vous aux obsèques du secrétaire ?

– Non, dit Gétachew. Je pense qu'il vaut mieux ne pas y aller. Pour vous aussi. C'est préférable. »

Je manquai donc l'enterrement, et décidai d'appeler l'attaché culturel de l'ambassade de France, dont j'avais fait la connaissance grâce à Taieb. Il insista pour que je vienne dîner. « Faites vos bagages et apportez-les. Vous passerez la nuit ici. Il y a le couvre-feu ce soir, et vous risquez de ne pas pouvoir rentrer à votre hôtel. »

J'acceptai son offre. A onze heures, l'attaché reçut un appel téléphonique de l'ambassadeur de France, et apprit à sa stupéfaction qu'il y avait eu un coup d'État en Éthiopie au cours de la matinée, et que le pays était désormais gouverné par une nouvelle équipe d'officiers. Cela s'était passé pendant que je faisais la tournée des bureaux, au ministère. Il n'y avait eu aucune annonce officielle. Je me demandai toutefois quel était le lien – si lien il y avait – entre l'assassinat du secrétaire la veille et ce putsch.

« Un coup d'État ? dis-je à l'attaché. Un vrai coup d'État ?

– C'est ce que m'a dit l'ambassadeur. »

Ce soir-là, l'ambassadeur n'en dit pas plus long. J'appris qu'au courant de la matinée, le *Derg* avait été convoqué par l'officier qui le présidait et qui dirigeait le pays *de facto*, le colonel Tafari Banté. Il y avait eu un désaccord quelconque au sommet et plusieurs exécutions sommaires. Un nouveau chef, Mengistou, s'était imposé, et c'est lui qui dirige le pays depuis.

Je passai une nuit blanche, regrettant amèrement d'avoir laissé les papiers à Gétachew ; j'étais sûr de ne jamais le revoir, pas plus qu'Alémayehu. Dans un pays livré à l'anarchie, gouverné par les armes, qui donc irait écouter l'appel d'un obscur étranger demandant à emporter des os ? Je pouvais considérer comme du temps perdu les deux semaines que je venais de passer à courir après des formulaires, et comme gaspillées les campagnes des deux dernières années. Ne disposant que d'une partie de la Première Famille, quelle valeur ce travail pourrait-il avoir ? Le lendemain matin, je pris congé de l'attaché, allai régler ma note d'hôtel, et me traînai jusqu'au musée, profondément déprimé. A ma grande surprise, Alémayehu et Gétachew étaient là, prêts à commencer l'opération de sortie des fossiles, qu'ils avaient déjà portés sur le registre d'inventaire. On me remit d'abord les fossiles de 1975 qui n'avaient pas encore été moulés, puis toute la collection de 1976. Chaque pièce fut soigneusement emballée et rangée dans une grande boîte. J'en pris possession, complètement abasourdi.

Il restait encore l'aéroport. J'y arrivai, le cœur battant la chamade, craignant de le voir fermé et sous contrôle militaire. Mais tout avait l'air normal. A mon arrivée quelques semaines plus tôt, j'avais distribué des exemplaires de mon article du *National Geographic* aux employées qui vérifiaient mes bagages, pensant qu'une histoire sur des fossiles éthiopiens pourrait les intéresser. Elles se souvenaient de moi : l'homme aux fossiles.

« Toujours des fossiles, là-dedans ?

– Oui. Très intéressants, et très importants. »

Elles me firent signe de passer. Je courus ventre à terre jusqu'à l'avion, cramponné à ma boîte.

12.
Koobi Fora et Laetoli : discussions au sujet de dates et d'empreintes de pas

Je me suis toujours évertué à conserver une grande liberté d'esprit, de façon à abandonner toute hypothèse (et je ne peux m'empêcher d'en former une sur tous les sujets), quel que fût mon attachement pour elle, dès que les faits la contredisaient. En fait, je n'ai pu qu'agir ainsi, car, à l'exception des récifs de corail, je ne peux me rappeler une seule hypothèse préalable que je n'aie dû, au bout d'un certain temps, abandonner ou largement modifier.

CHARLES DARWIN.

Il faut éviter les discussions. Elles sont toujours vulgaires, et souvent convaincantes.

OSCAR WILDE.

En février 1977, j'étais de retour à Cleveland. Et, pour la première fois, toute la collection d'Hadar se trouvait réunie, au grand complet, en un seul lieu : l'articulation du genou, les mâchoires, Lucy, et tous les membres de la Première Famille du site 333. Considérée rétrospectivement, cette récolte d'os était presque un miracle ; un cocktail de moments opportuns, de chance et de persévérance – arrosés d'une larme d'audace. Le tout formait une collection relativement importante. Elle n'avait pas l'ampleur – et de loin – de l'ensemble des collections sud-africaines, mais elle leur était largement supérieure en qualité. Elle donnait une bien meilleure image du squelette complet, elle était beaucoup mieux conservée et, bien sûr, elle portait des dates précises, chose qui manquait encore aux spécimens sud-africains.

Nous avions là plus de trois cent cinquante fragments de fossiles constituant un groupe de mâles, de femelles et de petits suffisamment varié pour que l'on pût le considérer comme représentatif d'une population. A partir de là, on devait pouvoir commencer à essayer de déterminer ce qu'ils étaient : *Australopithecus africanus, Homo habilis,* ou autre chose encore ? En tout état de cause, l'espèce à laquelle ils appartenaient, quelle qu'elle fût, serait désormais mieux connue et mieux comprise que jamais.

Et ce serait à moi de procéder à cette analyse. J'étais parfaitement conscient que, tout en survenant à l'aube de ma carrière, cette contribution serait la plus importante peut-être qu'il me serait donné de faire en paléoanthropologie. J'étais le détenteur d'une collection unique. Elle éclairait, comme par un feu de projecteur, une courte période de temps – autour de trois millions d'années avant J.-C. – totalement obscure partout ailleurs. Les fossiles de l'Omo, qui avaient un âge comparable, étaient difficiles à apprécier en raison de leur nature fragmentaire et de leur usure. Bien que Richard Leakey continuât d'affirmer dur comme fer que son crâne 1470 avait 2,9 millions d'années, la plupart des milieux scientifiques s'accordaient à le ramener à un âge inférieur à deux millions d'années. En pratique, cela laissait les hominidés d'Hadar sans rival.

Seul dans mon bureau, un soir, au sous-sol du Muséum de Cleveland, je sortis toutes les mâchoires et les alignai sur la table. Il régnait un silence absolu. On se serait cru dans un abri antiatomique : un sous-sol sans fenêtres, des murs en béton. Au milieu de ce silence, je fixai les mâchoires, les rangées de dents gris perle, les grossiers maxillaires brunâtres. Là, en face de moi, sans étiquette, sans identité, ils semblaient me narguer. « Qui sommes-nous ? chuchotaient-ils. Nous avons trois millions d'années. » En dépit de tous les obstacles de la géologie ancienne et de la démence de la politique moderne, je les avais trouvés. Et maintenant, qu'allais-je en faire ?

Je repensai à Laetoli et aux fossiles que Tim White m'avait montrés à Nairobi. L'existence de cette autre population, aussi restreinte fût-elle, m'intriguait terriblement. Peu importait que Laetoli fût à quelque mille cinq cents kilomètres d'Hadar ; peu importait que ses dépôts eussent peut-être huit cent mille ans de plus (du reste, rien n'était moins sûr) ; les fossiles des deux endroits se ressemblaient tant que la logique voulait que leurs histoires fussent liées. Je décidai que le temps était venu de faire venir Tim pour étudier de plus près et plus en détail nos deux collections.

Nos entrevues précédentes s'étaient très bien passées. J'aimais sa franchise, son empressement à lancer une idée simplement pour engager une discussion, et son empressement à abandonner cette discussion dès qu'elle semblait injustifiée. Et surtout, j'aimais son scepticisme intransigeant, son refus de se satisfaire d'hypothèses et son obstination à ne croire quelque chose que si les preuves fournies par les fossiles étaient incontestables, la datation irréfutable et l'analyse de laboratoire précise et détaillée.

Ce qui m'ennuyait chez Tim, c'était son manque de diplomatie. L'intransigeance qui en faisait un bon scientifique en faisait aussi un homme carré et irascible. Malgré toute l'admiration que Tim avait éprouvée jadis pour Richard Leakey, et tout le travail qu'il avait fait pour lui au lac Turkana, les deux hommes avaient fini par se disputer, et leurs relations s'étaient refroidies.

Le désaccord entre Tim et Leakey concernait les problèmes de datation du lac Turkana. On se souvient que lorsque les Leakey et John Harris étaient venus à Hadar, ils s'étaient beaucoup intéressés à nos fossiles de mammifères. Harris, notamment, s'était efforcé de trouver dans la collection d'Hadar des dents d'*Equus* de trois millions d'années, afin d'étayer leur hypothèse sur les dents d'*Equus* trouvées au lac Turkana et qui étaient censées avoir le même âge. Je l'avais convaincu qu'il n'y avait pas de dents d'*Equus* à Hadar, et que tous les chevaux de ce site appartenaient au genre *Hipparion*, plus ancien. Mais Harris était reparti mécontent. Il croyait fermement à la datation du tuf KBS du lac Turkana. Les témoignages biostratigraphiques contradictoires en provenance d'autres sites le contrariaient profondément.

On avait commencé à se poser des questions sur le tuf KBS dès 1972, quand Vincent Maglio, un spécialiste des éléphants qui travaillait au lac Turkana, était arrivé à la conclusion que les fossiles d'éléphants qu'il y observait n'étaient pas aussi vieux que le tuf KBS le prétendait. Il attira l'attention de Leakey sur ce point sans grand succès, et finit par se lasser de l'anthropologie et par s'installer comme médecin.

La seconde attaque portée contre le tuf KBS fut plus sérieuse. Elle fut lancée par Basil Cooke, l'expert en porcs. Il avait élaboré une séquence détaillée de plusieurs lignées différentes de porcs couvrant une période de quelques millions d'années. Son travail de base ayant été effectué au site de l'Omo, ses dates étaient irréfutables. Il entreprit alors des études comparables en d'autres lieux du Rift d'Afrique orientale – les porcs d'Olduvaï, les porcs d'Hadar, tous les porcs datables. Tous racontaient la même histoire. Leur évolution était uniforme dans le temps et sur un vaste territoire géographique – partout, sauf au lac Turkana où l'on notait un écart de huit cent mille ans (plus ou moins). Ou les porcs du lac Turkana étaient mal datés, ou tous les autres l'étaient.

L'argumentation de Cooke se fondait essentiellement sur un genre de porcs nommé *Mesochoerus*. Cet animal était courant dans toute l'Afrique orientale, il y a deux millions d'années. Mais au lac Turkana la datation du tuf KBS le plaçait à presque trois millions.

Largement diffusé, l'article de Cooke eut un grand retentissement. Mais il ne sembla pas ébranler la confiance de Richard Leakey dans la date attribuée au tuf KBS par la méthode du potassium/argon. Leakey se rendit à un congrès à Londres en 1975, et découvrit que cette affaire était au centre de toutes les conversations. A ce moment-là, beaucoup d'autres scientifiques commençaient à se trouver entraînés dans ce débat, parce que la date du crâne 1470 était liée à celle du tuf KBS. Une modification de cette dernière impliquerait une révision complète des conceptions scientifiques de l'évolution humaine. *Homo* ne remonterait sans doute pas à trois millions d'années comme le prétendait Richard Leakey. En revanche, on trouverait peut-être un australopithèque du même âge qui ferait un bon candidat au titre d'ancêtre – contrairement à ce que Richard croyait et à ce que son père avait cru avant lui.

La réunion de Londres est connue sous le nom de Bishop Conference, car elle avait été organisée par William Bishop, un éminent géologue britannique, qui mourut inopinément et tragiquement peu de temps après. L'ambiance y fut pour le moins tendue. Glynn Isaac, un Sud-Africain, archéologue-né, qui avait beaucoup travaillé avec Richard Leakey au lac Turkana en tant que codirecteur du site, arriva au congrès avec ce qu'il appelait son casque anticochons, qui était censé le protéger des hommes aux cochons. Quant à Cooke, il arborait une cravate brodée, portant les lettres MCP. Cette année-là, ces cravates faisaient fureur aux États-Unis, et les initiales signifiaient *Male Chauvinist Pig* (« Cochon de phallocrate »).

Ces futilités furent vite oubliées dès que le congrès s'ouvrit. Cooke fit un exposé biostratigraphique d'une logique implacable. Il dit aux spécialistes britanniques de la datation, Fitch et Miller, que leur estimation du tuf KBS était erronée ; il les mit au défi de le contredire sur la base des corrélations stratigraphiques dont il disposait. Il évoqua le *Mesochœrus*, ce porc qui avait deux millions d'années partout, sauf à Koobi Fora, où l'on prétendait qu'il en avait presque trois. Quand la séance fut suspendue pour le déjeuner, l'assemblée se divisa en groupes bruyants, qui poursuivirent les débats de la matinée. Je me joignis au groupe du lac Turkana. Richard Leakey resta silencieux, mais Glynn Isaac défendit avec véhémence la datation du lac Turkana. Il soutint que l'absence de corrélation entre les fossiles de l'Omo et de Turkana pouvait très bien s'expliquer par des différences écologiques entre les deux sites. Je me souvenais bien de cet argument ; c'était celui que John Harris avait déjà tenté d'utiliser à Hadar.

Sur ce, Cooke, qui avait gardé le silence jusque-là, montra sa cravate et dit : « Vous croyez sans doute savoir ce que veut dire MCP, mais vous vous trompez. En réalité, cela signifie *Mesochœrus correlates properly* ("Corrélation parfaite de *Mesochœrus*"). »

Un éclat de rire mit fin à cette discussion, mais personne ne pouvait se dissimuler que l'affirmation de Cooke était un résumé irrésistible des débats de la matinée. Presque tout le monde, mis à part l'équipe du lac Turkana, repartit convaincu qu'il allait falloir rectifier les dates du tuf KBS et du crâne 1470. John Harris, toujours obstiné et toujours persuadé que les chiffres du potassium/argon de Fitch et Miller étaient exacts, était encore plus mécontent qu'à Hadar, lorsqu'il avait passé les

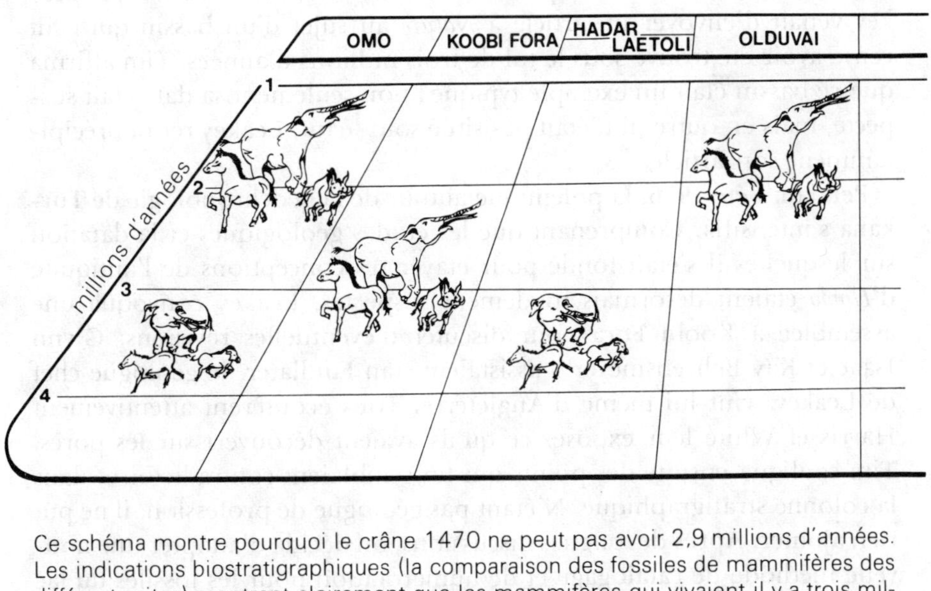

Ce schéma montre pourquoi le crâne 1470 ne peut pas avoir 2,9 millions d'années. Les indications biostratigraphiques (la comparaison des fossiles de mammifères des différents sites) montrent clairement que les mammifères qui vivaient il y a trois millions d'années — un cheval primitif, un ancêtre de l'éléphant et un porc — étaient bien différents des types que l'on rencontrait il y a deux millions d'années. Ces indications sont uniformes sur tous les sites, sauf à Koobi Fora, ce qui suggère que les dates de Koobi Fora sont fausses et que l'âge des animaux qu'on y a trouvés devrait être ramené de trois à deux millions d'années. Cela impliquerait de corriger également la date attribuée au crâne 1470.

dents d'*Hipparion* au peigne fin, plein d'espoir. Il résolut de procéder à sa propre analyse biostratigraphique pour prouver l'exactitude de la date du tuf KBS ; il chercha parmi les autres membres de l'équipe de Turkana quelqu'un qui fût susceptible de lui venir en aide. Son regard tomba sur Tim White. Tim accepta de l'aider. Les deux hommes se livrèrent à une étude exhaustive des porcs de Turkana. Quand elle fut achevée, Harris fut consterné. Elle indiquait que Cooke avait raison, et que la datation du lac Turkana était fausse.

« Nous ne pouvons pas garder ça pour nous, dit Tim, il faut en parler à Richard. »

Ils allèrent voir Leakey, mais celui-ci ne voulut pas entendre parler de contradictions dans les dates. Quand ils lui dirent qu'ils jugeaient l'affaire assez importante pour écrire un article à ce sujet, il leur conseilla de s'en abstenir. Il estimait qu'il devait contrôler personnellement le flot de publications portant sur le travail de Koobi Fora. Si tout le monde se mettait à écrire des articles, il n'y aurait plus moyen de les coordonner, ni d'éviter des contradictions dans les recherches de Turkana. Une controverse sur les dates ne ferait que semer la confusion. Il se trouve que Leakey venait d'envoyer un article à *Nature* au sujet d'un bassin qui était censé avoir été trouvé sous le tuf de trois millions d'années. Tim affirma que ce bassin était un exemple typique : non seulement sa date était suspecte, mais en outre, il n'était pas situé sous le tuf. Leakey retira précipitamment son article.

Pendant l'été 1976, la polémique autour de la géochronologie de Turkana s'intensifia. Comprenant que les études géologiques et la datation sur lesquelles il s'était fondé pour étayer ses conceptions de l'antiquité d'*Homo* étaient désormais totalement suspectes, Leakey convoqua une assemblée à Koobi Fora pour discuter d'éventuelles révisions. Glynn Isaac et Kay Behrensmeyer y assistaient. Ian Findlater, le géologue chef de Leakey, vint lui-même d'Angleterre. Tous écoutèrent attentivement Harris et White leur exposer ce qu'ils avaient découvert sur les porcs. Tim souligna ensuite des points qui lui semblaient contradictoires dans la colonne stratigraphique. N'étant pas géologue de profession, il ne put rien ajouter. Après de longues discussions, on décida d'adopter une nouvelle méthode de catalogage et de numérotation pour les fossiles du lac Turkana. Il s'agit de la classification dite *Collection Unit* (unité de collection), qui permettait d'attribuer de nouvelles lettres et de nouveaux numéros de code aux sites fossilifères, en partant de la stratigraphie. Désormais, si, dans une description de fossile, on indiquait que son origine était la zone 108, tuf T-2, unité de collection A, on aurait du mal à découvrir ce que cela cachait, à savoir que – sur la foi du tuf KBS – ce fossile avait moins de deux millions d'années.

Tim fut ulcéré par ce procédé. Il considérait que c'était un écran de fumée destiné à masquer des erreurs commises en géologie. Les autres membres de l'équipe du lac Turkana défendirent ce procédé en se retranchant derrière l'excellent prétexte qu'il est nécessaire de procéder à des révisions du système de classification au fur et à mesure du développement des collections et de la science ; faute de quoi, le système lui-même devient embrouillé et inutilisable.

Quel que fût le bien-fondé de cette nouvelle classification, Harris et White acceptèrent de s'y conformer dans un article qu'ils décidèrent finalement d'écrire. Ils le montrèrent à Leakey, qui critiqua vivement certaines assertions que Tim avait insérées au sujet des hominidés locaux. Il souligna qu'il s'agissait d'un article sur l'évolution des porcs et qu'il devait s'en tenir à cela. Tim répliqua que celle-ci avait des conséquences logiques et inéluctables sur la manière dont il faudrait interpréter les relations hominiennes.

« Le problème, m'a dit Tim, était que Richard avait déjà publié des articles sur ces hominidés. Ils étaient "à lui", et nul autre que lui n'était censé en parler sans son autorisation – et moins que quiconque, les gens qui travaillaient pour lui. Il ne pouvait tout de même pas exercer de contrôle sur les gens qui ne travaillaient pas pour lui. »

Ne pouvant obtenir l'adhésion de Leakey à la publication de cet article sous sa forme originale, Harris, plus diplomate que Tim et connaissant Richard Leakey depuis plus longtemps, décida de le tempérer en retirant certaines allusions aux hominidés. Sur ce, Tim refusa que son nom figurât comme coauteur. Harris ignora cette demande et envoya l'article à *Nature*. Il fut refusé. Tim soupçonna des pressions. Il se rappelait comment la campagne entreprise par Robert Broom en faveur de l'Enfant de Taung de Dart avait été étouffée quarante ans plus tôt par les éditeurs de *Nature* ; il eut l'impression que Harris et lui étaient victimes d'une censure du même genre. Cependant, ni lui ni personne n'a jamais cherché à approfondir la question. Harris et lui reprirent leur article, le réécrivirent, et le soumirent à *Science*, l'équivalent américain de *Nature*, qui le publia en janvier 1977. Tim n'a jamais été réinvité au lac Turkana.

Richard Leakey ne laissa pas canarder 1470 et le tuf KBS sans broncher. Il fut assez troublé par l'accumulation de témoignages de fossiles de mammifères pour demander à Fitch et Miller de recommencer leur analyse du potassium/argon. Ils obtinrent cette fois une date de 2,4 millions d'années. Pour les défenseurs des fossiles de porcs, c'était un pas dans la bonne direction, mais un pas insuffisant ; ils décidèrent alors de s'adresser à un autre spécialiste. A leur grande satisfaction, Thure Cerling, un thésard de l'université de Californie, arriva au campus de Berkeley avec quelques échantillons du tuf KBS, qu'il avait rapportés du lac Turkana. Il remit ces échantillons à Garniss Curtis, le doyen incontesté de la datation par le potassium/argon, et l'un des premiers à avoir appliqué cette méthode aux fossiles du Plio-Pléistocène.

Curtis procéda à des analyses des échantillons de Cerling ; l'une donna une date de 1,8 million d'années, et l'autre de 1,6. Ces résultats étaient très proches des prévisions des défenseurs des fossiles de porcs, qui furent enchantés. Mais ils donnèrent à réfléchir à Leakey. Dans un exposé détaillé sur les hominidés du lac Turkana qu'il écrivit en 1978 pour la revue *Scientific American*, il évoqua la contradiction qui existait entre les résultats de Fitch-Miller et ceux de Curtis, sans donner son opinion personnelle sur la question. A mon sens, les dates de Curtis réglaient cette affaire. Il était désormais impossible que 1470 eût plus de deux millions d'années.

J'ai demandé récemment à Jim Aronson ce qu'il pensait des sept cent mille ans d'écart entre Fitch-Miller et Curtis. « Je pense qu'ils tiennent à un problème de pureté des échantillons, m'a-t-il répondu. Une des premières choses que Curtis et son équipe de Berkeley ont signalée, c'est que l'échantillon de KBS qu'on leur avait donné était contaminé par quelques grains d'un matériau beaucoup plus ancien. Comme nous travaillons toujours à la frange même des possibilités de la technique du potassium/argon, ce genre d'intrusions accidentelles peut être extrêmement préoccupant – quelques grains peuvent vous entraîner très loin. »

L'équipe de Berkeley, poursuivit-il, avait détecté au microscope quelques grains d'un feldspath très ancien, mélangés aux cristaux du feldspath beaucoup plus récent représentant le véritable événement volcanique KBS. Ils avaient pu trier soigneusement l'agent de contamination avant de procéder aux analyses. Les résultats présentaient une uniformité rassurante ; tous se groupaient autour de 1,8 million d'années. Chose plus rassurante encore, Curtis avait analysé deux sortes de matériaux contenus dans l'échantillon : des cristaux de feldspath et de la pierre ponce vitreuse, qui contenaient tous les deux des quantités utilisables de potassium. Les deux roches avaient fourni les mêmes estimations.

« Par une certaine ironie du sort, ajouta Aronson, le tuf KBS est sans doute aujourd'hui le plus sérieusement daté de toute l'Afrique orientale. Le problème va être maintenant de trouver ses corrélations avec les fossiles. La géologie du lac Turkana est extrêmement confuse, et ces liens vont être difficiles à établir. Ce sera la priorité des priorités pour l'équipe kenyane qui travaille sur ce site d'un grand intérêt. »

A son départ du lac Turkana, Tim White rejoignit Mary Leakey pour travailler comme paléontologue à Laetoli, situé à une cinquantaine de kilomètres au sud d'Olduvaï. De tous les gisements fossilifères du système du Rift, Laetoli a toujours été le plus curieux. Contrairement à la vallée de l'Omo, à Est Turkana, et à l'Afar, ce site n'a connu aucun changement climatique depuis le Plio-Pléistocène. Autrefois, les premiers étaient de luxuriantes régions de lacs, grouillant de gibier, arrosées par des rivières sinueuses et émaillées d'épaisses forêts tropicales. A l'heure actuelle, ils sont presque désertiques. Laetoli, en revanche, était autrefois plus sec qu'eux, et il est plus vert à présent. Son voisinage compte plusieurs petits lacs, et la végétation y est importante. Aussi la grande migration des gnous traverse-t-elle ce site tous les ans, en direction de la plaine de Serengeti, en une masse mouvante de chair, impossible à imaginer. Pour les touristes, Laetoli est beaucoup plus attrayant que tous les sites du désert, mais pour les chercheurs de fossiles, il y a trop de végétation. Elle entrave le ramassage superficiel : on ne voit rien.

Et pourtant, cela fait plus de quarante ans que Laetoli attire les paléontologues ; en effet, on a toujours supposé que ses dépôts étaient très anciens et remontaient au Pliocène. Les analyses récentes du potassium/argon ont confirmé cette hypothèse. Deux tufs ont été datés : l'un d'eux a 3,59 millions d'années, et l'autre 3,77. Les fossiles hominiens que White était chargé d'étudier se situaient juste entre les deux, à 3,7 millions d'années environ.

Pendant plusieurs décennies, on n'était pas parvenu à faire de Laetoli un site à fossiles hominiens. Louis Leakey y avait fait une tentative en 1935, mais il était rentré bredouille. Il ignorait qu'une dent qu'il avait envoyée au British Museum sous l'étiquette de babouin était une canine hominienne. C'était non seulement la première dent d'australopithèque adulte jamais trouvée, mais la première de quelque espèce que ce fût depuis la découverte de l'Enfant de Taung. Néanmoins, perdue au milieu de la collection, elle échappa aux regards jusqu'en 1979, année où elle fut remarquée et correctement identifiée par Peter Andrews, du musée, et par White.

Pendant ce temps, ignorant qu'il avait eu en main le plus vieux fossile hominien connu à l'époque, Leakey plia bagage et s'installa à Olduvaï. Il fut suivi à Laetoli en 1938-1939 par Kohl-Larsen, un Allemand qui retrouva un fragment de maxillaire supérieur contenant quelques prémolaires en place, et une alvéole de canine en bon état.

Le problème des premières trouvailles faites à Laetoli était qu'elles étaient beaucoup trop anciennes et beaucoup trop primitives pour que quiconque pût concevoir qu'il ne s'agissait pas d'un type quelconque de singe ; l'imagination des années 30 n'était pas assez souple pour les accepter, alors même que cette imagination se disait intérieurement : « Cherche des ancêtres plus anciens dans un passé plus lointain. » Ce point de vue assez curieux, schizophrène, se retrouve encore aujourd'hui.

En 1974, lorsque Mary Leakey décida de tenter sa chance à Laetoli, son esprit était enfin prêt à reconnaître et à accepter de très vieux spécimens d'*Homo*. Quand un des prospecteurs kenyans formés par Leakey, Kamoya Kimeu, décida de frayer un passage à travers les fourrés jusqu'aux dépôts, et en rapporta un fossile d'hominidé, Mary Leakey s'installa avec son équipe personnelle. Au cours des quelques années qui suivirent, ses ouvriers et elle-même trouvèrent quarante-deux dents, dont quelques-unes en association avec des fragments de mâchoire. On découvrit notamment un beau spécimen, LH-4 (Laetoli Hominid 4), une mandibule contenant neuf dents en place.

Mais ce qui distingue Laetoli de tous les autres sites du monde, ce sont les empreintes de pas que l'on y a trouvées. Il s'agit certainement de l'un des exemples de conservation et de l'une des découvertes les plus extraordinaires de toute la paléoanthropologie.

Juste à côté de Laetoli se trouve un volcan, le Sadiman, aujourd'hui éteint. Il y a un peu moins de quatre millions d'années, il était en activité. Un beau jour, il cracha un nuage de cendre. Cette matière, d'une consistance assez proche de celle d'un sable très fin, saupoudra le paysage environnant, le recouvrant d'une couche qui atteignit environ un centimètre avant la fin de l'éruption. Cette chute de cendre extrêmement fine dut être fort désagréable aux animaux et aux oiseaux locaux au moment où elle se produisit, mais il ne semble pas qu'elle les ait dérangés outre mesure, car ils restèrent dans la région. Cette première bouffée de cendre – qui ne dura sans doute pas plus d'une journée – fut suivie d'une averse. La cendre se mouilla et, un peu comme un trottoir fraîchement cimenté, elle prit avec une parfaite netteté les empreintes de tout ce qui passait par là : éléphants, girafes, antilopes, lièvres, rhinocéros, porcs. Il y avait également des oiseaux terrestres comme des pintades et des autruches, et l'on a même relevé les traces minuscules de mille-pattes.

Sous le soleil brûlant de Laetoli, cette couche de cendre mouillée sécha et durcit rapidement, consolidant les empreintes qui s'y entrecroisaient. Alors, avant qu'une nouvelle averse n'eût le temps de s'abattre, Sadiman parla pour la seconde fois. Un nouveau nuage de cendre se déposa, recouvrant la première couche et emprisonnant les empreintes. Ce processus se reproduisit plusieurs fois au cours d'une période dont on estime qu'elle n'a pas dépassé un mois, et produisit un unique tuf volcanique d'une vingtaine de centimètres d'épaisseur. Mais, en raison de la périodicité des bouffées et du durcissement de la cendre qui tombait, ce tuf se compose en fait d'une douzaine à une vingtaine de minces couches distinctes. Certaines de ces couches ont été récemment mises à nu par l'érosion, et sont visibles çà et là, sous la forme d'un substrat grisâtre, partout où le tapis de gazon grossier qui les recouvrait a été emporté.

Un après-midi de 1976, certains des membres les plus turbulents de l'équipe de Mary Leakey s'amusaient à se bombarder de morceaux de bouse d'éléphant séchée. Cela peut paraître un curieux passe-temps, mais les ressources en matière de loisirs sont limitées sur les sites de fouilles paléontologiques, et il y a des moments où les jeunes esprits ont besoin de se défouler. Parmi ceux-ci se trouvait Andrew Hill, un paléontologue du musée national du Kenya ; tout en esquivant les volées de bouse et en cherchant des munitions pour riposter, il se retrouva dans un lit de rivière à sec, sur des couches de cendre à nu. L'une d'elles présentait de curieuses entailles. Hill s'arrêta pour les observer, et conclut qu'il s'agissait sans doute d'empreintes de pas d'animaux. Ce diagnostic fut confirmé quand on prospecta une plus grande surface, et que l'on trouva d'autres empreintes. Mais il fallut attendre l'année suivante pour que l'on s'intéressât vraiment à cette extraordinaire découverte ; en 1977, le fils de Mary Leakey, Philip, et un collaborateur, Peter Jones, trouvèrent plusieurs grandes traces d'éléphant, et, à côté d'elles, certaines traces qui ressemblaient étrangement à des empreintes humaines.

Le monde apprit l'existence de ces empreintes un peu plus tard, la même année, lorsque Mary Leakey vint aux États-Unis donner une série de conférences de presse et d'interviews à leur sujet. Bien des gens eurent du mal à croire qu'une chose aussi éphémère qu'une trace de pas ait pu être conservée aussi longtemps. Mais Mary était absolument formelle. Elle alla jusqu'à prétendre que ces empreintes avaient été laissées par une créature qui marchait imparfaitement ; elles semblaient indiquer en effet qu'elle traînait les pieds. Mary mentionna aussi la présence probable à Laetoli de singes anthropoïdes qui marchaient en s'appuyant sur leurs phalanges, et l'existence d'une mare autour de laquelle les animaux et les oiseaux semblaient s'être groupés. Elle releva dans les traces quelques signes de panique, suggérant que les animaux avaient fui l'éruption.

Ces révélations enthousiasmèrent tous ceux qui les entendirent. Mary Leakey décida de consacrer à ces empreintes l'essentiel des efforts de la prochaine campagne de Laetoli, et demanda à la spécialiste américaine des traces de pas, Louise Robbins, de se joindre à son équipe. White se rendit à Laetoli pour la première fois cette année-là, et il y trouva trois autres chercheurs, Peter Jones, Paul Abell et Richard Hay. Ils éprouvaient tous les trois quelques doutes sur l'interprétation que Mary avait faite des empreintes. White contesta la présence de singes anthropoïdes marchant en s'appuyant sur les phalanges ; il avait examiné ces empreintes et jugea qu'elles avaient été faites par de grands babouins disparus qui étaient plantigrades. Jones affirma qu'il n'y avait eu ni panique ni exode, car les oiseaux, qui auraient pu s'envoler aisément et rapidement, avaient continué à marcher dans la cendre – elle était parsemée de leurs traces. Il ne put trouver aucune preuve de l'existence d'une mare.

En raison de ces désaccords, le camp connut de nombreuses soirées très tendues, au cours desquelles les empreintes censément humaines

Voici les empreintes de pas découvertes à Laetoli. Elles indiquent la présence de deux hominidés, un grand et un petit, marchant dans la même direction. Mais aucun indice ne permet d'affirmer qu'ils marchaient ensemble ni, en dépit de certaines assertions, de déterminer leur sexe. Elles sont situées juste sous la surface actuelle du sol, dans de minces couches de cendre, et elles sont extrêmement fragiles. La photographie ci-contre montre White au moment où il vient de réussir à retirer un moulage d'une des empreintes sans abîmer celle-ci.

connurent des hauts et des bas. Personne ne s'accordait à leur sujet. Mais un jour, Paul Abell, qui était parti prospecter tout seul, trouva une empreinte brisée – beaucoup plus nette ; il affirma être presque sûr qu'il s'agissait d'une empreinte hominienne. White et Jones en firent quelques clichés au Polaroid et revinrent convaincus qu'Abell avait raison. Ils conseillèrent de commencer immédiatement à fouiller le secteur. Mais Louise Robbins, la spécialiste des empreintes, l'examina et soutint que c'était l'empreinte d'un bovidé (donc d'un ongulé). Elle déclara à Mary Leakey que poursuivre les recherches serait une perte de temps. Les hommes protestèrent.

Toutes ces discussions avaient fini par exaspérer Mary Leakey. Elle annonça qu'il n'y aurait pas de fouilles. Désormais convaincu que c'était un hominidé, Jones continua à la supplier d'autoriser une fouille. Une toute petite, dit-il, c'était tout ce qu'il demandait. Mary fut inflexible. Louis Robbins, l'autorité en la matière, avait parlé ; il y avait déjà beaucoup trop de fouilles inachevées sur le site. Si l'on devait vraiment creuser, eh bien, qu'on en charge quelqu'un qui n'avait rien de mieux à faire. Elle désigna Ndibo, le responsable de l'entretien, l'homme du camp qui avait le moins de compétences archéologiques.

Ndibo, cependant, se montra à la hauteur de la tâche. Il revint au camp le lendemain et mentionna non pas une, mais deux empreintes. L'une était très grande. Il écarta les mains, d'environ trente centimètres.

« Ces Africains exagèrent toujours », dit Mary. Mais elle alla jeter un coup d'œil, et effectivement, les empreintes étaient là. White fut autorisé à commencer une fouille.

La direction des empreintes indiquait que l'individu qui les avait laissées marchait vers le nord, sous des parties de gazon qui n'avaient pas encore été érodées. En raison de l'enchevêtrement des racines à la base du gazon, il était terriblement difficile de dégager une surface de cendre nette sans la détruire – sans parler du problème que posait la localisation de la bonne couche de cendre au milieu de plus d'une dizaine de couches très minces. Mais Tim est un homme d'une patience et d'une ténacité extraordinaires. Il trouva une nouvelle empreinte, puis une autre. Il entreprit de les protéger en les durcissant au moyen d'un agent de conservation qu'il y versait en très faible quantité, laissant le matériau sécher avant de le consolider en en ajoutant davantage. Travaillant avec une lenteur extrême, il avança centimètre par centimètre à travers le gazon, et découvrit que la piste portait la trace de deux hominidés au moins.

A présent, l'attention du camp tout entier était fixée sur lui. D'autres membres de l'équipe se joignirent à lui, et ils parvinrent ainsi à dégager cinquante empreintes, sur une distance de vingt-trois mètres. L'intérêt de Louise Robbins pour ces empreintes se raviva soudain ; elle émit une nouvelle hypothèse : il y avait effectivement deux hominidés ; ils marchaient probablement ensemble. L'un d'eux (celui dont les empreintes étaient légèrement plus grandes) était un mâle ; l'autre une femelle, dit-elle, peut-être enceinte. D'après les empreintes, ce type d'hominidés possédait la station verticale depuis un million d'années au moins.

Il s'agit là d'amusantes spéculations. Rien ne permet de dire de quel sexe étaient les créatures qui ont laissé ces empreintes, ni si l'une d'elles attendait un enfant, ni depuis combien de temps leurs ancêtres avaient marché debout. La stricte vérité est qu'il y a 3,7 millions d'années, des hominidés à station droite, de sexe indéterminé, ont marché à Laetoli dans la cendre fraîchement tombée, et ont laissé une trace impérissable de leur passage. Au bout de vingt-trois mètres, leur piste a disparu sous la cendre qui l'a recouverte, et la couche qui portait sa trace a été érodée. Le travail de Tim sur les empreintes s'arrêta à cet endroit, qui marqua aussi la fin de la saison. Mais il était persuadé que la piste pourrait reprendre un peu plus loin et qu'elle livrerait d'autres empreintes si on y effectuait des fouilles correctes. En 1979, Ron Clarke a travaillé dans cette direction, et la piste a repris.

Tim n'a pas participé à la poursuite de ce travail. Ses querelles avec Louise Robbins sur l'interprétation des empreintes l'ont rendu tout aussi indésirable à Laetoli qu'au lac Turkana – et c'est bien dommage car dans les deux cas, il ne cherchait qu'à aider ses directeurs. Tim voudrait être sûr aujourd'hui que l'on traitera avec toutes les précautions requises les nouvelles empreintes que l'on trouvera. Elles sont d'une extrême fragilité et la plus petite erreur au moment de la fouille peut les détruire complètement. Certaines ont déjà été abîmées. Elles n'ont en effet rien de commun avec les fossiles, ces modèles de durabilité. Ce ne sont que des espaces, de simples formes moulées dans une matrice relativement molle et friable. Si l'on heurte malencontreusement cette matrice, elle risque de s'émietter – et les empreintes disparaîtront.

Mais, par un enchaînement pour le moins improbable d'événements fortuits, elles sont là. Il a fallu que le Sadiman crache un type de cendre bien particulier. Il a fallu qu'il pleuve presque immédiatement après. Il a fallu que des hominidés emboîtent le pas à la pluie. Il a fallu que le soleil sorte rapidement et durcisse leurs empreintes. Il a fallu ensuite qu'une nouvelle éruption du Sadiman vienne les recouvrir et les préserver avant qu'une nouvelle averse ne les efface.

Et il a fallu que tout cela se passe en quelques jours seulement. Il a fallu que l'activité du volcan concorde avec celle des saisons. Si ces éruptions n'avaient pas eu lieu à l'instant précis où elles ont eu lieu – au début de la saison des pluies – les empreintes n'auraient pas été conservées. Un ou deux mois plus tôt, pendant la saison sèche, la consistance de la cendre n'aurait pas permis de prendre une empreinte nette. Celle-ci aurait été tout à fait floue, un simple trou comme celui que fait aujourd'hui un passant dans le sable sec, sur le bord supérieur d'une plage. Si la cendre était tombée plus tard, au plus fort de la saison des pluies, il est très vraisemblable qu'il y aurait eu trop de pluie ; les empreintes auraient été effacées avant même d'avoir pu être durcies par le soleil. En fait, il fallait que les conditions fussent exactement celles du début d'une saison des pluies : des averses sporadiques, émaillées d'éclaircies avec un soleil brûlant.

Tout bien considéré, la conservation et la découverte des empreintes de Laetoli sont un miracle, pur et simple. Elles confirment de façon irréfutable ce que Lucy a confirmé à Hadar : que les hominidés possédaient parfaitement la locomotion bipède trois millions d'années avant J.-C., et même plus tôt. A Hadar, les preuves sont apportées par les fossiles, la forme des os des jambes et des pieds. Mais à Laetoli, où les restes en matière de fossiles – quelques fragments postcrâniens extrêmement incomplets et énigmatiques, des morceaux de mâchoires et quelques dents – sont de très médiocre qualité, il n'y aurait aucun moyen, sans l'existence de ces empreintes, de savoir comment ces hominidés se déplaçaient.

« Ne t'y trompe pas, m'a dit Tim. Elles ressemblent tout à fait à des empreintes humaines modernes. Si l'une d'elles était laissée aujourd'hui dans le sable d'une plage de Californie et si l'on demandait à un gosse de quatre ans ce que c'est, il dirait immédiatement que quelqu'un a marché là. Il serait incapable de la distinguer d'une centaine d'autres empreintes de la plage, et tu t'y tromperais comme lui. La morphologie externe est la même. Il y a un talon moderne bien formé avec une solide voûte plantaire et un avant-pied parfait. Le gros orteil est bien aligné. Il ne saille pas comme un orteil de singe ou comme celui de tous ces dessins d'australopithèques qu'on voit dans les livres.

« Je ne veux pas dire qu'il ne peut pas y avoir quelques légères différences dans les os du pied ; il faut s'y attendre. Mais pratiquement, les hominidés de Laetoli marchaient comme toi et moi, et ne couraient pas en traînant les pieds comme tant de gens l'ont si longtemps prétendu. Owen Lovejoy était arrivé à cette conclusion en étudiant les os d'Hadar. Maintenant les empreintes prouvent qu'il avait raison. Je pense qu'elles comptent parmi les découvertes les plus merveilleuses et les plus éclairantes que l'on ait faites depuis des décennies. Bien que cette affaire ne se soit pas très bien terminée pour moi, je suis tout de même reconnaissant d'avoir eu la chance de participer à ce travail. »

Les disputes de Tim avec les Leakey me tracassaient, car ceux-ci étaient mes amis. Ils se sont toujours efforcés de m'être agréables lorsque j'étais de passage à Nairobi. Il m'est arrivé de loger chez eux. Nous échangions des visites sur nos sites respectifs et discutions de nos hominidés. Richard m'avait invité à faire partie du comité d'un organisme de recherches qu'il avait fondé : la FROM, Foundation for Research into the Origins of Man (Fondation de recherches sur les origines de l'homme).

J'étais encore plus lié avec Mary ; j'aimais plaisanter avec elle, et nous nous entendions très bien. Je me rappelle être allé la voir à Olduvaï un jour où elle attendait la visite de la sœur de Louis et de son mari, l'archevêque d'Afrique orientale. Mary ne le connaissait pas très bien et, en tant qu'artisan de la rupture du premier mariage de Louis, elle ne se réjouissait guère à l'idée de cette soirée. Elle n'est pas très sociable. Elle préfère être seule ou en compagnie de quelques amis, et elle était heureuse que je sois là pour briser la glace.

J'avais apporté de la côte quelques homards vivants. Son cuisinier africain n'en avait jamais vu et était un peu rebuté par leur aspect. Je proposai donc de les faire cuire quand les invités arriveraient. Mais ils n'arrivaient pas.

La nuit tomba tandis que nous buvions, assis, contemplant l'énorme silhouette du cratère Ngorongoro qui se détachait dans le ciel, au-dessus de nous. La route qui reliait le bord du cratère à la plaine de Serengeti passe par Olduvaï et de temps en temps, nous voyions les phares d'une automobile descendre silencieusement. Mais elle ne s'arrêtait jamais, et s'éloignait vers la plaine. Alors, nous reprenions un verre. Mary se mit à parler de la chasse aux fossiles et me dit : « Tu sais, tu es comme les Leakey ; tu sais trouver les fossiles. Tu sais où les chercher et où les trouver. C'est un trait typiquement Leakey. »

Je fus flatté et le lui dis. Elle ajouta : « Tu es comme nous par un autre côté encore. Tu as de la chance. Ne sous-estime pas la chance. Regarde ce pauvre Clark Howell. S'il y a quelqu'un qui n'a pas eu de chance, c'est bien Clark. Cela fait des années qu'il cherche des hominidés, et on ne peut pas dire qu'il ait trouvé grand-chose. »

J'admis que j'avais de la chance, et nous reprîmes quelques verres.

Quand l'archevêque et son épouse arrivèrent, nous étions en pleine forme. Je fis cuire les homards et fus plus ou moins le boute-en-train de la soirée. Le lendemain matin, après leur départ, Mary me remercia et me déclara qu'elle n'aurait jamais pu venir à bout de cette soirée sans moi.

C'étaient de bonnes relations. J'y attachais une grande valeur non seulement pour des raisons personnelles, mais aussi pour l'importance scientifique qu'elles avaient pour moi. A cette époque, Richard et sa mère étaient les deux anthropologues les plus célèbres d'Afrique, tout en n'étant réellement anthropologue ni l'un ni l'autre. Richard est un autodidacte et n'a aucun diplôme ; quant à Mary, elle est archéologue de formation. Cependant, ils avaient tous les deux un acquis inestimable en paléoanthropologie, et chacun d'eux était responsable d'un site fossilifère d'une grande importance. Je commençais à prendre conscience que toute analyse sérieuse de fossiles hominiens d'Afrique orientale devrait tenir compte des données de Laetoli, d'Hadar, du lac Turkana et d'Olduvaï. Elles s'assemblaient toutes pour former une jolie chaîne temporelle : Laetoli vers 3,7 millions d'années, Hadar vers trois millions (peut-être), le lac Turkana entre deux millions et un. Si l'on voulait déchiffrer l'histoire des hominidés, le tact et la coopération seraient plus utiles que des querelles. Devant la détérioration des relations entre Tim White et les Leakey, je ne pouvais que me demander de quel œil ces derniers verraient notre étroite association.

D'un autre côté, Tim était l'*homme* des fossiles de Laetoli. C'était lui qui en avait effectué toutes les descriptions. Il les connaissait et les comprenait mieux que quiconque. C'est un paléontologue hors pair. Je décidai finalement que je ne pouvais pas me passer de lui, et que le risque de m'embrouiller dans les fossiles était plus important que celui de contrarier les Leakey en m'associant avec Tim.

Troisième partie

QUI EST LUCY ?

13. L'analyse commence

Ce qui advient lorsqu'une nouvelle œuvre d'art est créée touche simultanément toutes les œuvres d'art qui l'ont précédée. Les monuments existants forment entre eux un ordre idéal, qui est modifié par l'introduction parmi eux d'une œuvre d'art nouvelle (vraiment nouvelle). L'ordre existant est parfait avant l'arrivée de la nouvelle œuvre ; pour qu'un ordre puisse persister après l'apparition d'une nouveauté, tout l'ordre existant doit être... modifié.

T.S. ELIOT.

*Je suis persuadé qu'un jour nous pourrons, grâce aux fossiles, remonter la piste de l'homme à East Rudolf jusqu'à quatre millions d'années. Là, nous trouverons peut-être la trace d'un ancêtre commun d'*Australopithecus *– le presque homme – et du genre* Homo, *l'homme authentique.*

RICHARD LEAKEY.

C'est exactement ce que Don a trouvé à Hadar – un ancêtre commun –, mais quand Richard en a entendu parler, il n'a pas voulu y croire.

TIMOTHY WHITE.

Pendant l'été 1977, je fus un peu moins débordé que je ne l'avais été depuis plusieurs années. Je ne pouvais pas retourner en Éthiopie, ce qui m'évitait d'avoir à organiser une nouvelle campagne. L'essentiel des fossiles d'Hadar avait été nettoyé, et j'estimai que le moment était venu d'en entreprendre une analyse sérieuse. J'appris que Tim avait lui aussi un peu de temps libre. Il avait terminé sa thèse ; l'article qu'il avait écrit avec Harris sur les porcs avait été publié. Sachant qu'il possédait des moulages des fossiles de Laetoli dont il avait fait la description pour Mary Leakey, je lui demandai s'il serait prêt à les apporter à Cleveland pour que nous les comparions soigneusement avec les miens et que nous vérifiions ainsi si notre première impression avait été la bonne : les deux collections représentaient-elles la même espèce d'hominidés ?

Je n'avais pas encore observé très attentivement les spécimens de Laetoli. Mon intime conviction était que le jour où je le ferais, je trouverais suffisamment de différences entre ceux-ci et les miens pour pouvoir les distinguer aisément. Tout ce que j'espérais, c'était arriver à écrire avec Tim un article purement descriptif, qui soulignerait ces différences sans tirer de conclusions concrètes sur d'éventuelles relations.

Et puis Tim commença à étaler les moulages de Laetoli sur la table. Par rapport au butin d'Hadar, le sien était plutôt maigre. Il y avait une mandibule relativement bien conservée, plus treize autres fragments, dont certains n'étaient que des dents isolées. Maigre ou non, une chose crevait les yeux : les deux groupes de fossiles présentaient une ressemblance frappante. Dans tous les cas où des comparaisons directes étaient possibles, ils étaient presque identiques. Pendant plusieurs jours, et avec le plus grand soin, nous confrontâmes les spécimens, dent par dent, cuspide par cuspide. Ce fut une étrange expérience. Enfin, je dis :

« Mes grands sont les mêmes que les grands de Mary.

– C'est bien ce que je t'avais dit.

– Mais pas Lucy. Elle est différente.

– Oui, elle est différente parce que c'est une femelle. Nous avons peut-être là un cas de dysmorphisme sexuel et aussi d'allométrie.

– Hé ! minute !

– Réfléchis à l'allométrie », dit Tim.

L'allométrie est un phénomène bien connu des anatomistes, qui porte sur le fait qu'au sein d'une population, la taille relative de certains os ou de certaines dents peut varier entre des individus de taille différente. C'est particulièrement vrai chez les primates – et vrai de deux manières. Les mâles ne sont pas seulement plus grands que les femelles ; ils sont aussi différemment proportionnés. Un babouin mâle, par exemple, n'est pas une simple réplique agrandie d'un babouin femelle. Il présente une très grande canine, beaucoup plus grande proportionnellement au reste de ses dents que la canine de n'importe quelle femelle. Un paléontologue qui ne connaîtrait les babouins que par une collection de mâchoires et de dents de femelles et qui, rencontrant une unique canine de mâle, l'attribuerait à une autre espèce serait parfaitement excusable. « Comment une dent aussi énorme, se dirait-il, pourrait-elle se loger dans n'importe laquelle des mâchoires que je connais ? Il faudrait que les mâchoires elles-mêmes aient une forme différente. »

Cette discussion est pertinente dans le cas de Lucy parce que ses incisives sont particulièrement petites. C'est une des raisons pour lesquelles sa mâchoire a une forme en V caractéristique : la taille de ses quatre incisives ne nécessite pas que sa mâchoire soit large à l'avant. Les mâchoires et les dents trouvées par Alémayehu forment un contraste frappant : non seulement elles sont plus grandes que celles de Lucy dans l'absolu, mais les incisives sont *encore plus grandes*. En conservant toutes les autres congruences du crâne et de la mâchoire – c'est-à-dire en gardant les mêmes proportions générales malgré les différences de taille absolue – le résultat ne pouvait qu'être l'élargissement et l'arrondissage de la partie antérieure d'une mâchoire plus importante, afin de pouvoir loger des dents encore plus importantes.

« Tu soutiens l'hypothèse de l'allométrie, dis-je, je m'en souviens, en saisissant Lucy et en la regardant attentivement. Mais pourquoi devrais-je l'accepter ?

– Je ne soutiens rien, dit Tim. Je ne fais que suggérer.

– Eh bien, c'est une suggestion idiote.

– Très bien. Mais si c'est la seule différence significative entre Lucy et les grands, ça vaut la peine d'y réfléchir.

– D'accord, j'y réfléchirai. »

Ce que je fis. Je continuai à observer Lucy. Je n'arrivais pas à croire à cette histoire d'allométrie. J'étais convaincu qu'il y avait deux espèces à Hadar.

Un certain nombre de choses venaient entraver ma réflexion. Leur énumération partielle donnera peut-être une idée des difficultés qu'il y a à garder la tête froide en paléoanthropologie. Il faut non seulement vous tenir au courant de ce qui se passe partout, mais en même temps être conscient de vos propres préjugés et des conséquences que vos liens avec diverses autres personnes risquent d'avoir sur votre façon de penser. L'absence totale de parti pris est une chose qui n'existe pas. J'en ai ; tout le monde en a. Le chasseur de fossiles sur le terrain en a. S'il s'intéresse aux dents d'hippopotame, il voudra trouver des dents d'hippopotame, et cet intérêt influencera le résultat de ses prospections, car il passera à côté d'autres fossiles sans les remarquer.

Je crois que le plus important de mes partis pris en commençant l'analyse des fossiles d'Hadar était un parti pris en faveur de la pluridisciplinarité dans l'exploitation et l'interprétation des sites. En d'autres termes : tâchez de faire travailler les autres disciplines pour vous. Mettez-les à l'œuvre dès le début des travaux sur le terrain, et utilisez-les jusqu'à la fin. C'est une méthode que j'ai apprise avec Clark Howell dans la vallée de l'Omo. Globalement, je pense que c'est un parti pris sain, et je me félicite de l'avoir.

J'avais d'autres partis pris, moins sains ceux-là. Tous les chercheurs d'hominidés éprouvent le besoin lancinant d'en savoir davantage sur les débuts mêmes de la lignée humaine. A cet égard, il est très séduisant de travailler, comme je le fais, aux alentours de trois millions d'années, parce que vous commencez à avoir l'impression que c'est de là précisément que date l'avènement d'*Homo*. Vous vous mettez à plisser les yeux pour discerner des traits *Homo* dans les fossiles de cet âge.

J'étais également enclin à penser – ce qui est légèrement tendancieux – que toute créature gracile du Plio-Pléistocène qui ne ressemblait pas à l'australopithèque gracile sud-africain était probablement un *Homo*. J'avais effectué avec Howell l'étude exhaustive des fossiles sud-africains, et leurs caractéristiques étaient restées gravées dans ma mémoire. Leurs dents s'éloignaient déjà de la condition simienne pour se rapprocher de celle des hommes, mais elles présentaient d'autres traits qui les différenciaient des dents humaines. Les australopithèques ont de très grosses molaires. Certaines sont vraiment massives et peuvent être deux fois plus grosses qu'une molaire humaine moderne. Deuxièmement, l'émail qui les recouvre est extrêmement épais, beaucoup plus épais que celui des dents humaines. Troisièmement, les incisives sont très petites par rapport aux molaires. Ce sont là des traits que l'on remarque immédiatement en ramassant une mâchoire d'australopithèque.

En ramassant l'une des mâchoires d'Hadar, on ne remarque pas ces traits. On voit, globalement, des molaires plus petites, et des incisives plus grandes. Il s'agit là de caractéristiques humaines. D'où la réaction de Richard et Mary Leakey lorsqu'ils virent les mâchoires d'Hadar pour la première fois. Je ne les en blâme pas. En fait, Richard s'était déjà prononcé sur la classification des fossiles qu'il avait trouvés au lac Turkana. Il les rangeait tous en deux catégories : il appelait *Australopithecus* tous ceux qui avaient des molaires et des mâchoires massives, et *Homo* tous ceux qui avaient de petites mâchoires et de petites dents. Quand il vint à Hadar et qu'il y trouva des spécimens à petites dents comme ceux de Turkana, il trouva tout naturel de les considérer également comme des *Homo*.

Je ne prétends pas avoir dit quoi que ce soit qui ait pu influencer le jugement des Leakey sur les fossiles d'Hadar. Ce serait plutôt l'inverse. C'était moi le novice ; quant à eux, ils étaient dans le métier depuis de nombreuses années. A cette époque, cela faisait en fait quarante ans que Mary s'intéressait aux fossiles du Plio-Pléistocène. Leur jugement conforta le mien au point que j'eus tendance à négliger d'autres particularités des mâchoires auxquelles j'allais prêter une plus grande attention par la suite. Là, mon parti pris était à l'œuvre.

Lucy ne me causa aucun problème. Elle était si bizarre qu'il n'y avait pas à se demander si elle était humaine ou non. Elle ne l'était pas, c'était clair. Elle était trop menue ; son cerveau était trop petit ; sa mâchoire n'avait pas la bonne forme. Ces traits apparemment « primitifs » me sautant aux yeux, j'interprétai d'autres éléments de sa dentition comme primitifs eux aussi, comme s'éloignant de la condition humaine en direction des singes anthropoïdes. Il est vrai que certains de ces traits primitifs se retrouvaient dans les grandes mâchoires, mais cela ne me sembla pas significatif. (Encore un préjugé.)

J'avais aussi à l'esprit le problème des outils. N'oubliez pas que nous en avions trouvé à Hadar, et que nous leur avions attribué, à titre provisoire, 2,5 millions d'années. C'était vraiment une découverte sensationnelle, car il n'existait pas au monde d'autres outils aussi anciens.

Que penser de tout cela, en sachant que pendant des années des chercheurs s'étaient évertués à associer les outils de pierre et les australopithèques, sans jamais y parvenir ? Que penser de tout cela, en songeant à Louis Leakey à Olduvaï, qui avait fouillé parmi les outils qui s'y trouvaient et avait fini par désigner *Homo habilis* comme auteur – un être humain ? Cela faisait remonter les outils comme *Homo* à près de deux millions d'années. Si seuls les êtres humains ont su fabriquer des outils – et nous avions trouvé des outils datant de 2,5 millions d'années – la logique voulait que l'on fît remonter *Homo* au moins jusque-là.

La logique peut-être, mais aussi les partis pris. J'étais en train d'essayer de faire entrer de force les indications chronologiques dans un schéma qui pût étayer des conclusions sur les fossiles que les fossiles eux-mêmes, après plus ample examen, ne pourraient corroborer. En tout cas, c'était là ma ligne générale de pensée au moment où Tim et moi avons commencé à examiner en détail les collections de Laetoli et d'Hadar. J'étais très enclin à considérer que les grandes mâchoires représentaient un type d'*Homo* très primitif – le premier *Homo* connu jusqu'alors. J'étais absolument certain que Lucy était différente. Tim était moins sûr du caractère exceptionnel de Lucy, mais il estimait lui aussi que le reste de la collection présentait des caractères *Homo* affirmés. Ce ne fut qu'après avoir commencé à examiner soigneusement les fossiles que nous nous mîmes à éprouver quelques doutes. Que penser de traits qui ne ressemblaient ni à ceux d'*Homo* ni à ceux d'*Australopithecus* mais présentaient un curieux aspect simien ?

Dans notre for intérieur, cela nous tracassait tous les deux, mais aucun de nous n'en toucha un mot à l'autre jusqu'au jour où nous déposâmes sur la paillasse un des spécimens de la Première Famille du site 333, un crâne partiel d'adulte, portant le numéro AL 333-45. C'était une petite chose, qui portait sur l'arrière de son crâne des marques de muscles nettement simiennes. Tim l'observa consciencieusement et me dit : « Voilà un bien curieux fossile. Dis-moi, honnêtement, tu as l'intention d'appeler ça *Homo* ? »

Je répondis : « Aurais-tu l'intention de l'appeler *Australopithecus* ? »

Cela lui cloua le bec ; s'il prenait pour modèles les fossiles sud-africains, c'était impossible.

Je crois que c'est à cet instant que nous avons pris conscience que la dichotomie de Richard Leakey ne nous servirait à rien. Jusque-là, nous avions trouvé ses catégories fort utiles. Subitement, il était évident que 333-45 ne trouvait sa place dans aucune d'elles.

« Un troisième truc ? » dit Tim.

J'acquiesçai. « Peut-être. » Je ne voulais pas dire qu'il pouvait y en avoir un quatrième : Lucy. Les discussions sur Lucy avec Tim menaient généralement à des querelles dont il semblait impossible de venir à bout.

Ce fut un moment très déconcertant. Quand de grandes idées commencent à vous trotter par la tête et que vous n'avez pas encore eu le temps d'en définir réellement aucune, elles vous semblent presque trop grandes pour vous. Vous cherchez désespérément à vous raccrocher à quelque chose de plus petit, de plus simple. Je me rappelle avoir souhaité l'existence d'une manière méthodique de procéder, d'une marche à suivre précise et détaillée – le genre de choses que tous les chercheurs trouvent utiles, et si rassurantes – derrière laquelle nous réfugier, d'une méthode qui nous permît de travailler comme des techniciens, afin de nous décharger de l'immensité et de l'obscurité des idées vers lesquelles ces fossiles ne cessaient d'entraîner nos esprits.

Je ne sais plus lequel d'entre nous suggéra de mettre un peu d'ordre dans nos idées en revenant en arrière et en réexaminant le fameux article de Le Gros Clark, mais nous adoptâmes cette suggestion immédiatement, y voyant une méthode utile pour classer nos fossiles, une bonne manière de vérifier où ils se situaient par rapport à un étalon éprouvé.

Dans les années 50, Le Gros Clark avait entrepris de s'attaquer à la confusion générale qui entourait l'identité des australopithèques. En dépit du développement des connaissances, de nombreux scientifiques continuaient à se cramponner à l'idée qu'il ne pouvait s'agir d'hominidés. Le Gros Clark décida de dissiper ce doute. Il dressa une liste comprenant onze différences évidentes et constantes entre les dents des singes anthropoïdes et celles des humains. Puis il plaça à leurs côtés des dents d'australopithèques pour les comparer ; il découvrit qu'à tous égards, les australopithèques se rapprochaient des humains et non des singes. L'article exposant cette comparaison fit date en paléoanthropologie ; personne ne douta plus désormais que l'Enfant de Taung et tous les autres fossiles sud-africains appartenaient à la lignée hominienne, et non à un étrange type de singes à station érigée.

Pourquoi ne pas soumettre nos fossiles à une investigation du même genre, pour voir où ils se situaient ? En mon for intérieur, je soupçonnais que la réponse serait *Homo*, ce qui voudrait dire que je n'aurais pas à passer le reste de l'année à me disputer avec Tim à ce sujet. En son for intérieur, celui-ci avait commencé à soupçonner le contraire, et à se dire qu'ainsi il n'aurait plus à se disputer avec moi. Chacun de nous avait ses partis pris. Tim se concentrait sur des caractéristiques primitives générales. Je me concentrais sur les petites molaires d'aspect humain. L'un de ces deux partis pris allait devoir céder.

Au milieu de l'été 1977, nous fûmes prêts à commencer. Nous avions des spécimens de chimpanzés et de gorilles, et une jolie collection de moulages d'australopithèques sud-africains. Nous avions fini de classer le matériel de Laetoli et d'Hadar. Pour en faire une analyse correcte, nous allions devoir nous pencher sur ces trois questions :

1) Avions-nous quelque chose de nouveau, ou nos fossiles ressemblaient-ils trop à quelque chose de connu pour mériter l'étiquette de « nouveau » ?

2) S'il s'agissait de quelque chose de nouveau, comment les relier au reste du matériel connu ? En d'autres termes, quelle place occupaient-ils dans l'arbre généalogique ?

3) Quel nom leur donner ?

L'étude de Le Gros Clark, pensions-nous, devait nous fournir une réponse à la première question, et nous aider également à résoudre la deuxième. Pour la troisième, nous serions livrés à nous-mêmes.

Le centre du labo de Cleveland est occupé par une longue et haute paillasse. Tous les soirs, Tim et moi nous y installions après le départ des autres chercheurs. Nous entendions les portes claquer derrière eux, et, en esprit, nous les voyions sortir du bâtiment en traversant une obscure réserve aux murs de béton, remplie jusqu'au plafond de cartons, dont chacun contenait un squelette humain portant l'étiquette « adulte » ou « enfant », « mâle » ou « femelle ». Ils avaient été récupérés à la morgue municipale au fil des ans, et constituaient l'une des plus importantes collections de squelettes d'*Homo sapiens* modernes du monde. Au-delà des cartons se trouvait une autre pièce, pleine de cages qui abritaient des faucons et des hiboux vivants que les naturalistes du musée étudiaient. Quand nous partions, tard dans la nuit, nous passions nous aussi devant ces squelettes empilés et devant ces cages d'oiseaux. A cette heure tardive, les faucons dormaient, blottis sur leurs perchoirs, immobiles, la tête cachée. Mais les hiboux nous fixaient de leurs yeux jaunes et ronds, qui brillent d'un éclat si féroce lorsque l'oiseau est libre et en bonne santé, mais qui m'ont toujours semblé ternes et lointains, presque sans vie, après des mois ou des années de captivité. Il y a des hiboux en Afrique orientale, et beaucoup d'entre eux ressemblent par leurs mœurs et leur aspect à ceux qui vivent en Amérique du Nord. Les oiseaux en cage de Cleveland me rappelaient les nuits d'Hadar quand, couché sous ma tente, j'entendais les hiboux ululer au bord de la rivière.

Les grands rapaces évoluant lentement, et certainement pas plus rapidement que les hominidés, il est presque certain que les bords de lacs, les rivières et les forêts qui constituaient le paysage africain il y a trois millions d'années étaient habités par des ancêtres des hiboux qui y vivent aujourd'hui. Dans ce cas, les os que Tim et moi étions en train de disposer sur leurs coussins moelleux de mousse avaient été animés un jour par du sang et des terminaisons nerveuses, et par des yeux et des oreilles attentifs aux cris et au vol nocturne de ces hiboux. La paléoanthropologie est pleine de ces appels du passé. Les fossiles ont beau ressembler à des cailloux par leur aspect et leur toucher, ils palpitent d'une vie bien à eux. Ils nous rappellent des émotions et des sensations si lointaines qu'elles en sont presque inconcevables aujourd'hui, des plaisirs, des peurs, des colères et des souffrances – tous ces sentiments éprouvés par nos aïeux, mais filtrant à travers des cerveaux si confusément semblables aux nôtres que nous n'avons aucun moyen de retrouver vraiment ces perceptions depuis longtemps perdues. Quelle saveur avait le monde sur la langue d'un hominidé primitif ? Quelle question dérisoire !...

Une fois la dernière porte claquée, je me secouais et oubliais les hiboux. Nous approchions une paire de tabourets de la paillasse et commencions notre travail de comparaison. Nous confrontions un trait à un autre, puis à un autre encore. J'exigeai de remesurer toutes les dimensions des dents et des mâchoires, sachant par expérience que les chiffres publiés ne correspondent pas toujours aux fossiles ou aux moulages de fossiles. Une fois encore, j'admirai la précision du travail de J.T. Robinson, l'autorité sud-africaine en matière de fossiles.

Pour que le lecteur comprenne bien le problème d'interprétation qui

SINGES ANTHROPOÏDES (Pongidés)

HUMAINS (Hominidés)

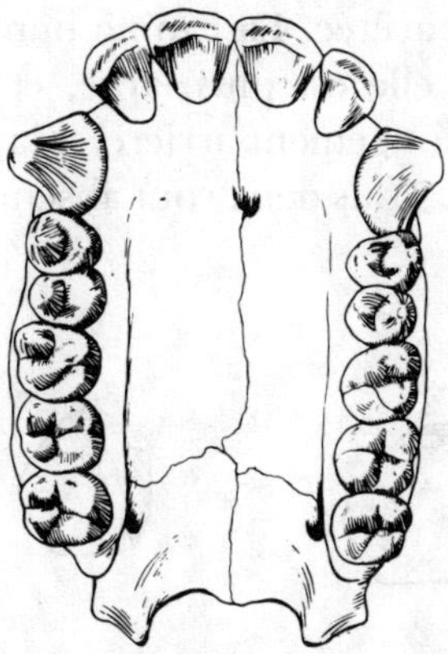

Mâchoire supérieure de chimpanzé

La canine et les dents jugales forment des rangées approximativement parallèles.

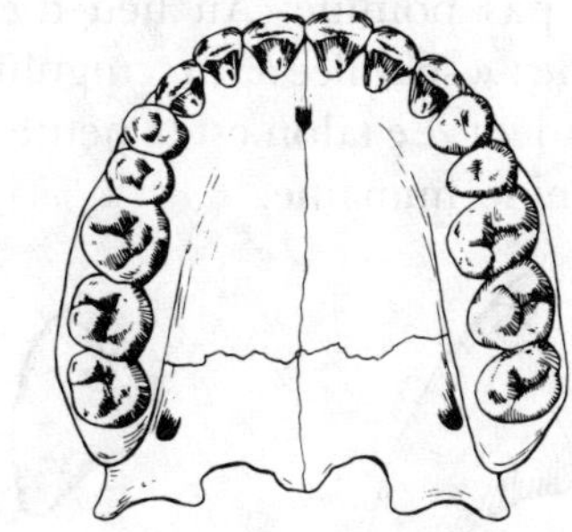

Mâchoire supérieure humaine

L'arcade dentaire présente toujours un contour parabolique régulier.

se posait, il faut qu'il ait une idée des différences que nous étudiions. En voici huit, tirées mot pour mot de l'article de Le Gros Clark, avec nos commentaires sur chacune d'elles.

La première différence évoquée par Le Gros Clark saute aux yeux. La dentition de forme rectangulaire avec deux côtés parallèles est commune à tous les singes anthropoïdes. La mâchoire humaine est toujours arrondie, et elle l'est depuis longtemps. Il y a un million d'années, *Homo erectus* avait une arcade dentaire cintrée semblable fondamentalement à celle de l'homme moderne.

Canine de chimpanzé

Canines relativement grandes, coniques et acérées, avec un cingulum interne bien marqué se prolongeant généralement à l'arrière (sur la canine inférieure) en formant un talon.

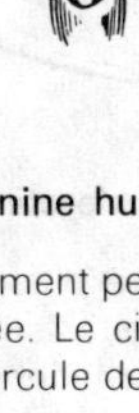

Canine humaine

Canines relativement petites, spatulées et à pointe émoussée. Le cingulum interne est réduit à un tubercule de base. Pas de talon saillant.

La différence est à nouveau évidente. La canine simienne est plus conique, et son extrémité forme une pointe acérée. La canine humaine n'est pas pointue. Au lieu d'être conique, elle est plus large, et plus aplatie : « spatulée ». Le cingulum est le prolongement arrière, à la base de la dent. Le talon est la petite bosse au dos. Tous deux sont absents sur la canine humaine.

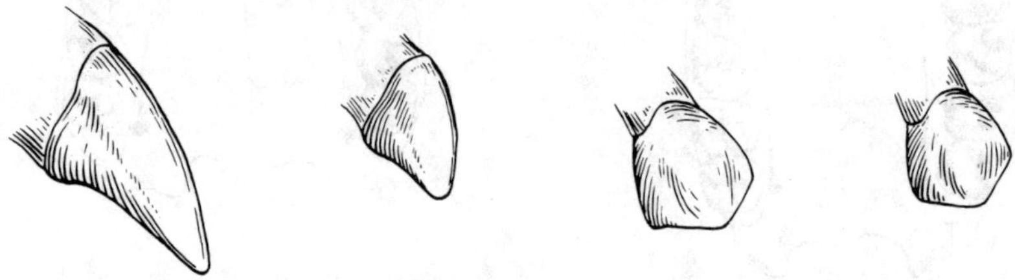

Chimpanzé

mâle **femelle**

Les canines présentent un dimorphisme sexuel prononcé.

Humain

mâle **femelle**

Les canines ne présentent pas de dimorphisme sexuel prononcé.

Une nouvelle distinction limpide. Les canines du chimpanzé mâle ne sont pas seulement plus grandes dans l'absolu, parce que les mâles eux-mêmes sont plus grands que les femelles, mais elles sont aussi plus grandes relativement. Les canines du mâle humain ne sont plus grandes que celles de la femelle que parce que les mâles eux-mêmes sont plus grands. Si l'on réduisait le corps humain mâle à l'échelle de la femelle, la différence entre leurs canines serait négligeable.

En raison de la très grande taille de la canine inférieure (et de la taille

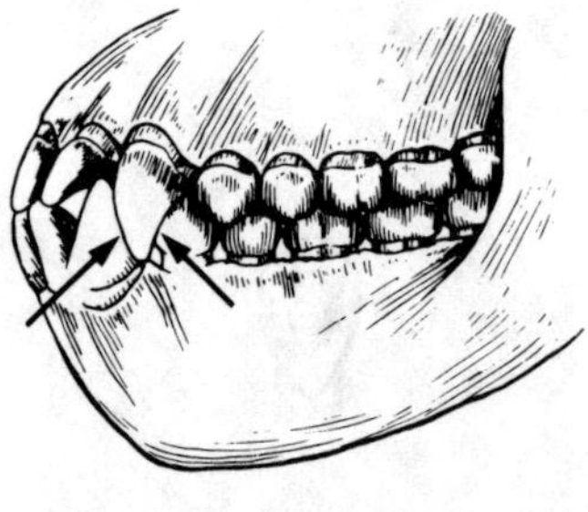

Mandibule de chimpanzé

A un stade précoce d'usure, les canines présentent des facettes sur les faces antérieure et postérieure de la couronne, et dépassent de loin le niveau d'occlusion des dents jugales.

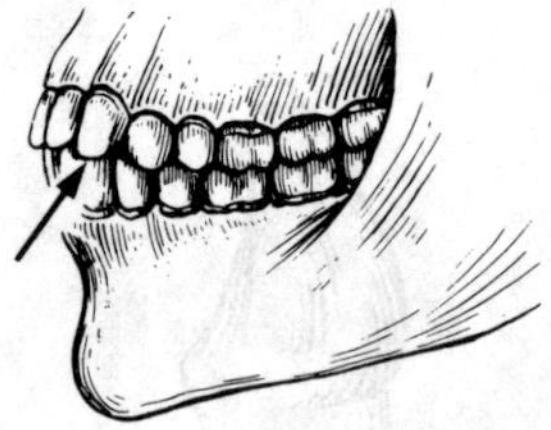

Mandibule humaine

Les canines ne s'usent qu'à partir du sommet et, à un stade précoce d'usure, ne dépassent pas le niveau d'occlusion des dents jugales.

comparable de celle qui descend de la mâchoire supérieure) les dents se mettent en prise quand la mâchoire du singe est fermée. Les canines se touchent par les côtés et non par les sommets. Par conséquent, des traces d'usure apparaissent aux endroits indiqués par les flèches. Les dents humaines, au contraire, ne se mettent pas en prise ; elles se touchent par leurs surfaces d'occlusion (ou de broyage). Aussi la canine humaine s'aplatit-elle au sommet, jusqu'à avoir la même hauteur que les autres dents de la mâchoire.

Mâchoire supérieure de chimpanzé

Les incisives supérieures sont presque toujours séparées de la canine par un diastème bien marqué.

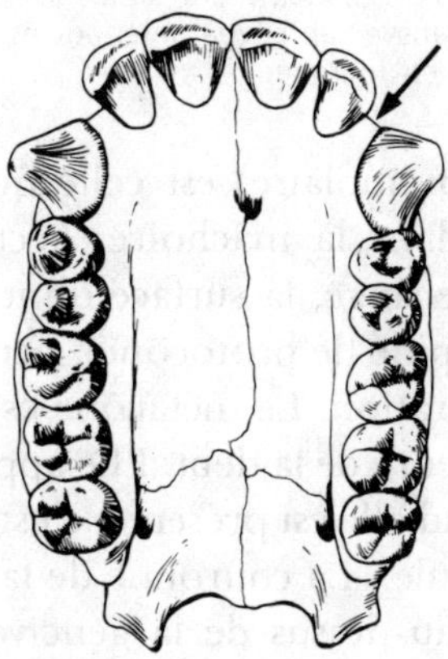

Mâchoire supérieure humaine

Absence uniforme de véritable diastème.

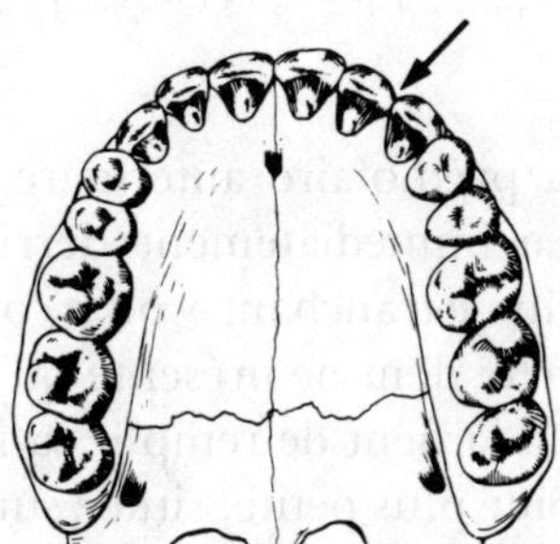

Le diastème (*cf.* flèche ci-dessus) est un simple espace dans la rangée de dents. Dans la mâchoire du chimpanzé, cet espace est nécessaire pour loger la grande canine inférieure saillante quand la mâchoire est fermée. N'ayant pas de canine saillante, les humains n'ont pas besoin de diastème.

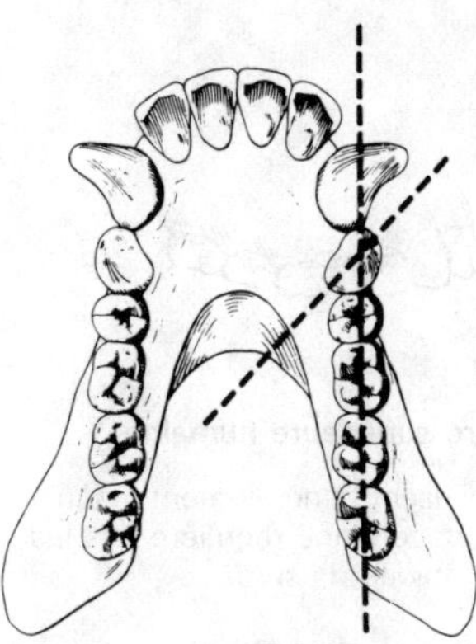

Mandibule de chimpanzé

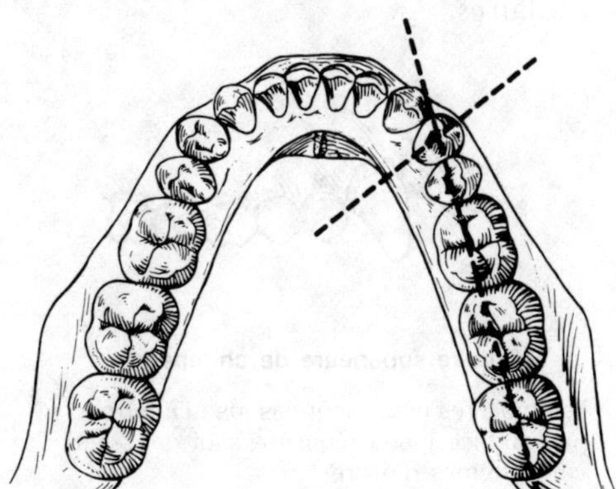

Mandibule humaine

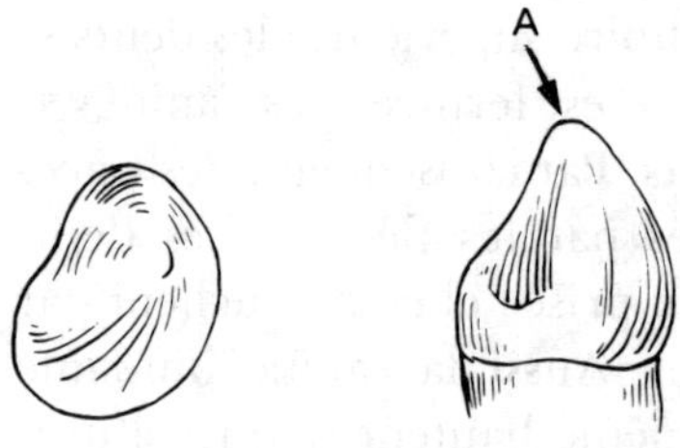

Prémolaire

vue du sommet **vue de l'arrière**

Prémolaire inférieure de forme sectoriale avec un important protocône. Métacône absent ou représenté par une simple petite cuspide. Couronne disposée obliquement par rapport à l'axe de la rangée de dents.

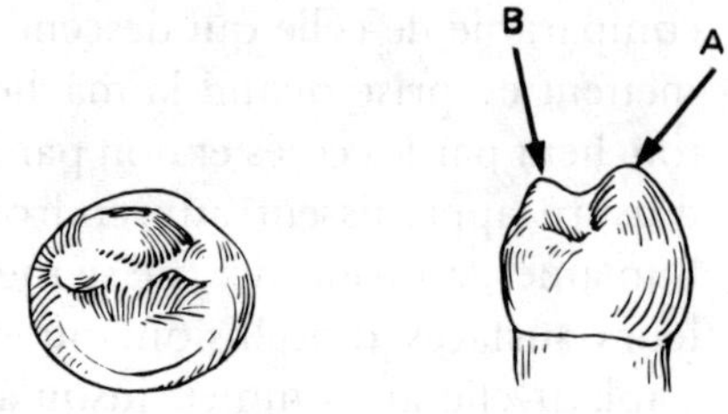

Prémolaire

vue du sommet **vue de l'arrière**

Prémolaire inférieure de type bicuspidé, non sectorial, avec un métacône dont la taille se rapproche de celle du protocône, les deux cuspides étant situées selon un plan transversal. Fovea antérieur et postérieur bien marqués.

La prémolaire antérieure (ou première prémolaire) est celle qui est située immédiatement derrière la canine dans la mâchoire. Sectorial signifie « tranchant » ou « coupant ». Chez le singe, la surface d'incision de cette dent ne présente qu'une grande cuspide (le protocône), permettant à la dent de remplir sa fonction de lacération. Le métacône est une cuspide plus petite, située sur la partie intérieure de la dent. Elle apparaît rarement chez les singes anthropoïdes. Quand elle est présente, c'est sous la forme d'une bosse insignifiante (une cuspule). La couronne de la prémolaire simienne, la partie qui se trouve au-dessus de la gencive, est plantée en biais par rapport aux autres dents de la rangée. Chez les humains, la première prémolaire a une forme toute différente. Sa fonction est moins de trancher que de broyer. Sa cuspide interne, le métacône, est généralement proéminente. La couronne de la dent n'est pas placée de biais dans la mâchoire, mais perpendiculairement à la ligne des molaires.

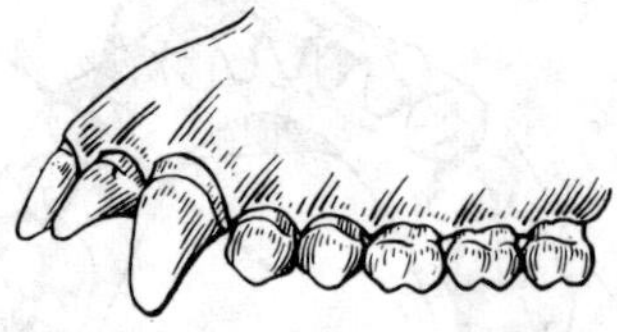

Mâchoire supérieure de chimpanzé

Les molaires ne s'usent pas jusqu'à former une surface plane régulière sauf dans les cas extrêmes d'usure.

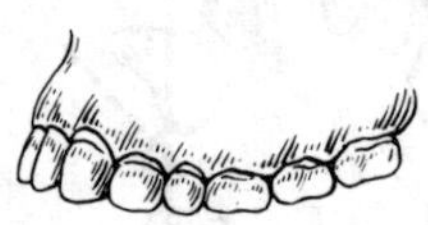

Mâchoire supérieure humaine

Les molaires s'usent généralement jusqu'à former une surface plane régulière dès les tout premiers stades d'usure.

Ce que Le Gros Clark souligne ici, c'est que les molaires des singes anthropoïdes ont des cuspides assez hautes, qui ne s'aplatissent généralement pas, contrairement aux cuspides des molaires humaines.

Mandibule de chimpanzé

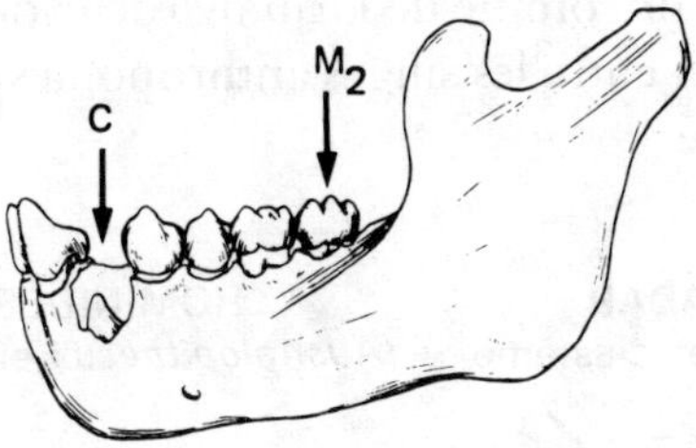

Les canines sortent plus tard, après la deuxième molaire.

Mandibule humaine

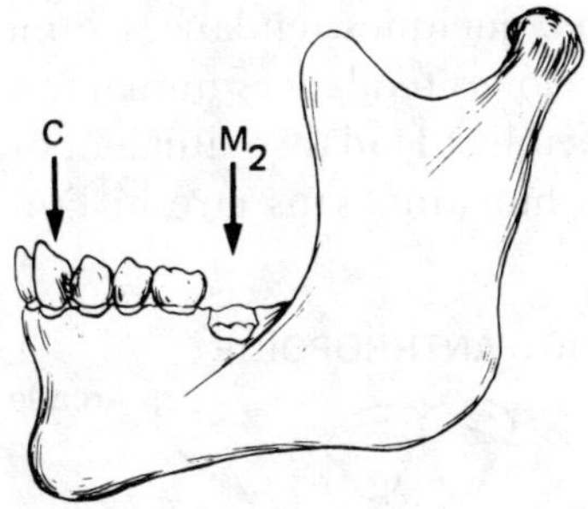

Les canines sortent plus tôt, avant la deuxième molaire.

Il s'agit là du seul point faible de sa comparaison. Ce trait, en effet, n'est pas constant.

Le Gros Clark a également noté trois différences dans les dents caduques, ou dents de lait, des chimpanzés et des humains ; mais il est inutile de les énumérer ici, les exemples donnés pour les dents d'adulte étant suffisamment éloquents.

Le crâne, le bassin, l'ossature des bras et des jambes des chimpanzés et des humains présentent, bien sûr, de nombreuses différences eux aussi, mais Le Gros Clark ne s'y est pas intéressé. Son exercice était destiné à situer les australopithèques par rapport aux singes anthropoïdes et aux humains ; comme sa réserve de fossiles d'australopithèques consistait essentiellement en dents et en mâchoires, il s'est exclusivement concentré sur celles-ci dans sa comparaison entre le singe et l'homme. Lorsqu'il plaça les fossiles d'australopithèques au milieu, son opinion fut faite. Dans tous les cas, le fossile d'australopithèque se rattachait au groupe des hominidés et non des pongidés.

La clarté de l'analyse de Le Gros Clark et la simplicité de sa présentation paraissent encore plus remarquables si l'on songe qu'elle a été faite il y a près de trente ans, à une époque où les fossiles étaient moins bien connus et beaucoup moins nombreux qu'à présent. Ses conclusions paraissent d'une évidence brutale aujourd'hui, maintenant que son analyse a été faite. Mais elles sont loin de refléter la confusion et les querelles qui régnaient à l'époque.

Convaincus que les comparaisons de Le Gros Clark étaient toujours valables, nous entreprîmes, Tim et moi, d'étaler nos propres fossiles sur la table. J'en restai bouche bée. Je m'attendais, certes, à ce que nos mâchoires aient l'air primitif, mais pas à ce point. Loin d'être humaines avec quelques tendances simiennes, elles étaient plutôt simiennes, avec quelques tendances humaines. Il était clair comme de l'eau de roche que Laetoli et Hadar se situaient quelque part entre les singes anthropoïdes et les humains, sans être ni l'un ni l'autre :

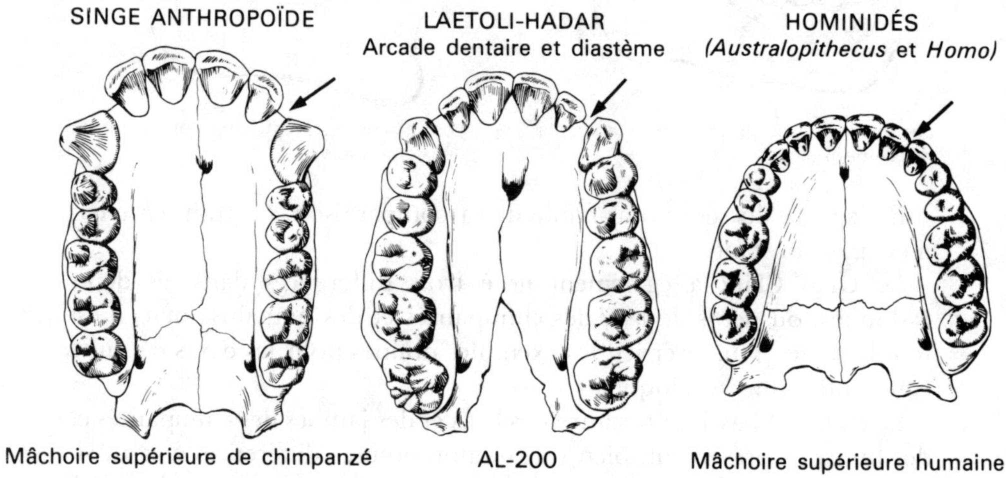

AL-200 est une mâchoire supérieure d'Hadar. Les molaires sont placées sur une ligne relativement droite (comme celles d'un singe) sauf les dernières, qui s'enfoncent un peu, donnant une légère courbure à la rangée de dents. Le diastème (*cf.* flèche) est marqué chez le singe, présent mais petit chez le spécimen d'Hadar, absent chez les hominidés postérieurs – ce qui place Laetoli-Hadar entre les deux autres.

Forme et usure de la canine

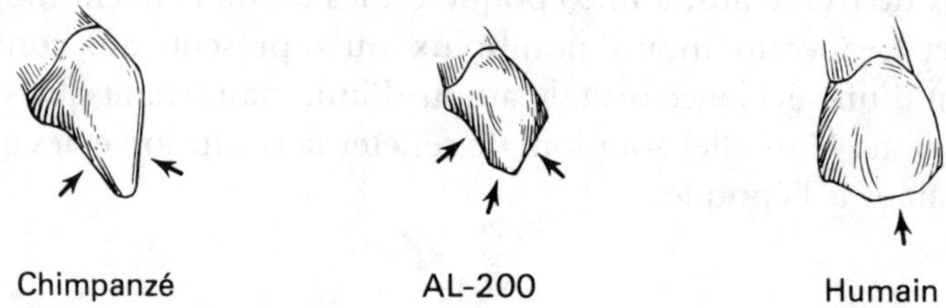

La canine présente également des caractéristiques intermédiaires. Elle est simienne par sa forme conique, non spatulée. Elle dépasse un peu la rangée de dents, mais pas énormément, et se termine par une pointe assez nette. Comme la canine simienne, elle est usée sur les côtés. Contrairement à celle-ci, sa pointe est également usée.

Dimorphisme sexuel des canines

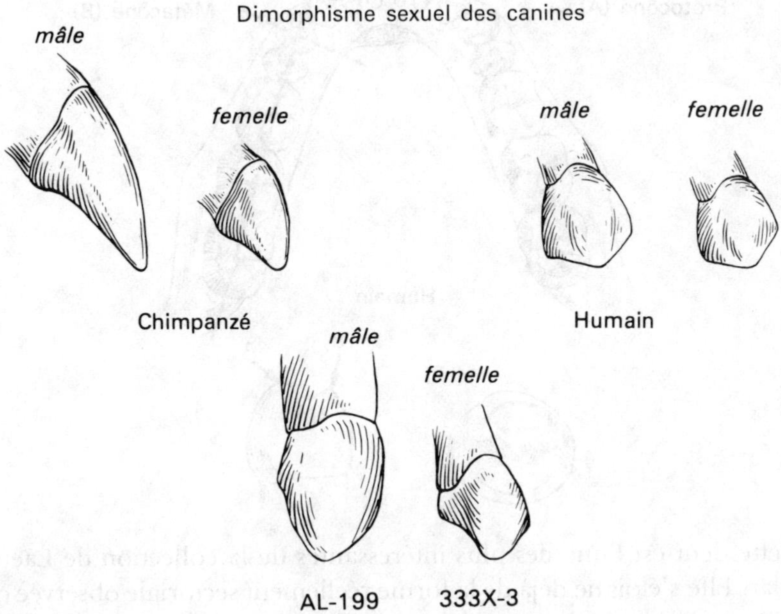

La variation de taille des canines de Laetoli-Hadar est plus simienne qu'humaine. En nous fondant sur l'analogie des autres primates, nous considérons cela comme un dimorphisme sexuel. Lucy, qui est incontestablement une femelle, est le plus petit adulte de toute la collection.

Prémolaire

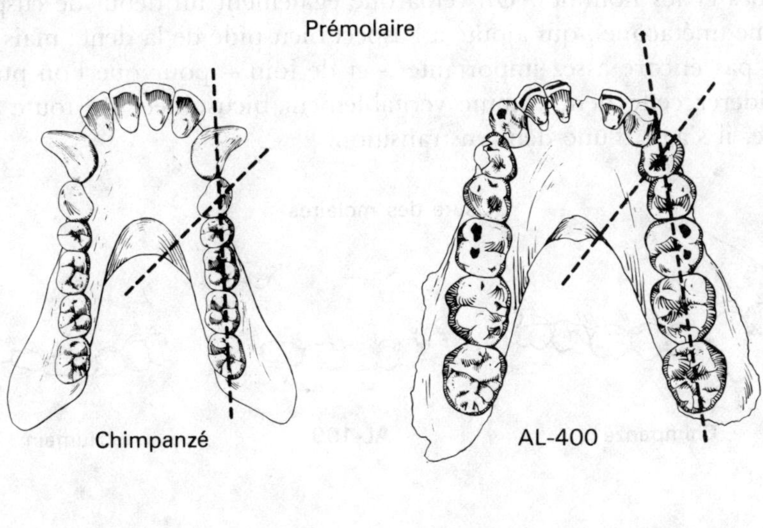

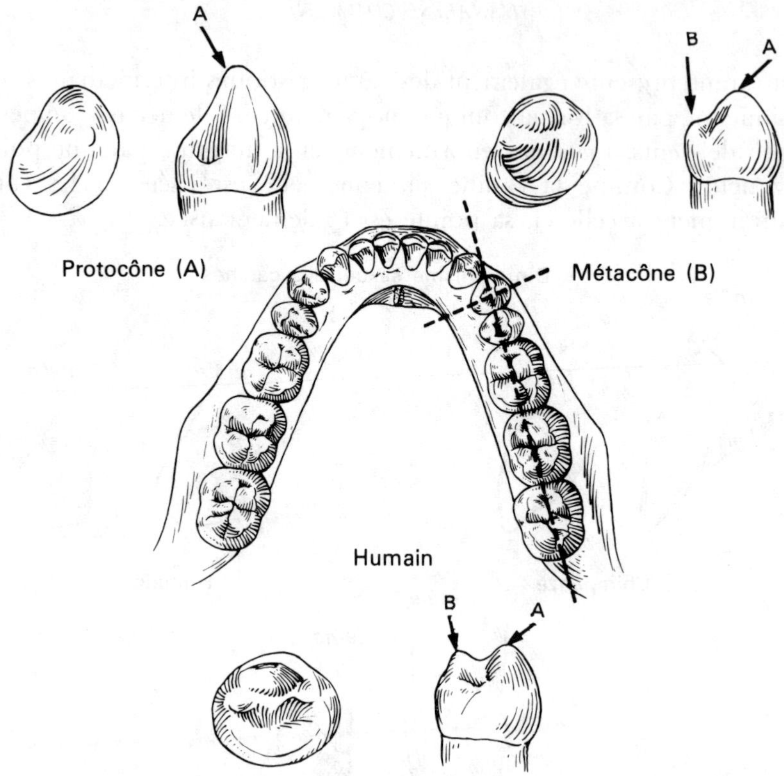

Cette dent est l'une des plus intéressantes de la collection de Laetoli-Hadar. Elle s'éloigne déjà de la forme réellement sectoriale observée chez les singes anthropoïdes, mais n'a pas encore atteint la forme bicuspidée des hominidés postérieurs. Sa forme est plus arrondie – plus proche d'une dent bicuspidée – mais l'implantation de la couronne forme encore un angle aigu par rapport à la rangée de dents au lieu de former un angle droit (quatre-vingt-dix degrés), comme chez les australopithèques et les hommes. On remarque également un début de cuspide interne (métacône), qui ajoute à l'aspect bicuspidé de la dent ; mais elle n'est pas encore assez importante – et de loin – pour que l'on puisse considérer cette dent comme véritablement bicuspidée. De toute évidence, il s'agit d'une dent en transition.

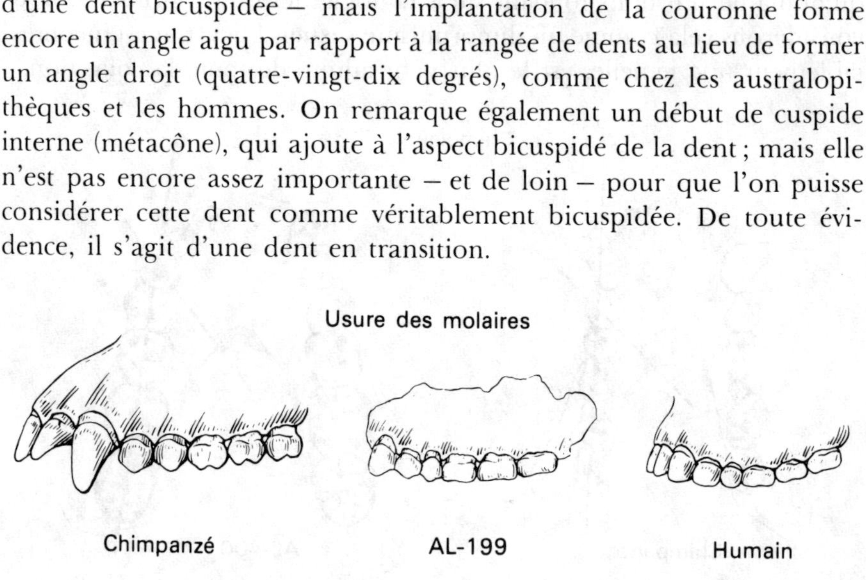

Ici, les signes sont un peu moins évidents, mais ce que l'on peut observer suggère une fois de plus une situation intermédiaire, entre les singes anthropoïdes et les hominidés. Les molaires des gorilles et des chimpanzés présentent des cuspides hautes et pointues, qui tendent à subsister tout au long de la vie de ces animaux. Les fossiles de Laetoli-Hadar ont des cuspides plus basses, plus arrondies, qui ont une certaine tendance à s'aplatir en s'usant au fil des ans. Chez les hominidés postérieurs, les molaires s'aplatissent presque totalement.

L'étalon de Le Gros Clark indiquant clairement que Laetoli-Hadar se situait quelque part entre les humains et les singes anthropoïdes – et peut-être plus près de ces derniers –, nous nous mîmes en devoir de vérifier ce point de vue au moyen de quelques comparaisons personnelles, dont trois sont illustrées par les dessins des pages 303 et 309.

Nous avons également trouvé quatre différences constantes qui ne sont pas illustrées ici :

Palais : le palais est le plafond osseux de la cavité buccale. Chez les singes, il est bas et plat. Chez les humains, il est haut et arqué. Le palais des fossiles de Laetoli-Hadar se rapproche de celui du singe.

Proportions faciales : la partie supérieure de la face du singe est petite, et sa partie inférieure importante et proéminente (prognathe). Chez les humains, c'est l'inverse. Le museau du singe est également légèrement arrondi vers l'extérieur (convexe) quand on le regarde de profil. Celui de l'homme est un peu enfoncé (concave). Sous ces deux aspects, Hadar-Laetoli est simien.

Racines des canines : chez les singes anthropoïdes, les racines des canines sont si grandes qu'elles provoquent l'enflure du maxillaire dans lequel elles sont enchâssées. Cette enflure prend la forme d'une bosse verticale, ou colonne, de part et d'autre du nez. On observe le même phénomène chez les spécimens d'Hadar-Laetoli, mais non chez les humains, dont les canines sont si petites qu'elles s'implantent dans le maxillaire sans provoquer d'enflure sensible.

Capacité crânienne : chez les chimpanzés, elle est comprise entre 300 et 400 centimètres cubes. Chez les spécimens d'Hadar-Laetoli, entre 380 et 450 centimètres cubes. Chez les humains, elle s'échelonne entre 460 centimètres cubes (limite inférieure de *habilis*) et plus de 2 000 (limite supérieure de *sapiens*). Il convient de noter ici que les chiffres d'Hadar-Laetoli recouvrent légèrement ceux du singe, mais ne recouvrent pas ceux de l'homme.

L'analyse qui précède représente l'essentiel des arguments que nous allions élaborer plus tard pour nos fossiles. Prise isolément, aucune des nombreuses différences que nous avions relevées n'aurait été suffisante. Mais lorsqu'on trouve un grand nombre de différences, et qu'elles sont constantes sur un grand nombre de spécimens, on peut commencer à en tirer des conclusions avec une confiance croissante. Les brillants éclairs de génie n'existent pas en paléoanthropologie. On y ignore les révélations du type $E = MC^2$. La compréhension s'acquiert lentement, presque rétrospectivement. On se surprend à dire : « Alors, c'est donc bien comme cela. Pourquoi n'y ai-je pas pensé plus tôt ? » Trait par trait, nous avions progressé parmi ces fossiles, ne saisissant que lentement ce que nous observions. A la fin de l'été, nous avions noté un nombre suffisant de différences dans notre échantillonnage pour être convaincus que les individus de Laetoli-Hadar étaient distincts des singes anthropoïdes et de tous les hominidés postérieurs.

Bref, notre analyse point par point nous avait permis de répondre à la première question : nous avions manifestement quelque chose de nouveau. Il ne restait qu'un différend à résoudre : avions-nous une ou deux choses ? Je m'obstinais à en voir deux ; Tim une. Bill Kimbel, qui est aujourd'hui directeur adjoint de mon labo et qui était venu nous aider pour une partie de l'analyse, était d'accord avec moi. Il répétait : « Lucy est différente. » Tim disait : « Voyons Kimbel, sortons les chimpanzés ; comparons un peu plus et braillons un peu moins. » Mais le lendemain, c'était Tim qui braillait. Il arrivait au labo en hurlant : « Un truc, un truc. » Nous lui répondions en hurlant : « Deux, deux ! »

Tout en étant convaincus à ce moment-là que la collection couvrait un éventail de tailles si large que la petite taille de Lucy n'excluait pas en soi de la ranger parmi les autres, nous continuions à soutenir, Kimbel et moi, que la forme en V de sa mâchoire était différente. Et puis, nous éprouvions une réticence bien compréhensible à renoncer à une position prise précédemment en public et par écrit. Tim finit par étaler une série de fossiles, en rang, sur la paillasse. Il les avait choisis en fonction de leur taille : une série progressive de mâchoires, de la plus grande à la plus petite de la collection. Quand la mâchoire de Lucy fut placée au bout de la rangée, nous ne pûmes nous dissimuler qu'elle se trouvait à sa place. On pouvait observer un rétrécissement irrésistible de traits jusqu'à elle. Elle ne différait des autres *que* par l'étroitesse de la partie antérieure de sa mâchoire. A part cela, elle possédait bien l'ensemble de dents primitives que nous avions passé des mois à ruminer et que nous pouvions désormais tous trois reconnaître instantanément comme caractéristiques de notre collection de fossiles – et d'aucune autre. Mais j'étais têtu.

« Comment peux-tu ignorer une vingtaine d'autres traits – une similitude écrasante – et t'arrêter à cette unique différence de mâchoire ? me demanda Tim.

– Parce que c'est une différence », dis-je.

Tim exigea alors que nous nous livrions à l'exercice laborieux consistant à réduire toutes les autres mâchoires à l'échelle de Lucy. Quand cela fut fait, il n'y avait presque plus aucune différence de largeur à l'avant. Certaines mâchoires étaient un peu plus larges, mais, comme le souligna Tim, c'était parce que les incisives des mâles étaient légèrement plus grandes que celles des femelles. La singularité de Lucy s'effaçait. Elle était devenue un simple exemple d'allométrie, comme l'avait prédit Tim.

« D'accord, dis-je, il n'y a qu'une espèce.

– Tu le crois vraiment ? Ce n'est pas une simple capitulation ?

– Non, non, je le crois.

– Tu es sûr que ce n'est pas comme Louis Leakey, qui s'est si bien acharné sur Phillip Tobias au sujet d'*Homo habilis* qu'il l'a amené à crier grâce ?

– Non, non. Je le crois. Tu devrais apprendre à t'arrêter une fois que tu as gagné.

– Je veux simplement m'en assurer.

– J'en suis sûr. J'en suis absolument sûr. »

Le problème de Lucy réglé, nous avions désormais une image remarquablement claire et cohérente des hominidés de Laetoli-Hadar. Ils présentaient les caractéristiques suivantes :

1) Malgré une grande variabilité de taille, tous les fossiles représentaient des échantillons d'une seule et même espèce. Les différences de taille étaient plus importantes à Hadar qu'à Laetoli, mais on ne trouvait aucun spécimen qui ne se situât confortablement à l'intérieur d'une marge raisonnable de variation par rapport à un « individu moyen » calculé mathématiquement. A l'extrémité inférieure des spécimens adultes se trouvait Lucy, qui ne dépassait guère un mètre de haut et pesait sans doute autour de trente kilos. A l'extrémité supérieure, se trouvaient des individus d'un mètre cinquante, pesant jusqu'à soixante-dix kilos. Outre les variations de taille entre individus du même sexe, on observait également des variations entre sexes. Elles étaient particulièrement marquées dans la mâchoire, ce qui expliquait la tendance des femelles les plus petites à avoir un maxillaire en forme de V.

2) En dépit de leur petite taille, ces créatures étaient extrêmement puissantes. Leurs os étaient plutôt épais pour leur taille et portaient des

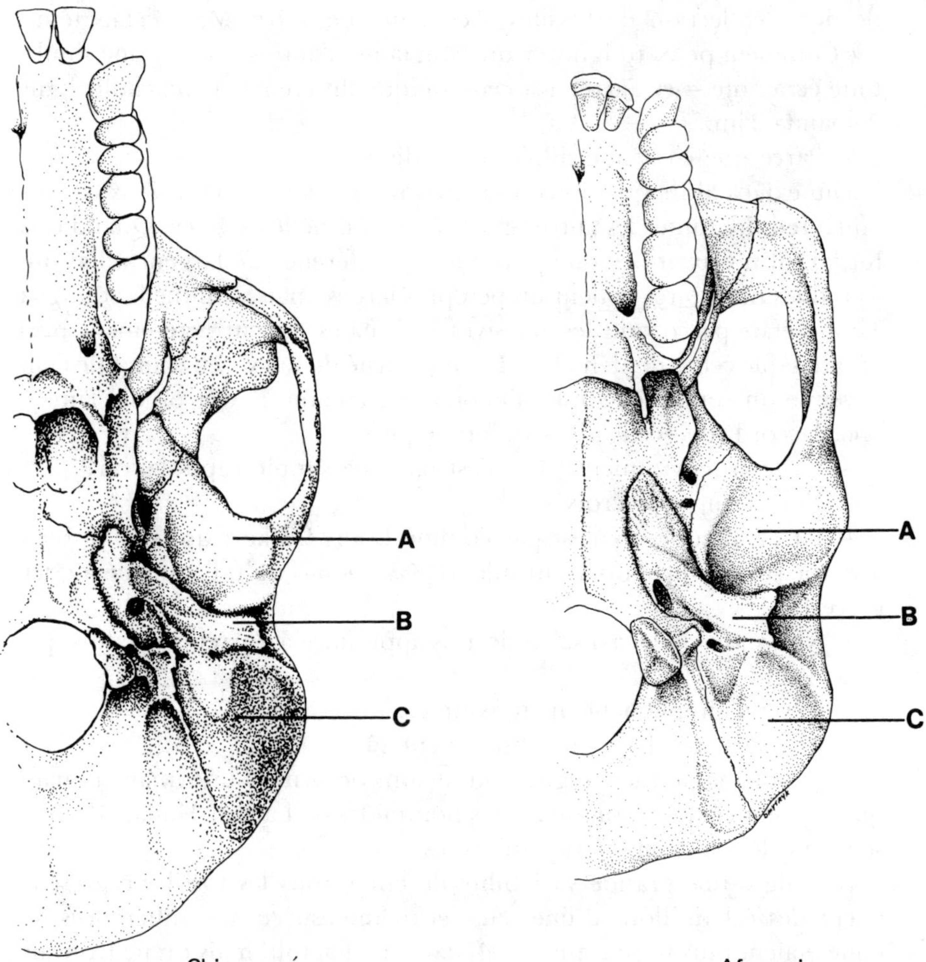

Ces trois différences entre un chimpanzé, un spécimen d'Hadar-Laetoli et un être humain ne sont visibles que si l'on observe leurs crânes par en dessous. La zone A sur chaque figure est la cavité glénoïde, l'endroit où s'ancre l'articulation de la mâchoire inférieure. Chez les singes, elle est plate. Chez les spécimens d'Hadar-Laetoli, elle l'est presque. Mais chez les humains, elle est bordée d'une crête bien distincte à l'avant (a). La région B sur chaque dessin représente la lame du tympanal, un petit os en forme de tube qui commence à l'ouverture du conduit auditif et se poursuit vers l'intérieur. Chez les singes et les spécimens d'Hadar-Laetoli, il ressemble effectivement à un tube. Mais chez les humains, il s'est écrasé et forme plus une arête qu'un tube. La zone C est l'apophyse mastoïde. Chez les singes, elle est triangulaire et aplatie. Chez les spécimens d'Hadar-Laetoli, elle est toujours triangulaire, mais commence à présenter une surface incurvée. Chez les humains, cette courbure s'est accentuée, et elle porte un sillon. La forme de l'ensemble de l'apophyse n'est plus triangulaire, mais ovale.

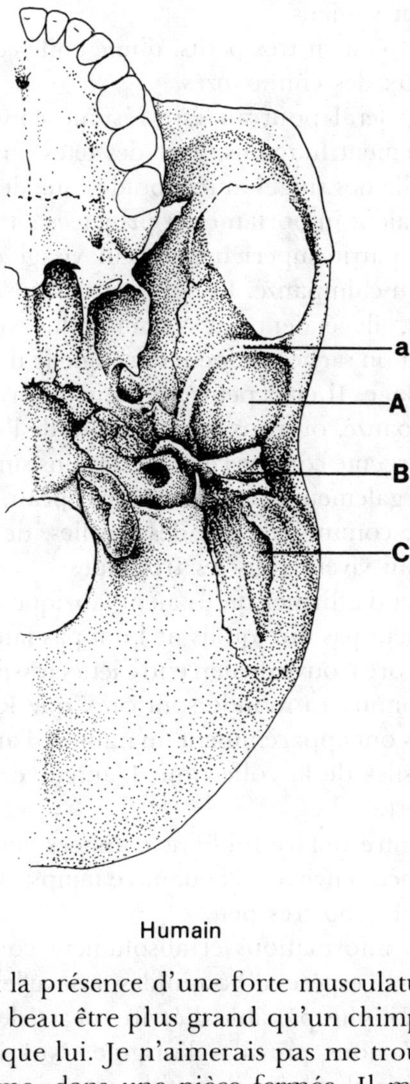

Humain

marques indiquant la présence d'une forte musculature. Comme l'a dit Tim un jour : « J'ai beau être plus grand qu'un chimpanzé, je ne suis de loin pas aussi fort que lui. Je n'aimerais pas me trouver nez à nez avec l'un d'eux sans arme, dans une pièce fermée. Il me tuerait sûrement avant que je n'aie pu le tuer. Il semblerait que nos hominidés aient été au moins aussi forts que des chimpanzés. »

3) Ils étaient totalement bipèdes. Ce point a été démontré par les fossiles d'Hadar et confirmé par les empreintes de Laetoli.

4) Leurs bras étaient légèrement plus longs proportionnellement que ceux des humains.

5) Leurs mains ressemblaient à celles des hommes, mais leurs doigts

avaient tendance à être un peu plus recourbés. Certains os du poignet étaient extrêmement simiens.

6) Leurs cerveaux étaient très petits, d'une taille comparable proportionnellement à ceux des chimpanzés.

7) Leur aspect général pourrait être résumé comme suit : de petits corps fondamentalement humains, avec des têtes dont la forme se rapprochait plus de celle des singes anthropoïdes que de celle des humains. Leurs mâchoires étaient importantes et projetées en avant. Ils n'avaient pas de menton. La partie supérieure de leur visage était réduite et ressemblait à celle d'un chimpanzé. Le sommet de leur crâne était très bas. Mâles ou femelles, ils étaient sans doute plus velus que l'homme moderne, sans que l'on sache vraiment dans quelle mesure. On ignore la couleur de leur pelage. Il était peut-être noir ou brun comme celui du gorille ou du chimpanzé, ou roux comme celui de l'orang-outan. Peut-être était-il même argenté comme celui de certains singes. On ne le saura jamais. On ignore également la couleur de leur peau, mais elle était probablement sombre, comme la peau des gorilles, des chimpanzés et de tous les humains qui vivent sous les tropiques.

8) Rien ne permet d'affirmer qu'ils aient fabriqué ou utilisé des outils de pierre. Cela ne veut pas dire qu'ils ne l'ont pas fait, mais uniquement que l'on n'a pas encore trouvé de lien entre leurs fossiles et des outils. Les plus vieux outils connus au monde sont ceux que Roche et Harris ont trouvés à Hadar. Ils ont apparemment un million d'années de moins que les plus jeunes fossiles de la collection. L'auteur de ces outils n'a pas encore été découvert.

9) Ils ont vécu entre quatre millions d'années environ avant J.-C. et trois millions d'années environ. Pendant ce temps, ils n'ont pas subi de changement évolutif – ou très peu.

Disposant de ces informations et absolument convaincus désormais qu'il s'agissait d'une espèce d'hominidés nouvelle et distincte, nous jugeâmes qu'il n'était plus possible d'écrire un article purement descriptif comme nous l'avions prévu à l'origine. Nos investigations nous avaient entraînés bien plus loin ; il était de notre devoir de faire savoir ce que nous avions appris. Nous nous trouvâmes alors confrontés à la deuxième question : comment notre espèce se rattachait-elle aux autres hominidés déjà décrits et nommés ? En d'autres termes, comment dessiner un arbre généalogique qui correspondît à ce que nos savions de notre espèce et à ce que nous savions d'*Homo habilis*, d'*Australopithecus africanus* et d'*Australopithecus robustus* ? Plus précisément, fallait-il classer notre espèce parmi les êtres humains, ou était-elle trop primitive pour cela ?

Et les disputes reprirent de plus belle entre Tim et moi. Comme je l'ai dit plus haut, j'avais eu tendance dès le début à considérer que les grands fossiles d'Hadar présentaient des affinités avec *Homo*. En un sens, je n'avais pas tort : ils avaient de petites molaires et de grandes incisives, comme l'homme moderne et contrairement à l'australopithèque. Comme presque toutes les personnes qui ont fait des études de paléoanthropologie depuis les années 50, j'avais été formé à croire que les australopithèques étaient probablement les ancêtres de l'homme. Il semblait donc logique, en observant leurs molaires, de conclure que, dans la lignée hominienne, « grand = primitif ». A partir de là, il semblait tout aussi logique de conclure que « petit = humain ». Tant que l'on n'eut rien à étudier de plus ancien que les collections d'Afrique australe et orientale, il fut très difficile de se débarrasser de ce préjugé. Je m'y cramponnais alors, malgré tous les éléments de la mâchoire et du crâne qui indiquaient de façon formelle que le type d'Hadar était primitif.

« Il ne peut qu'être primitif, dit Tim. Il a un million d'années de plus. Il est impossible que ce soit un *Homo*.

– Il a de petites molaires comme un humain. C'est un *Homo*.

– Tu es en train de faire exactement comme avec Lucy. Tu te forges une opinion en partant d'une caractéristique, et en ignorant toutes les autres. »

Nous étions acculés. Pour en finir avec cette querelle, nous décidâmes de mesurer la longueur et la largeur de toutes les dents des différents types de notre collection. Nous choisîmes comme exemples représentatifs la troisième molaire, la première prémolaire et la canine, et entreprîmes le genre d'analyse biométrique que Robert Broom aurait considéré avec le plus grand mépris. Puis nous traduisîmes nos chiffres sous une forme graphique. Il en résulta un diagramme (*cf.* page suivante) qui montre très clairement qu'en ce qui concerne la taille des dents, les fossiles d'Hadar sont beaucoup plus proches d'*Homo* que des australopithèques.

Mais ce diagramme montre aussi autre chose. On y voit distinctement que la forme robuste est la plus éloignée de l'homme, car elle présente les plus grosses molaires. En voyant cela exposé aussi clairement par l'emplacement des dents sur le diagramme, je me rappelai soudain quelque chose à quoi je n'avais pas beaucoup réfléchi depuis que j'avais examiné les collections sud-africaines avec Clark Howell sept ans plus tôt.

J'avais alors parlé à Clark du raisonnement brillant de John Robinson, qui concluait que les grosses molaires, à émail épais, représentaient une spécialisation alimentaire. J'avais suggéré à Clark que, s'il s'agissait vraiment d'une spécialisation, elle devait s'être développée progressivement au fil du temps, et devait être plus prononcée chez les spécimens les plus récents contenus dans les collections. Cela correspondait parfaitement aux exemples d'Afrique du Sud. Le type robuste était plus récent que le type gracile, et ses molaires étaient plus grandes.

Tandis que je réfléchissais à cela, stimulé par l'éloquence de notre diagramme, il me vint à l'esprit que « grand = primitif » était peut-être faux. Le diagramme disait : « grand = australopithèque récent ». Avais-je empoigné le télescope par le mauvais bout – en remontant dans le passé à partir de fossiles de deux millions d'années pour tenter d'interpréter des fossiles de trois millions d'années ? Et si je retournais le télescope ? Et si j'adoptais comme prototype le type Hadar ? Dans ce cas, en me fondant sur ses dents, je devais dire : « petit = primitif ». Le contraire même de ce que j'avais pensé.

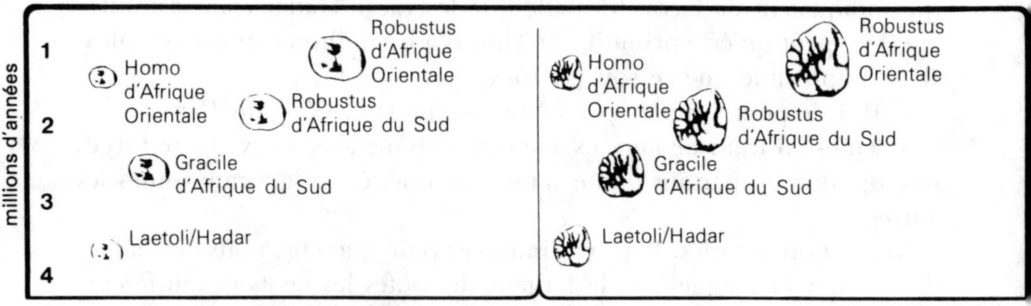

Il a fallu une analyse biométrique pour démontrer définitivement que les hominidés d'Hadar n'étaient pas des *Homo*, mais un type primitif d'australopithèques. Sur ce diagramme, les dents sont rangées de gauche à droite par ordre croissant de taille, et de haut en bas suivant leur âge ; on voit clairement que « petit » égale « primitif », et que cette grande taille de molaire n'a jamais existé chez les humains, mais est apparue progressivement chez les australopithèques, atteignant son apogée chez les types robustes les plus récents. Les exemples présentés ici sont des prémolaires (à gauche) et des molaires (à droite).

Il m'est pénible aujourd'hui d'avouer à quel point je m'étais pris les pieds dans ce sac de nœuds. Les partis pris ont ceci d'insidieux qu'ils vous rendent sourd à l'appel de la vérité. Dès que je retournai le télescope, je reconnus rapidement mes préjugés. Tout était parfaitement au point. Selon le principe aristotélicien : si A (primitif) égale B (petit), et si B (petit) égale C (*Homo*), alors A (primitif) égale C (*Homo*). Euclide formule cela encore mieux : des choses qui sont égales à la même chose sont égales entre elles. Quoi qu'il en soit, je voyais à présent que ce que j'avais pris pour un trait humain était en fait un trait primitif. « Ancien » serait ici un terme mieux choisi, car primitif suggère quelque chose de moins bon, d'inférieur, ce qui n'est pas toujours exact. Darwin a affirmé que l'évolution est le résultat d'une sélection naturelle, ce qui laisse entendre que certains traits vont progressivement se modifier en traits plus nouveaux, mieux adaptés. Mais Darwin n'a jamais dit que *tous* les traits devaient évoluer à la même vitesse, ni même qu'ils devaient tous évoluer. En fait, s'il remplit bien sa fonction, un trait n'évoluera probablement pas.

Et c'est bien ce qui semble s'être produit avec les dents que nous étudiions. Sur la lignée *Homo*, les incitations à la sélection avaient été faibles, voire inexistantes ; ces dents avaient donc très peu changé. *C'étaient les dents des australopithèques qui avaient changé.* Elles avaient suivi leur propre direction, afin de répondre à un mode de vie quelque peu différent de celui qu'avaient connu les premiers humains – un mode de vie qui allait devenir de plus en plus spécialisé et conduire au développement de dents de plus en plus grandes.

Nos deux disputes – et l'analyse de nos fossiles – avaient occupé tout l'été. Les nuits de travail qui s'étaient succédé nous avaient laissés abrutis de fatigue, mais d'accord. Nous nous entendions à présent sur les principes fondamentaux d'un scénario qui nous semblait parfaitement sensé à tous les deux. Nous continuâmes à discuter, mais comme des avocats qui s'éprouvent mutuellement, cherchant à déceler les failles d'un dossier. Nous n'en trouvâmes aucune.

« Et maintenant ? dis-je à Tim.

– Eh bien, si nous avons quelque chose de nouveau et de plus vieux – mais en sommes-nous bien sûrs ?

– Oui.

– Dans ce cas, il est de notre devoir de le faire savoir. Il va falloir baptiser une nouvelle espèce.

– Une espèce ?

– Tu ne veux pas que nous baptisions un nouveau genre, par hasard ? dit Tim.

– Mon Dieu, non ! Une espèce va déjà faire bien assez de grabuge. Tout ce que je veux dire, c'est que nous ne pouvons pas choisir un nom avant d'avoir déterminé où notre espèce se situe par rapport aux autres hominidés. Je pense que nous n'avons pas encore répondu à notre deuxième question, la question de l'arbre généalogique. Comment allons-nous l'appeler : *Homo quelque chose* ?

– Un peu gênant, alors que nous venons de décider que ce n'est pas un *Homo*.

— Comment l'appellerais-tu ?
— Pour l'instant, je n'en sais fichtrement rien. »

A ce moment-là, l'été était fini, et nous étions épuisés. Tim devait retourner en Californie ; quant à moi, tout ce que je voulais, c'était partir n'importe où et dormir. Nous décidâmes de réfléchir à ces problèmes de nom et d'arbre généalogique, et de nous retrouver en décembre.

14.
L'analyse s'achève

Qu'y a-t-il dans un nom ? Ce que nous appelons rose, sous tout autre nom sentirait aussi bon.

WILLIAM SHAKESPEARE.

La classification n'est pas destinée à être une expression exacte de phylogenèse, mais uniquement à concorder avec des conclusions touchant des affinités évolutives

GEORGE GAYLORD SIMPSON.

On peut considérer Lucy comme un Ramapithecus *récent.*

RICHARD LEAKEY.

Il est parfaitement risible de considérer Lucy comme un Ramapithecus.

C. LORING BRACE.

Au courant de l'automne 1977, je commençai enfin à me faire à certaines des nouvelles idées sur les relations hominiennes que nous avait imposées l'analyse effectuée ensemble cet été-là. De fait, nous n'avions pas encore placé notre hominidé sur l'arbre généalogique, et nous ne l'avions pas encore baptisé ; mais j'étais soulagé à l'idée que le plus dur du travail – la prospection, le ramassage, le tri, les mesures, les comparaisons, et finalement les conclusions – était fait. Si nous devions nous attirer des ennuis, ce serait paradoxalement sur la partie la plus facile : trouver un nom. Les descriptions et les suggestions de parentés ne provoquent jamais les réactions exacerbées que suscitent les noms.

Si nous décidions de nous contenter d'écrire un article consciencieux et précis, décrivant parfaitement les fossiles, expliquant en quoi ils différaient des fossiles existants et ne tirant que des inférences de ces différences, en laissant à d'autres le soin de dégager les véritables conclusions, j'étais sûr qu'on nous complimenterait pour la qualité de notre travail, et que nous pourrions nous retirer du terrain sans avoir suscité la moindre controverse.

Mais se contenter de cela, c'était esquiver une responsabilité. Nous savions où placer nos hominidés – ou du moins, nous étions en mesure de le déterminer. Il était de notre devoir d'assumer cette tâche ; nous ne pouvions la laisser à quelqu'un qui peut-être ne comprendrait pas aussi bien les fossiles que nous, qui certainement ne les aurait pas étudiés d'aussi près, et qui risquait de leur donner un nom trompeur, qui empoisonnerait la paléoanthropologie pendant des années.

Pour moi, il n'y avait aucun doute : nous devions les placer. Mais pour ce faire, nous allions devoir les baptiser, ce qui risquait de déclencher un fameux tohu-bohu. Aucun nouveau fossile n'avait été baptisé depuis 1964, l'année où *Homo habilis* avait reçu son étiquette. Durant cet automne, méditant sur la carrière brumeuse d'*habilis*, ce rameau prétendument illégitime de l'arbre généalogique (d'aucuns contestaient toujours sa légitimité), il m'arriva fréquemment de me demander quel accueil recevrait une espèce que j'aurais baptisée.

Cela m'inquiétait. Ayant dirigé des campagnes pendant plusieurs années et ayant connu ma part d'escarmouches sur des problèmes mineurs, je savais parfaitement que ces échauffourées peuvent, sur un problème important, dégénérer en une guerre à outrance, que les convictions peuvent déchaîner les passions ; je n'ignorais pas la facilité avec laquelle on peut se faire des ennemis, le caractère timoré des fondations, ni la brutalité avec laquelle leurs subventions peuvent tarir devant des querelles prolongées. Je ne voulais rien de tout cela. Tout ce que je voulais, c'était pouvoir achever mes études de laboratoire, retourner en Éthiopie aussi vite que possible, trouver d'autres fossiles et *alors*, peut-être, avoir quelque chose à en dire. Mais, comme au terme d'une grossesse, l'accouchement se fait que l'on soit prêt ou non. Tim et moi avions donné naissance à un enfant. Je me demandais si je serais capable d'être une bonne mère, de lui offrir un beau baptême et de l'introduire dans la bonne société anthropologique.

Cet automne-là, je souffris de ce qu'une jeune mère aurait pu appeler une dépression du *postpartum*. Il y avait des moment où j'avais l'impression qu'une bonne partie de notre analyse n'était peut-être que du vent. J'aurais été soulagé que quelqu'un arrivât avec une épingle pour laisser échapper une partie de cet air, nous donnant une excuse pour reculer.

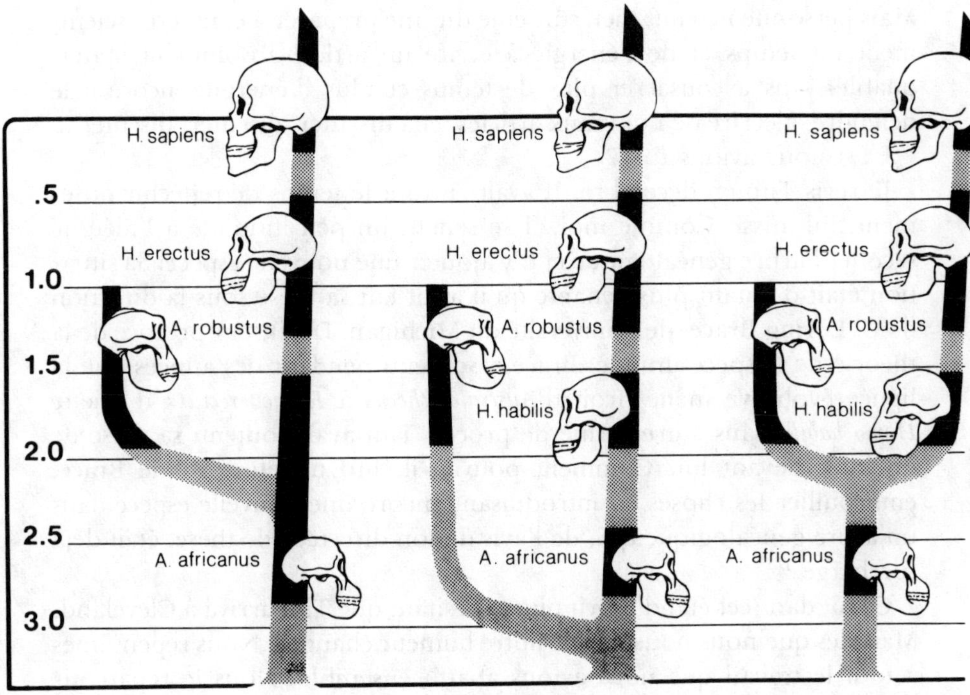

TROIS ARBRES GÉNÉALOGIQUES CÉLÈBRES

La théorie de l'espèce unique (ARBRE DE GAUCHE), défendue par Brace et certains autres, reconnaît une seule branche dans l'arbre généalogique des hominidés, et l'existence d'un seul type d'hominidés à la fois. Récemment cependant, Brace a autorisé la bifurcation d'*A. robustus*, trop différent des types *Homo* qui suivent pour prendre place sur la branche maîtresse. Le mérite de cet arbre réside dans sa simplicité. Brace, esprit synthétique, récuse la validité d'H. *habilis*, qu'il englobe avec *A. africanus*.

L'ARBRE DU MILIEU, qui reflète le point de vue de John Robinson, s'efforce de résoudre une contradiction gênante : en effet, les types robustes ont des molaires plus « primitives » que les types graciles bien que, selon les indications des grottes sud-africaines, ils soient plus récents. La solution de Robinson consiste à situer correctement le type robuste dans le temps (entre deux et un million d'années avant J.-C.), puis à supposer l'existence d'un ancêtre commun au *robustus* et à l'*africanus* gracile.

L'arbre le plus couramment accepté dans les années 60 et 70 (A DROITE) reflète un consensus croissant autour de l'idée qu'*A. africanus* est l'ancêtre d'*A. robustus* comme d'*H. habilis*. Il reconnaît que la molarisation accrue des dents au fil du temps est un trait australopithèque, et non humain, mais admet que cette tendance, déjà patente chez *africanus*, n'est pas assez affirmée pour l'évincer de sa place d'ancêtre de l'homme.

Mais personne ne vint, bien sûr, et je dus me préparer à consacrer sciemment du temps et de l'énergie à écrire un article absolument inattaquable, puis à consacrer plus de temps et plus d'énergie encore à le défendre, à écrire de nouveaux articles, et à discuter, discuter, discuter...

Et si nous avions tort ?

Je revis Tim en décembre. Il avait eu tout le temps de réfléchir posément, lui aussi. Comme moi, il se sentait un peu intimidé à l'idée de secouer l'arbre généalogique et d'y ajouter une nouvelle espèce. Sa situation était d'autant plus gênante qu'il avait fait sa thèse sous la direction de C. Loring Brace, de l'université du Michigan. Défenseur précoce de la théorie de l'espèce unique, Brace a soutenu pendant des années que la lignée évolutive mène droit d'*Australopithecus* à *Homo erectus* ; il rejette *Homo habilis* sans autre forme de procès. Tim avait soutenu sa thèse de doctorat devant lui. Comment pouvait-il, lui, un étudiant de Brace, embrouiller les choses en introduisant encore une nouvelle espèce dans un arbre généalogique qui, de l'avis de son directeur de thèse, était déjà surchargé ?

Ce fut dans cet état d'esprit plutôt hésitant que Tim arriva à Cleveland. Mais dès que nous nous vîmes, notre humeur changea. Nous repensâmes à tout le travail que nous avions abattu ensemble. Nous le reparcourûmes en esprit, et ne pûmes y trouver la moindre faille. Nous nous rappelâmes la chance que nous avions eue. Quelle probabilité y avait-il pour que l'homme qui avait découvert la première collection connue d'hominidés de trois millions d'années fît équipe avec celui qui avait décrit la deuxième collection connue du même type ? Pouvait-on raisonnablement penser que les deux seules personnes qui connaissaient assez bien ces fossiles pour en faire une analyse commune autorisée allaient se rencontrer pour la faire ? Quelles chances y avait-il pour qu'ils aient le temps de faire cette analyse, d'en conclure que les deux collections n'en faisaient qu'une, puis de passer à des conclusions plus importantes sur leur place dans l'histoire hominienne – *avant que quiconque n'ait eu la possibilité de le faire* ? Ce n'est pas le genre de choses qui arrivent généralement à deux jeunes paléoanthropologues obscurs, à l'aube de leur carrière. Et pourtant, cela nous était arrivé. Nous avions là une occasion extraordinaire d'apporter notre contribution à la paléoanthropologie, et nous nous sentions exceptionnellement qualifiés pour le faire.

Pour essayer de voir un peu plus clair dans notre deuxième question – comment nos fossiles se rattachaient-ils aux autres ? – nous décidâmes de placer tous les hominidés africains sur un diagramme, en fonction de leur âge, de leur type et de leur localisation.

Pour classer les fossiles sud-africains, nous eûmes recours aux plus récentes estimations de l'âge des types robuste et gracile, effectuées par Elizabeth Vrba, une spécialiste sud-africaine de biostratigraphie. Pour l'Omo, nous avions de bonnes dates, mais des spécimens médiocres, notamment pour le type auquel Clark Howell avait provisoirement attribué une étiquette gracile (*africanus*) ; nous l'assortîmes donc d'un point d'interrogation. Pour le lac Turkana, nous prîmes les résultats qu'avait obtenus Curtis par la méthode du potassium/argon, et les indications des porcs fossiles, plutôt que les dates de Fitch-Miller ; nous acceptâmes les noms que Richard Leakey avait attribués aux fossiles locaux. A Olduvaï, Hadar et Laetoli, nous prîmes les dates fournies par le potassium/argon, et qui avaient été publiées.

L'étape suivante consista à simplifier, en ignorant les localités et en réunissant les fossiles par type. Le diagramme qui en résulta (*cf.* p. 320) représentait, à notre sens, la manière la plus simple – ou, pour employer

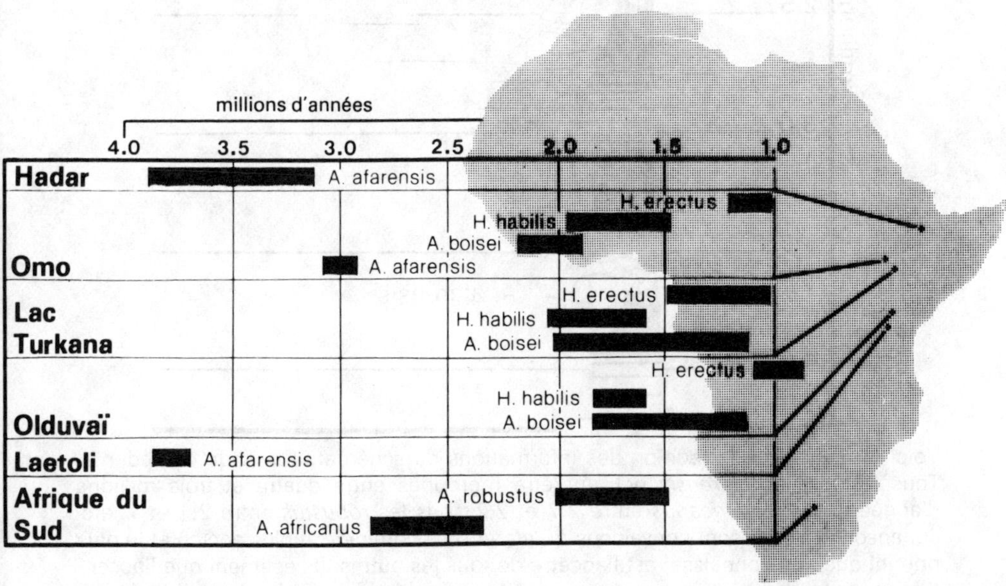

Voyant que les nouveaux éléments apportés par leurs études des fossiles d'Hadar et de Laetoli ne cadraient avec aucun arbre généalogique de la p. 317, Johanson et White décidèrent d'en dessiner un nouveau. Ils commencèrent par classer tous les fossiles africains connus par type, par âge et par lieu de découverte. Ils obtinrent ainsi le schéma ci-dessus, qu'ils simplifièrent alors en réunissant les différents types. (Cf. résultat p. 320.)

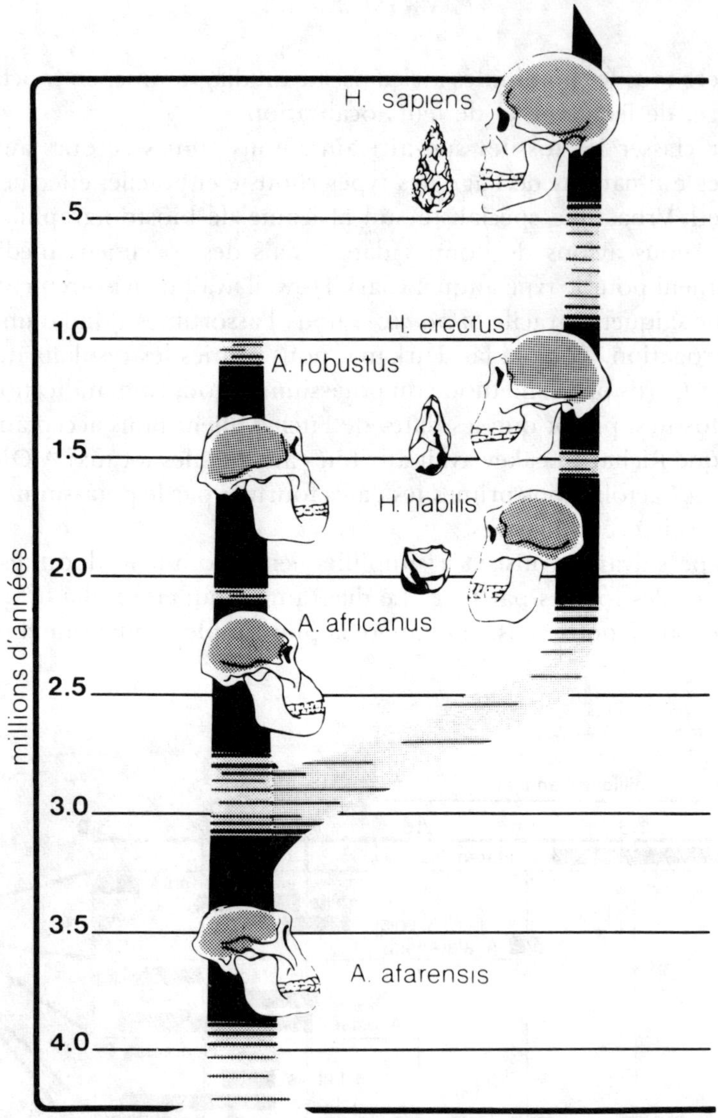

Voici le résultat de la réunion des informations du schéma de la page précédente. Tous les fossiles *afarensis* peuvent être regroupés entre quatre et trois millions d'années, tous les *africanus* entre 2,7 et 2,2, tous les *robustus* entre 2,1 et 1, etc. Johanson et White sont convaincus qu'*afarensis*, l'hominidé le plus ancien et le plus primitif que l'on connaisse, est l'ancêtre de tous les autres. Ils estiment que l'accentuation de la molarisation constitue un phénomène australopithèque tardif, et ils ont placé en conséquence les types qui la présentent. C'est ainsi que *robustus*, qui possède les molaires les plus massives, se situe à la fin de cette lignée. Les types *Homo*, dont les dents sont pour ainsi dire identiques à celles de leur ancêtre *afarensis*, se trouvent donc sur une branche particulière : *H. erectus* et *H. sapiens*, de plus en plus évolués, descendent d'*H. habilis*. Comme le montre ce dessin, les outils sont une invention d'*Homo* et non des australopithèques.

un terme en faveur parmi les scientifiques, la plus économique – de classer tous les fossiles existants, tout en respectant leurs différences. On obtiendrait une classification encore plus économique en réutilisant le schéma de Loring Brace (diagramme p. 317) et en prolongeant le trait australopithèque au-delà de trois millions d'années pour ajouter Laetoli-Hadar. Cela reviendrait à reconnaître l'existence d'une espèce d'*Australopithecus* très variable et très durable qui, à son extrémité la plus ancienne, inclurait les fossiles d'Hadar. Pour ce qui est de l'économie, ce serait une merveille de simplicité. Mais ce schéma impliquerait d'admettre quelque chose que ni Tim ni moi ne pouvons admettre. Il y a en effet quelque chose qui ne va pas aux deux extrémités de la section gracile : Lucy, qui se trouverait à un bout, n'est tout simplement pas un être humain, contrairement au crâne 1470 de Richard Leakey, qui serait à l'autre bout. Les deux sont très différents et ne peuvent raisonnablement pas être considérés comme des membres de la même espèce. En outre, il serait embarrassant de rencontrer entre eux deux – et formant presque une barrière – un *africanus* à grosses molaires et à petites incisives, suivant un modèle qui ne ressemble ni à ce qui l'a précédé ni à ce qui l'a suivi. Des molaires peuvent-elles commencer par être petites, grossir, puis rapetisser à nouveau ? Oui, à condition de poser en postulat trois adaptations alimentaires justifiant ces modifications ; mais c'est tout à fait improbable. C'est de l'économie à l'envers. Il serait plus satisfaisant – et plus économique – d'admettre deux régimes et deux types de dents : une dentition généralisée favorisant un régime omnivore, et une dentition de plus en plus spécialisée favorisant un régime de plus en plus spécialisé. Cette conception produit un diagramme du type de celui de la p. 320.

Ce diagramme montre bien notre position : les spécimens de Laetoli et d'Hadar représentent l'ancêtre commun des australopithèques ultérieurs et d'*Homo* ; l'origine de la divergence entre ces deux groupes se situe vers trois millions d'années ; *africanus* représente une étape intermédiaire en direction de *robustus*. Nous ne croyons pas qu'il s'agisse d'un ancêtre de l'homme.

Nous croyons que les êtres humains ont fait leur apparition il y a à peu près trois millions d'années. A deux millions, ils étaient déjà là. A cette époque, des créatures qui étaient incontestablement des *Homo* se promenaient sur la terre, en même temps que leurs cousins, les australopithèques robustes. Il semble qu'ils aient marché côte à côte pendant près d'un million d'années. Un million d'années avant J.-C., il n'y avait plus d'australopithèques. Ils avaient tous disparu.

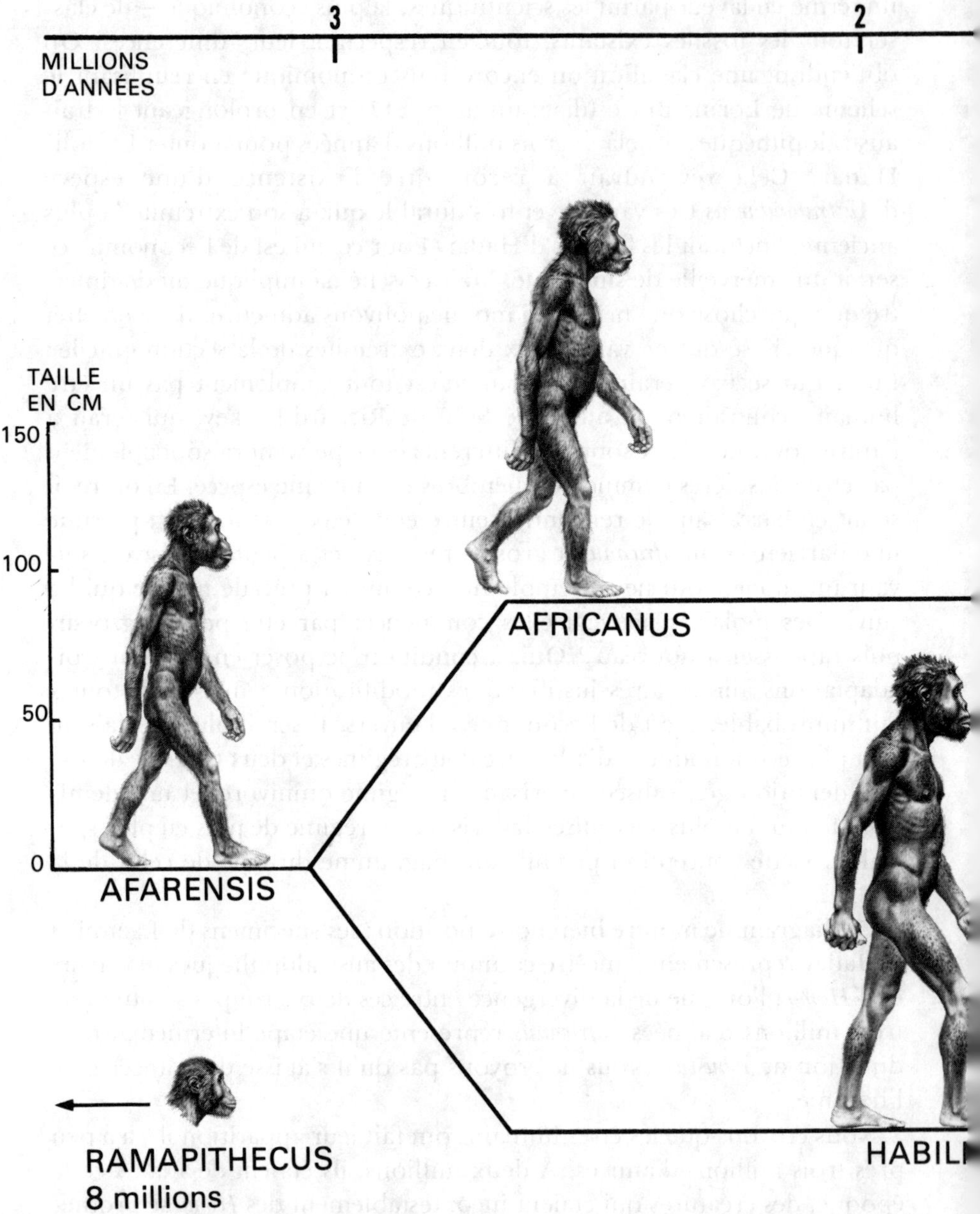

Si l'on place horizontalement l'arbre généalogique de la p. 320, et que l'on transforme les fossiles en véritables individus, voici à quoi ceux-ci ressembleraient — peut-être. Personne ne peut savoir exactement à quoi ressemblait un hominidé disparu lorsqu'il était encore recouvert de sa peau et de son système pileux. Les

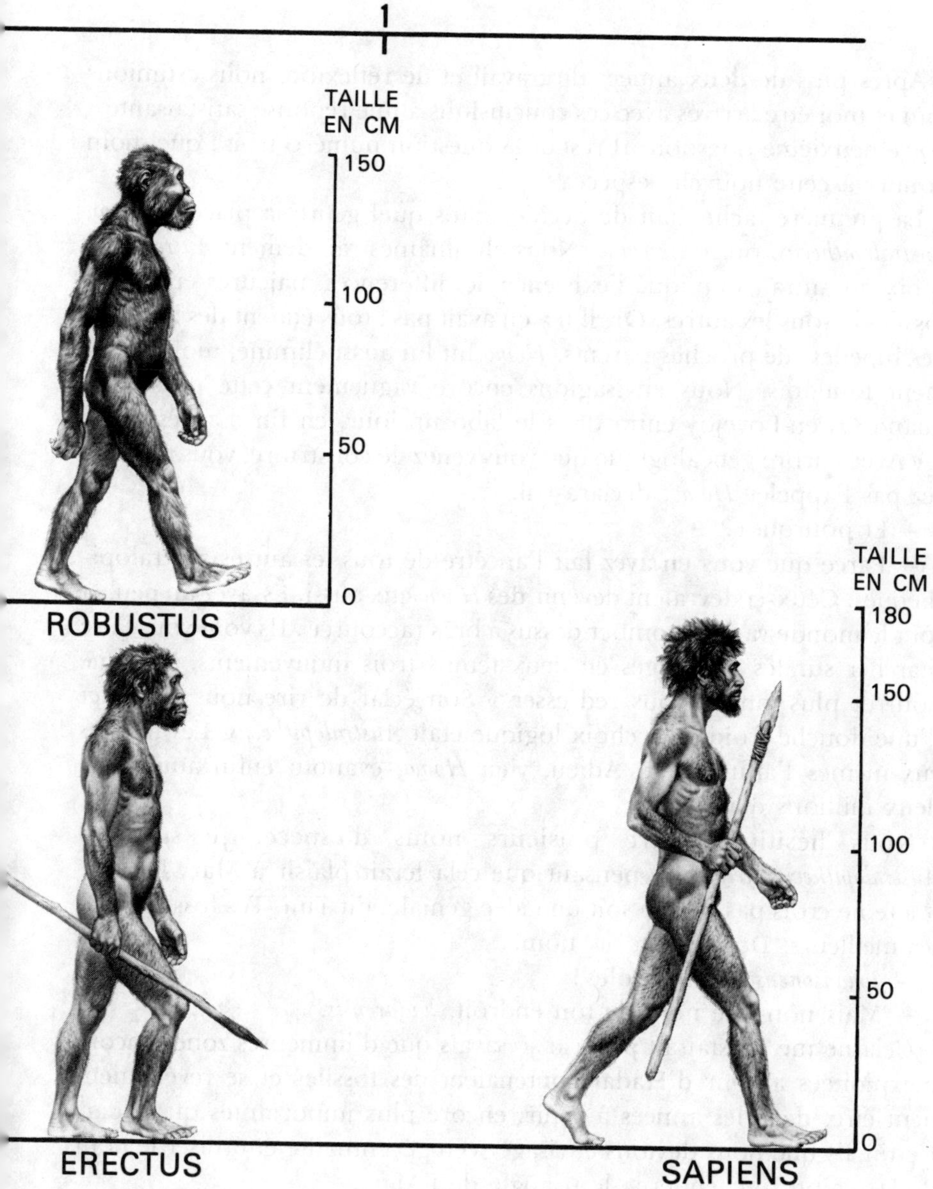

tailles sont ici à l'échelle : *afarensis* a environ soixante centimètres de moins que l'homme moderne moyen. *Ramapithecus*, que l'on ne connaît encore que par ses dents, ses mâchoires et quelques fragments de crâne, était encore plus petit, et ne dépassait peut-être pas quatre-vingt-dix centimètres.

Après plus de deux années de travail et de réflexion, nous estimions Tim et moi être arrivés avec ces conclusions à une réponse satisfaisante à notre deuxième question. Il restait la question numéro trois : quel nom donner à cette nouvelle espèce ?

La première tâche était de décider dans quel genre la placer : *Homo*, *Australopithecus*, ou *Autre chose*. Nous éliminâmes rapidement *Autre chose*, choix qui aurait impliqué l'existence de différences majeures entre nos fossiles et tous les autres. Or, il n'y en avait pas ; tous étaient des hominidés bipèdes, de proches parents. *Homo* fut lui aussi éliminé, moins aisément toutefois. Nous envisagions encore vaguement cette possibilité quand Owen Lovejoy entra dans le labo un jour, en fin d'après-midi.

« Avec l'arbre généalogique que vous venez de construire, vous ne pouvez pas l'appeler *Homo*, déclara-t-il.

– Et pourquoi ?

– Parce que vous en avez fait l'ancêtre de tous les autres australopithèques. Ceux-ci devraient devenir des *Homo* eux aussi. Essayez un peu, et tout le monde va vous tomber dessus à bras raccourcis. Ils vont vous faire marcher sur les phalanges en deux temps trois mouvements. Vous ne pourrez plus jamais vous redresser. » Son éclat de rire nous fit l'effet d'une douche froide. Le choix logique était *Australopithecus*. Les fossiles eux-mêmes l'affirmaient. Adieu, vieil *Homo*, évanoui enfin autour de deux millions d'années.

Nous hésitions entre plusieurs noms d'espèce. Je suggérai *Australopithecus lætolensis*, pensant que cela ferait plaisir à Mary Leakey.

« Je ne crois pas que ce soit une idée géniale, dit Tim. Tes fossiles sont les meilleurs. Donne leur *ton* nom.

– *Johansonensis* ? Tu rigoles !

– Mais non ! Le nom de ton endroit, *hadarensis*. »

Cela ne me satisfaisait pas, car je savais que d'immenses zones encore inexploitées autour d'Hadar contenaient des fossiles et se révéleraient peut-être, dans les années à venir, encore plus importantes qu'Hadar. J'estimais que nous devions envisager cette éventualité et utiliser le nom de la région tout entière : le triangle de l'Afar.

« Va pour *afarensis* », dit White.

Nous nous mîmes d'accord sur *Australopithecus afarensis*. Il fallait ensuite s'accorder sur le spécimen type – le fossile précis qui serait utilisé pour la description de l'espèce. Plusieurs personnes de mon labo me poussèrent à choisir Lucy, sous prétexte que grâce à son excellent état de conservation, elle offrait une image détaillée de l'espèce. Je refusai. Je leur fis remarquer que Lucy n'était pas typique de la collection en raison de sa très petite taille. De plus, on n'en avait encore publié aucune description complète – prélude nécessaire à toute dénomination. Je conseillai LH-4, le meilleur spécimen de Laetoli. Il avait été l'objet d'une description intégrale par Tim, d'illustrations et de publications.

En outre, cela intégrerait Laetoli, ce qui était important. Étant convaincus que les deux collections représentaient le même type, nous avions le sentiment qu'il fallait l'officialiser. La meilleure façon de les lier était d'attribuer le nom d'espèce à un site et le spécimen type à l'autre.

De plus, on pensait alors que le gisement de Laetoli était plus ancien. Nous jugions qu'il fallait insister sur la durée représentée par ces deux populations car elle semblait indiquer quelque chose d'important sur l'évolution hominienne : une immobilité de presque un million d'années, suivie d'une explosion brutale d'activité évolutive pendant le million d'années suivant. Si nous ne soulignions pas ce point, et si des campagnes futures livraient toute une avalanche de matériel provenant de l'Afar, on risquait de perdre de vue l'existence de cette autre population, dans une autre partie de l'Afrique. Les découvertes qu'on y ferait ne seraient sans doute jamais très nombreuses ni de très bonne qualité ; elle risquait d'être oubliée. Si nous n'affirmions pas officiellement qu'elle était identique au matériel de l'Afar – et notamment si quelqu'un, plus tard, lui donnait un nom différent –, la situation deviendrait inextricable. Nous pouvions prévenir tout cela en baptisant nous-mêmes le matériel de Laetoli.

Je pensais également que cela ferait plaisir à Mary Leakey. L'avenir allait m'apprendre à quel point je me trompais.

D'accord sur un arbre généalogique et sur un nom, nous entreprîmes, Tim et moi, de mettre nos découvertes par écrit dans un article qui passerait en revue tous les hominidés primitifs d'Afrique, décrirait en détail les nouveaux fossiles, montrerait pourquoi ils méritaient d'être considérés comme un seul type, pourquoi ce type devait être attribué à une nouvelle espèce, et quel devait être le nom de cette espèce. Aucun de nous n'ignorait que cet article serait le grand tournant de notre carrière. Nous n'ignorions pas non plus que si son analyse était acceptée par d'autres scientifiques, cet article serait fatalement d'une grande importance : il changerait le regard que l'homme portait sur ses origines. Nous nous sentions investis d'une lourde responsabilité, non seulement envers nous-mêmes, mais envers la science.

Notre premier brouillon fut un traité boursouflé, décousu. Nous avions envisagé de nous adresser à la revue *Science*, mais nous comprîmes rapidement que ce que nous étions en train d'écrire était beaucoup trop long pour être accepté par ce périodique. A elles seules, les descriptions des nouveaux fossiles occupaient des pages et des pages. Devions-nous les supprimer ? C'était impossible. Les publier séparément ? C'était préférable. Ces descriptions devaient avoir été éditées, de façon que nous puissions les citer, mais il n'était pas nécessaire de les publier en même temps que l'analyse. Nous décidâmes donc de publier un article purement descriptif sur l'ensemble de la collection Laetoli-Hadar dans *Kirtlandia*, le bulletin scientifique du Muséum d'histoire naturelle de Cleveland, et de garder l'analyse pour un second article que nous soumettrions à *Science*.

Je repensai à Mary Leakey. Certains des fossiles étant sa découverte, la politesse scientifique ne voulait-elle pas que nous lui proposions d'ajouter son nom à l'article de *Kirtlandia* ? Je lui écrivis. Elle vint peu après aux États-Unis, et, quand elle s'arrêta à Berkeley, nous remîmes le sujet sur le tapis, Tim et moi. L'idée sembla lui plaire, mais à la condition que cet article fût purement descriptif et non interprétatif. Plus tard, de passage à Cleveland, elle me dit qu'elle serait heureuse que son nom figurât comme coauteur, pourvu que l'article n'affirmât pas qu'un australopithèque quel qu'il fût était l'ancêtre d'un *Homo* quelconque. Je lui promis que l'article de *Kirtlandia* serait purement descriptif. Nous nous mîmes alors au travail. Cet article fut terminé à la fin du printemps 1978 et envoyé à l'imprimeur.

Nous achevâmes aussi notre article interprétatif, après avoir pris la précaution de soumettre le nom d'*Australopithecus afarensis* à l'approbation d'Ernst Mayr de Harvard. Mayr est un éminent zoologiste, qui constitue également la cour d'appel ultime en matière de dénomination scientifique. Mayr approuva ce nom. Visant droit au sommet, nous proposâmes notre article en mai 1978 à *Science*, le magazine scientifique le plus prestigieux des États-Unis.

Cela fait, je partis pour la Suède ; j'avais été invité à parler des fossiles d'Hadar à un Symposium Nobel organisé par l'Académie royale des sciences suédoise, pour commémorer la mort de Carl von Linné, le créateur de la nomenclature binaire (l'utilisation de deux noms latins), universellement utilisée de nos jours pour classer toutes les choses vivantes. Cet événement eut pour moi un grand poids émotionnel. Étant d'origine suédoise, et m'intéressant moi-même à la classification de quelques fossiles importants, j'avais le sentiment d'être un maillon de la chaîne de recherches scientifiques qui remontait directement jusqu'à cet autre Suédois, mort il y a deux cents ans. Au moment de me lever et de prononcer pour la première fois en public le nom d'*Australopithecus afarensis*, mon émotion fut grande. Je décrivis Lucy et les autres fossiles d'Hadar, puis passai à ceux de Laetoli. Je ne me doutai pas un instant que Mary Leakey, assise dans l'assistance, était rouge de colère de m'entendre citer les spécimens et les empreintes de Laetoli. Ils lui appartenaient, et je n'aurais pas dû en parler.

Tim apprit cela quand il se présenta à Laetoli quelques semaines plus tard pour y poursuivre son travail.

« Tu n'aurais pas dû t'associer avec ce type, lui dit Mary Leakey. Tu n'aurais pas dû signer cet article avec lui. Je vais devoir en faire retirer mon nom.

– Si vous parlez sérieusement, dit White, vous feriez bien d'envoyer un télégramme. Je crois que l'article est déjà sous presse. »

Il l'était. Quand j'appris la nouvelle, je dus demander à *Kirtlandia* de faire réimprimer l'article. La publication fut différée jusqu'à l'automne.

Cet incident était aussi déconcertant qu'affligeant. Le matériel de Laetoli ayant déjà été intégralement décrit dans des journaux scientifiques, je considérais qu'il était du domaine public ; le but d'une telle publication n'est-il pas d'informer les autres chercheurs des découvertes qui ont été faites, et d'encourager les débats ? Je fus abasourdi d'apprendre que l'évocation de « ses » fossiles et de « ses » empreintes lors d'un congrès avait contrarié Mary. Au retour de Tim, nous eûmes de longues discussions à ce sujet, et nous aboutîmes à la conclusion que le problème tenait à la nature de ma présentation. J'avais utilisé le matériel de Mary Leakey pour avancer des interprétations qu'elle n'approuvait pas. En regardant le nouvel arbre généalogique, personne ne pouvait ignorer ses deux messages essentiels : d'abord que l'homme descendait d'une forme d'australopithèque, proposition que les Leakey avaient toujours rejetée. Deuxièmement, que l'homme n'était de loin pas aussi ancien que les Leakey l'auraient souhaité.

Un journaliste de mes amis était présent au laboratoire pendant ma discussion avec Tim. « J'ai comme l'impression qu'il va y avoir un sacré duel entre les Leakey et vous, dit-il.

– C'est probable, dis-je.

– Et s'ils ont raison ?

– Il faudra que nous changions d'avis. Mais la seule façon de prouver qu'ils ont raison, c'est avec de nouveaux fossiles, de meilleurs fossiles.

Après tout, les arbres généalogiques ne sont que le reflet de l'état actuel de nos connaissances. Ils sont faits pour être révisés. Nous ne savons pas si le nôtre est juste, nous le pensons, c'est tout.

– C'est aussi mon avis, dit Tim.

– Tu vois, il y a ce grand trou au milieu, entre trois et deux millions d'années. Pour cette période, nous n'avons pas de bons fossiles. Nous supposons qu'un ancêtre Laetoli-Hadar a donné naissance à deux branches, mais, dans l'intervalle, nous n'avons rien qui le prouve. Tout ce que nous avons, ce sont de bons arguments. Je crois que lorsque ce fossé sera comblé, nos arguments seront encore meilleurs. »

Leurs querelles sur Lucy enfin réglées, Johanson (à gauche) et White sont prêts à annoncer au monde l'existence d'une nouvelle espèce hominienne. Les fossiles que l'on voit sur la table sont essentiellement des spécimens d'Hadar, à l'exception de la mâchoire d'un singe et d'un homme (à l'extrême droite) et du crâne d'un singe et d'un homme devant Johanson.

Tim se vit demander si, malgré son scepticisme bien connu devant tout ce qu'il était incapable de prouver de façon irréfutable, il était satisfait d'un arbre présentant une telle lacune.

« En gros, oui, répondit-il. Ce n'est pas un article pour le *Journal de Mickey* que nous écrivons. Nous avons travaillé dessus pendant des mois. Nous estimons qu'il est sans faille. Nous savons qu'il est logique. Toutes nos querelles ont été utiles. Au lieu de permettre à n'importe qui de nous tomber sur le dos par écrit après la publication, nous avons préféré nous tomber sur le dos mutuellement avant la publication. Nous avons bien fait nos devoirs. Toute critique de cet article devra être étayée par des fossiles qui la justifient – des fossiles dont nous ignorions l'existence au moment d'écrire cet article. Je ne crois pas qu'il en existe. Si l'on devait en trouver plus tard, eh bien ! nous en rabattrions, et nous recommencerions notre arbre.

– Je suppose qu'un arbre n'est pas une fin en soi, dit le journaliste.

– Non, bien sûr, mais c'est une chose utile, dit Tim. C'est une façon de clarifier, de simplifier. Une fois qu'il est fait, il a l'air logique, et cela semble si facile. Je tiens à vous dire que ça ne l'est pas. Je n'aurais jamais pu le faire tout seul. Tout ce que j'avais, c'étaient des données sur une petite collection de très vieux hominidés, très bizarres. Que devais-je en penser ? La théorisation n'est pas mon fort. Je ne suis pas très calé en maths non plus, ni même en travail de laboratoire. Mais sur le terrain, je suis consciencieux ; je veux augmenter les données dont on dispose avec des faits concrets, réels, qui reflètent un travail sérieux sur le terrain.

« Quand j'ai rencontré Don, je me suis méfié de lui. Je me méfie de tous les anthropologues qui portent des mocassins Gucci et des pantalons Yves Saint-Laurent. Il a fallu qu'il me prouve qu'il partageait mon point de vue sur le sérieux à apporter au travail sur le terrain. Eh bien, il me l'a prouvé. Ses fossiles sont très bien décrits. Leur datation est exemplaire, et ils ont été soigneusement nettoyés. Vous n'avez qu'à en regarder d'autres çà et là, pour apprécier toute l'importance d'un nettoyage méticuleux. Un grand nombre de spécimens que l'on rencontre sont cassés. Ils ont des coins ébréchés, les facettes d'usure des dents ont été effacées parce que l'on a retiré la matrice sans précaution. Les originaux de Don sont superbes. Même ses moulages vous en apprennent plus long que bien des originaux.

« Tout cela a attiré mon attention. Quand j'ai vu que les fossiles de Don ressemblaient à ceux de Laetoli, j'ai compris que nous disposions d'une large base de données, qui nous permettait de faire une étude utile. Si nous ne nous en étions pas chargés, les descriptions seraient tombées au compte-gouttes, petit à petit, pendant plusieurs années. Personne n'aurait su qu'en penser. »

Je soulignai qu'il était bon que deux personnes, plutôt qu'une seule, s'attaquent à un problème difficile ; en effet, si l'on a quelqu'un qui stimule constamment votre réflexion, on va plus loin qu'on ne le ferait tout seul.

« C'est vrai, dit Tim. Dans notre cas, Don a apporté l'imagination et l'énergie dont je manquais – l'audace.

– Tim m'a servi de garde-fou, dis-je. Il a aussi combattu mes partis pris. Il a vu plus vite que moi que nous n'avions qu'une espèce, et non deux. Il a eu du mal à me faire abandonner ma première idée. J'avais déjà publié qu'il existait deux espèces. Allais-je republier, et dire qu'il n'y en avait qu'une ?

– C'est ce que tu devais faire.

– Oui, mais quel déchirement ! »

Notre visiteur partit. Il me dit plus tard que ce bref dialogue lui avait fait comprendre toute l'importance de notre association. Il affirma que cela lui avait rappelé James Watson et Francis Crick, les deux chercheurs qui ont bâti la structure en double hélice de la molécule d'A.D.N., en ce sens qu'aucun d'eux n'aurait pu y arriver seul. Du reste, une généticienne, Rosalind Francklin, avait travaillé en même temps qu'eux et, plusieurs fois, elle fut sur le point de résoudre toute seule le problème de l'A.D.N.. Elle arriva tout près de la solution, mais elle n'avait personne avec qui en discuter. Il lui aurait fallu la dernière impulsion : un autre esprit. Elle ne l'a jamais eue. Tim et moi avons eu la chance extraordinaire de pouvoir travailler ensemble.

15. La réaction

Tout homme a le droit de dire ce qu'il croit être la vérité, et tout autre a le droit de le jeter bas pour cela.

SAMUEL JOHNSON.

Nous nous attendons à être éreintés par nos collègues s'il nous arrive de présenter quelque chose de médiocre... L'élément essentiel qui maintient en bonne santé l'entreprise scientifique est un respect partagé pour la qualité.

FREEMAN DYSON.

Dyson a raison, mais il aurait dû poursuivre en disant que la critique ne devrait pas non plus être médiocre. Si elle l'est, elle mérite tout autant d'être éreintée.

TIMOTHY WHITE.

En décembre 1978, nous reçûmes des nouvelles de *Science*. Ils acceptaient notre article interprétatif. En fait, le comité de rédaction le jugeait même assez important pour en faire l'article de tête du numéro du 26 janvier 1979. Un dessin d'une des mâchoires d'Hadar faisait la couverture. C'étaient les débuts dans le monde d'*Australopithecus afarensis*. Il avait été intégralement décrit, et baptisé en bonne et due forme dans *Kirtlandia*. Désormais, il était également interprété. Tous les paléoanthropologues du monde pouvaient soupeser les arguments qui nous avaient poussés à affirmer que les découvertes d'Hadar et de Laetoli méritaient d'être attribuées à une nouvelle espèce.

Aucun de nous ne s'attendait à l'explosion d'intérêt qui accueillit l'apparition officielle d'*afarensis*. Le *New York Times* fit paraître un article sur lui en première page, avec le dessin d'une reconstitution d'un crâne *afarensis*. Les jours suivants, d'autres articles parurent dans *Time*, *Newsweek*, et ailleurs. Je fus invité à participer à plusieurs entretiens télévisés. Mais la manchette du *New York Times* offrait un bon résumé : LA

DÉCOUVERTE D'UNE NOUVELLE ESPÈCE REMET EN QUESTION LES THÉORIES SUR L'ÉVOLUTION DE L'HOMME. Le journal contenait un compte rendu succinct des principaux points de notre article :

> Deux anthropologues américains ont découvert un ancêtre de l'homme encore inconnu, qui a vécu en Afrique il y a trois à quatre millions d'années et présentait une tête simienne à petit cerveau curieusement associée à une bipédie parfaite.
>
> Cette découverte, la première espèce d'ancêtre de l'homme à être baptisée depuis quinze ans, porte un coup dur à la conviction ancienne, mais toujours largement répandue, que la station droite, censée libérer les mains pour la fabrication d'outils, s'est développée parallèlement à la croissance du cerveau.
>
> On considère que les os de ses mâchoires, ses dents et son crâne ne sont pas seulement trop simiens pour appartenir à un *Homo*, mais qu'ils sont également encore plus primitifs que les restes d'un autre parent de l'homme appelé *Australopithecus*.

La plus grande partie de la presse suivit la voie tracée par le *New York Times*, et considéra cette annonce comme une nouvelle scientifique révolutionnaire, l'acceptant telle quelle, sans chercher à la mettre en doute. Le magazine *Time* fit exception et ramena l'article de *Science* à une nouvelle présentation de vieux fossiles déjà décrits, et qui n'apprenaient vraiment rien de neuf.

Ma première réaction fut de penser que le journaliste du *Time* n'avait pas lu cet article. S'il l'avait lu, il aurait su que la plupart des fossiles qu'il évoquait n'avaient encore jamais été décrits et que les conclusions de l'article étaient *entièrement* nouvelles.

L'article de *Time* citait ensuite un « éminent anthropologue », qui avait affirmé que c'était le genre de choses auxquelles il fallait s'attendre de la part de Johanson, bien connu pour son goût pour la publicité.

« Pourquoi disent-ils une chose pareille ? demandai-je à un ami journaliste qui avait autrefois travaillé à *Time*.

– C'est peut-être à cause de Richard Leakey. Ils ont publié une photo de lui sur la couverture de leur magazine il n'y a pas très longtemps, avec un long article expliquant ses théories sur le vieil *Homo*. En présentant *afarensis*, tu lui portes un sale coup. Tu démolis l'idée centrale de Richard Leakey. Tu ne vois donc pas qu'en publiant sur *afarensis* tu te diriges tout droit vers un affrontement avec lui ? C'est l'anthropologue chéri de *Time*. Quand ils veulent dire quelque chose sur l'évolution hominienne, c'est à lui qu'ils s'adressent.

– D'accord, mais pourquoi cette vacherie de l'"éminent anthropologue" ? Et d'abord, qui est-ce ? »

Mon ami me promit d'essayer de le découvrir. Ce qu'il fit. Il apprit qu'il s'agissait d'Elwyn Simons, de la Duke University. Simons est effectivement éminent. Avec David Pilbeam, c'est l'autorité mondiale en matière de singes anthropoïdes du Miocène. Interrogé, il désavoua ces propos. Quand on lui demanda plus tard s'il prenait *afarensis* au sérieux, il répondit que oui.

Il n'était pas le seul. J'avais attendu sur des charbons ardents la réaction de Clark Howell. Quand elle arriva : « Un important progrès dans l'interprétation du schéma de l'évolution humaine » –, je fus terriblement soulagé. Pilbeam fit lui aussi des commentaires enthousiastes, suivi en cela par Bernard Campbell, une éminente autorité britannique.

Quelqu'un qui s'en abstint, en revanche, fut C. Loring Brace, le partisan de l'espèce unique. Il arriva à Cleveland un jour d'hiver, alors que l'article était sur le point d'être publié, en réponse à l'invitation que je lui avais faite de venir examiner l'ensemble de notre collection. Tim était là, attendant avec des sentiments contradictoires de devoir défendre la nouvelle espèce contre les attaques de son ancien professeur, qui ne serait certainement pas satisfait de l'introduction d'un nouveau nom dans un arbre généalogique qui n'en contenait que trop.

A peine quinquagénaire, Brace est devenu l'un des doyens les plus respectés de son domaine. C'est l'un des rares paléoanthropologues encore en vie que l'on puisse considérer comme « cultivé », en ce sens qu'aucun aspect de la littérature anglaise et des grands classiques ne lui est étranger. C'est un mélomane averti. Il a entendu et appris par cœur à peu près toutes les poésies érotiques qui ont pu être écrites, et il en a lui-même composé quelques centaines. C'est un bel homme, aux yeux bleus et las, à barbe blanche. Ses longs cheveux, blancs eux aussi, sont réunis en queue de cheval dans son dos, retenus par un élastique. Il entra dans le labo, vêtu d'une cape de laine flottante avec un capuchon pointu, ressemblant à un moine persécuté, mais indulgent et plein de sagesse, échappé, Dieu sait comment, du XIIe siècle.

J'aurais aimé, pensai-je à cet instant, qu'il fît ce qu'avait fait Robert Broom pour l'Enfant de Taung – qu'il se jetât à genoux en adoration devant notre ancêtre. Mais Brace n'est pas porté sur les gestes théâtraux. C'est un homme d'une grande patience, qui n'élève jamais la voix. Il observa calmement les fossiles que Tim étalait devant lui, hochant la tête devant leur extraordinaire qualité.

« Elle est primitive, c'est certain, dit-il après avoir longuement examiné

Lucy. Mais je ne vois pas pourquoi il faudrait lui attribuer un nouveau nom. Pourquoi pas *africanus* ?

— Elle ne ressemble pas à *africanus*, dit Tim. Ses dents sont complètement différentes. Au moment où l'on arrive à *africanus*, l'évolution en direction de molaires spécialisées s'est déjà faite. Lucy n'en présent encore aucun signe. Et puis, elle a une prémolaire primitive. On ne l trouve chez aucun *africanus*. Ils ont des prémolaires bicuspidées comm *Homo*. On ne peut certainement pas appeler Lucy *Homo*. »

Brace repoussa sa chaise et regarda White avec un sourire las. Il e avait vu d'autres. « Tout dépend de ce que tu entends par *Homo*, dit-il.

— J'entends *Homo habilis*. Le crâne 1470 à gros cerveau de Richard Leakey, qui a deux millions d'années.

— Je ne considère pas *Homo habilis* comme un taxon valable. Je n'accepte qu'*Homo erectus*.

— Cela revient à classer 1470 parmi les australopithèques. »

Brace soupira : « C'est un peu gênant, non ?

— Cela veut dire que vous classez 1470 et le Zinj de Louis Leakey dan la même espèce. Comment pouvez-vous faire ça ?

— En fait, je crois que j'enlèverais celui-là.

— *Homo habilis* ?

— Non, Zinj. Tous les robustes. Mais je laisserais vos fossiles ave comme des exemples primitifs précoces d'*africanus*. C'est essentiellemen une affaire de noms, après tout.

— Je pense que c'est une affaire de morphologie, dit Tim, de différences de dentition.

— Elles ne sont pas si différentes que ça. Je crois que quand nou connaîtrons mieux *afarensis* et *africanus* nous découvrirons qu'ils ne vo pas si mal ensemble. »

Tim s'obstina : « Cela laisse toujours Lucy et 1470 dans la mên espèce. Je ne vois pas comment vous pouvez accepter ça.

— Il va falloir que j'y réfléchisse. »

Brace parti, Tim dit :

« Je crois que nous l'avons un peu ébranlé.

— Attends qu'il ait lu tout l'article, répondis-je, je pense que no allons l'ébranler encore plus.

— Je n'en suis pas si sûr. Les fossiles devraient plaider eux-mêmes le cause. Il est difficile de regarder très longtemps ces mâchoires ou la pet tête primitive de Lucy et de les considérer comme des êtres humains — pourtant, tu y es arrivé pendant un certain temps, non ?

— D'accord, White, d'accord. Ça va comme ça. »

Plus tard, Brace écrivit pour me remercier de la visite et pour nous féliciter de notre article. Mais il se garda bien de reconnaître la validité du taxon *afarensis*. La théorie de l'espèce unique avait reçu un rude coup, mais, dans l'esprit de Brace, elle tenait toujours. Nous décidâmes, Tim et moi, de considérer cette partie comme un match nul.

La polémique s'intensifia en février. Richard Leakey se trouvait aux États-Unis pour une tournée de conférences. A Boston, on l'interrogea sur la nouvelle espèce. Il répondit franchement qu'il n'était pas d'accord avec nous. Il déclara qu'*afarensis* n'était pas l'ancêtre d'*Homo*, et affirma que cette période avait connu trois espèces différentes au lieu d'une – et qu'il disposait de fossiles pour le prouver.

Boyce Rensberger, journaliste au *New York Times*, lui demanda ce qu'étaient ces fossiles. Leakey répondit qu'il ne souhaitait pas en parler. Il ferait une communication scientifique dans *Nature* deux mois plus tard. Rensberger me téléphona pour me demander à quoi il faisait allusion.

« Je pense qu'il veut parler d'une petite collection de dents isolées provenant de Kubi Algi, un gisement fossilifère situé juste au sud de Koobi Fora, au bord du lac Turkana. » Rensberger retourna voir Leakey : « Faites-vous allusion à vos dents de Kubi Algi ? » Leakey en convint.

Tout cela ne me paraissait pas très logique. Je me rappelais qu'un jour à la Bishop Conference, quelques années auparavant, Clark Howell avait fait un laïus sur les fossiles d'hominidés qu'il avait trouvés dans la vallée de l'Omo. Plusieurs d'entre eux étaient des dents uniques, isolées. Il ne pouvait pas en déduire grand-chose, il l'admit volontiers, mais il était en train de les attribuer à titre provisoire à certaines espèces, quand Richard Leakey intervint et dit d'un ton sans réplique qu'il était absurde d'essayer de déterminer des espèces sur la foi de dents isolées. Apparemment, Leakey en était profondément convaincu. Il le répéta dans son article du *Scientific American* publié en 1978, exigeant « la plus grande prudence dans les jugements taxinomiques... lorsque les seuls indices disponibles sont quelques dents isolées ».

« Il a dû oublier qu'il avait dit ça, dit Tim. Je suis d'accord avec lui sur la question des dents isolées ; on ne peut pas s'en servir pour porter des jugements taxinomiques. Mais voilà qu'il se met à le faire.

– Et en plus, c'est un petit échantillon, soulignai-je, huit dents seulement.

– Peut-être qu'il a autre chose. C'est peut-être un coup à la Louis Leakey. Et s'il cachait derrière son dos un super-fossile, pour nous flanquer par terre ? »

J'en doutais. Je dis à Tim qu'il ne fallait pas s'inquiéter. Nous connaissions les fossiles mieux que quiconque. Nous savions ce qu'ils indiquaient. Je lui dis que nous n'avions qu'à attendre l'article de Richard Leakey dans *Nature* pour voir quelle sorte de preuves il pouvait avancer. (Un an plus tard, cet article n'avait toujours pas été publié.) Entre-temps, nous entendrions selon toute vraisemblance parler de lui dans une critique de notre propre article. Il est d'usage, quand un article est publié dans une revue scientifique, que le comité de rédaction ouvre ses pages aux discussions d'opposants, et permette à l'auteur de l'article incriminé de répondre à ces critiques. J'étais presque sûr qu'ayant pris position contre nous dans une interview, Richard ne s'en tiendrait pas là.

La suite ne se fit pas attendre. Je rencontrai Richard à un congrès à Pittsburgh, le 17 février 1979. Il me rappela mon premier article, dans lequel j'avais suggéré que les mâchoires d'Hadar s'apparentaient à *Homo* et Lucy à une espèce différente.

« Je pense que Don avait raison la première fois », déclara-t-il au congrès. J'expliquai qu'à l'époque, je connaissais moins bien les fossiles et qu'un examen plus attentif m'avait contraint à changer d'avis.

Il répéta que j'aurais dû m'en tenir à ma première idée et que Lucy était trop différente de par sa taille et ses mâchoires pour permettre qu'on la classât dans la même catégorie que les autres ; de toute évidence, il y avait deux types à Hadar.

J'éprouvais une curieuse sensation à reprendre, dans le camp adverse, le débat féroce que j'avais eu autrefois avec Tim. Mais j'étais vraiment heureux que nous l'ayons eu. Je me sentais désormais parfaitement confiant, et répondis que l'évidence m'avait fait changer d'avis – et notamment les fossiles de la Première Famille du site 333. Lorsque j'avais écrit mon premier article, je ne les avais pas encore découverts. Mais à présent, devant cette collection, je voyais clairement qu'ils présentaient une marge de variation qui permettait aisément d'inclure Lucy parmi eux.

J'affirmai à Leakey que les fossiles appartenaient tous au même type, et lui proposai de les examiner avec lui trait par trait. Il déclina cette offre et refit allusion à de nouveaux fossiles que ses collaborateurs auraient trouvés au Kenya. L'idée qu'il avait gardé l'annonce de la découverte d'un super-fossile pour un tel moment – comme l'avait suggéré Tim – me traversa l'esprit. Mais lorsque Leakey dit : « Le matériel dont je dispose est très insignifiant », je sus que mon intuition première concernant les dents de Kubi Algi avait été juste. Il n'y en a que huit, et elles prouvent très peu de chose. Apparemment, Leakey était prêt à en faire le fer de lance de sa cause, car il poursuivit : « Mais il est suffisant pour réfuter la thèse de Don. Cela me donne le droit d'exprimer mon point de vue. »

Il avait incontestablement ce droit. Mais j'aurais préféré, et je pense que tout le monde était de mon avis, que nous ayons la possibilité de régler ce différend en laissant parler les fossiles eux-mêmes. Il était pour le moins décevant de s'entendre dire qu'il existait des fossiles susceptibles de réfuter ma théorie, et en même temps, que le moment n'était pas venu d'en parler.

La première offensive officielle contre notre article fut lancée le 7 mars 1980. *Science* nous envoya une critique signée par Richard Leakey et Alan Walker, qui avait collaboré avec Leakey pour l'article du *Scientific American*, et qui est aujourd'hui anatomiste à Johns Hopkins. Il y en avait une seconde, signée par Mary Leakey et par deux anatomistes de l'hôpital Saint-Thomas de Londres : Michael Day et Todd Olson. J'avais espéré que cette fois le débat porterait sur les caractéristiques des fossiles. Une fois de plus, je fus déçu.

La critique de Richard Leakey et d'Alan Walker reposait sur deux points. Le premier était une interprétation importante mais subtile de la manière dont se produit l'évolution – par cladogenèse (par la scission de populations et leur évolution ultérieure le long de lignées distinctes) ou par anagenèse (par une transformation progressive d'un type en un autre le long d'une lignée unique). Il s'agit certainement d'une affaire capitale, et c'est un sujet dont j'aimerais discuter en profondeur avec Leakey si j'en avais l'occasion un jour, notamment parce que sa critique contenait un paragraphe dans lequel il s'en prenait à notre attitude anagénétique ; dans le paragraphe suivant, il défendait sa propre conception de l'évolution humaine avec un argument anagénétique. Nous eûmes du mal à accepter ce manque de logique dans sa propre réflexion.

Le second argument de Leakey et Walker était tout aussi captieux. Il reposait sur l'identification qu'ils avaient faite de certains petits individus fossiles trouvés au lac Turkana, et sur leur ressemblance éventuelle avec *Homo erectus*. Un spécimen en particulier, le crâne 1813, constitue une version miniature du célèbre crâne 1470. En fait, il lui est presque identique sous tous les aspects, sauf la taille. Aussi la plupart des spécialistes attribuent-ils les deux à la même espèce : *Homo habilis*. Quant à Richard, il l'attribue à *Australopithecus africanus*, en prétendant qu'il est morphologiquement différent d'*Homo erectus*. Nous n'avons jamais prétendu qu'il appartenait à *Homo erectus*. Nous entraîner dans un débat annexe en évoquant ses propres fossiles – que nous ne mentionnons pas – et en évitant soigneusement de parler des nôtres ne fait qu'éluder la question essentielle : *afarensis* est-il ou n'est-il pas une espèce valable ?

Notre principale objection à l'article Leakey-Walker était qu'il critiquait notre classification des hominidés sans proposer de solution de rechange. Si cet article avait contenu quelque chose de tangible, une discussion quelconque de nos fossiles appelant une réponse sur le fond, je crois que cet échange aurait pu avoir des résultats positifs. Tel quel, il nous laissa simplement sur notre faim.

L'article de Mary Leakey était encore plus frustrant. Elle avait déjà affirmé dans une interview qu'il n'était pas raisonnable de lier Laetoli et Hadar en raison de leur situation géographique et des quelque sept cent cinquante mille ans qui les séparaient. J'étais prêt à répondre à ces deux objections : à souligner qu'*Homo erectus* avait survécu encore plus longtemps sans grandes modifications et dans des parties du monde beaucoup plus éloignées les unes des autres que Laetoli et Hadar. Je pouvais également citer le cas de 1470 : lorsque Richard Leakey avait annoncé sa découverte, il était censé avoir un million d'années de plus que son pen-

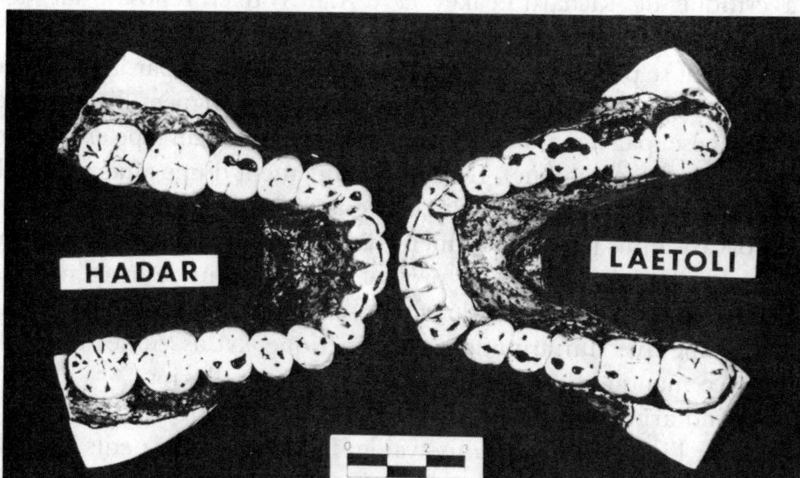

Si l'on reconnaît les dents et les mâchoires comme des critères d'identification des hominidés, il faut attribuer les populations d'Hadar et de Laetoli à la même espèce. On voit ici AL-400 (à gauche), la mandibule trouvée par le petit Afar, et LH-4 (à droite), le meilleur spécimen de Laetoli. Les deux sont presque identiques.

dant d'Olduvaï. S'il pouvait couvrir pareil laps de temps sans que sa mère proteste, pourquoi ne pouvais-je pas, moi, en couvrir un plus petit ? Enfin, je pouvais avancer le fait que Richard Leakey avait attribué son crâne 1813 à *africanus*. Il était beaucoup plus éloigné géographiquement de ses homonymes d'Afrique du Sud qu'Hadar de Laetoli ; une nouvelle fois, si Richard avait droit à cinq mille kilomètres, pourquoi ne pas m'en accorder mille cinq cents ?

Ce n'étaient pas des arguments très purs, j'en conviens ; ils s'attachaient à des incohérences dans la propre attitude de Mary Leakey. J'aurais préféré parler des fossiles eux-mêmes, mais je n'en ai pas eu l'occasion. Du reste, je n'ai même pas eu l'occasion de présenter mes arguments sur le temps et la géographie. Je ne peux que supposer que Mary Leakey préféra ne pas insister par écrit sur ces détails – bien qu'elle eût beaucoup à en dire lors d'interviews – pour la simple raison que ces arguments ne tenaient pas. En tout cas, elle ne les reprit pas. Elle nous attaqua au contraire avec une histoire de nomenclature, obscure et tirée par les cheveux, prétendant que nous avions commis des erreurs en baptisant notre nouvelle espèce.

La dénomination des espèces est soumise aux règles les plus strictes. Lors de l'annonce d'une nouvelle espèce, la personne responsable de sa dénomination doit s'assurer que le nom choisi répond à un certain nombre d'exigences, dont l'une est qu'il n'empiète absolument pas sur le territoire déjà délimité par quelqu'un qui aurait précédemment baptisé un fossile quelque peu similaire. De plus, dans le cas d'un tel empiétement, il faut s'assurer que tout fossile précédemment découvert et censé appartenir désormais à la nouvelle espèce ne produit pas un effet trop bizarre sous son nouveau nom, et ne semble pas incompatible avec celui-ci. Bref, son nouveau nom doit être plus seyant et plus logique que l'ancien. On procède constamment à ce type d'ajustements dans la classification, au fur et à mesure que de nouvelles informations suggèrent de nouveaux schémas.

Sachant que la classification est un territoire semé d'embûches, Tim et moi avions fait nos devoirs avec le plus grand soin. Nous avions passé en revue tous les hominidés africains existants en étudiant les implications des différents noms qui leur avaient été attribués dans le passé. Nous avions ainsi dû envisager *Australopithecus*, *Praeanthropus*, *Paranthropus*, *Pithecanthropus*, *Meganthropus*, *Plesianthropus* et *Homo*. Nous avions fait part de toutes nos observations à Ernst Mayr, lorsque nous lui avions demandé ce qu'il pensait du nom d'espèce *afarensis*. Nous étions allés jusqu'à présenter dans notre article neuf solutions différentes pour nommer les espèces que nous avions réunies en un arbre généalogique, et à expliquer pourquoi le nom que nous avions choisi était, à notre avis, le plus pertinent. Mary Leakey critiqua quatre noms que nous avions éliminés, prétendant que nous n'aurions pas dû les envisager car ils ne répondaient pas aux règles de la nomenclature.

Ces arguments n'avaient rien à voir avec ce qu'*afarensis* était, ou n'était pas. Nous les réfutâmes rapidement en citant Mayr, George Gaylord Simpson, Phillip Tobias et d'autres, qui avaient tous approuvé la voie que nous avions suivie.

Malgré notre déception devant la mauvaise foi des Leakey, nous nous consolâmes, Tim et moi, en nous disant que puisqu'il n'y avait pas eu d'attaque sur le fond, c'était peut-être que le fond était irréfutable. Dans ce genre d'affaires, les revues scientifiques jouent un rôle important. Elles ne se contentent pas de diffuser les nouvelles informations par la publication régulière d'articles de recherche, mais elles donnent également aux autres scientifiques l'occasion d'attaquer des articles jugés mal préparés, scientifiquement imparfaits, voire tout à fait ineptes. Elles ont en outre une fonction de sélection, si bien que très peu d'articles absurdes parviennent jusqu'à la publication. Ces revues sont dirigées par des personnes expérimentées, qui sont assez avisées pour démêler le surprenant de l'aberrant. En ouvrant leurs pages au surprenant, elles l'exposent aux critiques que tout article contenant des idées originales doit affronter pour que ses idées puissent s'imposer.

L'annonce de l'existence d'*Australopithecus afarensis* appartenait à la catégorie du surprenant. Elle révélait et définissait un nouvel hominidé, et proposait une nouvelle conception de l'arbre généalogique humain. Ce faisant, elle mettait un terme assez brutal à certaines idées rivales. C'est là, je crois, la raison de la réaction des Leakey à notre article ; celui-ci mettait en doute leur point de vue, affirmé de longue date, sur la spécificité d'*Homo*.

Louis Leakey l'avait affirmée. Il avait impitoyablement retranché de la lignée d'*Homo* tout fossile rival. Tous les australopithèques furent ainsi écartés, ainsi qu'*Homo erectus*, et même l'Homme de Néanderthal. Les membres de la famille Leakey finirent par suivre des voies scientifiques différentes, mais ils restèrent toujours fidèles à une conception « familiale » des origines de l'homme. Comme son père, Richard préférait regarder loin en arrière et éliminer la concurrence. Son sentiment général sur les hominidés était le suivant : s'il n'est pas vraiment *Homo*, il ne peut s'agir d'un ancêtre d'*Homo*.

Ce point de vue m'apparut clairement pour la première fois en 1974, quand Richard et sa mère vinrent me voir à Hadar, jetèrent un coup d'œil aux mâchoires d'Alémayehu et déclarèrent qu'elles appartenaient à *Homo*. J'ai amplement montré dans les chapitres qui précèdent pourquoi cette conclusion était parfaitement raisonnable vu les connaissances de l'époque sur les hominidés fossiles et vu les déductions spectaculaires sur l'existence d'un *Homo* primitif que Richard Leakey avait autorisées en affirmant que 1470 avait presque trois millions d'années. A la place de Richard, en me fondant sur l'ancienneté de cet extraordinaire fossile, je suis absolument certain que j'aurais agi comme lui. J'aurais jugé que la lignée humaine remontait très loin, et que l'étape préhumaine ou protohumaine devait être recherchée dans un passé encore plus reculé. Ne connaissant aucun fossile australopithèque attesté qui fût aussi ancien que 1470, j'aurais moi aussi éliminé la possibilité que les australopithèques fussent nos ancêtres.

1470 apporta à Richard Leakey une renommée mondiale. Ses idées sur l'évolution humaine en furent confortées. Mais il eut le plus grand mal à accepter le rajeunissement de son fossile. Au lieu d'essayer de réviser ses conceptions face à l'accumulation d'indices prouvant que sa date était fausse, il s'entêta à défendre celle-ci. Il a fini par la rétracter purement et simplement. Mais en refusant de reconnaître publiquement l'évidence, il laissait toutes ses chances au vieil *Homo*. S'il parvient à trouver des fossiles plus anciens du type de 1470, ou s'il se débrouille, d'une manière ou d'une autre, pour restituer à ceux qu'il a déjà des dates plus anciennes, sa conception de l'évolution humaine sera sauvegardée.

Afarensis claque définitivement la porte. Si Leakey doit accepter l'existence, il y a trois millions d'années, d'une créature non humaine, extrêmement simienne, et qui serait l'ancêtre d'*Homo*, qu'adviendra-t-il du vieil *Homo* à 2,9 millions d'années ? Cet étroit laps de temps ne laisse pas de place pour cet humain authentique. La seule manière de redilater cet espace de temps consiste à interpréter les fossiles de Laetoli et d'Hadar comme des *Homo* ; et, en un tournemain, voilà notre vieil *Homo* qui resurgit à 3 et 3,7 millions d'années. Je crois que c'est pour cette raison que Richard et Mary Leakey s'attachent avec une telle opiniâtreté à ce qu'ils considèrent comme des traits *Homo* dans les collections de Laetoli et d'Hadar, et qu'ils ignorent les caractéristiques plus primitives. J'ai fait comme eux. Mais lorsque j'ai pu observer toute la collection, n'ayant pas d'intérêt personnel à défendre, j'ai été libre de changer d'avis. En vérité, je n'ai pas eu le choix. J'ai dû le faire.

Continuons à suivre le raisonnement des Leakey : si les grands individus de Laetoli et d'Hadar, essentiellement représentés par des dents et des mâchoires, doivent être appelés *Homo*, il est nécessaire de mettre Lucy à part ; elle est si visiblement différente d'*Homo* qu'il serait contraire à toute logique de la classer avec les autres. Personne n'a jamais suggéré de l'appeler *Homo*. D'où, selon Leakey, la nécessité de reconnaître deux types d'hominidés à Hadar, un type humain, et Lucy.

Une fois encore, c'est ce que j'avais pensé au départ. Une fois encore, c'est une conception que j'ai dû modifier. Je regrette de tout cœur que jusqu'ici les Leakey aient refusé de s'attaquer de front à ce qui apparaît comme la question paléoanthropologique la plus intéressante des années 80. Peut-être le feront-ils en temps voulu. Je l'espère.

L'été 1979 nous apporta une surprise. Dans notre analyse des fossiles d'Hadar, Tim et moi avions utilisé, à titre d'hypothèse, la date de trois millions d'années attribuée au basalte d'Hadar par James Aronson. En août, Aronson nous avisa qu'il était en train de changer cette date.

On se souvient sans doute qu'il avait souligné dès le début que ces trois millions d'années représentaient le minimum admissible ; mais il s'était toujours abstenu de toute précision sur ce point. Il avait insisté sur le fait qu'il fallait attendre le verdict de Basil Cooke sur les fossiles de porcs d'Hadar pour savoir si le basalte se situait dans la période d'inversion polaire du Mammouth ou s'il fallait le faire remonter jusqu'à une période d'inversion plus ancienne, celle de Gilbert. A la fin de l'année 1978, Cooke publia ses résultats. L'étude des porcs indiquait que la date attribuée au basalte était trop récente. Encouragé par cette nouvelle indication, Aronson se pencha sur quelques échantillons de basalte exceptionnellement purs, que Bob Walter avait ramassés en 1976-1977, et en fit seize analyses distinctes. Le résultat fut étonnant : 3,75 millions d'années, plus ou moins cent mille ans.

Les modifications radicales de dates amènent généralement un certain bouleversement ; celle-là simplifia beaucoup les choses. Soudain, non contents d'être presque identiques morphologiquement à ceux de Laetoli, les fossiles d'Hadar avaient presque le même âge qu'eux. Quelle merveilleuse, quelle aveuglante similitude ! Du coup, les mâchoires d'Hadar trouvées sous le basalte avaient près de quatre millions d'années ! Lucy et la Famille du site 333, situées au-dessus du basalte, en avaient entre 3 et 3,5.

C'était fantastique. Mais une chose en entraîne toujours une autre. Cette découverte posait un nouveau problème. Au milieu de l'arbre généalogique que nous avions dessiné, le trou était encore plus grand qu'auparavant. Pendant près d'un million d'années – entre trois et deux millions d'années environ, on n'avait plus aucun fossile attesté, de quelque provenance que ce fût, sur la lignée *Homo*.

Si notre interprétation était exacte, tous les fossiles futurs provenant de cette longue période présenteraient un progrès évolutif à partir d'*afarensis*, dans l'une de ces deux directions : soit vers *Homo*, soit vers les australopithèques récents. Mais si l'on trouvait quelque chose de sensiblement différent, il ne nous resterait plus qu'à repartir à zéro.

Je ne pensais pas que cela pût se produire. Tout s'imbriquait trop bien. Cette découverte indiquait que *tous* les spécimens de Laetoli-Hadar étaient aussi anciens que leur caractère primitif le suggérait. C'était doublement satisfaisant. Tout en souligant l'identité des deux collections, cela coupait court à tout débat sur le fait qu'elles devaient être différentes parce qu'elles n'avaient pas le même âge.

Cela laissait en outre le temps à l'espèce parente d'évoluer dans les directions que ses différentes populations jugeraient écologiquement opportun de suivre. Cela laissait le temps à une lignée partie d'*afarensis*, un presque singe, d'arriver à *Homo habilis*, un humain authentique. Cela laissait à une autre lignée le temps d'entamer l'inexorable développement de molaires de plus en plus massives, et d'aboutir à *robustus* en passant par *africanus*.Et si Richard Leakey souhaitait repousser le vieil *Homo* au-delà de deux millions d'années, rien ne l'en empêchait. Je suis prêt à accepter de faire remonter *Homo* aussi loin que les fossiles l'indiqueront – mais, sur la foi des indices actuels, je ne peux l'accepter que comme un descendant d'*afarensis*.

Généralement, les problèmes finissent toujours par se résoudre si l'on attend assez longtemps et si l'on travaille assez consciencieusement. 1978 et 1979 furent des années agitées pour Tim et moi. Elles n'eurent rien de l'excitation de la découverte, qui avait rendu les premières campagnes si palpitantes. Elles furent occupées par de pénibles travaux de laboratoire, par d'interminables discussions, par des réflexions, des polémiques et des soucis. Nous n'étions que deux jeunes insolents, défiant tout l'Establishment paléoanthropologique. De quel droit avions-nous l'audace de nous attaquer à une chose aussi formidable ?

Quel que fût ce droit, nous l'avons pris. Dans l'ensemble, nous avons été très satisfaits du résultat. La seule chose dont nous n'avions pas encore discuté à ce moment-là était l'énigme la plus importante de toutes : comment tout cela avait-il commencé ? Qu'est-ce qui avait bien pu pousser des singes anthropoïdes à se dresser sur leurs pattes de derrière, et leur donner – à certains d'entre eux – la possibilité d'évoluer et de se transformer en êtres humains ?

Cette question est au cœur de toute l'histoire de l'évolution hominienne. En présentant ces fossiles et en les interprétant, nous avions apporté notre petite contribution aux Quand et Où de la station érigée. Peut-être pourrons-nous, dans l'avenir, avec des fossiles plus nombreux et plus anciens, en dire davantage sur le Quand et, qui sait, peut-être même sur le Comment – en surprenant des étapes plus anciennes de modification des os du bassin, de la jambe et du pied, peut-être à l'instant décisif où un singe qui ne marchait pas encore debout était à la veille d'en devenir un qui le faisait.

Mais il restait encore à répondre au Pourquoi. Pourquoi, de tous les mammifères qui ont foulé notre planète, un seul groupe a-t-il choisi de marcher debout ? Nous restions courts devant cette formidable énigme. La paléoanthropologie ne pouvait la résoudre toute seule. Il faudrait pour cela faire appel à d'autres disciplines qui n'étaient pas liées directement aux fossiles, à des connaissances telles que pourrait nous en apporter un spécialiste de la locomotion comme Owen Lovejoy ; il y a en effet dans la bipédie un trait pour le moins embarrassant : ce n'est pas à proprement parler la meilleure façon de se déplacer dans un monde hostile. Et pourtant, c'est celle que nos ancêtres ont choisie pour devenir des humains. Pourquoi ?

Quatrième partie

POURQUOI LUCY MARCHAIT-ELLE DEBOUT ?

16. Est-ce une affaire de sexe ?

On ne se transforme pas progressivement de quadrupède en bipède. Quelle serait l'étape intermédiaire ? Un tripède ? Personnellement, je n'en ai jamais vu.

TIMOTHY WHITE.

L'homme, pour dire les choses brièvement, a une activité sexuelle continue ; celle des animaux est discontinue. L'homme est prêt à s'accoupler à tout moment : les animaux non... Si nous essayons d'imaginer à quoi ressemblerait une société humaine où les sexes ne s'intéresseraient l'un à l'autre qu'en été, comme chez les oiseaux chanteurs, ou, comme chez les chiens, n'éprouveraient de désir sexuel qu'une fois tous les quelques mois, voire une seule fois dans toute une vie, comme chez les fourmis, nous comprenons toute l'importance de cette particularité.

JULIAN HUXLEY.

Peut-être pensez-vous que la station droite n'a rien à voir avec le sexe, mais c'est une erreur, c'est une erreur.

C. OWEN LOVEJOY.

« Pour un quadrupède, c'est une chose stupide que de se redresser sur ses pattes de derrière pour courir, dit Owen Lovejoy, le spécialiste de la locomotion. Du point de vue de la pure efficacité, la bipédie est une façon de courir ridicule. » Lovejoy était passé à mon laboratoire au début de 1980 pour parler de locomotion à quelques-uns de mes étudiants, et je m'étais dit que ce serait une bonne idée de venir l'écouter.

« Comprenez-moi bien, c'est complètement grotesque, dit-il. Même les arguments censés le justifier sont grotesques : "L'homme est allé s'installer dans la savane et a appris à se mettre debout pour pouvoir regarder au-dessus des hautes herbes. » Foutaise ! Cela a pu l'aider à voir pardessus les herbes quand il y est arrivé. Mais s'il a dû apprendre à le faire *après* son arrivée, n'y pensez plus. Il ne l'aurait jamais fait.

« " L'homme utilisait des outils. Il a dû se mettre debout afin d'avoir les mains libres pour emporter des outils et des armes. " En dernier recours, oui. Mais au départ, laissez-moi rire ! Cette idée a toujours été absurde, mais maintenant, les fossiles de Laetoli et d'Hadar ont prouvé qu'elle était fausse. Ces animaux étaient bipèdes, mais cela n'avait rien à voir avec des outils. Cela faisait peut-être un million d'années qu'ils marchaient ainsi, quand leurs descendants ont commencé à en utiliser.

« " L'homme est passé par une étape transitoire, pendant laquelle il a marché en s'appuyant sur ses phalanges comme un gorille ou un chimpanzé, et, progressivement, il s'est redressé sur ses pattes de derrière. " Balivernes ! L'idée que le chimpanzé représenterait une sorte d'étape intermédiaire sur la voie de la station droite est une parfaite ineptie. La marche avec appui sur les phalanges est une adaptation spécialisée à un mode de vie bien particulier. Elle ne conduit à rien. »

Il ne fallait pas réfléchir à la locomotion, poursuivit Lovejoy, en simples termes de causes et d'effets, mais l'envisager comme un élément d'une stratégie générale de survie. Les paléontologues ou les anatomistes ont tendance à sélectionner un trait dans un animal, puis à identifier cet animal à partir de ce trait : c'est un brachiateur ; c'est un bipède. C'est simpliste. En réalité, le système locomoteur de l'animal, ou son système reproducteur, font partie d'une adaptation complexe à des données écologiques particulières. Il faut la participation d'un grand nombre d'attributs. Bref, avant de pouvoir donner un sens au système locomoteur du chimpanzé, il faut considérer l'ensemble de sa stratégie de survie. Et avant tout, il faut avoir quelques notions sur l'anatomie des bras et des jambes et sur leur fonctionnement. Selon Lovejoy, la somme d'ignorance sur le fonctionnement des jambes, même parmi les personnes qui enseignent la locomotion, est atterrante. Il allait donc repartir du début.

Ramené à sa plus simple expression, un corps est un paquet de chair posé sur le sol ou dans l'eau. S'il doit se déplacer pour chercher sa nourriture, il faut qu'il ait des nageoires ou une queue qui le propulsent dans l'eau ; sur la terre ferme (les serpents exceptés), il lui faut des pattes. Si la seule fonction des pattes est de pousser le corps en avant, celui-ci va frotter et racler contre le sol à chaque mouvement, perdant ainsi beaucoup d'énergie. Aussi faut-il qu'un animal qui doit marcher ou courir ait des pattes qui permettent à son corps d'avancer, tout en lui imprimant une force ascensionnelle qui le maintienne éloigné du sol.

Les pattes des premiers vertébrés qui ont marché – celles des amphibies et des reptiles, et même des tritons et des alligators qui vivent amphibiens toujours aujourd'hui – remplissaient imparfaitement ces deux fonctions. Leurs pattes saillaient de part et d'autre de leur corps – rendant la course très difficile, comme le montre bien l'image d'un alligator vu de face. Le simple effort nécessaire pour supporter un corps sur des pattes placées latéralement est considérable. Il est comparable à ce qu'éprouverait quelqu'un qui se coucherait par terre et essaierait de faire des tractions en tendant les bras latéralement au lieu de les placer sous lui. Voilà pourquoi un alligator ne peut courir ni très vite, ni très loin. Il avance en déplaçant le membre avant gauche et le membre arrière droit en même temps. Il peut le faire lentement s'il veut marcher, ou plus vite s'il veut courir, mais c'est tout ce qu'il peut faire.

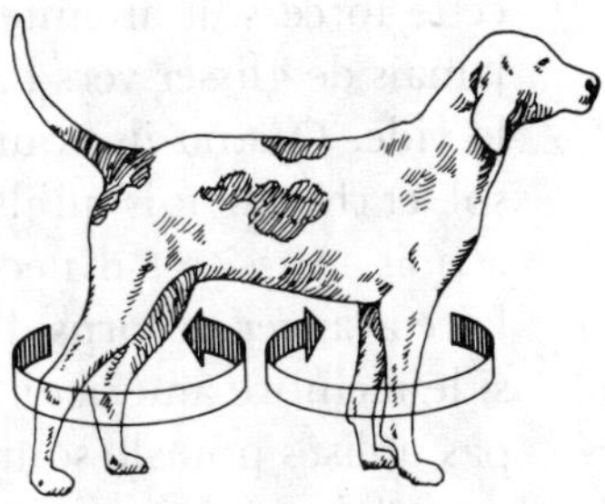

Pour la marche et la course, les pattes des mammifères représentent un grand progrès par rapport au modèle reptilien. Elles sont placées au-dessous du corps au lieu d'être placées de côté, ce qui permet au cheval de se tenir sans fatigue sur ses pattes toute la journée, alors que le même effort épuiserait un alligator très rapidement. En outre le cheval ne se contente pas de se tenir sur ses pattes et de marcher ; il peut aussi trotter et galoper. Personne n'a jamais vu trotter d'alligator.

« Pourquoi les alligators sont-ils aussi peu efficaces ?

– Je n'ai jamais dit ça.

– Mais...

– J'ai dit que c'étaient des coureurs médiocres. C'est tout différent. Un alligator est très habile à se laisser glisser discrètement d'un banc de vase.

C'est un formidable chasseur sous-marin. Rappelez-vous ce que je vous ai dit de l'animal et de la participation d'un grand nombre d'attributs. Il faut considérer *toutes* les stratégies évolutives d'un animal pour comprendre l'une d'entre elles. Un cheval est très fort dans sa branche, mais sa branche n'est pas la nage sous-marine. Ses pattes le montrent.

« Les pattes des mammifères reflètent aussi le processus par lequel ils ont acquis une meilleure aptitude à la course. Leurs membres ne se sont pas seulement déplacés sous leur corps, ils ont également pivoté. Le membre postérieur est tourné de manière que le genou soit orienté vers l'avant. Le membre antérieur est tourné de manière que le " coude " soit orienté vers l'arrière. Cette nouvelle disposition favorise une mise en jeu d'énergie plus efficace dans la course, et une meilleure dépense de cette énergie. »

Lovejoy poursuivit en expliquant que toute la course est une affaire de mise en jeu et de dépense d'énergie. L'énergie est mise en jeu au moment où les pattes arrière propulsent l'animal vers l'avant ; elle est dépensée par les pattes avant au moment où l'animal touche terre. Si le corps d'un animal était suspendu dans l'espace, et s'il était soumis à une force donnée, il accélérerait jusqu'à ce que la vitesse maximale accessible à cette force soit atteinte. S'il était placé dans un vacuum, il ne cesserait jamais de glisser vers l'avant. Mais les vrais animaux ne planent pas dans le vide. Quand ils courent, ils sont obligés de toucher constamment le sol, et chaque fois qu'ils le font, ils perdent une partie de l'élan qu'ils ont acquis. Aussi est-il nécessaire de renouveler la force d'impulsion pour faire avancer le corps d'un nouveau pas. Mais le corps tombera par terre si le membre antérieur n'est pas rejeté en avant, et si ses muscles ne sont pas utilisés pour le soutenir, et ainsi de suite. Il y a mise en jeu d'énergie pour faire avancer le corps, et absorption d'énergie pour le soutenir.

Pour comprendre comment l'énergie est absorbée par le membre antérieur, on peut considérer celui-ci comme une sorte d'amortisseur, destiné à réduire le choc du corps qui atterrit sur lui à la fin de chaque pas. Alors que l'articulation du membre commence à fléchir sous cette force descendante, ses muscles agissent pour lui résister. C'est cette résistance musculaire, l'acte qui consiste à essayer de redresser le membre antérieur au moment où le poids du corps le fait fléchir – cette énergie négative, pourrait-on dire –, qui absorbe l'énergie mise en jeu par la poussée vers l'avant du membre postérieur.

Pour agir comme un véritable amortisseur, le membre avant ne doit pas être attaché directement au squelette – et effectivement, il ne l'est pas. Il n'est maintenu en place que par des muscles. S'il était fixé directement, le muscle serait incapable de résister souplement au poids du corps descendant, et il se produirait une affreuse secousse au moment où toute l'énergie serait absorbée en un contact brutal. La séparation du membre antérieur et de l'épaule (l'humérus n'étant pas calé dans une cavité articulaire comme le fémur) permet à l'animal, à chaque pas de sa course, d'absorber l'énergie sans à-coups.

Le membre postérieur d'un mammifère, quant à lui, n'a pas besoin d'agir comme un amortisseur. Sa fonction est de mettre en jeu de l'énergie, et non d'en absorber. Aussi la tête du fémur peut-elle être calée directement dans la cavité articulaire du bassin, où elle est maintenue par des tendons et des ligaments. Les attaches directes sont plus solides, et seraient préférables pour le membre antérieur également, s'il n'était pas plus important qu'il puisse absorber de l'énergie. Les joueurs de rugby connaissent les inconvénients des attaches indirectes. Ils passent leur temps à souffrir de luxations de l'épaule, lorsque les muscles qui maintiennent leurs bras en place sont déchirés. Mais, pour un amortisseur, les inconvénients d'une attache directe sont encore plus importants. Vous n'avez qu'à essayer de sauter, les jambes raides, d'une marche de trente centimètres pour découvrir que ce choc suffit à ébranler toute votre carcasse. La jambe étant attachée directement à la hanche et le genou étant bloqué, il ne peut y avoir d'absorption d'énergie ; elle ne peut aller nulle part.

En reprenant le modèle d'un mammifère quadrupède typique – dont les membres sont plantés verticalement, les pattes arrière orientées vers l'avant et celles de devant vers l'arrière, les pattes arrière attachées directement au squelette et celles de devant uniquement par des muscles – on comprendra pourquoi ce modèle perd de son efficacité en se convertissant à la bipédie. Cela apparaît très bien dans l'analyse de l'emploi de l'énergie dans la course. Si une grande partie de cette énergie est mise en jeu dans le mouvement vers l'avant, et une petite partie seulement absorbée pour soutenir le corps, le résultat sera une vitesse élevée. Mais si la plus grande partie de l'énergie mise en jeu est dépensée pour soutenir le corps, il sera impossible d'atteindre une vitesse élevée. Voilà l'inconvénient de la bipédie : il faut consacrer trop d'énergie à soutenir le corps.

Un homme qui marche en offre une bonne démonstration. Au milieu d'une enjambée, lorsqu'il a un pied par terre et l'autre lancé en avant, un élan résiduel du pas précédent entraîne également son corps en avant. Cet élan est accru (mise en jeu d'énergie) quand l'homme utilise les muscles de sa jambe pour tendre celle-ci au genou et à la cheville, en l'allongeant et en poussant ainsi son corps vers l'avant. Le corps se trouve

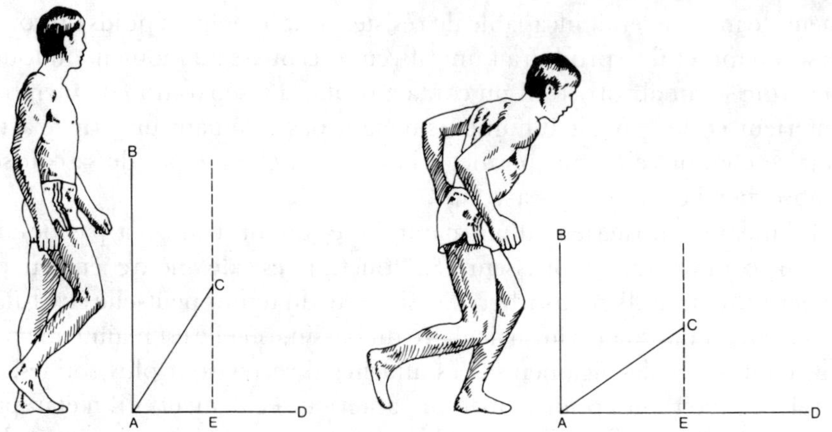

Un homme qui marche dépense plus d'énergie à maintenir son corps vertical (AB) qu'à le faire avancer (AD). La combinaison de ces deux forces produit un vecteur (ligne oblique AC). Le vecteur peut servir à mesurer la vitesse réelle de l'homme (AE). Quand il commence à courir, l'homme se penche en avant et bouge ses jambes plus rapidement. Il utilise moins d'énergie pour soutenir son corps et davantage pour le faire avancer. Le vecteur résultant est plus incliné dans le sens de la course, et la distance AE est plus grande (c'est-à-dire que la vitesse est supérieure).

maintenant en déséquilibre et l'autre jambe, lancée en avant, doit être posée pour le soutenir. Cette action dépense la plus grande partie de l'énergie qui poussait le corps en avant. Ces composantes de mouvement vers l'avant et de mouvement vers le haut peuvent s'exprimer sous forme de vecteur – une combinaison de deux forces qui montre la véritable progression de l'homme, sa vitesse.

S'il veut aller plus vite, l'homme peut se pencher, augmentant ainsi la composante qui l'entraîne vers l'avant et réduisant celle qui le pousse vers le haut. Cette réduction de la composante qui soutient son corps provoque également l'amorce d'une chute. Pour éviter de tomber, l'homme doit appliquer plus fréquemment la force ascensionnelle – et donc remuer les jambes plus rapidement. Et voilà comment il court. Quand un homme commence à courir, il peut se pencher loin en avant (comme un sprinter dans les blocs de départ), mais dès que ses jambes vont aussi vite que possible, il faut qu'il prenne une position proche de la verticale. Il peut se repencher en avant pour gagner de la vitesse, mais si ses jambes ne peuvent pas aller plus vite, il tombera, purement et simplement. C'est ce que font les sprinters qui se précipitent vers la ligne d'arrivée. Tout à la fin de la course, ils plongent en avant, et il leur arrive fréquemment de tomber après avoir franchi la ligne d'arrivée.

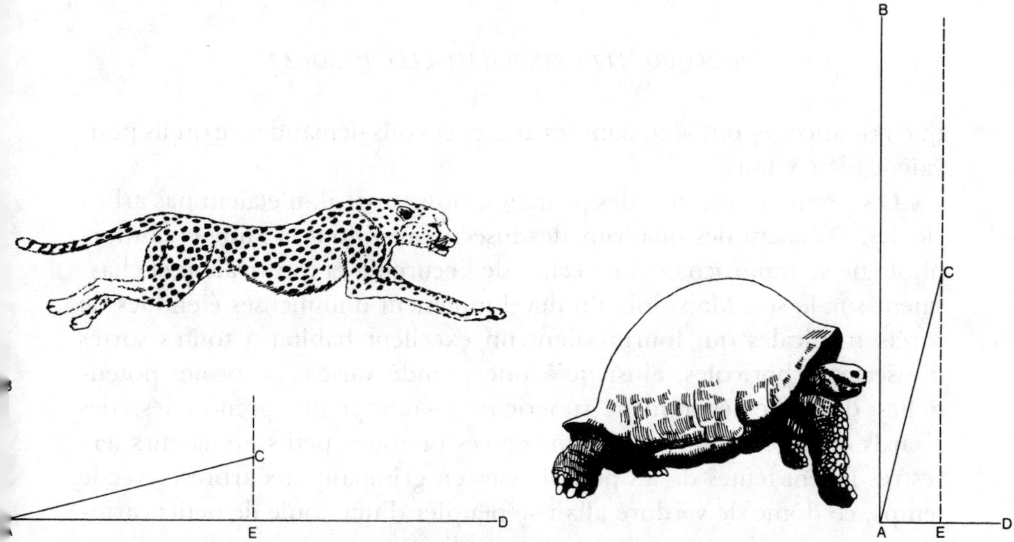

Le vecteur du guépard montre comment l'investissement d'une faible quantité d'énergie dans un mouvement ascensionnel et d'une grande quantité d'énergie dans un mouvement vers l'avant peut engendrer la vitesse, en l'occurrence plus de cent kilomètres à l'heure. Une tortue des Galapagos en revanche doit investir presque toute son énergie pour soutenir son énorme carapace. Sa vitesse de pointe est inférieure à un kilomètre et demi à l'heure.

Un animal quadrupède ignore ce problème. Son corps est toujours tellement penché en avant qu'il est parallèle au sol.

L'essentiel de l'énergie fournie par les membres postérieurs est investi dans le mouvement vers l'avant, et seule une infime partie est dépensée par les membres antérieurs pour soutenir le corps. Ils sont déjà tendus devant, prêts à être plantés comme une sorte de pivot sur lequel l'animal s'appuie passagèrement, au moment où son corps s'avance et où ses membres postérieurs se ramassent en prévision d'un nouveau bond. Chez les quadrupèdes, la machine à courir la plus élaborée est le guépard. Il a de longues pattes et une longue colonne vertébrale, très souple. Quand il amorce un bond, sa colonne vertébrale est ramassée. Au moment où, d'une formidable poussée, il tend ses pattes arrière, il étire également sa colonne vertébrale ; son corps franchit ainsi six mètres ou plus en un seul bond, ses membres antérieurs n'utilisant qu'une faible partie de cette énergie en touchant le sol.

« Qu'est-ce que tout cela a à voir avec les origines de la bipédie ? demanda-t-on à Lovejoy. Vous nous avez bien expliqué pourquoi les quadrupèdes courent plus vite que les bipèdes. Pourquoi certains d'entre eux ont-ils changé de mode de locomotion ?

– Pour répondre à cette question, dit Lovejoy, il faut vous rappeler que nos ancêtres ont vécu dans les arbres et vous demander ce qu'ils pouvaient bien y faire.

« Les premiers ancêtres des primates, poursuivit-il, n'étaient pas arboricoles. C'étaient des quadrupèdes insectivores, dont la taille et la morphologie se rapprochaient de celles de l'écureuil, et qui vivaient et chassaient sur le sol. Mais, lors du développement d'immenses étendues de forêts tropicales qui fournissaient un excellent habitat à toutes sortes d'insectes arboricoles, ainsi qu'à une grande variété de proies potentielles de taille légèrement supérieure – des petites grenouilles, des lézards et des serpents –, certains de ces premiers petits prédateurs terrestres furent tentés de les pourchasser en grimpant aux arbres. Avec le temps, ce dôme de verdure allait se peupler d'une foule de petits carnivores qui passaient tout leur temps en l'air.

« Chasser une petite proie sur le sol est une chose. Le faire dans un arbre en est une autre. Contrairement à certains coléoptères et à toutes les chenilles qui sont si lents qu'on peut les ramasser et les manger presque comme des baies, les lézards sont rapides et extrêmement fuyants. Un lézard qui n'est pas attrapé du premier coup se précipitera sous la branche et disparaîtra. Le prédateur doit être capable de lui sauter dessus à une certaine distance, de l'attraper, de le tenir et – se trouvant désormais dans un monde tridimensionnel –, il doit également être capable de s'accrocher lui-même. Bref, un petit prédateur qui a l'ambition de chasser dans les arbres doit apprendre à sauter, à attraper et à s'accrocher. Lorsqu'ils ont commencé à viser des proies plus grandes comme des grenouilles ou des lézards arboricoles, les pattes avant des premiers ancêtres des primates, qui ressemblaient, pense-t-on, aux musaraignes arboricoles et insectivores d'Asie, se sont dotées de doigts plus longs et plus préhensiles. Leurs griffes sont devenues des ongles placés sur le sommet des doigts, et leurs doigts eux-mêmes se sont mis à ressembler à de véritables doigts. Progressivement, la " main " primate a fait son apparition.

« Au lieu d'être essentiellement aptes à courir, ces animaux étaient désormais capables de s'agripper et de sauter. En échange d'une plus grande habileté à attraper, ils abandonnèrent une partie de leur aptitude à se mouvoir dans les branches avec agilité. Les tarsiers ou les loris – pour citer deux petits primates qui vivent toujours dans les forêts tropicales en sautant et en s'agrippant – sont tout à fait incapables d'évoluer dans les arbres aussi vite qu'un écureuil. Un animal à griffes aura toujours plus de facilité en la matière qu'un animal à " mains ". Un écureuil peut également monter à n'importe quel arbre et en descendre en courant, ce que ne peut faire un primate. Les petits primates restent en l'air et ne descendent à terre qu'en de rares occasions, pour changer d'arbre. Les grands, comme les chimpanzés, qui descendent régulièrement à terre, peuvent grimper à des arbres de taille moyenne, mais les gros arbres leur sont interdits ; leurs troncs sont trop larges pour qu'ils puissent les entourer de leurs bras. Pour grimper à un gros arbre, un animal doit avoir des griffes.

« Cela explique pourquoi les écureuils n'ont jamais acquis de mains. Pour eux, il a toujours été plus important de grimper et de courir que d'attraper. Ils se nourrissent de fruits à écale, de pommes de pin et de graines, de choses immobiles qu'ils peuvent cueillir et grignoter à loisir. Un primate, au contraire, est un animal qui a trouvé le moyen de devenir arboricole tout en restant prédateur.

« D'autres spécialisations ont accompagné le développement de la main. Si l'on veut sauter et saisir, il vaut mieux être capable d'évaluer les distances avec précision. Faute de quoi, au mieux on reviendra bredouille et au pire on manquera la branche et on tombera. Pour évaluer les distances avec précision, il faut avoir une vision binoculaire – pouvoir fixer ses deux yeux sur un objet pour obtenir une perception de la profondeur. Il faut donc que les yeux soient placés sur le devant de la tête et orientés vers l'avant, et non sur les côtés comme les yeux des écureuils. Les ancêtres des primates ont acquis cette vision. Leurs crânes se sont arrondis pour s'adapter à la nouvelle position des yeux, et cette modification morphologique s'est accompagnée d'une augmentation de la capacité crânienne qui a rendu possible le développement du cerveau. En même temps, leur mâchoire est devenue plus petite. Un animal qui a des mains n'a pas besoin de fourrager et de fouiller avec ses dents. Il peut avoir une mâchoire plus courte et moins de dents. Les singes modernes anthropoïdes ou non – et les humains – ont seize dents dans chaque mâchoire. Leurs ancêtres en avaient jusqu'à vingt-deux.

« A l'abri des prédateurs terrestres, les primates primitifs prospérèrent dans les arbres. La taille de plusieurs d'entre eux s'accrut et ils se spécialisèrent toujours davantage en trouvant de nouvelles manières de subsister dans les airs. Certains choisirent un régime à base de fruits et de baies. D'autres finirent par ne manger que des feuilles. Ils acquirent diverses manières de se déplacer dans les branches. Certains des petits, comme les tarsiers et les loris, continuèrent à sauter et à s'agripper ; ils possédaient des membres antérieurs plutôt courts, et de longs membres postérieurs, et abandonnèrent complètement la course. Tout en ayant une main et même un pied primates, avec une plante plate et des orteils préhensiles, un groupe important resta quadrupède. C'étaient les singes non anthropoïdes. Ils préféraient marcher sur les branches plutôt que de s'y agripper ou de s'y balancer. Leurs colonnes vertébrales étaient relativement longues. Ils conservèrent la faculté de courir parce que nombre d'entre eux retournaient au sol, et qu'il leur fallait une certaine rapidité pour pouvoir se réfugier sur un arbre en cas de danger. La conservation de la quadrupédie distingue les singes non anthropoïdes des singes anthropoïdes.

« Ces derniers sont plutôt faits pour se balancer. Au lieu de marcher le long des branches, ils s'y pendent, s'asseyent dessus, se mettent debout, montent et descendent en se hissant main sur main. Ils ont des colonnes vertébrales plus courtes que les autres singes – trois ou quatre vertèbres lombaires au lieu de sept ; ce ne sont donc pas d'aussi bons coureurs. Certains d'entre eux, en fait, peuvent à peine courir.

« Dans le monde actuel, il existe cinq sortes de singes anthropoïdes. Deux d'entre eux – les gibbons et les siamangs – avancent presque exclusivement en se balançant. Ils se meuvent par brachiation, en oscillant comme des pendules de branche en branche. Leurs bras sont extrêmement longs, leurs mains et leurs doigts sont allongés et spécialisés. Leurs corps sont courts et légers, leurs pattes arrière atrophiées. Grâce à cette conception – un minimum de poids à la base du pendule –, ils peuvent évoluer dans les arbres avec une remarquable rapidité, se balançant de branche en branche avec une sûreté et une régularité inimaginables, franchissant souvent des vides de trois mètres ou plus. Quand ils descendent à terre, ce qui n'arrive presque jamais, les gibbons se tiennent debout et avancent en se dandinant sur leurs pattes courtes et faibles, tendant leurs longs bras de chaque côté pour garder leur équilibre. Un gibbon qui marche a l'air d'un funambule.

« L'orang-outan est tout aussi arboricole que le gibbon, mais d'une manière bien différente. L'articulation de sa hanche ressemble à un joint universel. Il peut tendre la jambe vers le bas, vers l'arrière, devant lui, latéralement et presque verticalement. Toutes ses extrémités sont préhensiles. C'est, en fait, un animal à quatre bras et à quatre mains. Telle une énorme araignée brun orangé, il s'écartèle dans les arbres, se tenant avec n'importe quel pied ou main disponible et tendant une autre extrémité pour attraper de la nourriture – essentiellement des fruits. Dans les rares occasions où il descend à terre, il marche à quatre pattes, lentement et posément, comme un vieillard qui s'appuierait sur une paire de béquilles (selon l'expression de Sarel Eimerl) ; il avance sur la plante des pieds en prenant appui sur ses phalanges, ou, quelquefois, sur ses poings serrés. Aussi peut-on dire de l'orang-outan que c'est un animal qui progresse en partie en s'appuyant sur ses phalanges.

« Quant au gorille, c'est son mode de locomotion constant. C'est le seul singe anthropoïde à être retourné au sol presque entièrement. Il y trouve toute sa nourriture : des matières végétales coriaces, des racines, des pousses de bambou, des baies. Il a abandonné la course au profit d'une grande taille et d'une force considérables. Pour survivre, les gorilles comptent sur leur taille et leur puissance – jusqu'à deux cents kilos pour un mâle adulte – et sur leur aspect féroce. Les jeunes gorilles se pendent aux arbres et y jouent, mais les adultes sont trop grands et trop léthargiques pour le faire. Quelquefois, ils s'accroupissent en bande sur des branches très basses et très larges, mais en fait, ils préfèrent le sol. Ils sont extrêmement sédentaires, restent au même endroit pendant de longues périodes et ne courent presque jamais.

« Le chimpanzé, qui marche lui aussi en s'appuyant sur ses phalanges, est le singe anthropoïde qui s'adapte le mieux à toutes les situations. C'est une sorte de modèle "à tout faire", reflétant son mode de vie universel. Il mange beaucoup de fruits – et notamment des figues – et il excelle à grimper en haut des arbres pour les chercher. Ses bras sont assez longs pour lui permettre de grimper à tous les arbres, et d'en descendre – sauf les plus gros. Bien que courtes, ses pattes arrière sont assez longues pour qu'il puisse courir étonnamment vite. Un homme aurait très peu de chances de rattraper un chimpanzé à la course. Grâce à ces multiples dons, le chimpanzé passe une grande partie de son temps à terre, vivant de larves, de termites, de baies, d'insectes, de bourgeons et de racines, quand les figues ne sont pas mûres. Il lui arrive également, rarement il est vrai, de chasser en groupe. A l'occasion, une bande de chimpanzés acculera un jeune babouin ou un autre singe dans un arbre isolé, l'attrapera et le mangera.

« Malgré leurs modes de vie radicalement différents et leurs adaptations physiques sensiblement disparates, tous les singes anthropoïdes sont des animaux à station droite potentielle. Tous sont des créatures sylvicoles, qui n'ont pas besoin de courir pour survivre. Au début du Miocène, il y a quelque vingt millions d'années, à une époque où une immense bande de forêt entourait toute la terre dans les régions tropicales et subtropicales, les singes anthropoïdes étaient nombreux et prospères. Les autres singes, en revanche, l'étaient beaucoup moins. C'est aujourd'hui l'inverse. Bien que le recul des singes anthropoïdes soit certainement lié à celui des forêts tropicales dû à des changements clima-

Les primates présentent des modes de locomotion très divers. Le tarsier (premier plan), un type primitif, nocturne et exclusivement arboricole, avance en sautant et en s'accrochant. Le gibbon (en haut, à gauche), arboricole lui aussi, est un brachiateur, qui se balance de branche en branche comme un pendule. L'orang-outan (au milieu à gauche) est quadrumane, et peut saisir aussi bien avec ses mains qu'avec ses pieds. Le gorille (en bas à gauche) se déplace en s'appuyant sur ses phalanges. C'est un animal à posture semi-érigée qui peut aisément se tenir debout et qui le fait fréquemment. Le singe non anthropoïde (en haut à droite) est un vrai quadrupède. Il ne possède pas la station droite potentielle que les singes anthropoïdes ont à des degrés divers. Mais il a conservé l'aptitude à courir rapidement, grâce à de longues pattes, une longue colonne vertébrale et une main qui se pose à plat sur le sol à chaque pas. Les hominidés sont les seuls à être devenus complètement bipèdes.

tiques à la fin du Miocène, il a aussi été l'œuvre d'autres forces plus subtiles. Lovejoy a essayé de les analyser, et pense avoir trouvé, dans la combinaison de ces facteurs, une explication aux origines de la bipédie.

– Ouf ! on en revient à la bipédie, chuchota quelqu'un. Ces histoires de singes commençaient à me fatiguer.

– Fatigués ou non, vous devez comprendre leurs origines : des prédateurs qui sont montés dans les arbres, et ont trouvé le moyen d'être à la fois prédateurs et arboricoles, en devenant des animaux à station semi-

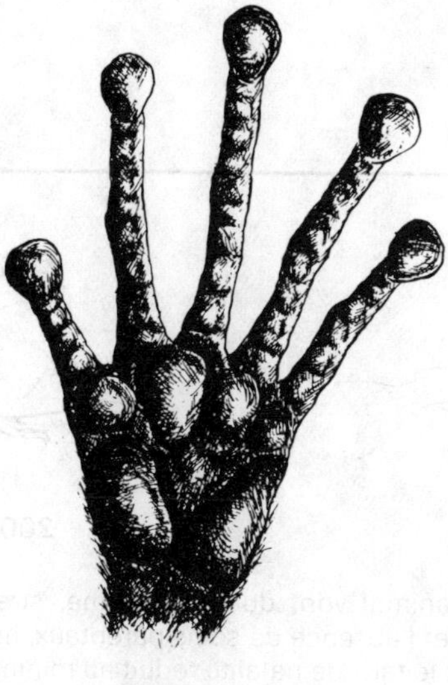

Tarsier

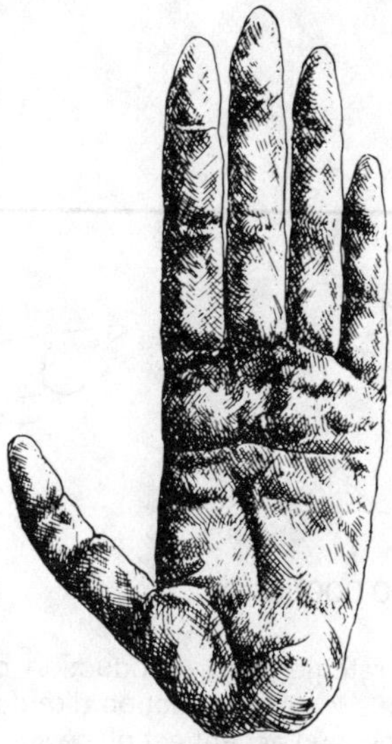

Gibbon

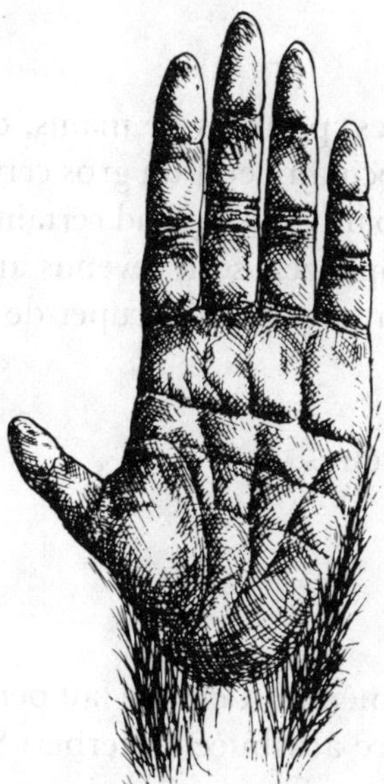

Chimpanzé

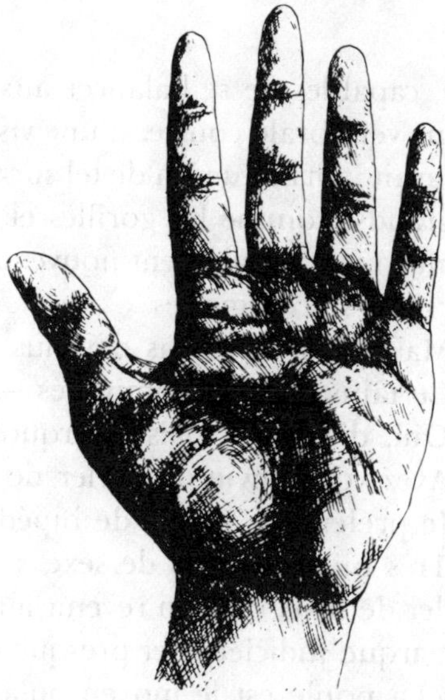

Hominidé

Tous les primates sont adroits, grâce à leurs doigts flexibles aux ongles plats, mais les différentes formes de leur main reflètent les différentes stratégies de locomotion et de survie de leurs possesseurs. Le tarsier, qui saute et s'accroche, a des coussinets digitaux très larges qui lui permettent de s'agripper aux branches. La main du gibbon a des doigts longs et puissants qu'il utilise comme des crochets pour se balancer. Le chimpanzé, animal semi-arboricole et semi-terrestre, possède une très grande dextérité et il lui est possible de manier des instruments rudimentaires. Il a un pouce opposable relativement bien développé, mais celui-ci est trapu et touche l'index par le côté et non par le bout. Dans la main hominienne, le pouce est beaucoup plus grand, et il est tourné de façon à faire face à l'index. C'est un accompagnement logique de la bipédie, qui améliore considérablement la dextérité. Il semble que tous les hominidés aient eu ce type de main — même *afarensis*, le plus ancien connu à ce jour. Sa main peut difficilement être distinguée de celle d'un homme moderne.

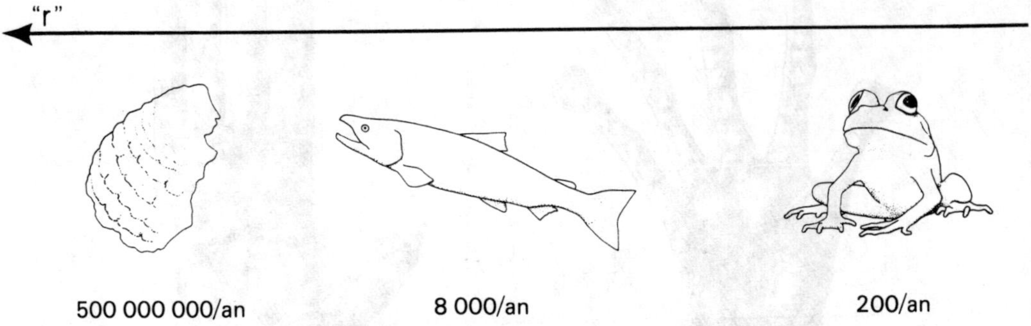

Les stratégies de reproduction du monde animal vont du «r» extrême, stratégie fondée sur une production d'œufs maximale et l'absence de soins parentaux, au «K» extrême, où l'accent est placé sur ces soins et le taux de natalité réduit au minimum.

érigée, capables de se balancer aux branches, pourvus de mains, d'une colonne vertébrale courte, d'une vision binoculaire et d'un gros cerveau. On n'avait jamais vu rien de tel sur terre auparavant. Quand certains des plus grands, comme les gorilles et les chimpanzés, sont revenus au sol, leurs moyens radicalement nouveaux leur ont permis d'occuper de nouvelles niches écologiques.

– Mais ils ne sont pas devenus bipèdes.

– Certains, si. Les hominidés – nos ancêtres.

– Oui, d'accord, mais pourquoi ?

– Avez-vous envie de parler de sexe ?

– Je préférerais parler de bipédie.

– Très bien, parlons de sexe. »

Parler de sexe, c'est en revenir aux bases mêmes. Cela me fait penser à la remarque judicieuse et presque centenaire attribuée à Herbert Spencer : « La poule est le moyen qu'a trouvé l'œuf pour obtenir un autre œuf. » Ce qui revient à dire : ne considérez pas la survie d'une espèce du point de vue de l'individu, mais du point de vue plus modeste mais capital du gène. Considérez que ce qui compte à long terme, c'est la préservation des gènes, c'est l'obtention d'un nouvel individu semblable à soi.

En l'occurrence, Lovejoy pense comme Spencer. Tout être vivant, quelle que soit son espèce, n'est qu'une enveloppe protectrice contenant les germes de la reproduction, habilement conditionnés pour lui donner le maximum de chances de vivre assez longtemps pour arriver à produire d'autres membres de son espèce. Pour ce faire, il doit manger. Et pour manger, s'il s'agit d'un mammifère, il doit se déplacer. Aussi ne peut-on

comprendre réellement l'adaptation locomotrice d'un animal sans comprendre également sa stratégie sexuelle.

Celle-ci peut revêtir deux formes fondamentalement différentes. L'animal peut produire un grand nombre d'œufs, en investissant très peu d'énergie dans chacun. Ou bien il peut produire très peu d'œufs, mais investir beaucoup dans chacun. Le nom scientifique de ces deux méthodes est respectivement stratégie « r » et stratégie « K ».

On observe un exemple extrême de « r » chez l'huître, qui peut donner naissance à cinq cent millions d'œufs par an. Les exemples extrêmes de « K » sont les grands singes anthropoïdes – le gorille, le chimpanzé et l'orang-outan – qui ne donnent naissance qu'à un petit tous les cinq ou six ans. Entre les deux, on trouve des animaux qui, ayant essayé toutes les combinaisons possibles, présentent un mélange ahurissant de « r » et de « K ». Ces deux stratégies donnent de bons résultats pourvu qu'elles ne soient pas poussées jusqu'à leurs limites. Il est concevable qu'une huître puisse doubler sa production d'œufs pour atteindre le milliard, mais si l'énergie qu'elle peut investir dans ses œufs est fixe, l'énergie disponible par œuf sera diminuée de moitié. Cela risque de porter préjudice aux œufs au point que, tout en étant plus nombreux, un plus petit nombre encore du très petit nombre qui survit aujourd'hui atteindra la maturité. Il est clair qu'une stratégie « r » pure est une chose impossible, et que cette stratégie est aujourd'hui exploitée jusqu'à ses limites par des créatures aussi humbles que les huîtres. En vérité, on peut considérer qu'une stratégie « r » extrême est une méthode de reproduction inefficace. A quoi bon donner naissance à un demi-milliard d'œufs si une demi-douzaine seulement vient à maturité ?

Le fait est que l'huître n'a pas le choix. Ses organes sensoriels sont rudimentaires, elle n'a pas de cerveau et ne peut pas bouger. Elle est incapable de prendre soin de ses œufs ; elle ne peut même pas les pondre en lieu sûr. Tout ce qu'elle peut faire, c'est les déverser – elle augmente donc ses chances de survie en tant qu'espèce en en déversant autant qu'elle le peut, *raisonnablement*.

Bien que la méthode « r » donne des résultats pour les huîtres (elles n'ont pas disparu), elle est de toute évidence extravagante. Lors de l'apparition d'animaux plus évolués, d'autres choix, plus sobres, leur ont été offerts. Les premiers rudiments de soins parentaux ont commencé à être possibles lorsque des créatures munies de colonnes vertébrales et de cerveaux sont entrées en scène. Certains poissons font des nids pour leurs œufs. D'autres les gardent en bouche jusqu'à ce que les petits éclosent et puissent nager tout seuls. Certains reptiles font encore mieux. L'alligator construit un grand nid en forme de tertre qu'il surveille pendant tout le temps de l'incubation ; quand les petits éclosent et commencent à crier, il les entend et les aide à sortir en démolissant le nid. Mais peu de reptiles sont aussi prévenants, et aucun ne protège ses petits lorsqu'ils grandissent. C'est là l'apanage des mammifères, encore plus intelligents et manifestant une tendance « K » encore plus nette, qui ont succédé aux reptiles.

Personne ne sait quel genre de parents étaient les dinosaures, mais si l'on se fonde sur les couvées d'œufs fossiles découvertes dans le désert de Gobi, certains d'entre eux devaient être de chiches pondeurs ; certains « nids » ne contiennent qu'une ou deux douzaines d'œufs. Si les dinosaures n'étaient pas de meilleurs parents que la plupart des autres reptiles, ils auraient donc joué perdant sur les deux tableaux : en étant plutôt « r » dans leur inaptitude probable à donner des soins intensifs à leurs petits, et plutôt « K » dans leur tendance à ne pondre qu'un petit nombre d'œufs. Cela pourrait expliquer leur extinction dans un monde qui commençait à se peupler de mammifères à tendance « K », qui étaient de meilleurs parents.

« Ce n'est pas la peine d'aller chercher des taches solaires, des perturbations climatiques et d'autres explications mystérieuses pour justifier la disparition des dinosaures, dit Lovejoy. Ils se sont très bien débrouillés tant qu'il n'existait pas de meilleure stratégie reproductive dans les parages. Ils ont vécu plus de cent millions d'années ; les humains devraient vivre aussi longtemps qu'eux. Mais lorsqu'une nouvelle adaptation a fait son apparition, lorsque les dinosaures se sont trouvés en présence d'animaux capables de se reproduire *avec succès* trois ou quatre fois plus vite qu'eux, ils ont été condamnés. »

« K » est de toute évidence beaucoup plus efficace que « r », mais cette stratégie connaît elle aussi des limites. Les accidents, les prédateurs, les disettes saisonnières, les maladies – tous prélèvent leur tribut. Après un investissement de cinq ou six ans, la perte d'un petit dans l'une de ces catastrophes revient beaucoup plus cher que la perte d'un œuf pour une huître. Deux ou trois accidents de ce genre à la suite peuvent provoquer la disparition d'une combinaison particulière de gènes possédée par une certaine guenon ; en effet, elle risque ensuite de n'être plus féconde. Pour toute une population de singes anthropoïdes – tout un réservoir de gènes –, un faible taux de reproduction est aussi dangereux que pour un individu. Une série de désastres peut l'effacer définitivement.

En fait, le degré de « K » présent chez les singes anthropoïdes actuels est déjà dangereusement élevé. Ils n'existent aujourd'hui qu'en très petit nombre et uniquement dans les milieux les plus favorables. Leur extrême vulnérabilité naturelle a été occultée par le rôle que l'homme a joué en accélérant leur disparition à l'époque moderne. On ne cesse de nous répéter que nous sommes en train d'exterminer les singes anthropoïdes. C'est exact, mais ce n'est que le couronnement de ce que les singes anthropoïdes se sont fait à eux-mêmes depuis des millions d'années. Il est vraisemblable qu'ils auraient disparu même sans l'intervention de l'homme. Les autres singes, en revanche, ont prospéré et se sont multipliés. Cette différence dans leur réussite est tellement spectaculaire que cela vaut la peine de comparer les deux pour voir s'il existe entre eux une différence fondamentale qui puisse l'expliquer.

On découvre alors qu'il en existe deux. Les petits singes, comme nous l'avons dit, sont des quadrupèdes. Les singes anthropoïdes sont des bipèdes potentiels. Les petits singes sont moins « K » que les anthropoïdes. Ils ont des petits tous les deux ans au lieu de n'en avoir que tous les cinq ou six ans. Ils ne sont de loin pas aussi intelligents que les anthropoïdes, et de loin pas d'aussi bons parents, mais ils sont capables de compenser largement cette infériorité par un meilleur taux de reproduction. La réussite actuelle du petit singe plus orienté vers « r » suggère nettement que le singe anthropoïde à tendance « K » a poussé cette stratégie trop loin.

Mais pourquoi faire une chose qui est mauvaise ? C'est la deuxième fois que cette question se pose. La première fois, nous nous étions demandé : Pourquoi devenir bipède si ce mode de locomotion est inefficace ? Maintenant, les termes de notre question sont : Pourquoi pousser « K » trop loin, si cette stratégie est dangereuse ? Ces deux questions sont liées et doivent être examinées ensemble.

Pour commencer, l'exposé qui précède sur l'évolution des primates doit avoir montré clairement que le mode de locomotion des singes anthropoïdes qui vivent dans les forêts et passent leur temps à grimper et à se balancer aux branches et à se promener sous les arbres n'est pas inefficace. Ils n'ont pas besoin d'être de bons coureurs. Les colonnes vertébrales courtes et les postures semi-érigées qu'ils ont acquises autrefois dans les arbres n'ont pas été un handicap pour ceux d'entre eux qui sont revenus au sol par la suite, tant que les forêts étaient étendues et offraient le genre de nourriture dont ils avaient besoin.

La leçon qu'il faut en retenir est que la quadrupédie, bien qu'elle soit apparemment plus avantageuse, peut être abandonnée – et en fait le *sera* – si d'autres adaptations, plus utiles, sont possibles. Comme l'a affirmé Lovejoy au début de ce chapitre : une bonne aptitude à la course semble d'un intérêt si évident que son abandon paraît un caprice stupide. Mais lorsqu'on étudie la stratégie globale de survie de la créature, cet avantage disparaît. C'est ce qui a permis l'apparition de singes anthropoïdes à station droite potentielle, au sol, dans les forêts du Miocène. Pour comprendre pourquoi certains ont suivi cette voie jusqu'au bout, il faut étudier d'autres besoins et d'autres stratégies.

Il convient à présent de considérer que pendant tout le Cénozoïque, depuis environ soixante-dix millions d'années avant J.-C. jusqu'en plein Miocène, la stratégie reproductive des primates a manifesté une tendance « K » croissante. Celle-ci a continué à se renforcer parce qu'elle donnait de bons résultats. Les mères anthropoïdes devenant plus évoluées, et étant susceptibles de donner à leurs petits des soins plus attentifs, le taux de survie de leurs petits par rapport aux petits de mères moins attentives ne pouvait qu'augmenter.

Arrivés à ce point, il faut examiner le mécanisme d'un circuit complexe de rétroaction – dans lequel plusieurs éléments agissent l'un sur l'autre et se renforcent mutuellement. Si les soins parentaux sont une bonne chose, ce caractère sera sélectionné ; il est vraisemblable en effet que de meilleures mères seront plus aptes à élever des petits et renforceront ainsi les tendances génétiques à être de meilleures mères qui existent au sein de la population considérée. Mais l'accroissement des soins parentaux s'accompagne obligatoirement d'autres éléments. Il exige que la mère ait un Q.I. plus élevé : pour qu'elle puisse mieux s'occuper de ses petits, il faut qu'elle en soit capable intellectuellement. Cela implique le développement du cerveau – pas seulement de la mère, mais aussi des petites filles, qui seront mères à leur tour un jour. Mener à terme un enfant à gros cerveau nécessite beaucoup d'oxygène et la transmission d'une quantité considérable d'énergie à travers le placenta – c'est-à-dire un énorme investissement de la part de la mère. En effet, un enfant à gros

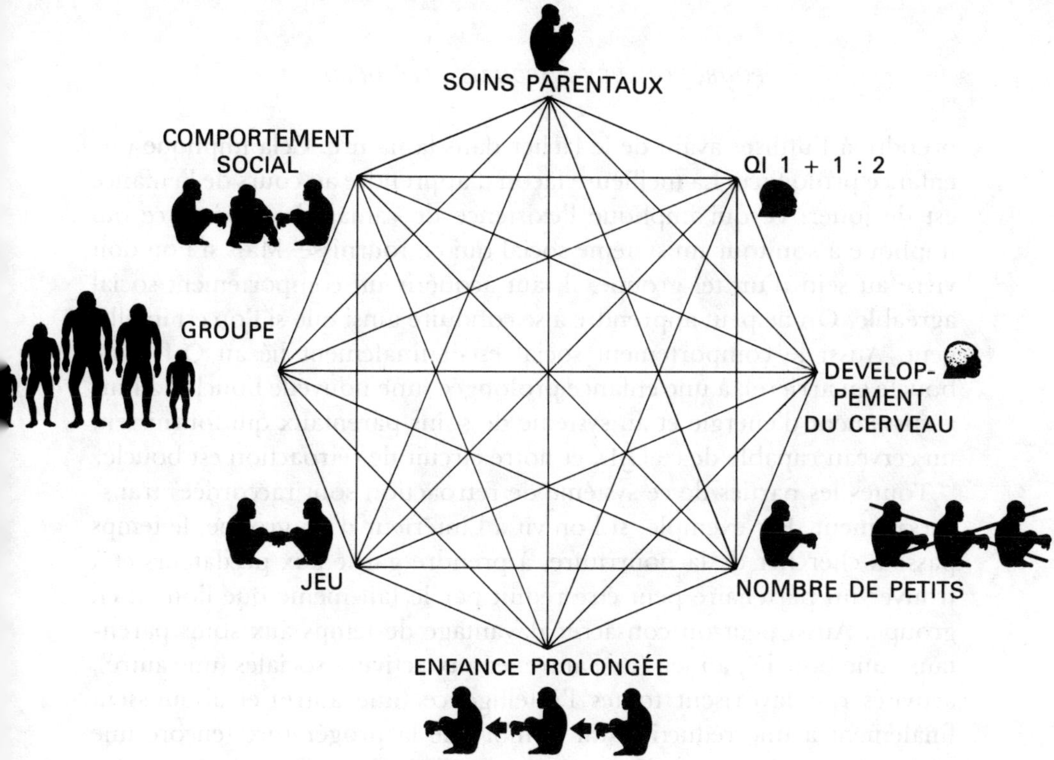

cerveau ne peut pas se développer à l'extérieur de l'utérus. Il y a à cela diverses raisons, dont l'une est que le système neurologique doit déjà être à peu près adulte à la naissance. On ne peut pas apprendre si l'on n'a pas, dès le départ, un cerveau qui en soit capable. Si l'on naît avec un cerveau insuffisamment développé, ce retard sera impossible à combler par la suite. Aussi la mère doit-elle assurer une bonne partie de ce développement à l'intérieur de son corps. Comme ses facultés à transmettre de l'énergie à un fœtus sont limitées (exactement comme celles de l'huître à investir dans ses œufs), la conséquence de l'acquisition d'un plus gros cerveau sera une diminution du nombre de la progéniture.

On peut exprimer la même chose dans l'autre sens : si l'on doit avoir une progéniture moins nombreuse, il est préférable d'avoir un plus gros cerveau pour mieux s'en occuper. C'est le principe même de la rétroaction. Chaque facteur agit avec l'autre, en dépend et le renforce.

Dans le cas de l'évolution des primates, la rétroaction n'est pas une simple impulsion A-B B-A, un va-et-vient entre deux pôles. Elle est multipolaire et circulaire, et comprend de nombreux éléments au lieu de deux seulement – tous se renforçant mutuellement. Par exemple, si un petit doit avoir un gros cerveau, il faut qu'on lui donne le temps d'apprendre à l'utiliser avant de le lâcher dans la nature. Cela implique une enfance prolongée. La meilleure façon d'apprendre au cours de l'enfance est de jouer, ce qui implique l'existence de camarades de jeu, ce qui implique à son tour un système social qui en fournisse. Mais si l'on doit vivre au sein d'un tel groupe, il faut acquérir un comportement social agréable. On ne peut apprendre à se conduire ainsi que si l'on est intelligent. Aussi le comportement social est-il finalement lié au Q.I. (une boucle en arrière), à une enfance prolongée (une nouvelle boucle), à l'investissement d'énergie et au système de soins parentaux qui fournissent un cerveau capable de ce Q.I., et notre circuit de rétroaction est bouclé.

Toutes les parties de ce système de rétroaction sont raccordées transversalement. Par exemple, si l'on vit à l'intérieur d'un groupe, le temps passé à chercher de la nourriture, à prendre garde aux prédateurs et à trouver un partenaire peut être réduit par le fait même que l'on vit en groupe. Aussi peut-on consacrer davantage de temps aux soins parentaux (une boucle), au jeu (une autre) et aux activités sociales (une autre), activités qui favorisent toutes l'intelligence (une autre) et aboutissent finalement à une réduction du nombre de la progéniture (encore une autre). Le système complet montre tous les pôles connectés à tous les autres (*cf.* diagramme page 365).

« Envisagez cela autrement, dit Lovejoy. Imaginez que le système de rétroaction soit privé de l'un de ses éléments, et observez ce qui se passe. Imaginez un bébé chimpanzé élevé en couveuse, en laboratoire, sans aucune possibilité d'apprendre en jouant avec ses camarades. Faites-le passer quelques années décisives dans ces conditions, et, quand il sera adolescent, relâchez-le dans la société normale des chimpanzés. Il sera incapable de s'y intégrer ; il ne saura pas quoi faire, ni comment se conduire. Il sera incapable de sauter et de grimper aussi bien que les autres. Il ne saura pas se battre, ni éviter les luttes, ni se comporter avec respect envers ses aînés. Un jeune gorille élevé dans l'isolement ne sait même pas s'accoupler. Il faut lui passer des films.

« Ainsi, poursuivit Lovejoy, il existait plusieurs bonnes raisons permettant d'expliquer comment "K" pouvait réussir. Cette stratégie est allée de pair avec le progrès et la spécialisation croissante des vertébrés au fil du temps. Les grenouilles sont plus intelligentes que les huîtres. Les alligators sont plus intelligents que les grenouilles. Les lapins sont plus intelligents que les alligators. Les singes sont plus intelligents que les lapins. Les singes anthropoïdes sont plus intelligents que les autres singes. Plus de cervelle, moins d'œufs, plus de "K".

« Je n'irai pas jusqu'à dire que "K" *crée* l'intelligence, mais les deux sont certainement liés. L'intelligence étant de toute évidence adaptative, on comprendra sans peine que de bonnes conditions favoriseront son développement. Ces conditions étaient apparemment bonnes pour certains primates. Bien que nous ne disposions que du témoignage indirect des fossiles, nous pouvons supposer qu'au Miocène, l'intelligence des singes anthropoïdes était déjà relativement développée. Ces fossiles nous offrent l'image d'animaux assez proches des chimpanzés modernes. Ils possédaient une station semi-érigée, étaient habiles de leurs mains et avaient déjà des cerveaux plus développés que les autres singes. Nous pouvons également supposer qu'ils manifestaient une forte tendance "K". Il nous a fallu du temps pour en arriver là, mais nous sommes à présent en mesure d'examiner ce qui a bien pu pousser une lignée de singes anthropoïdes à devenir franchement bipèdes. En d'autres termes, qu'est-ce que "K" a eu à voir avec la station debout ? »

Cela fait près d'un siècle que la question de la bipédie tracasse les anthropologues. Peu après avoir découvert l'homme-singe de Java en 1891, Dubois trouva un tibia indiquant que cette créature marchait debout. On eut tant de peine à croire qu'un crâne aussi primitif pût être associé à la station droite que la réaction générale fut de nier tout lien entre les deux fragments de fossiles : le tibia appartenait à une créature plus récente, plus humaine, et avait été enterré par hasard près du crâne ; il était exclu qu'un être aussi primitif que l'homme-singe de Java ait pu marcher debout.

Association accidentelle ou non, cette réaction reflète un préjugé ancien et durable. Il se remanifesta avec violence lorsque Raymond Dart revendiqua la station droite pour l'Enfant de Taung. Dans les années 60, longtemps après que le monde eut été forcé de reconnaître la station droite aux australopithèques, ce préjugé tenait toujours bon, mais sous une forme atténuée : les anthropologues soutenaient que les australopithèques marchaient mal, qu'ils traînaient lamentablement les pieds.

Il se forma petit à petit un consensus général autour de l'idée que la bipédie, le développement du cerveau et l'utilisation d'outils étaient apparus en même temps. Pour justifier cette idée, on construisit un circuit de rétroaction, dans lequel chaque facteur agissait sur les autres pour les renforcer : un animal qui commençait à utiliser des outils et qui avait un cerveau plus développé le rendant capable de les fabriquer, souhaiterait les emporter avec lui, et ce désir l'encouragerait à marcher debout. En libérant la main pour porter des objets, la station droite augmenterait encore la tendance à l'utilisation d'outils et au développement cérébral. Il y a environ deux millions d'années, pensait-on, ces trois tendances avaient atteint un stade de semi-développement : le cerveau avait augmenté de volume, mais il était encore réduit ; les outils (sur la foi de ceux que l'on avait trouvés à Olduvaï) existaient, mais ils étaient aussi rudimentaires qu'ils pouvaient l'être tout en méritant déjà le nom d'outils ; la station droite (si l'on devait suivre un schéma de développement parallèle à celui des deux autres traits naissants) commençait probablement à apparaître, mais n'était pas encore tout à fait au point.

Au début des années 60, au milieu d'une longue et brillante carrière passée à étudier l'évolution et le comportement des primates, Sherwood Washburn, de l'université de Californie, émit l'hypothèse que l'on pouvait trouver la clef de la station droite dans la marche avec appui sur les phalanges des chimpanzés et des gorilles. Il suggéra qu'il pouvait s'agir d'une étape intermédiaire sur la voie de la véritable bipédie, et souligna que l'on pouvait encore en trouver des traces dans le comportement humain : dans la position que les joueurs de football américain adoptent à la remise en jeu ou dans la manière dont quelqu'un se penche sur un bureau en prenant appui sur ses phalanges et sur ses pouces. Le rôle des outils dans le redressement progressif des animaux marchant avec appui sur les phalanges jusqu'à la véritable bipédie était important, pensait Washburn. « La locomotion et l'utilisation d'outils ont été à la fois cause et effet l'un de l'autre », écrivit-il en 1974.

On avança également d'autres avantages. Lorsqu'une meilleure connaissance de la géologie et du climat suggéra que les australopithèques vivaient en habitat découvert, il parut raisonnable de souligner un autre intérêt de la bipédie : en grandissant les individus, la station verticale leur avait permis de mieux repérer les prédateurs cachés dans les hautes herbes.

Pour Lovejoy, qui venait de quitter le lycée et qui s'intéressait déjà passionnément à la locomotion, ces idées avaient quelque chose de peu convaincant. Il ne pouvait s'empêcher de penser qu'il était impossible qu'un hominidé se soit aventuré dans la savane et qu'il ait pu y faire des progrès. S'il avait été incapable de marcher debout dans la savane, il n'y serait pas allé. S'il y était allé, il n'aurait pas survécu à cette expédition.

La conclusion à laquelle il arrivait était que les hominidés possédaient *déjà* la station droite lorsqu'ils étaient venus s'installer dans la savane, et qu'ils avaient mis au point cette curieuse façon de marcher pour des raisons qui n'avaient rien à voir avec cet habitat – et peut-être rien non plus avec l'utilisation d'outils. Comment les outils auraient-ils pu jouer un rôle si, comme il le soupçonnait, la véritable bipédie avait été acquise avant l'apparition d'outils dans les témoignages géologiques ?

Le problème de Lovejoy était qu'il n'avait aucun fossile lui permettant de prouver la justesse de ses idées. Il présenta celles-ci à ses pairs en faisant appel à la logique, mais il ne rencontra guère de succès. Il se plongea dans une analyse des mécanismes de la locomotion, et en gagna une meilleure compréhension de ce phénomène que n'en possèdent la plupart des anatomistes. Mais il n'arrivait pas à mettre la main sur le « pistolet fumant » – selon sa propre expression – : des fossiles concrets qui prouveraient son assertion. Le plus vieil australopithèque correctement daté n'avait que deux millions d'années, et il marchait déjà parfaitement. C'était du moins ce qu'il pensait ; d'aucuns n'étaient pas d'accord avec lui. Au grand dam de Lovejoy, les os de jambes et de pieds d'australopithèques n'étaient pas assez bien représentés dans les collections pour le prouver. D'où son saisissement le jour où, au début de 1974, j'entrai dans son bureau en lui apportant ce que je prétendais être une articulation du genou de trois millions d'années, en provenance d'Hadar.

Soudain, la station droite avait un million d'années de plus que la veille.

« *Peut-être*, dit Lovejoy à mon groupe d'étudiants. Je n'avais que cette petite articulation du genou. J'ai dit à Don qu'il fallait qu'il y retourne et qu'il me rapporte un animal complet. Fort obligeamment, il a trouvé Lucy. Je lui ai dit : “Parfait, maintenant trouve-m'en un assortiment”, et l'année suivante il a trouvé la Première Famille. Quand j'ai pu étudier ces os, je n'ai plus eu aucun doute : ces créatures marchaient debout comme vous et moi. J'ai été alors assez sûr de moi pour aller de l'avant et essayer de comprendre pourquoi. Les outils ne pouvaient y être pour rien. Les fossiles de Don étaient plus anciens que tous les outils connus. C'est alors que je me suis mis à réfléchir à la stratégie reproductive. Cela m'a fait penser à “K”. »

Il se tourna alors vers un de mes étudiants :

« Bien, dit-il. Vous êtes une espèce qui a une tendance “K” trop affirmée. Qu'allez-vous faire pour essayer d'y remédier ?

– Ma foi, réduire “K”, d'une manière ou d'une autre. Les petits singes s'en tirent mieux. Essayer de faire comme eux.

– Vous voulez dire, revenir en arrière ? dit Lovejoy. Retourner à la quadrupédie ? Avoir un cerveau plus petit ?

– Quelque chose comme ça.

– C'est impossible. Le circuit de rétroaction dans lequel vous vous trouvez ne le permet pas. Tout en lui vous pousse dans l'autre sens.

– Eh bien alors, quoi ?

– Et si l'on s'attaquait au point le plus évident du système : le faible taux de natalité ? Pourquoi ne pas avoir plus de bébés ?

– Mais, protesta l'étudiant, une stratégie "K" poussée à l'extrême nous l'interdit. Vous l'avez dit vous-même. Avec votre système de rétroaction, vous nous avez donné un argument tout à fait convaincant.

– D'accord. Supposons que nous changions un élément, de façon à vous permettre d'avoir plus de bébés.

– En faisant quoi, par exemple ?

– En devenant bipèdes. »

Mon groupe d'étudiants resta bouche bée devant cette pirouette, cet illogisme apparent. Il fallut donc que Lovejoy s'interrompe une nouvelle fois et fasse un rapide retour en arrière. Il se reporta au Miocène, à cette époque de prospérité des singes anthropoïdes qui étaient à la veille d'explorer divers modes de vie et de locomotion. Parmi les descendants de ces aïeux du Miocène, certains étaient brachiateurs, d'autres quadrumanes, d'autres marchaient en s'appuyant sur leurs phalanges et d'autres enfin étaient bipèdes. Tous suivaient une stratégie « K » très nette et tous, sauf les bipèdes, doivent être considérés aujourd'hui comme des expériences évolutives ratées.

Si les bipèdes s'en sont tirés, qu'ont-ils fait de différent des autres ? Réponse : ils sont parvenus à éviter le piège dans lequel sont tombées les autres créatures de tendance « K » : à savoir, l'espacement primate des naissances, la stratégie qui condamne tous les singes anthropoïdes à un très faible taux de natalité. Ceux-ci ont l'habitude de n'élever qu'un petit à la fois. Tout le temps que dure cette éducation, tout le temps que la mère doit emmener son bébé avec elle, le nourrir, veiller sur lui, elle ne peut avoir d'autres petits. Une mère chimpanzé ne sera pas réceptive sexuellement avant que son petit ait environ cinq ans ; la raison pratique de ce comportement est qu'elle a fort à faire avec le premier et ne peut pas s'occuper d'un second bébé. La raison biologique est que l'allaitement et le maternage empêchent le déclenchement de l'œstrus.

« Si l'on pouvait trouver le moyen, dit Lovejoy, d'accélérer cette fréquence pour que les naissances soient plus rapprochées, nous aurions une solution à notre problème. Mais comment y parvenir ?

– Il faudrait qu'elle mette le premier petit à la porte plus tôt.

– Il n'y a pas de mise à la porte, dit-il. Ce qui se passe, c'est que la mère s'occupe de deux petits à la fois. Elle répartit son énergie entre deux petits d'abord puis entre trois et quatre.

– Comment fait-elle ?

– Elle se déplace moins. Ainsi, elle dépense moins d'énergie. De plus, expliqua-t-il, il est dangereux de beaucoup transporter les petits. Ils risquent davantage de se perdre, de tomber des arbres et de se faire attaquer par des prédateurs. Si la mère porte un petit, soit c'est lui qui s'accroche à elle, soit c'est elle qui le tient. Si elle grimpe à un arbre pour chercher des figues, et qu'elle tend le bras pour en attraper une, elle risque de lâcher son petit. Si elle reste à terre et se déplace peu, il y a moins de risques pour que l'enfant tombe ou qu'un prédateur le trouve ; en effet, la mère et l'enfant se trouvent tous les deux sous la protection du groupe. Ils profitent également d'un meilleur système d'alarme : trente paires d'yeux au lieu d'une seule. D'autres animaux partent en quête de nourriture. Quand ils en trouvent, la mère peut se rendre sur place directement, avec une perte de temps minimale et une exposition aux prédateurs réduite. Elle passe sa vie dans un petit territoire qu'elle connaît à fond. Elle sait où se trouvent tous les arbres auxquels elle peut grimper. Elle connaît le plus court chemin pour les atteindre en cas de danger.

« C'était fort simple, poursuivit Lovejoy. Une mobilité réduite représente une adaptation. Si vous pouvez l'acquérir, vous pourrez avoir des petits plus souvent. La tendance à en avoir plus souvent existe toujours, de toute façon. La seule chose qui la freine, c'est l'incapacité de la mère à s'occuper convenablement de plusieurs petits. Avant d'en avoir un second, il faut qu'elle s'occupe du premier jusqu'au moment où elle sera sûre qu'il pourra se débrouiller tout seul. En restant sur place, elle accroît cette possibilité et peut en avoir un second un peu plus tôt. »

Le raisonnement de Lovejoy avait une faille, que mon groupe ne laissa pas passer : « La réduction de l'espacement des naissances pose un problème. Les besoins alimentaires augmentent – la mère a plus de bouches à nourrir – alors même qu'elle a plus de mal à trouver de la nourriture car elle se déplace moins.

– Je m'attendais à cette objection, dit Lovejoy. Ce que vous êtes en train de dire, c'est qu'il faut que la mère trouve de l'aide. Vous avez raison. Il va falloir que quelqu'un lui apporte à manger. D'aucuns vous diront que ça n'existe pas. On vous citera le cas des babouins, et on vous dira : ils vivent dans la savane comme les hominidés et ne partagent pas leur nourriture. Ou bien on vous citera les chimpanzés en vous disant : ils nous ressemblent, et ils ne partagent pas non plus leur nourriture. Bien. Pour étudier correctement ce problème, il faut examiner les stratégies reproductives de tous les primates. Elles sont très variées, et on observe des doses diverses de partage et d'affection. Chez les ouistitis, une espèce de singes du Nouveau Monde, c'est le mâle qui s'occupe le plus des

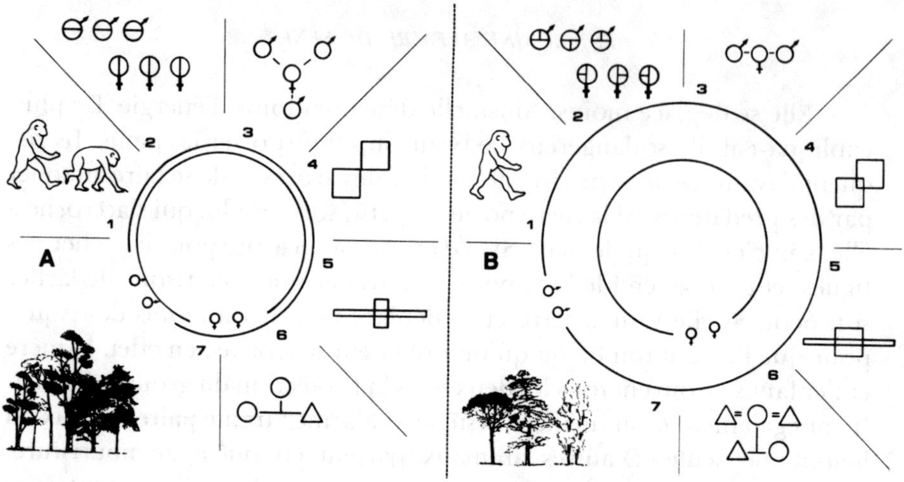

Ces quatre diagrammes, réalisés par Owen Lovejoy, illustrent certains des facteurs qui, selon lui, ont agi de concert pour produire un hominidé parfaitement droit. La section I de chaque diagramme retrace les progrès probables de la station verticale elle-même. La section 2 porte sur la différenciation épigamique, les symboles représentant les mâles et les femelles s'individualisant de plus en plus au fil du temps et conduisant à une plus grande sélection dans la formation des couples sexuels. Ce point est reflété par les schémas d'accouplement présentés dans la section 3, où les mâles s'accouplent d'abord sans discrimination avec les femelles et deviennent ensuite les partenaires sexuels de femelles spécifiques. La section 4 traite de l'espacement des naissances. Dans le diagramme A, il n'y a pas de chevauchement. Dans le diagramme B, il y en a un peu. Finalement, dans le diagramme D, on trouve des familles de trois et quatre enfants.
Ces changements s'accompagnent de modifications de l'activité sexuelle (section 5). Le cycle menstruel de la femelle est représenté par la longue bande horizontale, la partie centrale représentant sa période réelle de réceptivité sexuelle. Dans le diagramme A, l'activité sexuelle est (à peu près) limitée à la période de l'œstrus. Dans les diagrammes suivants, la période de réceptivité s'allonge progressivement pour aboutir, dans le diagramme D, à un état de réceptivité sexuelle continue de la part de la femelle, entièrement indépendante de son cycle œstral. En même temps, les relations familiales se modifient (section 6). Dans le diagramme A, les seuls liens sont ceux de la mère et de ses petits. Dans le diagramme B, il y a un début de rela-

petits. Il s'agit d'une adaptation écologique. Les ouistitis sont de petits animaux actifs qui sont parvenus à résoudre le problème de l'espacement primate des naissances en ayant des jumeaux. En raison de leur petite taille et de leur grande activité, il faut qu'ils mangent beaucoup, et souvent. Avec un petit, la mère pourrait se débrouiller, mais avec des jumeaux c'est impossible. Il faut donc que le père les emmène avec lui. La mère va chercher de quoi manger de son côté et revient pour les allaiter. On observe le même comportement chez les nyctipithèques et certaines autres espèces. Les primates ont un comportement extrêmement souple. Vous découvrirez qu'on trouve absolument de tout, depuis des pères qui

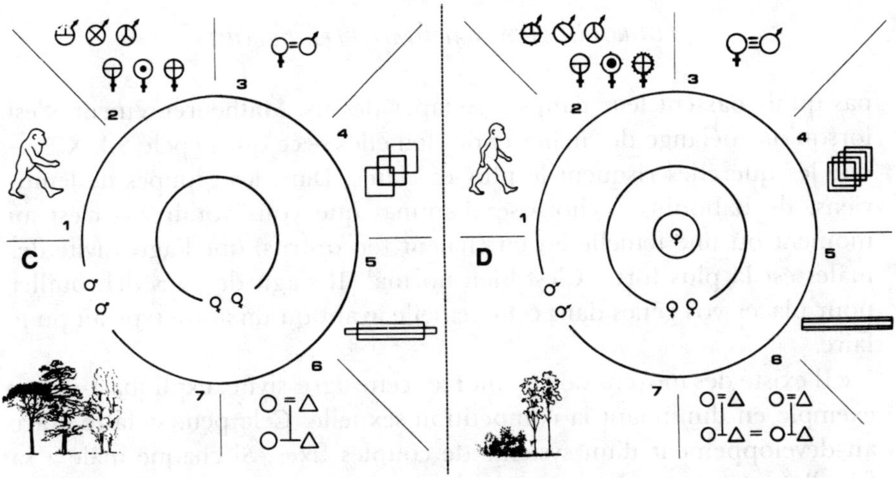

tions mâle-femelle, mais pas de liens réels. Dans le diagramme C, le mâle devient un parent à part entière, et on assiste à la formation d'une cellule familiale. Dans le diagramme D, il existe de nombreuses cellules de ce type.

Toutes ces activités se passent au sein (et probablement sous l'influence) d'un environnement en mutation (section 7) : la forêt tropicale où les singes anthropoïdes quadrupèdes s'accouplaient au hasard et ne formaient pas de famille se transforme progressivement en zones boisées moins denses et en savane. Les cercles au centre des quatre diagrammes ont pour thème la recherche de nourriture et les déplacements. Le cercle intérieur représente le centre du territoire du groupe, où les femelles et les petits passent tout leur temps. Le cercle extérieur représente la limite du territoire où les mâles vont chercher la nourriture. Dans le diagramme A, les deux cercles ont approximativement la même taille, parce que la femelle ne reçoit aucune nourriture du mâle et doit se débrouiller toute seule pour manger. Dans le diagramme B, le mâle parcourt un territoire plus vaste, pour s'éloigner de la zone centrale et laisser plus de nourriture à la femelle — qui en a besoin car elle commence à avoir plus de petits à nourrir. Dans le diagramme C, on assiste à un renforcement de ce comportement. Le mâle rapporte désormais à manger à sa compagne. Pour ce faire, il s'éloigne encore plus, et elle peut se permettre de moins se déplacer, s'exposant ainsi à moins de dangers. Le diagramme D montre la création d'un véritable foyer fixe. La mère peut désormais confier ses petits à la garde de tantes ou de frères et sœurs plus âgés. Elle peut donc se déplacer davantage.

s'occupent des petits la plus grande partie du temps jusqu'à des mères qui s'en occupent exclusivement.

« Il s'agit donc d'obtenir une certaine participation du mâle à l'éducation des petits, poursuivit-il. Mais ce faisant, d'autres problèmes surgissent immédiatement. Si la femelle doit se faire aider, il faut qu'il y ait un bon niveau de coopération au sein du groupe. Cela va de soi. Si une bande de singes anthropoïdes doit vivre ensemble comme un groupe social intelligent et pratiquer l'entraide avec tous les avantages que nous avons déjà évoqués, il faut que ces animaux s'entendent bien. Il ne faut pas qu'ils passent leur temps à se taper dessus. Malheureusement, c'est lorsqu'on mélange des mâles et des femelles – ce qui s'épèle S.E.X.E. – que les querelles risquent le plus d'éclater. Dans les groupes de lémuriens, de babouins – choisissez l'animal que vous voudrez – c'est au moment où une femelle est en chaleur (en œstrus) que l'agressivité des mâles est la plus forte. C'est bien normal. Il s'agit de vous débrouiller pour placer vos gènes dans cette femelle avant qu'un autre type ait pu le faire.

« Il existe des moyens de désamorcer cette agressivité, expliqua-t-il, par exemple en diminuant la compétition sexuelle. Cela peut se faire grâce au développement d'un système de couples fixes. Si chaque mâle a sa femelle, son receptacle à gènes personnel, il n'aura pas besoin de se battre avec d'autres mâles pour être représenté dans les générations futures.

« Mais comment réaliser cela ? Une méthode serait de se débarrasser des habitudes de disponibilité sexuelle indifférenciée. De se débarrasser de ces signaux visuels provocants, de ces turgescences et de ces odeurs qui disent "Je suis en chaleur" et qui affolent tous les mâles. Si une femelle donnée n'excite plus que la moitié des mâles, les risques de lutte seront immédiatement réduits de moitié. On peut obtenir ce résultat par une individualisation plus marquée des symboles sexuels. Individualisez de plus en plus les réponses sexuelles et au bout d'un certain temps, vous découvrirez peut-être qu'une femelle donnée n'est excitante sexuellement que pour quelques mâles, voire pour un seul. Elle ne plaît pas aux autres, c'est tout ; ils l'ignorent. L'acquisition de systèmes de stimulation propres aux différents individus s'appelle la différenciation épigamique. Quant à moi, j'appelle cela être amoureux.

« Les babouins ne tombent pas amoureux – ce qui les intéresse, c'est le sexe, avec n'importe quelle femelle affichant des signes d'œstrus. Chez les babouins, toutes les filles, dès qu'elles sont en chaleur, plaisent à tous les garçons. Les sociétés de babouins viennent à bout de cette situation explosive grâce à des hiérarchies de mâles dominants. Le premier mâle, ou alpha, a conquis cette place en se battant avec les autres mâles, et il s'y maintient par la menace de reprendre la lutte. C'est lui le plus fort et le plus intimidant du groupe, et il exerce un droit de priorité sur toutes les femelles, sans discussion. Les autres mâles se soumettent à lui, selon un ordre hiérarchique très strict. L'inconvénient de ce système est que l'autorité du mâle alpha n'existe qu'en sa présence. Qu'il descende à la rivière boire un coup, et c'en est fini. Il y a toujours un malin qui traîne dans les parages. Le temps que le mâle alpha revienne, ses chances d'avoir une progéniture risquent de s'être envolées. »

Mes étudiants commençaient à comprendre clairement que le niveau de coopération sociale ne peut qu'être limité parmi des animaux dont l'agressivité sexuelle est forte et la discrimination sexuelle faible. Introduisez dans une telle société un système de couples, et l'harmonie sociale s'améliorera. Les mâles pourront quitter le groupe pendant de courtes périodes sans perdre leurs chances d'être représentés génétiquement dans la génération suivante. Les soins paternels et le partage de la nourriture deviennent possibles. Les femelles peuvent donc se permettre d'être moins mobiles.

« Nous voilà maintenant dans un nouveau circuit de rétroaction, dit Lovejoy. Nous pouvons l'aborder à partir de la mobilité. En devenant moins mobile, vous pouvez devenir plus bipède. Pourquoi ? Si vous n'avez pas besoin de beaucoup courir, vous pouvez vous permettre de courir moins bien, en échange d'autres éléments qui commencent maintenant à avoir une plus grande valeur de survie – comme saisir et transporter la nourriture supplémentaire dont vous avez besoin si vous avez plus d'enfants à nourrir. Nous venons de parler de liens conjugaux. Si désormais votre compagnon marche debout, il est plus à même de transporter de la nourriture, et plus susceptible de vous en rapporter. Quant à vous, vous êtes également mieux pourvues. En tant que quadrupèdes, vous n'aviez qu'une main libre. Vous marchiez sur une main et vous portiez de l'autre. Maintenant, vous avez deux mains – une pour vous ravitailler, l'autre pour tenir votre bébé. Et il devient de plus en plus important que vous le teniez, car il est en train de perdre son aptitude à s'accrocher à vous. Son pied est en train de devenir un mécanisme bipède et de perdre ses capacités de préhension. Un bébé hominien est incapable de s'accrocher à sa mère avec les pieds ; ceux-ci ne sont plus conçus dans ce but. En fait, c'est à peine s'il peut se tenir avec les mains ; quand il est tout petit, il est trop faible. Un bébé chimpanzé s'en tire beaucoup mieux que lui sur ce plan, mais il faut tout de même que sa mère le tienne beaucoup. Un singe du Vieux Monde, en revanche, peut se cramponner fermement avec ses mains et ses pieds. Il le faut ; sa mère ne le tient pas du tout. Si un bébé singe lâche prise quand il est dans un arbre, c'en est fait de lui. Voilà pourquoi, en reconnaissant la bipédie dans les fossiles d'Hadar de Don, j'ai su un certain nombre de choses sur les stratégies sociales et reproductives de ces créatures. J'ai su que les bébés ne pouvaient pas se cramponner à leur mère. J'ai su qu'il fallait que les parents s'occupent énormément de leurs petits.

– Tout cela est bien joli, dit un membre du groupe, mais il y a quelque chose qui cloche dans ces systèmes de rétroaction. Si tout dépend de tout le reste, qu'est-ce qui a déclenché le système ?

– Rien en particulier, dit Lovejoy. Tout s'enchaîne en douceur. Il faut considérer que l'on dispose d'un temps très long – peut-être des centaines de milliers d'années. Il y a des environnements légèrement différents ici ou là, d'où des accents légèrement différents placés sur différents comportements. Il s'agit en outre d'animaux relativement intelligents. C'est un point important. Ils peuvent observer, et s'imiter mutuellement. Ils peuvent faire certaines tentatives. Évidemment, ils ne se disent pas : "Mince alors, on est bipèdes, on a une main libre. Et si on rapportait à déjeuner à notre petite amie ?" Cela n'a pas de sens. Aucun animal n'est jamais conscient, même vaguement, des processus évolutifs qu'il suit. Ceux-ci se font par d'infimes incréments. Qu'il se produise la moindre poussée en n'importe quel point du système, si elle est adaptative, elle aura un effet sur cette partie du système, et à partir de là, sur toutes les autres parties. »

Cette analyse les laissa encore insatisfaits.

« D'accord, mais vous avez omis quelque chose d'important. Pourquoi le mâle *devrait*-il apporter à manger à la femelle ? Si tant de choses en dépendent, et si rien n'indique que d'autres singes le fassent, comment pouvez-vous l'admettre sans plus hésiter pour ce singe bipède ?

– Je vous ai dit que nous allions parler de sexe.

– En effet.

– Eh bien, continuons à parler de sexe. Toute cette affaire est une stratégie de reproduction. Nous commençons à comprendre que la locomotion ne représente pas seulement une manière de se déplacer ; elle fait partie de tout un mécanisme de survie de l'espèce, qui comprend l'accouplement et les relations sociales, tout comme il comprend la course, la nourriture et les jeux des enfants. Nous avons vu comment les liens de couples peuvent faire diminuer l'agressivité et augmenter les chances de coopération des mâles. Ce que vous demandez – c'est ce qui apparaît dans votre question – c'est ce qui *incite* le mâle à apporter de la nourriture. C'est bien ça ?

– Parfaitement.

– Et s'il aimait la femelle ?

– Hé ! attendez un peu.

– J'en ai bien l'intention. Nous avons parlé tout à l'heure de la différenciation épigamique, du fait d'être amoureux. Le seul but de tous les signaux sexuels que la femelle affiche quand elle est en œstrus est d'attirer les mâles, de susciter une activité sexuelle maximale de façon que l'œuf qu'elle produit à cet instant précis soit fécondé. Si elle n'agite pas ces drapeaux énergiquement, elle risque de ne pas être fécondée. Dans ce cas, il faudra qu'elle attende son prochain œstrus pour retrouver une nouvelle chance. Tous les mammifères signalent leur disponibilité sexuelle avec une grande efficacité. C'est à cela que sert l'œstrus : *à assurer l'activité sexuelle.* S'il n'y en a pas, la femelle ovulera en vain. Pour un singe anthropoïde qui a peut-être déjà poussé la tendance "K" trop loin, cela grèverait lourdement un taux de reproduction déjà faible. La guenon qui est en chaleur doit être fécondée immédiatement pour le bien de tous les singes anthropoïdes.

– Mais, dit un étudiant, en accroissant la discrimination sexuelle, on diminue le nombre de mâles qui s'intéressent à cette femelle, et par là ses chances de se faire féconder.

– Pas forcément, dit Lovejoy. On peut augmenter l'intérêt que lui porte un mâle particulier. Même parmi les chimpanzés, qui s'accouplent habituellement sans discrimination, on trouve de temps en temps un couple de jeunes mariés qui part en voyage de noces de son côté pendant quelques jours quand la femelle est en chaleur. Il y a là une petite différenciation épigamique.

– Mmouais...

– Et si l'on prolongeait la période durant laquelle un mâle donné se sent attiré par une femelle ? Supposez qu'elle émette des signaux sexuels un peu plus longtemps. Supposez qu'elle abandonne progressivement les signaux qui font partie du cycle œstral, comme les odeurs et les turgescences, au profit de caractéristiques physiques permanentes – ses cheveux, sa peau, sa silhouette. Cela ressemble davantage à ce qui se passe chez les humains. Réfléchissez un peu à cela. Les mâles et les femelles humains s'attirent sexuellement en permanence, quelles que soient l'époque ou la saison. Cela n'a rien à voir avec le cycle œstral. Aucun autre mammifère n'est comme cela. Pourquoi les humains le sont-ils ? »

Personne ne sut répondre.

« Allons. De quoi venons-nous de parler ? On voit apparaître chez ces hominidés primitifs et ces préhominidés un système de liens conjugaux qui permet de maintenir l'attirance qu'éprouve un mâle pour une femelle et d'assurer qu'elle sera fécondée par lui, grâce à une stratégie d'accouplement relativement continue qui vient remplacer la frénésie sexuelle qui s'emparait d'eux au sommet de son cycle ovulaire. Il est impossible d'avoir à la fois beaucoup de luttes et une copulation sans discrimination *et* des liens conjugaux et un partage de nourriture. Les deux choses sont incompatibles. Un système qui ramènerait le mâle ne serait-il pas la meilleure solution ? Et s'il rapportait de la nourriture, la valeur sélective de ce comportement commencerait à ressortir rapidement dans la présence d'un plus grand nombre de ses gènes dans le réservoir génétique.

– Ainsi, rien ne déclenche véritablement le système, dis-je.

– Rien du tout, dit Lovejoy. Je pense que tout cela a été très progressif. Nous pouvons imaginer que cela a pris longtemps. Le processus commence quand une femelle continue à être désirable pendant une semaine ou plus à la fin de son cycle œstral. Lentement, cette période s'allonge. Finalement, les signes d'œstrus ne comptent plus ; elle a des charmes permanents qui font que son homme – son hominidé – s'intéresse à elle tout le temps.

« Elle a intérêt à ce qu'il s'intéresse à elle, car elle n'est féconde qu'environ trois jours. Si elle copule une fois tous les quinze jours, ses chances d'être enceinte sont très faibles. Elle ne peut pas se le permettre. Il faut qu'elle se débrouille pour être enceinte rapidement, dès qu'elle peut s'occuper d'un nouveau bébé.

– Ce que vous êtes en train de dire, remarqua un étudiant, c'est que l'accroissement de nombre de petits est causé par le partage alimentaire, qui est causé par les liens conjugaux, eux-mêmes causés par la bipédie.

– Je ne parle pas de causes, dit Lovejoy. Le terme est impropre. Il n'existe pas de causes dans un circuit de rétroaction. Il y a renforcement réciproque. Ce que je dis, c'est que toutes ces choses sont arrivées, et que chacune d'elles a eu un effet sur toutes les autres. Je ne précise pas laquelle s'est produite la première. Je n'en sais rien. A mon avis, on ne le saura jamais. Je soupçonne qu'aucune n'a précédé les autres. Mais elles ont eu lieu. Nous le savons parce que nous sommes assis là, à en parler. Nous en sommes le résultat. Et si j'énumère les principales différences de comportement entre les singes anthropoïdes et les hominidés et que je vous demande de trouver un meilleur moyen d'expliquer comment nous sommes arrivés là où nous sommes, je serais curieux d'entendre ce que vous aurez à me dire. »

Il prit un bout de papier et commença à faire une liste de tous ces éléments. « Regardez ça. Tout cela s'est passé il y a plus de deux millions d'années. Ces éléments sont forcément liés :

Hominidés	*Pongidés* (singes anthropoïdes)
Habitat exclusivement terrestre.	Certains vivent essentiellement dans les arbres, d'autres essentiellement au sol. Aucun n'est exclusivement terrestre.
Bipèdes.	Quadrupèdes.
Vie de couple, conduisant à la création de familles nucléaires. Immobilité croissante des femelles et des petits. Possibilité de foyer fixe.	Pas de vie de couple. Pas de familles nucléaires, sauf chez les gibbons. Les femelles se déplacent pour chercher de la nourriture et emmènent leurs petits. Pas de foyer fixe.
Partage alimentaire.	Pas de partage alimentaire.
Débuts d'utilisation et de fabrication d'outils.	Usage d'outils inexistant ou insignifiant.
Le cerveau continue à se développer.	Le cerveau ne se développe pas.
Sexualité continue.	Sexualité uniquement pendant l'œstrus.
Éducation simultanée de plusieurs petits.	Éducation d'un seul petit à la fois.

« Ce que j'essaie de vous dire, conclut Lovejoy, c'est qu'on n'adopte pas sans raison un mode de locomotion stupide. Si vous voulez savoir pourquoi Lucy se tenait debout, il ne suffit pas de considérer comment elle se déplaçait ; il faut envisager beaucoup d'autres éléments. Pour dire les choses très crûment, on pourrait dire qu'elle s'est levée pour avoir des bébés plus souvent. Mais ce serait là une cause directe, et c'est une chose dont nous ne voulons pas. Pour être plus exacts, il faudrait dire que pour un animal doté d'un ensemble de spécialisations qui l'ont amené à avoir une tendance "K" trop poussée, la bipédie représente une porte de sortie, un moyen de réduire "K".

– Oui, dis-je, pour un animal social très intelligent, qui a besoin d'une enfance prolongée et de longs soins maternels, un animal qui possède déjà virtuellement la station verticale, un animal dont la tendance "K" est si forte qu'il ne peut survivre que dans les environnements les plus favorables, un animal qui partage sa nourriture, qui...

– Oui, oui, tout ça, interrompit Lovejoy, c'est ce que je viens de dire.

– Je ne faisais que résumer, dis-je, parce qu'il me semble que tu as oublié un point.

– Lequel ?

– Tu as mentionné qu'à cause de leurs problèmes de " K ", les singes anthropoïdes sont presque éteints. Mais ce que tu n'as pas dit, c'est que grâce à leur tendance plus " r ", les hominidés se trouvent partout aujourd'hui.

– Je suis d'accord, mais c'est une autre histoire. C'est une chose tardive. Elle nous amène à parler du rôle que les outils et la civilisation ont joué en faveur de la survie et de l'extension de la population. Sans eux, nous serions toujours dans notre savane tropicale ; nous serions en meilleure posture que les singes anthropoïdes, mais pas tant que ça. Notre sujet d'aujourd'hui était la locomotion bipède, quelque chose que l'homme a acquis *avant* de devenir un homme. Les outils et la civilisation le concernent *après*.

« Permettez-moi de résumer. Je pense que les hominidés ont appris à se déplacer sur deux pieds dans la forêt, et non dans la savane, bien que ce soit l'endroit où on les trouve par la suite. Ils y sont allés en tant que bipèdes. Cela s'est passé – et tes fossiles nous l'apprennent, Don – il y a au moins quatre millions d'années, peut-être beaucoup plus tôt. Les outils n'ont rien à voir avec ça. Je pense que la raison était principalement sexuelle et sociale. Une fois la station droite acquise, les hominidés ont été libres de se rendre où ils voulaient, parce que la station droite n'est pas inefficace en soi. Je peux marcher toute la journée aussi bien qu'un chien. Ce n'est qu'à la course que le chien l'emporte sur moi. Par conséquent, si je n'ai pas besoin de courir dans la savane, rien ne m'empêche d'y aller. Et si j'y vais, c'est sans doute parce qu'il commence à y avoir trop de monde en forêt. Je me reproduis relativement bien désormais, et la forêt commence à être surpeuplée avec tous ces autres singes. Vous savez que j'ai quitté la forêt, parce depuis un ou deux millions d'années, on me trouvait absolument partout.

« Si je ne progresse que de cinquante mètres par an – ce qui n'est pas beaucoup – en deux millions d'années, j'aurai couvert 5 436 kilomètres. Les outils ont probablement favorisé cette progression. En ai-je utilisé dès le départ ? Probablement pas plus qu'un chimpanzé. Mais à présent, je suis bipède. Maintenant que je suis debout, vous pouvez attendre de moi des choses différentes. Je suis bien plus à même de porter, de transporter et de jeter des objets. Il y a eu une période, à un moment ou à un autre entre quatre millions d'années et – disons – un million et demi, où l'utilisation d'outils a cessé d'être tout à fait insignifiante pour devenir fondamentale dans le développement hominien. Je n'ai pas été à l'origine un singe utilisateur d'outils, comme on l'a prétendu si longtemps. J'ai été un singe novateur sur le plan social et sexuel, qui est devenu bipède ; en conséquence de quoi, mon espèce a pu se propager mieux que les autres singes anthropoïdes. C'est absolument par hasard que ma faculté à me redresser et à utiliser mes mains a conduit à un développement ultérieur des outils et d'une civilisation, à une augmentation de mon volume cérébral et finalement à l'existence de quatre milliards de mes semblables. Tous ces éléments ne sont que des sous-produits de ce dont il s'agissait réellement : une meilleure stratégie de reproduction. »

Lovejoy enfila son manteau. « On pourrait dire que ses innovations "r" ont rendu l'homme possible. Il serait pertinent d'affirmer alors que les outils l'ont perfectionné. Les outils ont été responsables d'*Homo erectus*, mais pas d'*Homo* lui-même[1]. »

Après le départ de Lovejoy, mes étudiants me demandèrent si je croyais à tout ce qu'il avait dit.

« Dans l'ensemble, oui, dis-je, mais Owen ne vous demanderait jamais d'y "croire". Ce terme est tout aussi impropre que celui de "cause". Comment croire à une chose impossible à prouver ? On peut l'accepter comme probable si elle correspond aux données dont on dispose et si elle paraît logique.

– Mais vous croyez à l'évolution.

– Oui, j'y crois parce que cette théorie a été battue en brèche pendant si longtemps, et qu'elle a résisté à tout ces mauvais traitements sans perdre de sa logique. En fait, plus on l'étudie – plus on apprend de choses à son sujet –, plus elle devient logique. Faites subir à la théorie d'Owen la même épreuve du temps ; si elle tient bon, j'y croirai. Pour le moment je l'accepte comme la meilleure explication de la bipédie qui a jamais été formulée. »

On demanda son avis à Tim White.

« Vous me connaissez. Vous savez que je ne crois à rien que je ne puisse mesurer, et le comportement sexuel ne laisse pas de fossiles. Mais dans l'ensemble je suis d'accord avec Don ; on n'a pas trouvé mieux pour

1. Sur toute cette question on pourra consulter l'ouvrage d'Helen E. Fisher, *la Stratégie du sexe, l'évolution du comportement humain*, trad. par C. Cassin, Paris, Calmann-Lévy, 1983. (N.d.T.).

l'instant. Je crois qu'Owen a parfaitement raison quand il affirme que la bipédie s'est développée dans la forêt. La savane n'a pas connu d'hominidés titubants. Vous redresser pour vous enfuir alors que vous êtes tout juste en train d'apprendre à vous déplacer de cette manière ? C'est absurde.

– Qu'est-ce qui a poussé les hominidés à aller dans la savane ? demandai-je.

– Comme l'a dit Owen, dit Tim, la forêt commençait à être surpeuplée. La raison n'en était pas seulement qu'il y avait plus d'hominidés, mais que la forêt se rétrécissait. Au Pliocène – l'époque où tout cela a dû se passer –, l'immense forêt tropicale du Miocène avait considérablement rapetissé. Ce que j'ai un peu de mal à admettre, c'est cette théorie du ravitaillement des femelles et des petits. Elle est superflue. J'estime que le transport d'objets, d'enfants et de nourriture suffit à expliquer la bipédie.

– Tu laisserais tomber l'argument de l'œstrus ? dis-je.

– Oui. Je n'ai jamais vu de fossile d'œstrus. »

Cinquième partie

ŒUVRE INACHEVÉE

17. Microscopes électroniques, trous noirs et retour à Hadar

L'agitation et la chasse est proprement de nostre gibier : nous ne sommes pas excusables de la conduire mal et impertinemment ; de faillir à la prise, c'est autre chose. Car nous sommes nais à quester la verité ; il appartient de la posseder à une plus grande puissance.

MONTAIGNE.

Bien que dans les vingt dernières années le butin de fossiles hominiens et l'ensemble de ce que l'on sait sur eux soient presque devenus un fleuve par rapport au filet d'eau du siècle précédent, le travail à abattre reste considérable. C'est être mal renseigné que de croire que le temps des découvertes prodigieuses est passé. Je pourrais travailler pendant le restant de mes jours dans l'Afar sans faire plus qu'entamer ce travail. Il se peut, certes, que rien n'ébranle plus les esprits comme ont pu le faire l'homme-singe de Java, le premier fossile humain vraiment ancien que l'on ait découvert, ou comme l'Enfant de Taung, le premier parent bipède de l'homme à n'être pas un homme. J'ai entendu des jeunes dire que tout avait été fait, que toutes les grandes découvertes avaient été effectuées. C'est complètement absurde. La paléoanthropologie ne s'est jamais mieux portée. Jamais elle n'a éveillé un plus grand intérêt du public. Elle n'a jamais connu de financement aussi généreux. Il n'y a jamais eu autant à faire qu'à l'heure actuelle. A Hadar simplement, nous avons deux problèmes majeurs. D'abord, nous devons essayer d'en savoir plus sur ce dont nous disposons déjà, en retournant chercher plus de matériel, un matériel meilleur, et en en achevant l'interprétation.

Nous avons fait notre travail sur les mâchoires et les dents, mais le reste du squelette nous attend encore.

Ensuite, en situant une nouvelle espèce à 3,5 millions d'années environ, nous avons attiré l'attention sur l'existence de deux profonds trous noirs de part et d'autre de cette date. La grande œuvre des années 80 va être de commencer à explorer ces trous et de tenter d'y apporter quelque lumière. Nous sommes en effet confrontés aux questions suivantes :

Que s'est-il passé entre 3,5 et 2 millions d'années ?

Que s'est-il passé avant 3,5 millions d'années ?

De quelque façon que vous les envisagiez, ces questions sont primordiales. Le seul moyen d'y répondre, c'est de retourner sur le terrain. En attendant, il faut que nous terminions d'analyser les fossiles d'Hadar.

L'étude de la collection d'Hadar est restée incomplète par manque de temps et de personnel qualifié. Tim et moi nous sommes chargés d'analyser minutieusement les mâchoires, parce que les dents et les mâchoires sont notre spécialité et que l'identification d'une nouvelle espèce en dépendait. Mais le reste d'*afarensis* traîne. De nombreuses réponses sur le Comment, le Pourquoi et le Quand de la transformation du singe en hominidé sont encore cachées dans les différentes parties de son squelette. Des études détaillées de ces autres parties sont aujourd'hui en cours et certaines questions capitales n'ont pas encore trouvé de réponse. Par exemple, Bruce Latimer, un de mes thésards, travaille actuellement, comme je l'ai indiqué plus haut, sur le pied d'*afarensis*, le plus ancien indice dont on dispose pour essayer de comprendre l'origine de la station verticale.

Ce pied est unique – il n'existe rien de tel dans aucune autre collection de fossiles. Il est formé de treize os appartenant à un seul individu, dégagés par Latimer et White d'un gros bloc de matrice. L'extraction de ces fragments et leur nettoyage leur a pris plusieurs mois. Leur analyse encore plus longtemps. On possède essentiellement des phalanges (les os longs situés à la base des orteils) et des métatarses (les os du pied auxquels les phalanges s'attachent). Il y en a cinq paires, qui montrent exactement comment les os s'assemblaient – encore une collection unique.

En contemplant ces petites choses noueuses, rugueuses, noirâtres, on se demande ce que l'on peut bien en déduire. Mais pour quelqu'un comme Latimer, ces os en disent long. Ils disent d'abord que Lucy et son espèce maîtrisaient parfaitement la station droite, et que leurs pieds étaient fonctionnellement identiques à ceux de l'homme moderne. En

Sélati, le guide Afar de la campagne de 1980, surveille d'éventuels maraudeurs depuis le toit d'une Land-Rover.

fait, ils leur ressemblent tant qu'ils ne permettent pas de comprendre comment ils sont devenus ainsi.

En réfléchissant à cette question – au processus qui a amené ce changement – il faut se demander d'abord à quoi ressemblait le pied d'ancêtres plus anciens. Et là, on ne peut qu'imaginer, car il n'en existe pas. Le modèle le plus proche est sans doute le pied du chimpanzé, car il y a de bonnes raisons de soupçonner qu'il n'a pas beaucoup évolué. A bien des égards, le chimpanzé est le moins spécialisé des singes anthropoïdes. Au fur et à mesure que nous nous familiarisons avec l'évolution et le mode de vie des pongidés, nous sommes de plus en plus frappés par le manque d'originalité du chimpanzé. C'est le singe-à-tout-faire, celui chez qui nous pouvons rechercher avec une confiance croissante des caractéristiques anatomiques qu'il a pu hériter d'un hypothétique ancêtre commun à tous les singes anthropoïdes.

Une seconde raison pour observer de près le pied du chimpanzé est qu'il est presque identique à celui du gorille. Ces deux animaux ayant beaucoup divergé sous plusieurs autres aspects, il est intéressant de constater que leurs pieds sont restés semblables. Cela suggère que le pied qu'ils ont aujourd'hui en commun doit ressembler d'assez près à celui qu'ils ont hérité.

L'un dans l'autre, Latimer pense pouvoir accepter le pied du chimpanzé comme un prototype raisonnablement fidèle lui permettant de comprendre à quoi ressemblait le pied hominien. En d'autres termes, il faut qu'il saisisse comment un pied partiellement préhensile a pu se transformer en un pied qui ne peut que marcher, qui sert de plate-forme, qui donne une bonne impulsion pour faire des pas, mais qui n'est pas du tout préhensile.

« Comment pourrais-je le faire changer ? a-t-il demandé récemment. D'abord, il faudrait que j'allonge le gros orteil. Ensuite, il faudrait que je le place parallèlement aux autres doigts, au lieu de le faire saillir comme un pouce. Enfin, il faudrait que je le fasse pivoter afin qu'il soit face au sol au lieu d'être placé latéralement, face aux autres doigts, toujours comme un pouce. »

Chez Lucy, a-t-il poursuivi, toutes ces transformations ont déjà eu lieu. Cela veut-il dire que le pied de Lucy est identique au pied moderne ?

Dans l'ensemble oui. Fonctionnellement, ils sont semblables. Ils engendrent tous les deux une foulée et une empreinte de pas modernes. Mais structurellement ils sont un peu différents. Les phalanges d'*afarensis* sont cambrées et proportionnellement beaucoup plus longues que celles du pied moderne. On pourrait presque les prendre pour des os de doigts. Leur cambrure avait la même raison d'être que l'arche d'un pont : les rendre plus solides et leur permettre de mieux résister à la traction de muscles très puissants dont la présence est attestée par des marques le long des côtés des phalanges.

Latimer conclut de ces indices qu'*afarensis* était un marcheur exceptionnellement vigoureux et que ses orteils allongés ont pu lui être utiles pour se mouvoir sur un sol caillouteux et accidenté, ou dans la boue, où une certaine aptitude à la préhension pouvait offrir des avantages.

Ces phalanges cambrées et ces marques musculaires se retrouvent chez le chimpanzé, et reflètent sa faculté à grimper aux arbres. Mais Latimer souligne que cela n'implique pas qu'*afarensis* grimpait aux arbres lui aussi. En fait, l'examen des articulations de ses orteils montre que cette hypothèse est fausse. Les métatarses contigus aux phalanges ont des extrémités évasées, ce qui entrave le mouvement des phalanges. Vraisemblablement, Lucy ne remuait pas mieux ses orteils qu'une femme d'aujourd'hui. Mais elle marchait au moins aussi bien – toute la journée, probablement, sans fatigue. Quant à savoir si elle courait aussi vite, c'est discutable. L'ensemble du squelette d'*afarensis* suggère plus la robustesse, l'épaisseur et la force que la vitesse. En comparaison, le squelette de l'homme moderne paraît frêle, fragile. Nous sommes plus légers, plus sveltes, plus rapides, mais beaucoup moins puissants pour notre taille, et nos os sont certainement moins durables. Il semble y avoir une clé permettant de comprendre comment les os du pied d'*afarensis* se sont adaptés à la bipédie. Les articulations des métatarses humains sont larges au sommet, étroites à la base. Chez les chimpanzés, c'est l'inverse. *Afarensis* présente un état intermédiaire ; il est tentant d'en conclure qu'il s'agit d'un os en transition. Une nouvelle fois, Latimer fait remarquer que c'est peut-être faux. Le pied du chimpanzé est une chose ; il est conçu spécifiquement pour aider les chimpanzés à faire ce qu'ils font. Le pied humain en est une autre ; il s'agit toujours d'une conception spécifique, destinée à une créature spécifique. Le pied d'*afarensis*, dit Latimer, peut en être une troisième. Il ne s'agit pas nécessairement d'une chose en transition, d'une étape entre deux plateaux évolutifs. Il représente peut-être la meilleure conception possible pour un hominidé menant la vie qu'il menait à l'endroit où il la menait. Il ne sait pas encore à quelle vitesse le pied hominien a évolué, ni quand, ni exactement comment. Pour que nous puissions le savoir, dit-il, il faudra trouver plus d'os, des os plus anciens.

Au labo, sur une paillasse voisine de celle de Latimer, Bill Kimbel travaille depuis un an sur un fragment de crâne d'enfant, une des découvertes du site 333. En 1979, il en a emporté un moulage en Afrique du Sud, pour le comparer avec l'Enfant de Taung, ce qui n'avait jamais été fait encore, parce qu'il n'existait rien avec quoi l'on pût comparer l'Enfant de Taung. Parmi tous les fossiles trouvés en Afrique australe et orientale depuis 1924, il n'y a pas d'autre enfant australopithèque.

La comparaison de Kimbel ne pouvait manquer de nous intéresser Tim et moi. Nous étions en effet ennuyés des objections de Richard et Mary Leakey quant à notre dénomination d'*afarensis*, ainsi que du jugement de Loring Brace affirmant qu'il ressemblait trop à *africanus* à son goût, et de remarques du même genre de Philipp Tobias qui, lorsqu'il était jeune, avait été l'assistant de Dart et qui était à présent professeur d'anatomie à l'université de Witwatersrand à Johannesburg.

Sachant qu'en raison d'une croissance différentielle des différentes parties de la tête, les jeunes chimpanzés, les jeunes australopithèques et les jeunes humains se ressemblent davantage que lorsqu'ils sont adultes, nous espérions Tim et moi que la découverte de différences significatives entre l'enfant du site 333 et l'Enfant de Taung viendrait confirmer la spécificité d'*afarensis*. A notre grande joie, Kimbel est revenu nous dire qu'il existait de nombreuses différences morphologiques entre les deux spécimens, et qu'un taxinomiste n'aurait guère de mal à les distinguer.

Pendant ce temps, à la Kent State University, Owen Lovejoy poursuit son travail sur le bassin et les os des jambes de Lucy. Lovejoy est un homme exceptionnellement circonspect et imaginatif, qui affirme : « Quand on vit avec des fossiles vingt-quatre heures sur vingt-quatre, il y a deux questions qui finissent par vous harceler avec une insistance croissante : quoi, et pourquoi ? »

Le bassin de Lucy lui a donné matière à réflexion. Il a passé près d'un an à le reconstituer. Cela fait, il s'est rendu compte qu'il avait entre les mains quelque chose dont la forme et les proportions exigeaient des explications ; en effet, les idées exprimées jusque-là sur la forme du bassin, la station droite et le développement fœtal ne pouvaient s'appliquer à Lucy.

L'explication habituelle avait toujours été qu'au cours de son évolution vers la condition hominienne, le bassin avait dû s'élargir pour permettre le passage de bébés à gros cerveau à travers la ceinture pelvienne.

Cette théorie était généralement reconnue avant la découverte de Lucy, qui a un bassin plus humain que simien, tout en ne possédant ni un gros cerveau, ni du reste un bassin très large. En fait, son bassin est très peu profond, et n'est large que latéralement – formant un curieux ovale allongé.

Comme toujours, Lovejoy a abordé ce problème en se posant des questions sur la fonction mécanique : en l'occurrence, quelle relation y avait-il entre le bassin et les muscles qui actionnaient les jambes ? Sa première démarche a été d'observer le bassin du chimpanzé et de remarquer que l'ilion (le gros os plat qui saille de part et d'autre de la partie inférieure de la colonne vertébrale et où s'attachent les muscles abducteurs de la cuisse) est bien placé pour une créature qui se déplace en prenant appui sur ses phalanges, mais pas pour un bipède. Un chimpanzé peut marcher debout, et il lui arrive souvent de le faire sur de courtes distances, mais il se fatigue vite, parce que les muscles abducteurs qui descendent vers la jambe depuis le plat du bassin sont très mal situés pour ce type de locomotion. Pour que ces muscles fonctionnent bien, au lieu de saillir latéralement comme il le fait chez le chimpanzé, il faut que l'ilion soit davantage tourné vers l'avant, pour donner à l'ensemble du bassin une forme de boîte, ou de ceinture. Cela raccourcit le muscle abducteur et lui donne aussi un meilleur angle d'action. En observant le bassin de Lucy, on voit immédiatement que l'aile de l'ilion s'est tournée exactement comme on pouvait le prévoir devant des besoins mécaniques nécessitant une attache musculaire plus favorable à la station debout.

Mais les choses ne sont jamais aussi simples. Il est impossible de changer la forme ou la position d'un élément sans affecter les autres parties. Lorsque les ailes iliaques sont tournées vers l'avant, elles compriment tout le bas de l'abdomen. Il faut donc qu'en se tournant, elles deviennent plus larges et plus longues. Cette modification a déjà eu lieu chez Lucy, grâce en partie à un accroissement considérable du sacrum. Le résultat est un mode de locomotion efficace et un abdomen suffisamment large

– et une curieuse ceinture pelvienne allongée, qui ne paraît plus aussi curieuse une fois cette explication donnée.

Bref, Lucy offre une bonne démonstration de l'une des deux étapes de l'évolution des singes anthropoïdes en êtres humains. Son bassin a suffisamment évolué pour lui permettre de devenir bipède. Mais elle n'a pas encore franchi le second pas : une évolution supplémentaire du bassin permettant la naissance d'enfants à grosse tête.

La morphologie du bras et de la main de Lucy laisse Lovejoy perplexe.

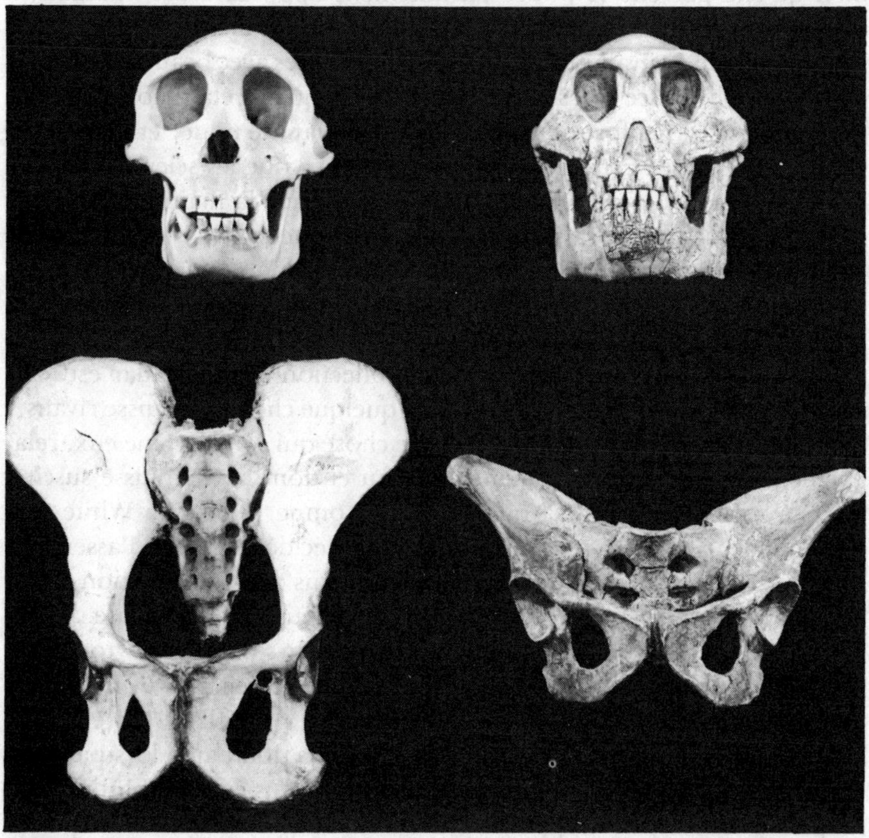

L'idée qu'*afarensis* était une créature à corps humain et à tête de singe se trouve confirmée par cette comparaison. A gauche, un chimpanzé. Ses arcades sourcilières sont proéminentes, le sommet de son crâne bas, son cerveau réduit, sa face prognathe. *Afarensis*, à droite, a un crâne qui ressemble beaucoup au premier, avec une différence flagrante : il a des dents humaines. Au-dessous du cou, cependant, la différence est écrasante. Le chimpanzé a le bassin d'un singe quadrupède, alors que celui d'*afarensis* est presque identique à celui de l'homme moderne.

Par rapport au bras humain, le sien est relativement long. Lovejoy se pose donc une fois de plus la question suivante : à quoi lui servait ce long bras ? Chez les singes, des bras longs et puissants sont indispensables pour grimper. Mais la stratégie sexuelle de Lucy l'a transformée en bipède. Lui arrivait-il de grimper ? et si oui, le faisait-elle souvent ? La logique suggère qu'elle a dû grimper assez fréquemment pour échapper aux prédateurs ou pour chercher de la nourriture. Mais dans ce cas, comment expliquer l'aspect de sa main ? Elle devrait avoir de longs doigts simiens, ce qui n'est pas le cas. Ils sont plutôt courts. En outre, bien qu'elle possède le pouce parfaitement opposable des humains, il semble que les muscles situés à la base du pouce aient été petits. Cela signifie qu'elle pouvait sans doute saisir les choses avec beaucoup de précision entre le pouce et les autres doigts, mais qu'elle était moins habile à les empoigner avec force en un geste impliquant le pouce et l'ensemble de la main. C'est exactement le contraire de ce que les scientifiques ont toujours pensé. L'opinion dominante voulait que la main humaine eût été capable très tôt de saisir avec force, mais que la précision de la prise fût sans doute l'adaptation récente d'un organe entièrement évolué. Lovejoy reconnaît qu'il faudra peut-être plusieurs années pour élucider ce problème.

L'une des plus graves lacunes de la collection d'os d'Hadar est l'absence d'un crâne complet d'*afarensis*, de quelque chose qui puisse rivaliser avec Zinj, 1470 ou Mrs Ples, de quelque chose qui soit, comme eux, relativement complet et entièrement nouveau et dont la vue puisse susciter une surprise générale. Au courant de l'automne 1979, Tim White s'est mis en devoir de combler cette lacune. Il a décidé d'essayer d'assembler un crâne *afarensis* à partir de fragments contenus dans la collection d'Hadar. Pour réaliser cette reconstitution fastidieuse et laborieuse à l'extrême, il a fallu utiliser des fragments de plusieurs individus – toutefois, la plus grande partie de cette reconstitution ne provient que de trois individus. Le premier fossile du site 333 découvert par Mike Bush en constitue une partie essentielle. On se souvient sans doute que lorsque Bush l'avait aperçu, on ne distinguait que quelques dents émergeant d'un bloc de pierre. Ce bloc fut rapporté à Cleveland, où l'on découvrit que les dents étaient attachées à un fragment osseux plus important, un morceau de visage, qui fut dégagé par un technicien du labo au bout de six mois de nettoyage. Le deuxième fragment important que Tim utilisa était une mandibule partielle en assez bon état. Quant au troisième, c'était le « mystérieux crâne » écrasé qu'il avait étudié auparavant et dont il avait juré qu'il ne pouvait appartenir à *Homo*. Ces trois fragments avaient été choisis par Tim et par Bill Kimbel, qui l'aida à réaliser cette reconstitution, pour deux raisons :

1) ils provenaient d'individus adultes de taille identique ;

2) sans former en eux-mêmes un crâne complet, ils offraient assez d'éléments pour convaincre les deux hommes que la reconstitution était possible.

La première tâche de Tim et Bill fut de « débroyer » le crâne, qui avait été complètement aplati, brisé en multiples fragments puis recimenté dans sa forme insolite par du cristal de roche. Ils le détachèrent morceau par morceau – cent sept au total –, le débarrassèrent de toutes les incrustations rocheuses, avant de lui redonner sa forme normale. Au terme de quatre semaines d'un travail ininterrompu mais maintes fois recommencé, Tim se déclara enfin satisfait. On en fit alors un moulage de plâtre, qui constitua la base de la reconstitution, à laquelle d'autres parties allaient être ajoutées.

Ils transformèrent ensuite la demi-mandibule en mandibule complète, en ciselant et en moulant les dents et les fragments de mâchoire manquants à partir de l'image inversée des parties existantes de l'autre moitié de la mâchoire.

Une fois complétée, cette mâchoire put être ajustée au moulage de base ; en effet, l'articulation supérieure de la mâchoire s'attache directement au crâne. A présent, le crâne et la mâchoire étant assemblés, on pouvait obtenir la position exacte des dents inférieures. Ils purent ensuite mettre en place le visage fossile de Mike Bush, en disposant les quelques dents du haut qui restaient au-dessus de celles de la mâchoire inférieure, dans leur position correcte.

Enfin – bien qu'il fût impossible, en raison de l'absence de front, de raccorder directement le visage et les fragments de crâne situés au-dessus –, ils purent tout de même compléter la partie supérieure du visage en déduisant la taille, la forme et la position des yeux d'un fragment de l'orbite inférieure, heureusement conservé dans le « mystérieux visage fossile ».

Quand tout fut en place, l'idée première de Tim au sujet du fossile mystérieux se trouva confirmée. Ce n'était certainement pas un *Homo* ; si l'on admettait sa reconstitution, on était obligé de reconnaître ce point. Mis à part ses dents hominiennes, il ressemblait plutôt à un petit gorille femelle.

La reconstitution de Tim, l'une des plus consciencieuses et des plus soignées jamais entreprises en paléoanthropologie, fut présentée à plusieurs collaborateurs par une fin d'après-midi de décembre. Ils furent

Tim White a réalisé cette reconstitution d'un crâne *afarensis* en utilisant des fragments de plusieurs individus. La partie postérieure du crâne représente le crâne écrasé mentionné dans le texte. Elle est formée de 107 morceaux distincts.

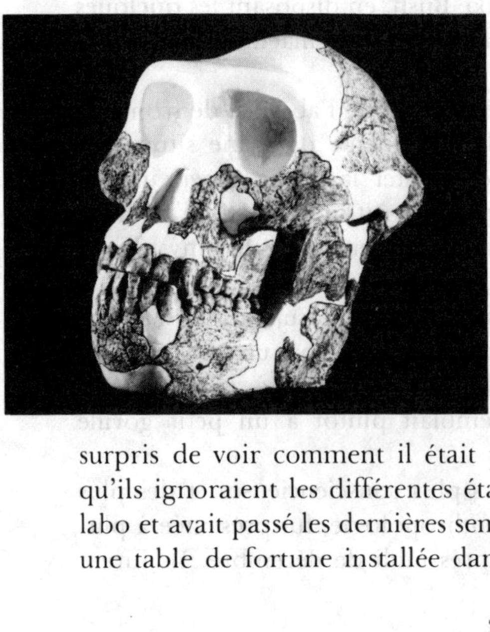

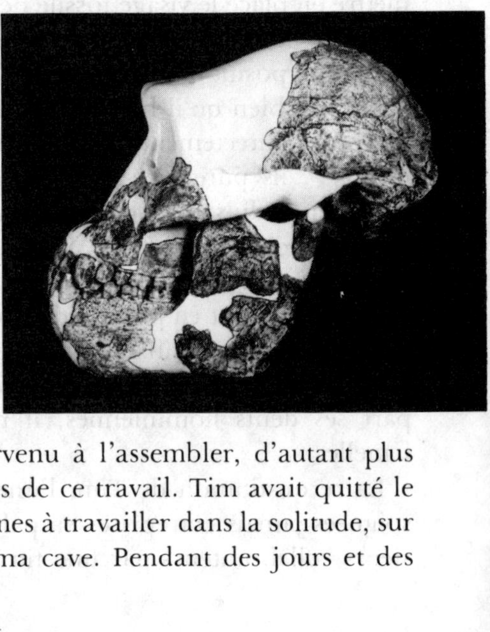

surpris de voir comment il était parvenu à l'assembler, d'autant plus qu'ils ignoraient les différentes étapes de ce travail. Tim avait quitté le labo et avait passé les dernières semaines à travailler dans la solitude, sur une table de fortune installée dans ma cave. Pendant des jours et des jours, il ajouta du plâtre et le racla soigneusement, recommençant inlassablement – les yeux rougis, les vêtements blanchis par la poussière de plâtre – avant de se déclarer enfin satisfait. Il rapporta alors le crâne au labo et le déballa. Il indiqua à ses collaborateurs tous les spécimens qu'il avait utilisés et leur signala les pièces rapportées qu'il avait dû ajuster. Ce fut pour lui un instant d'intense satisfaction : des mois de travail concrétisés par un crâne extraordinaire, absolument complet à l'exception d'un fragment de pommette qui restait à combler.

Il revint au labo le lendemain matin pour s'en occuper, tourna le dos un instant à sa paillasse, et la reconstitution en plâtre roula de la table et se fracassa sur le sol.

Tim fut tellement accablé que pendant un moment il ne put même pas se résoudre à ramasser les morceaux ; quant à les assembler, il n'en était même pas question. Il finit par me téléphoner, et je me précipitai au labo. Ensemble, nous contemplâmes les débris qui jonchaient le plancher, les morceaux de plâtre pulvérisés, absolument irrécupérables.

« Laisse-moi, dit Tim. Je ne veux voir personne. Je ne sais pas quoi faire.

– Tu le referas, lui dis-je.

– Non. Je ne peux pas. »

Je lui rappelai le jour où Thomas Carlyle avait fini de rédiger l'œuvre de sa vie, *la Révolution française*, et où sa servante avait malencontreusement jeté tout le manuscrit au feu.

« Fous-moi la paix avec Carlyle », dit Tim. Il claqua la porte de la salle de moulage, me laissant à l'extérieur.

Après un certain temps, il se mit à ramasser les fragments les plus récupérables. A la fin de la journée, il avait commencé à les assembler. Il finit par reconstituer tout le moulage.

Celui-ci fut plus tard l'objet d'une série de dessins de Jay Matternes, un illustrateur anthropologique. Matternes est un spécialiste d'anatomie qui, grâce à ses connaissances en la matière, reconstitue des muscles, des tissus et des traits à partir des indications que fournissent les os fossiles. Son travail sur *afarensis* et sur d'autres espèces primitives d'hominidés leur donne une apparence plus plausible que toutes les autres tentatives ; il avoue toutefois que rien ne permet de déterminer la forme exacte d'un nez, la répartition des zones pileuses sur un visage ni la taille des mamelles des femelles. Quoi qu'il en soit, les études de Matternes autour d'*afarensis* confirment ce qu'indiquent les os : des corps humains relativement petits, râblés, exceptionnellement robustes, surmontés – comme l'a fait remarquer Sherwood Washburn – d'une tête de singe.

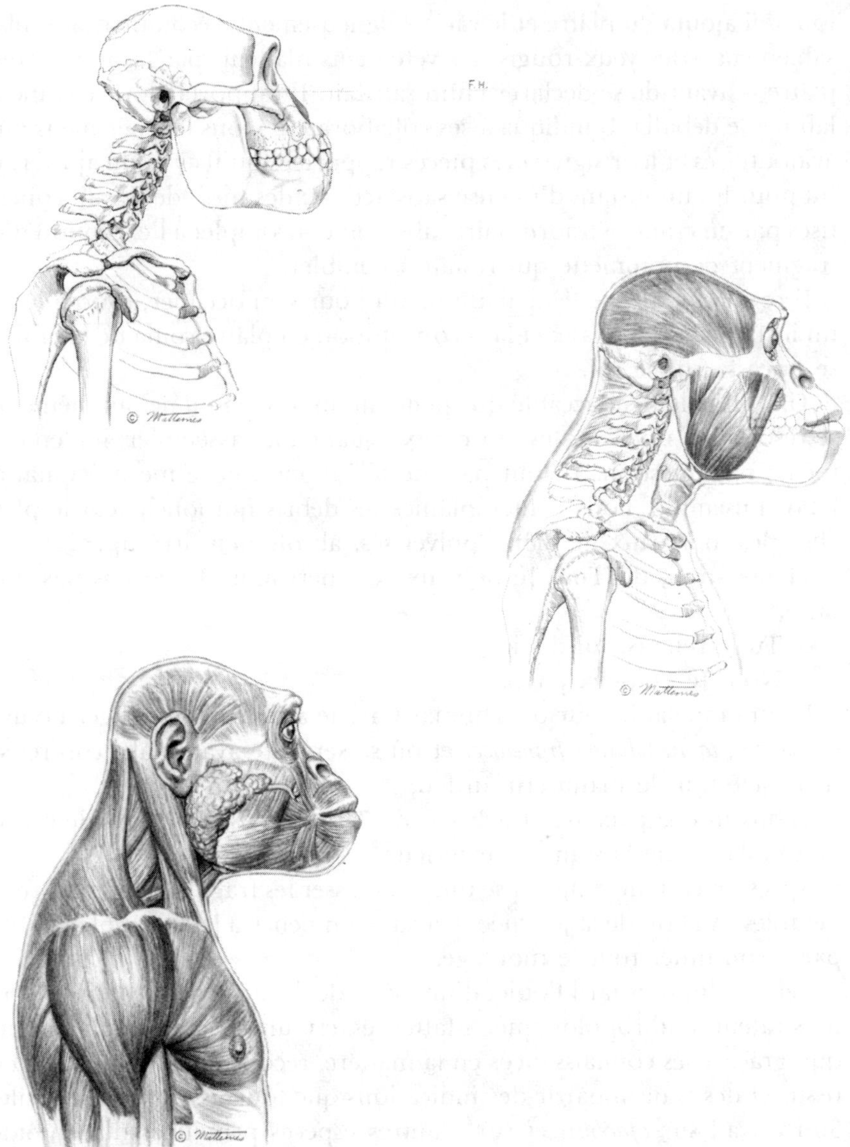

En se servant de la reconstitution de White comme modèle, l'illustrateur scientifique Jay Matternes a réalisé ces dessins afin de montrer quel était probablement l'aspect d'*afarensis*. Cela fait une vingtaine d'années que Matternes s'est spécialisé dans ce travail auquel il apporte des connaissances anatomiques des plus approfondies. Sa première démarche a consisté à déterminer la position de la tête, qu'il a obtenue en partant d'une ligne horizontale reliant le bas de l'orbite oculaire à un point situé à

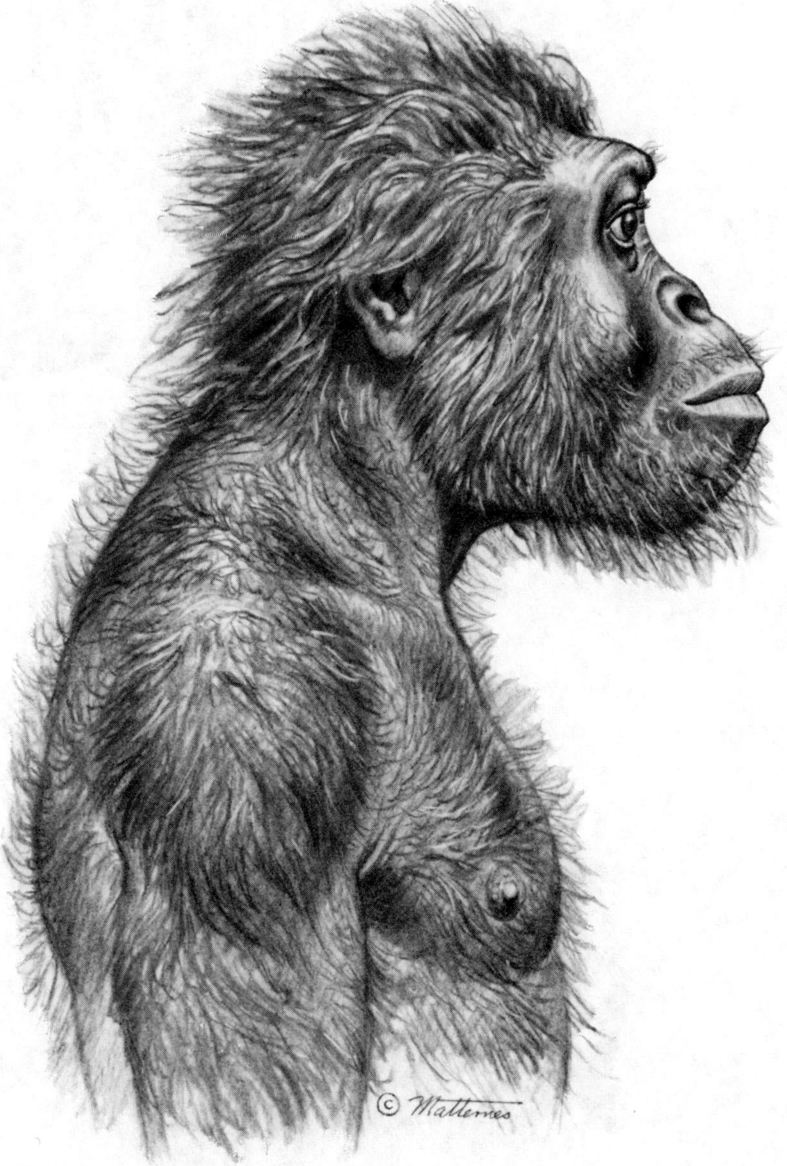

l'arrière du crâne connu sous le nom de porion. On obtient ainsi une face projetée vers l'avant, qui exige des vertèbres spinales allongées et un cou fortement musclé pour la soutenir. Il a ensuite placé les muscles, donnant à la tête une première esquisse de sa forme définitive. On trouvera en annexe, p. 423, une explication anatomique détaillée des différentes étapes de cette reconstitution.

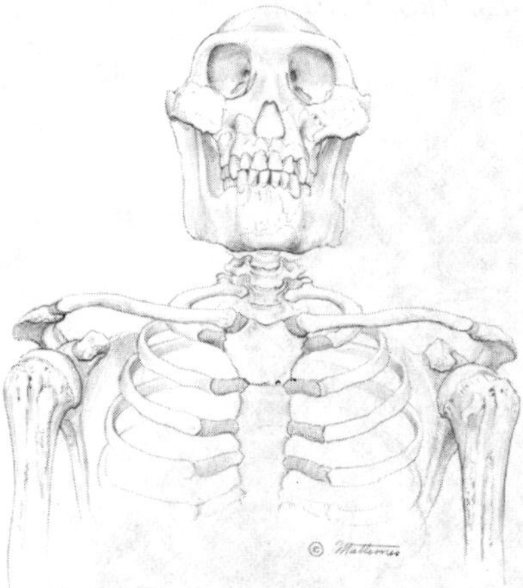

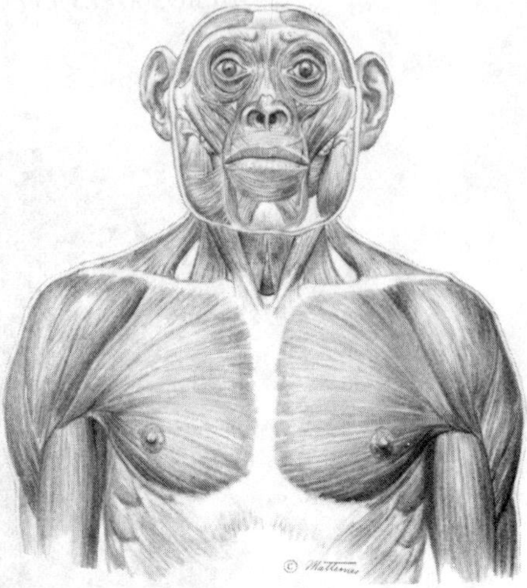

Celle-ci se poursuit par une vue d'*afarensis* de face. L'œil est placé dans son orbite. La bouche est représentée fermée, les lèvres se rejoignant juste au-dessous de la ligne des incisives supérieures. Comme les commissures des lèvres des singes anthropoïdes se rejoignent juste derrière les canines, Matternes a appliqué cette règle à *afarensis*. Il a donné à son spécimen un lobe auriculaire charnu — plus hominien que simien. Il a estimé que la peau d'*afarensis* était sombre et couverte de poils

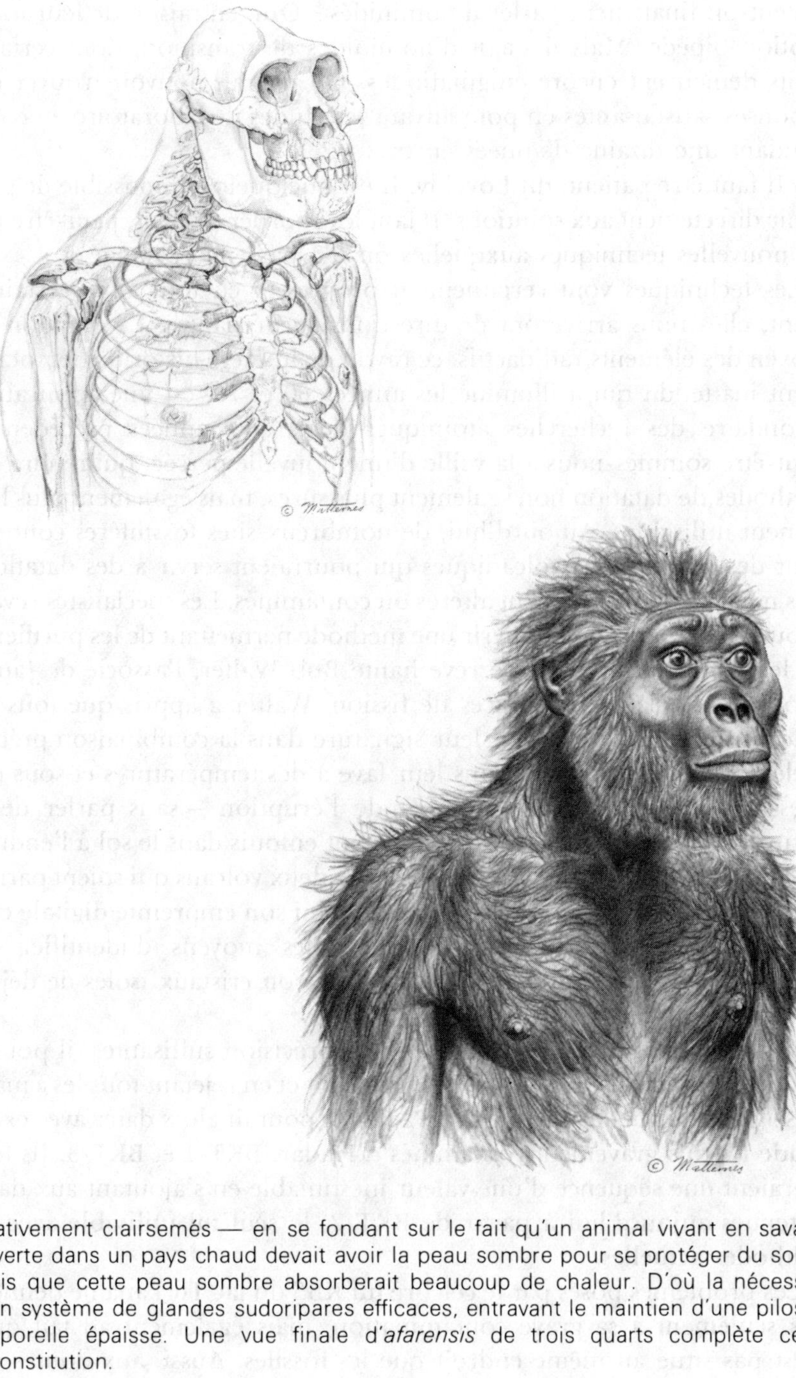

relativement clairsemés — en se fondant sur le fait qu'un animal vivant en savane ouverte dans un pays chaud devait avoir la peau sombre pour se protéger du soleil, mais que cette peau sombre absorberait beaucoup de chaleur. D'où la nécessité d'un système de glandes sudoripares efficaces, entravant le maintien d'une pilosité corporelle épaisse. Une vue finale d'*afarensis* de trois quarts complète cette reconstitution.

Peut-on finalement parler d'hominidés ? Oui, en raison de leur locomotion bipède. Mais il s'agit d'hominidés de transition, dont certains traits demeurent encore énigmatiques. On devrait pouvoir trouver des réponses satisfaisantes en poursuivant les études de laboratoire en cours pendant une dizaine d'années encore.

« Il faut être patient, dit Lovejoy. Il est quelquefois impossible de parvenir directement aux solutions. Il faut les aborder de biais, peut-être par de nouvelles techniques auxquelles on n'a pas encore songé. »

Les techniques vont certainement progresser et, tout aussi certainement, elles nous arriveront de directions surprenantes. La datation au moyen des éléments radioactifs, ce rayon de lumière historique et totalement inattendu qui a illuminé les années 60 et 70, est une application secondaire des recherches atomiques des trente années précédentes. Peut-être sommes-nous à la veille d'une nouvelle percée, qui rendra ces méthodes de datation non seulement plus sûres, mais également plus largement utilisables. Aujourd'hui, de nombreux sites fossilifères contiennent des échantillons volcaniques qui pourraient servir à des datations s'ils n'étaient pas gravement altérés ou contaminés. Les spécialistes rêvent depuis des années de découvrir une méthode permettant de les purifier et de les rendre utilisables. Ce rêve hante Bob Walter, l'associé de James Aronson, spécialiste des traces de fission. Walter a appris que tous les volcans du monde apposent leur signature dans la combinaison précise d'éléments qui se fondent dans leur lave à des températures et sous des pressions particulières au moment de l'éruption – sans parler de la nature des matériaux bruts profondément enfouis dans le sol à l'endroit où l'éruption a lieu. Aussi n'existe-t-il pas deux volcans qui soient parfaitement identiques ; chacun laisse derrière lui son empreinte digitale chimique. Walter étudie en ce moment des moyens d'identifier ces empreintes digitales en analysant les grains ou cristaux isolés de déjections volcaniques.

S'il y parvient avec une facilité et une précision suffisantes, il pourra ensuite purifier un échantillon en identifiant et en rejetant tous les « mauvais » grains. Quelle aubaine ce serait ! On pourait alors dater avec exactitude les tufs gravement contaminés d'Hadar, BKT-1 et BKT-3. Ils formeraient une séquence d'une valeur inestimable en s'ajoutant aux dates obtenues aujourd'hui à partir de BKT-2, le seul tuf utilisable avec les méthodes actuelles.

Les problèmes posés par le célèbre tuf KBS du lac Turkana ne tiennent pas seulement à sa grave contamination, mais également au fait qu'il n'est pas situé au même endroit que les fossiles. Aussi, aux doutes sur l'exactitude de sa date, s'est ajoutée la nécessité d'arriver à trouver, au moyen de correspondances stratigraphiques, l'âge de fossiles qui ont été ramassés jusqu'à une trentaine de kilomètres de là. Au milieu, il existe, en plusieurs lieux du lac Turkana, des traces d'autres événements volcaniques d'âges divers. Si l'on pouvait les purifier afin d'obtenir des dates, la géologie de Turkana, affreusement complexe, commencerait à s'élucider.

De même que la machine à analyser le potassium-argon et le spectromètre de masse ont fait progresser de façon inattendue nos connaissances en matière de datation, un nouvel instrument promet de nous renseigner sur l'alimentation des hominidés et sur le fonctionnement de leurs mâchoires. Cet instrument est le microscope électronique à balayage. Comme tous les microscopes, il grossit spectaculairement les choses – plusieurs milliers de fois si on le souhaite –, mais son principal avantage est qu'il est capable de fournir une remarquable profondeur de champ. En règle générale, lorsqu'on regarde à travers n'importe quel type de verre grossissant puissant, on ne peut voir qu'une couche mince comme une lame de rasoir. Si on met au point sur la peau d'une paramécie, les cils qui la hérissent sont tout à fait flous, et inversement. N'utilisant pas du tout de lumière, mais un faisceau d'électrons d'une longueur d'ondes beaucoup plus courte que la lumière, le microscope électronique à balayage permet une vision en relief de la paramécie. Sa face supérieure, ses faces latérales et les cils qui se dressent dans différentes directions sont tous parfaitement nets.

On a utilisé dernièrement ce merveilleux appareil pour obtenir des vues agrandies des surfaces dentaires d'hominidés fossiles. Le Dr Alan Walker, de Johns Hopkins, a affirmé récemment que l'effet de polissage qu'il a observé sur les dents des australopithèques robustes et des chimpanzés modernes donne à penser que les australopithèques étaient des frugivores, comme les chimpanzés.

Cette nouvelle a provoqué une certaine surprise. Tout ce que nous savons des australopithèques – qu'il s'agissait de créatures bipèdes, vivant à terre et fréquentant la savane – suggère qu'ils étaient omnivores. Il se peut qu'ils aient mangé des fruits – certainement même en quantité lorsque c'était la saison –, mais ils mangeaient sans doute beaucoup de baies, de graines, de racines et de tubercules, et par-dessus le marché une bonne dose de saletés et de sable. S'ils étaient essentiellement frugivores, comme semble le suggérer l'examen de leur dentition effectué par Walker, l'image que nous nous faisons d'eux et de la voie évolutive qu'ils ont suivie est erronée.

Plus récemment, Al Ryan, un étudiant de troisième cycle de l'université du Michigan, a réalisé, toujours au microscope électronique à balayage, une seconde étude des dents hominiennes, beaucoup plus ambitieuse. Ryan est parti d'un groupe témoin plus large que celui de Walker. Il a examiné les dents d'une importante population indienne trouvées dans des tumuli du Middle West. Puis il a examiné les dents d'Esquimaux contemporains. Dans les deux cas, il a découvert des traces de minuscules éclats, de petits morceaux d'émail ébréché reflétant l'usage que ces deux peuples font de leurs dents. Ils utilisent leurs mâchoires comme des étaux ; ils se servent de leurs dents pour tenir des objets pendant qu'ils tressent des paniers, pour couper des lanières de cuir, pour faire des nœuds, pour tenir des morceaux de bois et d'os. Les Esquimaux d'aujourd'hui utilisent leurs dents pour des tâches qui feraient frémir tout dentiste – par exemple ouvrir des bidons d'essence et serrer des boulons. Toutes ces pratiques provoquent de minuscules éclats.

Ryan s'est ensuite penché sur les dents de singes. Il a découvert qu'en raison de leur régime essentiellement frugivore, les chimpanzés ont des incisives polies, contrairement aux gorilles. Les gorilles vivent à terre et se nourrissent de matières végétales coriaces, dont ils tirent les extrémités, encore plus coriaces, entre leurs dents, pour en arracher ce qu'ils ont envie de mâcher. En raison du sable qui adhère à la végétation et de l'action abrasive de la silice contenue dans les cellules végétales, ce geste provoque sur la surface d'incision de leurs dents de devant des petits trous et des éraflures, dont le schéma est aisément identifiable. La direction de ces éraflures elle-même est suggestive : ces traces sont situées perpendiculairement aux dents, de l'intérieur vers l'extérieur, et s'effilent au fur et à mesure comme la queue d'une comète. Les dents du gorille ne sont pas polies comme celles des chimpanzés. Ils ne mangent pas assez de fruits et leur alimentation contient trop de sable.

Une troisième forme d'usure est due au broyage de petits objets durs comme des graines. Cette action dénude progressivement l'ivoire et y forme des trous et des dépressions, parce qu'il est plus mou que l'émail environnant. Une personne dont la dentine est à nu et sérieusement usée peut sentir avec le bout de sa langue une petite dépression sur le tranchant de son incisive.

Ayant établi que l'on peut observer des schémas d'usure uniformes sur les dents de différents singes anthropoïdes et d'êtres humains, Ryan examina alors les dents d'*afarensis* au microscope électronique à balayage. Il découvrit qu'elles présentaient les trois types d'usure : de minuscules éclats, des trous, et des éraflures. Il pense avoir démontré que ces hominidés primitifs n'étaient pas frugivores, mais qu'il s'agissait d'omnivores de savane, exactement comme l'ont donné à penser d'autres études et hypothèses sur ces créatures.

Ryan aimerait affiner encore son analyse afin d'arriver à cerner les ingrédients du régime mixte de l'australopithèque. Il a déjà mis au point un appareil qui a démontré que telle taille de particules de sable provoque telle taille d'éraflures dentaires. Cet appareil indique également que différents types d'action des dents (broyer, grignoter, arracher...) créent des types d'usure particuliers. Si Ryan parvient à calculer avec un degré de précision suffisant la taille des particules de silice contenues dans différentes plantes, il aura un indice sur les origines des éraflures microscopiques de différentes tailles qu'il observe sur les dents. Il a l'intention de commencer par les singes anthropoïdes, dont il peut étudier les régimes alimentaires. Il compte analyser le contenu en silice de leur alimentation et essayer d'établir des corrélations. S'il y parvient, il pourra les appliquer aux australopithèques, en adaptant ces renseignements aux informations que lui donnent les experts en plantes fossiles sur la fréquence de différents types de végétaux au Plio-Pléistocène. On a du mal à croire qu'une méthode de laboratoire, quelle qu'elle soit, puisse révéler le menu d'un animal mort il y a trois millions d'années, mais Ryan a bon espoir. Les autres suivent son travail avec le plus grand intérêt.

En entendant parler de gens comme Al Ryan et Bob Walter, on commence à comprendre que la paléoanthropologie n'en est encore qu'à ses premiers balbutiements. Je suis personnellement incapable d'imaginer le travail que feront dans cette discipline, lorsqu'ils seront adultes, les adolescents qui sont aujourd'hui au lycée. Il est plus que probable que les techniques et les conclusions de cette science nous sembleront aussi déroutantes qu'un certain nombre de choses que nous considérons comme admises l'auraient été pour Darwin. Il y a de la place pour tout le monde : pour des chercheurs de laboratoire comme Ryan et Walter, et pour des spécialistes du travail sur le terrain comme moi. Pour ces derniers surtout. Les deux trous noirs dont j'ai parlé plus haut réclament notre attention à cor et à cri. Je suis certain qu'Hadar peut nous aider à élucider ces problèmes.

Ces trous noirs tirent leur nom de phénomènes célestes, de certains endroits du firmament d'où émanent d'énormes quantités de radiations, mais qui restent invisibles aux télescopes conventionnels. Ces sources d'énergie, supérieures à un millier, voire à un million de soleils, devraient éclairer le ciel comme des torches, mais elles sont invisibles. Les astronomes qui essaient d'expliquer ce paradoxe suggèrent qu'un trou noir est en fait une masse de matière comprimée, tassée si serré et possédant une force de gravitation si formidable, que les rayons de lumière ne peuvent s'en échapper – toute une planète entassée dans une valise. Ces conclusions sont forcément théoriques, car il est impossible d'observer directement ces trous noirs. D'où notre métaphore paléoanthropologique : un voile d'ignorance qui masque certaines parties du passé si efficacement qu'aucune lumière n'en émane.

Nous avons un premier trou noir qui ne contient presque aucun fossile dans la période située entre trois et deux millions d'années. En Afrique orientale, on a trouvé quelques fossiles robustes juste au-delà de la ligne des deux millions d'années, et quelques fragments pour le moins douteux provenant, entre autres, de la vallée de l'Omo et qui, apparemment, seraient graciles. En Afrique du Sud, bien sûr, on a classé à 2,5 millions d'années certaines formes graciles, mais leur datation n'est pas confirmée. A part cela, le trou est vraiment noir. Il ne contient actuellement aucune trace d'*Homo*, sinon les outils en pierre découverts par Roche et Harris. Si l'on accepte l'hypothèse voulant que l'*Homo* primitif ait fabriqué des outils contrairement aux australopithèques, tous les fossiles hominiens trouvés en association avec ces outils, les plus anciens que l'on connaisse, devraient être attribués au plus ancien *Homo* connu.

Cette créature – à l'orée même de l'humanité – ressemblerait-elle davantage à *habilis* ou à *afarensis* ? C'est une question à laquelle j'aimerais infiniment pouvoir répondre.

En voici une autre : qu'y a-t-il de l'autre côté de Lucy, au-delà de 3,5 millions d'années ?

Cette deuxième question dépose le chercheur au beau milieu du second trou noir. Si le premier est profond et sombre, celui-ci est trois ou quatre fois plus profond et absolument impénétrable. Il s'étend au-delà d'Hadar et de Laetoli sur quelque six millions d'années, jusqu'en plein Miocène, et le chercheur qui remonte sur les pas de la lignée hominienne se voit confronté pour la première fois à quelque chose qui n'est plus un hominidé. Quelque part dans ce second trou noir flottent des formes qui sont peut-être trop primitives pour remplir les conditions requises. On en trouve quelques signes dans les fossiles que l'on a découverts de l'autre côté du trou noir, autour de neuf ou dix millions d'années. C'étaient des singes.

Entre les deux, dans le trou lui-même, il n'y a presque rien. En Afrique orientale et en Éthiopie, on n'a mis au jour que trois débris d'un matériel vraisemblablement hominien provenant de cette immense période de six millions d'années. Juste au-delà de quatre millions, il y a un os de bras de Kanapoï ; à 5,5, on a trouvé à Lothagam un fragment de mâchoire contenant une unique molaire ; à Lukeino, une autre molaire datant d'il y a six millions d'années. Ces trois morceaux de fossiles sont tellement fragmentaires, tellement usés, tellement perdus dans les déserts du temps qu'ils sont incapables de nous apprendre davantage que ce que la logique aurait pu nous apprendre de toute manière : qu'une sorte de singe-en-voie-vers-l'hominidé était en train de se développer en Afrique orientale au cours de cette période. Quant au comment et au quand, ils sont aussi obscurs que les fragments de fossiles eux-mêmes.

Si l'on remonte jusqu'à neuf ou dix millions d'années, de l'autre côté du trou noir, la piste reprend ; les chercheurs qui travaillent sur le terrain ont en effet pu trouver à plusieurs endroits des strates fossilifères fécondes de cet âge. Ils y ont découvert plusieurs types de singes anthropoïdes – des singes primitifs qui ne ressemblent exactement à aucun singe vivant aujourd'hui, mais qui présentent des caractéristiques préfigurant les formes simiennes modernes, trop vaguement toutefois pour permettre de deviner que tel ou tel singe a pu être l'ancêtre de l'orang-outan, du gorille ou du chimpanzé. Un autre type, *Ramapithecus*, présente une dentition qui commence à chuchoter : « hominidé ». On y observe les premières traces du développement déroutant des molaires et de l'épaississement de leur émail, qui ont fini par atteindre des proportions presque grotesques dans les formes robustes tardives.

De toute évidence, le Ramapithèque et quelques autres types qui présentent des caractéristiques dentaires similaires, vivaient autrement que les autres singes anthropoïdes du Miocène. L'étude de ce comportement, sa comparaison avec celui des singes anthropoïdes qui les ont précédés ou qui ont été leurs contemporains – bref, le défrichage de tout le désordre simien du Miocène –, a été la grande œuvre de David Pilbeam, un Britannique érudit, à la voix douce, qui enseigne l'anthropologie à Yale.

Le travail de Pilbeam est entravé par l'état médiocre de ses fossiles, par leur rareté et par le flou de leur datation. Ils proviennent de trois continents et sont éparpillés sur dix millions d'années. Cela fait près d'un siècle que spécialistes et amateurs en ramassent çà et là. On leur a attribué les noms les plus contradictoires, on les a rangés dans les tiroirs de dizaines de musées, où on les a oubliés. Il a fallu le concours d'un autre anthropologue de Yale, Elwyn Simons (aujourd'hui à la Duke University), pour que certains de ces fossiles soient sauvés et que l'on reconnaisse que deux d'entre eux au moins, qui portaient des noms différents, devaient être classés ensemble, sous l'étiquette *Ramapithecus*. Ce faisant, Simons fut en mesure de réaliser des reconstitutions plausibles d'une mâchoire supérieure et d'une mâchoire inférieure, et de plusieurs dents pour chacune. Grâce à cette reconstitution, on découvrit que *Ramapithecus* ne se contentait pas de présenter les énormes molaires révélatrices à épaisse couche d'émail, mais qu'il avait aussi de petites canines et un palais voûté de type hominien. On ignore s'il marchait debout et quel aspect avait son crâne. Comme de nombreux autres singes anthropoïdes du Miocène, *Ramapithecus* n'est représenté que par des fragments gnathiques (dent et mâchoire).

Si l'affirmation d'Owen Lovejoy sur les connaissances que l'on acquiert en vivant avec les fossiles s'applique à quelqu'un, c'est bien à David Pilbeam. Cela fait vingt ans qu'il s'est absorbé dans une petite collection d'ancêtres simiens depuis longtemps disparus, en essayant de les comprendre et en modifiant sa manière de les concevoir au fur et à mesure que sa compréhension s'améliorait. En 1978, au Symposium Nobel au cours duquel j'ai parlé en public d'*afarensis* pour la première fois, Pilbeam a prononcé une longue et sérieuse communication sur les singes anthropoïdes du Miocène. Ce qu'il est arrivé à tirer de ces fragments archaïques est remarquable. C'est un homme d'une extrême prudence, qui entoure toutes ses conclusions d'avertissements touchant d'éventuelles erreurs. Mais il esquisse un tableau, qui présente l'aspect suivant :

Les singes anthropoïdes du Miocène apparaissent vers vingt millions d'années avant notre ère. L'une des formes connues les plus anciennes est *Dryopithecus africanus* (appelé également *Proconsul* d'après le nom d'un singe qui vivait en captivité au jardin zoologique de Londres), découvert par Louis Leakey au lac Victoria. D'autres formes ressemblant à *Dryopithecus* apparaissent au cours des millénaires suivants, éparpillés entre dix-huit à dix-sept millions d'années jusqu'aux alentours de neuf millions. Ils présentaient des formes et des tailles différentes, et étaient disséminés dans toute l'Afrique, en Europe centrale et méridionale et en Asie. Comme tous les singes anthropoïdes, ils vivaient en forêt, et leur répartition suit la superficie de la grande ceinture de forêt tropicale qui entourait la terre au début du Miocène. Pilbeam a réuni leurs diverses formes en une famille – les dryopithèques – d'après le nom des membres les plus courants de ce groupe.

L'impression générale que donnent ces créatures est qu'il s'agissait de versions – grandes et petites – d'animaux ressemblant vaguement aux chimpanzés. Mais ce n'étaient pas des chimpanzés. Sous certains aspects, et non des moindres, ils étaient même très différents d'eux. Pilbeam croit que les premiers dryopithèques étaient en fait plus proches des petits singes ordinaires que des singes anthropoïdes modernes. Et pourtant on ne peut exclure qu'ils aient été les ancêtres de ces derniers. Certains en effet semblent préfigurer les orangs-outans, d'autres les gorilles, d'autres les chimpanzés. Mais on ne peut rien prouver. Les fossiles de dryopithèques disparaissent il y a huit ou neuf millions d'années. On ne connaît aucun type transitoire. En fait, il n'existe *aucun fossile de singe anthropoïde de quelque provenance que ce soit* après huit millions d'années environ. Cela peut être dû en partie à la rareté des singes anthropoïdes ; lorsque la forêt tropicale a commencé à rétrécir au cours du Miocène, les dryopithèques ont régressé eux aussi, commençant peut-être à illustrer les dangers à long terme d'une stratégie reproductive « K » poussée à l'extrême confrontée à un environnement rien moins qu'idéal. Mais la rareté de tous les fossiles sylvestres, qu'il s'agisse de singes ou d'autres animaux, tient essentiellement au fait que les forêts tropicales ne permettent pas leur conservation. Leur sol est trop acide. Les os sont rongés par cet acide et par des bactéries avant d'avoir pu commencer à suivre le long processus de fossilisation.

En tout cas, les gorilles, les orangs-outans et les chimpanzés modernes émergent en quelque sorte du néant. Ils sont là aujourd'hui ; ils n'ont pas d'hier, sinon les vagues prémices que l'on peut discerner dans les dryopithèques. Pilbeam suppose qu'il y a une relation, comme il l'a montré dans le tableau qu'il a élaboré – il est vrai qu'il y laisse un énorme trou et qu'il ne s'aventure pas à établir de lien entre un quelconque dryopithèque et n'importe quel singe vivant. Il se contente d'observer que les dryopithèques sont des singes anthropoïdes primitifs présentant certains points communs qu'ils ne partagent pas avec un second groupe de singes anthropoïdes du Miocène, qu'il est également parvenu à mettre en ordre et à réunir : les ramapithèques, qui tirent leur nom de *Ramapithecus*, mentionné plus haut.

Quelle est la différence ? Elle est simple mais capitale. A l'exception de leurs prémolaires qui sont simiennes, tous les ramapithèques ont de curieuses dents non simiennes : de grosses molaires, une épaisse couche d'émail, de petites canines. Ils préfigurent les hominidés. Avec leurs dents simiennes, les dryopithèques préfigurent les anthropoïdes modernes.

Cela paraît simple, et c'est pourtant si compliqué. Vingt années d'études et de tours de passe-passe se trouvent résumées dans cette classification d'une apparente simplicité. Son importance majeure réside dans la place que Pilbeam a attribuée aux différents types, en les classant de gauche à droite selon qu'ils étaient plus simiens ou plus hominiens. Ainsi, une créature qui s'appelle *Limnopithecus* se situe à l'extrême gauche du tableau, car il s'agit du plus simien des types du Miocène ; *Ramapithecus*, quant à lui, se place à l'extrême droite, car il est le plus proche des hominidés, et le meilleur candidat au titre d'ancêtre de l'homme.

L'enseignement général qu'apporte l'arbre généalogique du Miocène de Pilbeam est que les singes anthropoïdes s'étaient déjà scindés en deux groupes, il y a bien plus de dix millions d'années de cela. En raison de la rareté des fossiles, cette scission n'avait pas été bien perçue avant que Pilbeam l'eût déchiffrée ; avant qu'il eût réuni des spécimens de provenances différentes ; avant qu'il se fût rendu lui-même au Pakistan – où sont situées certaines des couches fossilifères les plus riches en ramapithèques – afin d'augmenter sa collection ; avant qu'il eût trouvé quelques fossiles d'un autre ramapithèque, *Sivapithecus*, et reconnu qu'il fallait le retirer du groupe plus simien pour l'insérer dans le groupe plus hominien en raison de similitudes dentaires. Cela fait, Pilbeam a été en mesure d'affirmer : « Les fossiles que j'ai réunis dans les *Ramapithecidae* présentent une constellation de traits unique qui n'avait pas encore été mise en évidence. »

Mis à part cette division fondamentale et la disposition de gauche à droite de types plus simiens ou plus hominiens, Pilbeam admet qu'il ne sait pas grand-chose de leurs relations. Il ignore comment les diverses formes se relient au sein des deux groupes, ou même si certaines peuvent éventuellement se regrouper. Il ne le pense pas. Il estime que le tableau des singes anthropoïdes du Miocène est d'une complexité décourageante, et pense que la poursuite du travail sur le terrain ne fera que fournir encore plus de types de singes anthropoïdes. Avec ses noms bizarres qui y pendent comme des fruits, son arbre généalogique reflète cette complexité ; son aspect complexe ne fera que s'accentuer au fur et à mesure que l'on y ajoutera d'autres noms.

Pour le moment, il s'agit d'une sorte de synthèse. Il présente un groupe de créatures qui menait un certain type de vie dans les forêts profondes et qui émergent, plusieurs millions d'années plus tard, toujours dans les forêts profondes, sous la forme de singes anthropoïdes modernes. Il présente un autre groupe qui faisait autre chose – qui mettait probablement au point une série d'adaptations à un environnement sylvestre de plus en plus disloqué en clairières, en paysages boisés ouverts et en savane encore plus ouverte : un nouvel environnement avec de nouvelles sources alimentaires, de nouvelles possibilités, de nouveaux périls.

On sait que la forêt du Miocène a commencé à se morceler il y a environ quinze millions d'années. La classification des ramapithèques proposée par Pilbeam nous amène inéluctablement à penser que leur existence même en tant que groupe distinct sur le plan dentaire indique qu'ils avaient déjà réalisé une adaptation évolutive perceptible à ce démembrement de la forêt : ils vivaient au sol, en terrain ouvert, et mangeaient des aliments différents avec des dents conçues différemment, il y a de cela quatorze millions d'années.

Les ramapithèques étaient-ils vraiment les ancêtres des hominidés ? Un nouveau coup d'œil sur l'arbre généalogique de Pilbeam nous renseigne

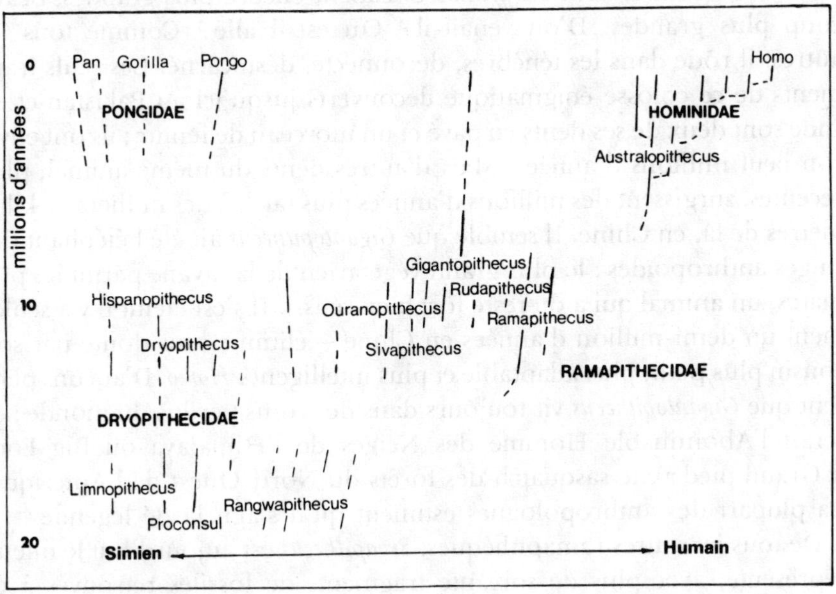

La tentative la plus récente pour débrouiller la confusion qui entoure les singes anthropoïdes du Miocène a été l'œuvre de David Pilbeam. Il répartit ces fossiles en deux groupes majeurs : les *Dryopithecidae* (dont la dentition n'est pas hominienne et qui sont probablement les ancêtres des singes anthropoïdes modernes) et les *Ramapithecidae* (dont la dentition présente des traits hominiens). Parmi ces derniers, *Ramapithecus* est considéré comme peut-être le plus proche des humains ; aussi Pilbeam l'a-t-il placé à l'extrême droite de son schéma. Le peu de crédit qu'il accorde à cette classification est illustré par la position des véritables hominidés : encore plus à droite, séparés de *Ramapithecus* par un large fossé.

sur le crédit tout relatif qu'il accorde à cette idée. Il n'a pas placé les hominidés directement sous les ramapithèques, mais encore plus loin sur la droite. La largeur du fossé qui les sépare suggère le peu de vraisemblance d'une connection directe entre les deux. Elle suggère également la possibilité qu'il y ait quelque chose d'autre au milieu, que l'on ne connaît pas encore.

Même l'emplacement de *Ramapithecus* à l'extrême droite de son groupe est contestable. Les recherches récentes de Pilbeam sur le plateau de Potwar au Pakistan ont livré plus de fossiles de *Sivapithecus* que d'aucune autre sorte. Il a commencé à observer cette créature de plus près et se demande si elle ne ferait pas un aussi bon candidat que *Ramapithecus.*

Un autre singe anthropoïde du Miocène l'intrigue énormément – pas en tant qu'ancêtre présumé toutefois : c'est *Gigantopithecus.* Cet animal était beaucoup plus grand que les autres. Il était bâti sur le modèle d'une femelle de gorille, mais ses molaires étaient encore plus grandes, beaucoup plus grandes. D'où venait-il ? Où est-il allé ? Comme tous les autres, il rôde dans les ténèbres, déconnecté, désincarné. Les seuls fragments de ce colosse énigmatique découverts jusqu'ici au Pakistan et en Inde sont deux de ses dents en pavé et un morceau de fémur ; ils ont environ neuf millions d'années. Mais d'autres dents du même animal, plus récentes, surgissent des millions d'années plus tard, à des milliers de kilomètres de là, en Chine. Il semble que *Gigantopithecus* ait été l'éléphant des singes anthropoïdes : le plus grand végétarien de la savane parmi les primates, un animal qui a du reste fort bien réussi. Il s'est éteint il y a seulement un demi-million d'années en Chine – éliminé sans doute par son cousin plus petit, plus adaptable et plus intelligent : *Homo.* D'aucuns pensent que *Gigantopithecus* vit toujours dans des coins perdus du monde ; ce serait l'Abominable Homme des Neiges de l'Himalaya ou Big Foot (« Grand pied »), le sasquatch des forêts du Nord-Ouest de l'Amérique. La plupart des anthropologues estiment qu'il s'agit là de légendes.

De tous les autres ramapithèques, *Sivapithecus* est aujourd'hui le mieux représenté, avec plus de soixante fragments de fossiles retrouvés à ce jour. Comme d'habitude, il ne s'agit presque que de mâchoires et de dents. Mais Pilbeam a découvert récemment quelques os de jambe, de pied et d'orteil, et quelques morceaux de crâne dont certains correspondent à un grand type, d'autres à un type moyen ou petit. Le grand type, évidemment, est *Gigantopithecus.* Le moyen, *Sivapithecus.* Pilbeam décrit une créature de la taille d'un chimpanzé, plus terrestre peut-être que celui-ci.

Le petit, *Ramapithecus*, est également mieux connu aujourd'hui qu'autrefois. De nouvelles découvertes de mâchoires ont corroboré et amélioré la reconstitution d'Elwyn Simons. On continue toutefois à manquer de restes post-crâniens instructifs. Voici comment Pilbeam définit cet animal :

> *Ramapithecus* était une très petite créature, pas plus grande qu'un chien de taille moyenne et pesant une petite quinzaine de kilos. Pour autant que nous puissions en juger actuellement, ce n'était pas un bipède mais un quadrupède agile, peut-être aussi à l'aise dans les arbres qu'à terre... J'ai dans l'idée qu'il grimpait facilement et fréquemment aux arbres, y dormait, s'y reposait, y jouait, y fréquentait ses congénères, s'y réfugiait et même y mangeait. Mais il tirait aussi parti du sol, en forêt et en lisière, y ramassant une alimentation végétale coriace et abrasive, et attrapant peut-être de temps en temps une petite proie. Quand il était par terre, il se déplaçait sans doute fréquemment sur deux pattes comme le font les plus petits singes anthropoïdes vivants, notamment quand il transportait quelque chose... Je suppose que la particularité de ses dents était une adaptation à un nouveau type de régime végétarien, plus coriace. *Ramapithecus* n'utilisait sans doute pas plus d'outils qu'un chimpanzé.
>
> Cet animal était différent de toutes les créatures qui vivent aujourd'hui, qui ont vécu autrefois ou qui vivront plus tard. S'il ne s'agit pas du plus ancien hominidé, il lui ressemble probablement. Il a pu aisément se transformer en australopithèque primitif en devenant totalement bipède.

Notre ancêtre... peut-être.

Le grand problème du travail réalisé au Pakistan est que les fossiles y sont médiocres. Ils sont, de fait, terriblement fragmentaires. Je suis hanté par l'intuition qu'il en existe de bien meilleurs dans l'Afar, dans des gisements plus anciens que ceux que nous avons exploités jusqu'ici, dans des couches qui se sont déposées il y a sept millions d'années, et qui offrent un chaînon temporel avec les singes anthropoïdes du Miocène étudiés par Pilbeam.

Vu les conditions de fossilisation de l'Afar, je ne peux m'empêcher de penser que si nous arrivons à localiser des sédiments productifs de cet âge, nous y trouverons des fossiles fantastiques. Je me demande souvent à quoi ressemblerait une articulation du genou de sept millions d'années, et quel choc ressentirait Owen Lovejoy si nous devions en trouver une. Supposez que nous tombions sur quelque chose de comparable à Lucy, mais ayant quatre millions d'années de plus ! Serait-ce un hominidé, ou serait-ce un singe anthropoïde ? Serait-il bipède ? Ces questions pourraient bien se révéler épineuses, car tout dépend de la manière dont on choisirait d'interpréter des créatures errant juste à la frontière entre les singes anthropoïdes et les hominidés. A ma grande frustration, la situation politique éthiopienne nous a empêchés pendant trois ans de retourner sur le terrain pour nous efforcer de répondre à ces questions. Je n'ai cessé de penser aux fossiles qui, pendant ces trois années, ont pu être arrachés aux versants de la vallée de l'Awash, emportés par les pluies saisonnières, avant d'être piétinés par le bétail, réduits en poussière et dispersés sur une centaine de kilomètres carrés de gravier. Depuis 1976, c'est une idée qui m'a souvent effleuré, et toujours désespéré.

D'où mon émotion au courant de l'été 1979, lorsque je reçus une lettre de Maurice Taieb. Les perspectives d'un nouveau séjour en Éthiopie commençaient, disait-il, à s'améliorer. Il avait gardé quelques contacts dans les ministères et, apparemment, notre retour devenait envisageable – au moins jusqu'à Addis-Abeba, où nous pourrions discuter des possibilités d'une future campagne. Pouvais-je le rejoindre à un moment ou à un autre ?

Je lui répondis que j'étais disponible n'importe quand. Supposant que ce séjour serait suivi, en temps voulu, d'une campagne, je me mis immédiatement à faire des projets, à réfléchir aux personnes que je souhaitais emmener et aux priorités de travail.

Le site 333 était absolument prioritaire. Il allait falloir placer tout en haut de la liste la fouille de la section supérieure de cette colline, afin d'établir une fois pour toutes si d'autres fossiles y étaient encore enterrés.

Il faudrait également déchiffrer la géologie de l'endroit où Jack Harris et Hélène Roche avaient découvert des outils de pierre. Si l'on devait reconnaître formellement que ces outils étaient les plus anciens du monde, leur datation devait être incontestable. En fait, tout travail portant sur le trou noir situé entre 3,5 millions d'années et 2 millions d'années était prioritaire ; la découverte de bons fossiles hominiens datant de cette époque permettrait sans doute de confirmer ou d'infirmer toute la classification théorique des hominidés de la fin du Pliocène et du début du Pléistocène que nous avions élaborée, White et moi.

Enfin, il y avait ce second trou noir – celui qui couvrait six millions d'années, partant d'Hadar pour plonger dans le Miocène. Maurice m'avait affirmé que dans des secteurs éloignés de l'Afar, certains dépôts avaient entre quatre et sept millions d'années. Il ne serait pas facile de choisir entre des possibilités aussi resplendissantes que ces trois-là. Peut-être fallait-il prévoir de travailler sur les trois.

Le 3 janvier 1980, je pris l'avion pour Paris. J'emportais, soigneusement emballée, toute la collection de fossiles d'hominidés d'Hadar, que je devais remettre aux autorités éthiopiennes.

Je pris Maurice au passage, et nous partîmes pour Addis. Nous fûmes accueillis à l'aéroport par notre vieil ami et assistant, Richard Wilding, et par des représentants du ministère éthiopien de la Culture. La présence d'Éthiopiens à l'aéroport était inhabituelle, et je pris cela pour un signe des plus encourageants. Nous passâmes les quelques jours qui suivirent à nous entretenir avec d'autres scientifiques qui étaient venus de plusieurs pays : Desmond Clark, un archéologue anglais ; Jack Harris, le Néo-Zélandais spécialiste des outils de pierre ; Raymonde Bonnefille, une associée de Taieb experte en pollens fossiles ; Bill Singleton, qui avait travaillé quelques années auparavant sur un autre site de l'Afar.

Nous passâmes tout un week-end à élaborer un projet écrit décrivant les travaux de paléoanthropologie et d'archéologie que nous envisagions de réaliser en Éthiopie. Ce projet fut présenté aux autorités au cours d'une réunion à laquelle nous arrivâmes dans un état de tension extrême, conscients que l'avenir des campagnes de l'Afar dépendrait sans doute de l'accueil qui serait fait à ce projet.

Notre anxiété s'apaisa rapidement. En deux ans, l'intérêt des Éthiopiens pour les travaux scientifiques réalisés dans leur pays avait fait des progrès spectaculaires. Auparavant, en raison des troubles et de la violence qui accompagnaient les convulsions politiques, les autorités avaient été trop préoccupées par leurs problèmes intérieurs pour prêter attention au travail de scientifiques étrangers, et les fonctionnaires qui occupaient des situations moins élevées dans les ministères étaient trop terrorisés pour prendre des initiatives. Désormais, la situation politique étant calme et parfaitement contrôlée, les Éthiopiens montrèrent clairement qu'ils accueillaient favorablement les recherches paléoanthropologiques. Bien plus, ils les encourageaient. Ils nous offrirent de nous aider en nous donnant les autorisations nécessaires, du carburant et d'autres fournitures. Ils espéraient que nous accepterions d'emmener de jeunes Éthiopiens pour les former, et étaient prêts à trouver des jeunes gens qualifiés pour ce travail. Ils acceptèrent notre projet moyennant quelques modifications mineures. Pour couronner le tout et à notre grand étonnement, ils nous restituèrent l'autorisation dont nous avions été dépossédés, Taieb et moi, par Jon Kalb quelques années plus tôt. Cela voulait dire que nous pourrions travailler à Bodo, au milieu de la rivière Awash, à l'endroit où Jon Kalb avait trouvé un fossile d'hominidé : un crâne d'*Homo erectus*. Je fus confondu par l'obligeance et l'attitude coopérative des Éthiopiens et quittai cette réunion fou de joie.

Nous passâmes les jours suivants à faire des provisions, à passer au peigne fin l'équipement de camping que nous avions laissé en dépôt en 1977, et à essayer de reconstituer deux Land-Rover utilisables à partir de plusieurs véhicules défunts. Nous finîmes par en venir à bout et, par une fin d'après-midi, une petite caravane de deux véhicules quitta Addis cahin-caha pour entamer la longue descente vers l'est depuis les montagnes centrales, un voyage dont je m'étais souvent demandé si je le referais un jour. Avec moi se trouvaient Taieb, Jean-Jacques Tiercelin, un géologue français, Raymonde Bonnefille, Bob Walter, et un représentant éthiopien du ministère. Nous nous arrêtâmes pour passer la nuit à la station de l'Awash, où nous dénichâmes notre vieil ami Kabété, le cuisinier des précédentes expéditions. Puis nous poursuivîmes jusqu'à Gewani, à la recherche d'un certain Sélati qui était allé dans l'Awash central avec Maurice auparavant. Sélati savait comment y aller. Il savait aussi où le crâne de Bodo avait été trouvé. Nous l'embauchâmes comme guide.

Tandis que nous avancions en cahotant dans les Land-Rover, la température ne cessait de s'élever, l'air devenait plus sec, le paysage plus désert et plus hostile. Dégringolant puis remontant de ravin étouffant en ravin étouffant selon les indications de Sélati, la caravane se frayait lentement un chemin vers Bodo à travers une incroyable étendue de débris de rochers et de poussière. Pendant deux jours, je mangeai de la poussière en m'efforçant de mettre un frein à mon impatience.

On finit par trouver Bodo. Une prospection rapide révéla que c'était un gisement extraordinairement riche qui remontait au Pléistocène moyen et contenait une profusion de mammifères et d'outils de pierre acheuléens datant de 500 mille à 1,5 million d'années. L'Homme de Bodo refusa de nous livrer d'autres fragments de sa personne, mais la région fut soigneusement cartographiée et l'on se mit d'accord sur les sites qui semblaient propices à un ramassage intensif à la fin des années 80.

A cet instant, l'une des Land-Rover rendit l'âme. Maurice dut conduire l'autre jusqu'à une plantation éloignée dans l'espoir d'y trouver un différentiel de rechange. Il en trouva un, mais il était en presque aussi piteux état que l'ancien. Quand il nous rejoignit, nous décidâmes que les Land-Rover étaient trop fatiguées pour que nous nous risquions à pénétrer plus avant dans le paysage lunaire où se situaient les dépôts âgés de quatre à sept millions d'années. La caravane préféra se diriger tant bien que mal vers Hadar.

Pas de tentes cette fois. De simples lits de camp, recouverts de moustiquaires. J'installai le mien sur le promontoire où avait été établi l'ancien campement, et au crépuscule, je partis faire un petit tour sur le site 200, où l'on avait trouvé les plus belles mâchoires d'*afarensis*. Là, je me sentis enfin submergé par ce qui est, à mon avis, la chose la plus puissante que le désert puisse offrir à un citadin moderne : le silence complet. Je vis passer du lavande au noir une chaîne de sommets montagneux, dont je reconnus, avec un élancement aigu, le contour si familier contre le ciel du couchant. Puis je m'en revins au camp pour un dîner de chèvre rôtie et m'endormis au son léger d'un hibou ululant près de la rivière. Le lendemain matin, une colonne de huit hommes menaçants armés de mitraillettes entra dans le camp. En les regardant s'approcher, j'eus un instant de panique. Sélati, qui avait son revolver personnel, entreprit de le monter rapidement, d'un air aussi désinvolte que possible. Les hommes arrivèrent et, à mon grand soulagement, ils s'accroupirent par terre et se mirent à parler. Nous leur offrîmes du thé et du pain, et un entretien d'une vingtaine de minutes nous apprit que c'était une patrouille qui recherchait des bandits issas, une tribu rivale. Nous apprîmes aussi que Muhammed Goffra, le protecteur attitré de l'expédition en 1976, se trouvait encore dans les parages et qu'il était prêt à venir nous protéger. Son supérieur, Habib, le petit chef afar au visage impénétrable, était toujours maître de la région et se réjouissait de notre retour.

Deux semaines de travail intensif suivirent. Compte tenu de son ampleur et du temps passé sur le terrain, j'estime que cette entreprise a été la plus sympathique, la plus efficace et la plus productive (mis à part les découvertes en fossiles) à laquelle j'aie jamais participé. L'équipe était à présent réduite à Taieb, Walter, Tiercelin et moi-même, auxquels s'ajoutaient, pour le personnel technique, Kabété et deux Afars – un groupe restreint, mais formidable. Chacun savait exactement ce qu'il voulait faire, et y consacrait sa journée. Le soir, nous nous réunissions pour de longues discussions pluridisciplinaires. De mes trois collaborateurs, Tiercelin était le seul que je ne connaissais pas bien, mais pendant ces deux semaines, j'en vins à éprouver un respect et une affection immenses pour lui. Tiercelin était un travailleur infatigable, un géologue brillant et un compagnon de camp extraordinairement sympathique qui apporta beaucoup à la valeur du travail réalisé par Taieb et Walter. Voici les conclusions auxquelles aboutirent nos entretiens vespéraux :

Hadar avait à peine changé. De toute évidence, il avait très peu plu ; le lessivage de nouveaux fossiles avait été minime et notre absence de trois années n'avait pas eu de conséquences néfastes. En fait, si peu de choses avaient changé qu'en prospectant ce paysage désolé, je retrouvai des empreintes de mes propres chaussures, laissées plusieurs années auparavant, et aperçus un paquet de cigarettes décoloré que j'avais peut-être moi-même jeté là.

Nous prospectâmes le site 333. Une masse de grès relativement importante s'était détachée du terrain de couverture et s'était effritée en gros blocs et en débris plus petits sur le versant qui avait été tamisé si soigneusement lorsque nous y avions cherché des fossiles deux ans plus tôt. Mais cet éboulement et ce mouvement de nouveau matériel n'avaient dégagé aucun nouvel ossement. Ce fut un soulagement. Cela voulait dire que le criblage avait été fait consciencieusement et que la fouille de la couche fossilifère proche du sommet pouvait reprendre là où s'étaient arrêtés les sondages de 1977.

Nous retournâmes au site de Gona, non loin de là, où Roche et Harris avaient trouvé des outils. Taieb, Tiercelin et Walter y réussirent un coup de maître géologique. Lors de notre fouille rapide, deux ans plus tôt, nous avions *pensé*, Harris et moi, que l'âge des outils était de 2,5 millions d'années, mais nos conclusions se fondaient sur des observations stratigraphiques préliminaires. N'étant pas géologues, nous ne pouvions les confirmer.

Quand les géologues arrivèrent sur le site, ils furent confrontés au cauchemar qu'ils connaissent si souvent : il n'existait pas de corrélation. Les strates de Gona n'avaient aucun lien avec celles de la colonne stratigraphique d'Hadar.

« Comment allez-vous obtenir des correspondances ? demandai-je à Walter le soir même.

– Il y a quelques couches de gros galets très caractéristiques. Il ne nous reste qu'à essayer de les dégager et à espérer qu'elles se raccorderont avec quelque chose. »

Au cours de la semaine qui suivit, Walter et Tiercelin marchèrent beaucoup. Ils identifièrent une ancienne plaine alluviale et y découvrirent la présence d'outils dans ce qui avait été jadis une couche de boue et de sable. Puis ils établirent une relation entre cette plaine alluviale et les couches de galets, et commencèrent alors à suivre la trace de ces dernières jusqu'à Hadar. Au bout d'une semaine de marches arrière et de faux départs, ils aboutirent à un point de jonction. Ils prélevèrent aussi, en prime, une collection d'échantillons volcaniques de tufs qui encadraient les couches de galets.

Walter est désormais absolument certain que les outils ont 2,5 millions d'années et qu'ils sont donc sans aucun doute les plus anciens connus au monde – moyennant une marge d'erreur possible de cinquante à cent mille ans. Il sera en mesure de réduire cette marge grâce à des analyses des échantillons prélevés dans les nouveaux tufs d'encadrement de Gona. L'un d'entre eux, notamment, le tuf AST-1 (Artifact Site Tuff = Tuf du site à objets fabriqués) semble se raccorder directement au tuf BKT-2 d'Hadar, qu'Aronson et lui ont déjà daté.

Ce second tuf est utile à plusieurs égards. En effet, il ne servira pas seulement à vérifier la datation de l'autre tuf, mais il permettra également de déchiffrer l'âge de dépôts dans une zone bien plus étendue qu'Hadar. On peut comparer l'ancien tuf BKT-2 à un mètre posé contre un motif de papier peint à une extrémité d'une grande pièce, et le tuf AST-1 à un mètre placé à l'autre bout. En reliant les deux – c'est-à-dire en visant de l'un à l'autre –, il devient possible de poser le papier peint de façon que les lés se raccordent aux deux bouts, et tout du long. C'est exactement ce que Walter a fait à Gona. Son motif de papier peint était un motif de galets ; sa pièce, la région de Gona-Hadar. Je considère que le prolongement d'une datation correcte jusqu'à des secteurs où nous n'en avions pas auparavant est l'une des réalisations pratiques les plus importantes de cette campagne.

Ce n'est pas tout : les nouveaux échantillons de Bob devraient être d'une précision extrême. Il possède une technique de microsonde électronique, qui lui permet de mettre au point sur un point minuscule d'un échantillon minéral, et d'en obtenir l'analyse chimique – littéralement, d'un cristal isolé –, sans abîmer l'échantillon. Il peut ainsi reconnaître les impuretés et les retirer avant qu'elles ne dénaturent les résultats de son analyse.

Walter commence aussi à se faire une idée générale de l'histoire volcanique d'Hadar. Il pense qu'il a pu exister jusqu'à dix volcans qui ont laissé des tufs dans la région, et dont certains ont connu plusieurs éruptions. Chaque volcan – chaque éruption – est différent. En ramassant des échantillons et en les analysant, il va créer petit à petit une sorte de catalogue du volcanisme, dans lequel il pourra classer rapidement tous les nouveaux échantillons qu'il trouvera. En fin de compte, cela devrait permettre de dater n'importe quel endroit d'Hadar avec une précision inconnue jusqu'alors.

Une autre découverte scientifique d'un intérêt paléoanthropologique moins immédiat, mais qui a enflammé les géologues, a été la prise de conscience progressive que la plaine de l'Afar – cet ancien lit de lac – a peut-être été située un jour à une altitude de mille mètres de plus qu'aujourd'hui. Raymonde Bonnefille, qui est en train d'analyser les pollens fossiles, est certaine que les grains qu'elle a étudiés constituent un échantillon de végétation de haute altitude. Jean-Jacques Jaeger, le spécialiste français des rongeurs, est arrivé aux mêmes conclusions qu'elle en observant sa collection de fossiles de rats et de souris. Taieb ignore la cause de ce phénomène. Mais comme il s'est produit dans l'Afar et qu'il est indubitablement lié d'une manière ou d'une autre au problème plus général du mouvement des plaques continentales (sa spécialité), il pense qu'il sera peut-être possible d'apporter ainsi quelques éléments de plus à la théorie générale des plaques tectoniques. Mais il lui faudra d'abord prouver géologiquement ce que Bonnefille et Jaeger ont affirmé. Pour cela, il faudra qu'il trouve une correspondance entre des dépôts de la plaine de l'Afar et des dépôts similaires situés bien plus haut dans les montagnes lointaines – une tâche immense et terriblement difficile.

Cela faisait quinze jours que notre groupe était sur le terrain. Notre travail achevé, nous étions prêts à partir, mais personne n'en avait envie. Nous répugnions à dissoudre une équipe qui avait travaillé dans une telle harmonie et avec de tels résultats.

« Il va falloir partir d'ici, dis-je.

– Encore un jour, un seul jour », supplia quelqu'un.

Ce jour supplémentaire ne nous fut pas accordé. L'après-midi même, cinq Afars pénétrèrent dans le camp et se mirent à rôder nerveusement. Parmi eux se trouvait notre protecteur, Muhammed Goffra. Il paraissait nerveux, lui aussi. Au coucher du soleil, il aperçut quelqu'un de l'autre côté de la rivière. Il le héla, mais n'obtint pas de réponse. Alors il tira plusieurs coups de feu dans sa direction. L'homme disparut.

Nous lui demandâmes qui c'était.

« Peut-être un éclaireur issa. Dans ce cas, c'est mauvais pour nous : les Issas se déplacent par bandes d'une trentaine d'hommes, quelquefois plus. »

Nous tînmes une assemblée. La nuit était tombée, des éclairs traversaient le ciel. Pendant que nous discutions, il se mit à pleuvoir. Cela nous décida. Nous ne pouvions risquer de nous faire prendre dans un des ravins s'il pleuvait assez fort pour provoquer une crue subite. Nous emballâmes tout aussi bien que nous le pouvions dans le noir, bien que la pluie eût commencé à se calmer, et à onze heures, nous étions partis. Nous roulâmes pendant près de deux heures, et dormîmes en sécurité sur le plateau. Le lendemain, nous étions de retour à Addis-Abeba.

Le 29 janvier, Taieb et moi nous rendîmes au musée national. Là, au cours d'une cérémonie pompeuse ponctuée de discours, nous remîmes toute la collection de fossiles d'hominidés d'Hadar – plus de trois cent cinquante os d'une valeur inestimable – entre les mains du camarade Mammo Tessema, conservateur du musée.

J'étais parfaitement conscient de l'importance symbolique de ce geste et de ce qu'il représentait pour l'avenir de la paléoanthropologie en Éthiopie. Mais à l'instant même de me dessaisir des fossiles, j'éprouvai un affreux sentiment de déchirement. Lucy avait été mienne pendant cinq ans. Le plus beau, le plus complet, le plus extraordinaire des fossiles hominiens du monde avait reposé dans le coffre de mon bureau tout ce temps-là. J'avais écrit des articles sur elle, j'étais passé à la télévision, j'avais fait des conférences. Je l'avais présentée fièrement à une foule de scientifiques du monde entier. Elle m'avait – je ne l'ignorais pas – tiré de l'obscurité totale pour me placer sous les feux de la rampe scientifique. Enfin ses os, et tous ceux que j'étais en train d'abandonner avec eux, m'avaient permis de proposer une nouvelle interprétation de l'évolution hominienne. Là, dans le musée, en écoutant le discours d'acceptation, j'avais l'impression d'être un père venu remettre son enfant à un organisme d'adoption. Pendant quelques instants, au milieu de toutes les poignées de main et de toutes les félicitations, je connus un désespoir sans bornes.

Mais il ne dura pas. La porte que les Éthiopiens nous avaient ouverte était trop large, trop merveilleuse. La perspective de notre retour à l'automne avec une équipe au grand complet était trop séduisante. Je sais exactement ce que nous allons faire et qui va le faire. J'emmènerai de nouveau Tim White et Gerry Eck à Hadar, et Kabété nous fera la cuisine. Nous ne ferons que chercher des hominidés – *rien* d'autre. J'essaierai d'obtenir le concours de quelques-uns des Kenyans qui ont accompli un travail si fabuleux pour Richard et Mary Leakey. (Richard me l'a généreusement proposé il y a quelques années, et j'ai l'intention d'accepter son offre.) Kamoya Kimeu, notamment, a très envie de venir. Après avoir vu Lucy, il m'a dit un jour : « Si vous avez pu trouver ça, imaginez un peu ce que je pourrai trouver, moi ! »

Maintenant que les sites de l'Awash central sont retombés entre nos mains, Desmond Clark et son équipe vont y effectuer des fouilles. Leur intérêt potentiel est qu'*Homo erectus* est moins bien connu anatomiquement que les fossiles d'Hadar, bien qu'il ait quelques millions d'années de moins et qu'il soit répandu à travers toute l'Europe et toute l'Afrique. On dispose de quelques très beaux crânes d'*Homo erectus* de diverses provenances, et de nombreuses dents, mais c'est à peu près tout.

L'essentiel de ce que nous savons d'*erectus* appartient au domaine culturel. Ses grottes ont été explorées minutieusement. Clark Howell a réalisé cette fameuse étude du site du massacre des éléphants en Espagne. Nous savons ce qu'*erectus* mangeait ; nous savons qu'il faisait cuire sa nourriture et confectionnait des vêtements. Nous savons que c'était un excellent chasseur de gros gibier et qu'il fabriquait toute une panoplie d'outils de pierre. Nous savons qu'il présentait une variabilité considérable selon les endroits. Ce que nous ignorons, c'est tout simplement comment ou quand – ou peut-être même *si* – il a émergé d'*Homo habilis*.

Nous supposons qu'il l'a fait. Nous aimerions le prouver. Nous aimerions trouver des fossiles d'*erectus* en bon état qui couvriraient une longue période en un lieu unique. Nous aimerions les trouver en association avec leurs sites d'habitat pour voir comment ils ont vécu pendant tout ce temps. Nous aimerions avoir de meilleures dates. On ne dispose en Afrique que de dates très médiocres pour le Pléistocène moyen, mais certains tufs de l'Awash central devraient pouvoir y remédier. Desmond Clark et Jack Harris travailleront dans l'Awash central pendant que nous serons à Hadar. Je suis impatient de voir ce qu'ils vont découvrir ; *erectus* est en effet un personnage étrange et intéressant.

Comment explique-t-on la transformation soudaine présumée d'*Homo habilis* en *Homo erectus* ? En fait, a-t-elle été aussi soudaine que cela ? Pourquoi s'est-elle faite ? S'est-il agi d'une poussée évolutive rapide qui s'est accompagnée du développement d'une nouvelle civilisation d'outils, meilleure que la précédente ? Si oui, où et pourquoi cette nouvelle civilisation a-t-elle commencé ?

D'où une question encore plus intéressante : pourquoi cette civilisation et l'homme qui en est à l'origine ont-ils ensuite stagné pendant un million d'années ? Il est en effet patent qu'*Homo erectus* n'a pour ainsi dire pas évolué au cours de cette très longue période. Puis, soudain, l'humanité a connu une nouvelle poussée. Il y a environ deux cent mille ans, on assiste à un nouveau bond technologique, qui a donné naissance à *Homo sapiens*. Si l'Awash central nous attire tant, c'est qu'il détient peut-être les réponses à ces deux questions.

Pendant ce temps, les géologues – Taieb, Tiercelin et Walter – vont s'attaquer au second trou noir, aux gisements de l'Afar datant de quatre à sept millions d'années. Ils sont situés à l'ouest de la rivière Awash, à quelque cent cinquante kilomètres d'Hadar. Nous les rejoindrons, Tim et moi, après avoir passé environ six semaines à Hadar. D'ici là, Taieb et son groupe auront pu se faire une certaine idée de la géologie et devraient avoir localisé quelques bons gisements fossilifères. Ce que nous y trouverons pourrait bien faire un sacré bruit ; en effet, la science ignore toujours comment et quand s'est produite la transition capitale entre le singe et l'hominidé.

C'est le défi le plus important qui reste lancé à la paléoanthropologie. Le fossé qui nous sépare des singes anthropoïdes s'est rétréci au cours des dernières années, mais il n'a jamais été comblé. Lucy nous en rapproche. Elle nous apprend, chose étonnante, que la bipédie remonte à près de quatre millions d'années. Mais chez elle, celle-ci est déjà achevée, et rien ne nous indique depuis combien de temps elle existait ni avec quelle rapidité elle a pu s'imposer. On a de plus en plus le sentiment qu'un pas supplémentaire dans le passé verra sa disparition et son remplacement par un quadrupède – par un singe anthropoïde.

De même, les mâchoires d'Hadar semblent vaciller à la frange même où l'humanité disparaît définitivement. Si David Pilbeam devait trouver l'une d'elles dans des dépôts du Miocène sans aucun os long associé, il l'attribuerait certainement à un singe anthropoïde. *Afarensis*, semble-t-il, se faufile de justesse par la porte hominienne. Mais quel verdict portera-t-on sur un pied de six millions d'années ou sur un bassin de sept ? Voilà les questions qui me hantent, et qui continueront à me hanter jusqu'à ce qu'on y ait répondu.

L'Afar détient ces réponses, j'en suis sûr. Ses ossements feront de l'Éthiopie le centre du monde en matière de fossiles d'hominidés, l'endroit où toute leur histoire sera racontée. Il y aura quelque chose vers six millions d'années, entre les singes ramapithèques et Lucy. Il y aura Lucy elle-même, entre quatre et trois millions d'années. Puis il y aura des types *afarensis* tardifs, glissant doucement vers *Homo* dans une direction et vers *africanus* dans l'autre. Enfin, il y aura *erectus*.

« Tu n'oublies qu'une chose, c'est qu'il faut encore que tu trouves les fossiles, dit White, l'éternel sceptique.

– En doutes-tu ? En doutes-tu un seul instant ?

– Je doute de tout.

– Je te parie la bouteille de vin que Richard Leakey me doit qu'ils sont là. Ils y sont forcément. Et s'ils y sont, nous les trouverons. »

Annexes

Les notes qui suivent ont été rédigées par Jay Matternes pour expliquer ses dessins d'*Australopithecus afarensis* qui figurent aux pages 396 à 399.

Le crâne et la mandibule (présentés p. 394) d'un spécimen mâle adulte composite – pense-t-on – d'*Australopithecus afarensis* reconstitués par le Dr Tim White de l'université de Californie, Berkeley, ont servi de base à ma reconstitution graphique. Bien que la partie gauche du spécimen comprenne davantage d'éléments originaux du crâne et des mâchoires fossiles, beaucoup de ces parties manquaient de précision, étaient gauchies ou déformées pour une raison quelconque par rapport au profil général original, alors que leurs pendants de la partie droite du crâne avaient été idéalisés par la reconstitution. La moitié droite m'a donc été plus utile.

P. 396 (en haut à gauche) : Les dessins du crâne ont été effectués à partir de la projection d'une diapositive de 35 mm, réalisée à partir d'une photographie prise avec un objectif à grande focale pour éviter toute distorsion de parallaxe. La projection et les dessins ont été orientés selon l'Horizontale de Francfort (F.H.), une ligne reliant le porion (un point de repère classique du crâne situé juste sous le conduit auditif) au point le plus bas de l'arcade orbitaire (habituellement la gauche, en l'occurrence la droite). On estime que c'est l'angle de port normal de la tête humaine, mais je soupçonne qu'avec une tête aussi mal équilibrée que celle d'*A. afarensis*, l'Horizontale de Francfort n'était sans doute pas horizontale, mais plus inclinée vers le bas à partir de la colonne vertébrale. L'Horizontale de Francfort représentant la méthode d'orientation classique, j'ai préféré m'y conformer. En tout état de cause, l'angle d'inclinaison n'a pu être très important.

Les vertèbres ont été dessinées avec un certain soin pour donner une idée de la longueur probable du cou et tenter de montrer l'angle qu'il formait par rapport à la tête. J'ai utilisé les cervicales d'un être humain actuel comme modèle général. En raison du mauvais équilibre de la tête, il lui fallait une grande longueur de soutien. J'ai donc prolongé les apophyses épineuses bien au-delà de leur longueur normale chez l'homme moderne. De même, d'autres parties du squelette telles que la ceinture scapulaire, l'humérus, l'angle de la première côte, l'angle approximatif du sternum... sont tous modelés sur l'homme moderne – chez qui on peut du reste observer des variations considérables. Le septum cartilagineux (sagittal) du nez est indiqué ici dans son extension maximale, afin d'esquisser le profil nasal.

P. 396 (en haut à droite) : La reconstitution suivante de la tête vue de profil commence par les muscles externes de la mastication. Remarquez que l'insertion du muscle temporal sur les marges supérieure et antérieure de l'apophyse coronoïde est visible à travers le corps superficiel du masséter que l'on a rendu transparent. (Cette région du crâne est la seule partie de la reconstitution de White avec laquelle je ne sois pas tout à fait d'accord. Sur la plupart des crânes d'hominidés et de pongidés, l'espace entre la marge antérieure de l'apophyse coronoïde et la surface postérieure de l'apophyse zygomatique du maxillaire est relativement réduit. Si l'on devait le réduire en conséquence sur ce crâne, la partie supérieure du visage serait nettement inclinée vers l'arrière depuis le museau, produisant un effet de prognathisme alvéolaire plus marqué et un profil plus simien, et donc une longueur endocrânienne forcément réduite. Quoi qu'il en soit, il est évident que le Dr White a reconstitué toutes les parties du crâne aussi soigneusement que le permettaient les fragments disponibles. Les légères distorsions éventuelles des proportions crâniennes tiennent au fait que certaines parties du fossile étaient écrasées et déformées.) On observe à la naissance antérieure du masséter superficiel une masse adipeuse globulaire qui comble le trou entre ce muscle et le maxillaire latéral.

Voici comment se justifient la longueur et la forme de la bouche : les lèvres fermées arrivent généralement juste sous la ligne des incisives supérieures, et chez la plupart des singes anthropoïdes, les commissures ne dépassent pas la troisième prémolaire supérieure ou, ici, l'arrière de la canine.

Le globe oculaire est placé provisoirement dans son bourrelet adipeux ; il faudra attendre d'autres dessins présentant une couverture musculaire plus complète pour déterminer sa taille, son enfoncement ou son relief par rapport à l'arcade orbitaire.

Le puissant cordon qui maintient la tête dans le plan sagittal malgré son mauvais équilibre est le ligament de la nuque. Voilà pourquoi il avait fallu sur le premier dessin prolonger les apophyses épineuses des sept vertèbres cervicales au-delà de leur longueur habituelle chez l'homme moderne. On peut observer un exemple d'extension d'apophyse épineuse encore plus accentué chez le gorille ou l'orang-outan mâles.

L'os hyoïde et le cartilage laryngien (ainsi que la trachée) ont été mis en place afin de suggérer l'épaisseur de la gorge à l'avant des vertèbres cervicales. Si cette distance était trop importante, il faudrait procéder à plusieurs modifications de proportions : l'angle de la colonne vertébrale par rapport au crâne, l'orientation de l'Horizontale de Francfort ; la projection relative de la première côte – voire des trois, dans une certaine mesure.

P. 396 (en bas) : Il s'agit d'un développement supplémentaire du dessin précédent, indiquant la musculature superficielle, ainsi que certains des muscles de la mimique. Ces derniers permettent en un sens de vérifier l'emplacement et les dimensions des traits du visage, bien que ces muscles, insérés dans la peau à différents niveaux du tissu, soient extrêmement variables. Les parties postérieures du muscle peaucier en forme de feuille n'ont pas été représentées, car elles auraient masqué certains traits essentiels sous-jacents du cou et la glande parotide (la masse de forme biscornue située au-dessus du masséter superficiel). Dans ses parties inférieures les plus épaisses, la parotide remplit parfaitement le vide entre la partie centrale charnue du muscle sternocléidomastoïdien du cou et l'angle (goniaque) de la mandibule.

On a supposé que l'oreille ressemblait à celle de l'homme moderne, et on lui a attribué un lobe charnu pour indiquer la filiation hominienne, plutôt que simienne, de son possesseur. Sur le dessin, l'ensemble de l'oreille a été placé autour du conduit auditif externe qui arrive à la surface au-dessous du niveau du conduit acoustique du crâne, de toute évidence pour empêcher l'eau d'entrer.

Le sujet étant mâle, le mamelon est situé sur le muscle sternopectoral, entre la quatrième et la cinquième côte.

Bien que nous l'ayons élaboré petit à petit avec une impatience mêlée d'espoir, le dessin final d'une suite comme celle-ci provoque un certain choc.

Comme il s'agissait d'un animal vivant dans un habitat de savane ouverte, mon sujet avait très vraisemblablement (ou avait acquis) une peau sombre. La pilosité est généralement considérée comme un trait primitif. Vu la grande ancienneté de cette créature, la plupart de mes conseillers estiment que pour cette simple raison les hominidés africains étaient velus.

Il y a toutefois un dissident.

Après avoir réalisé quelques dessins d'australopithèques pour l'ouvrage de Clark Howell *Early Man* en 1964, j'ai rencontré un jour par hasard à la Smithsonian Institution le Pr Joseph Weiner, un doyen de l'anthropologie physique, qui travaillait alors à l'université d'Oxford. Il a pour spécialité l'adaptation physique de l'homme à son environnement. Weiner critiqua la pilosité de mes représentations des australopithèques du Transvaal, et m'expliqua longuement, sur un ton des plus persuasifs, pourquoi l'absence de poils aurait constitué une adaptation souhaitable au genre de vie que menaient ces créatures. Je fus très impressionné par ses arguments. Plus tard, je consultai quelques-uns de ses ouvrages généraux sur la biologie humaine. Il y faisait plusieurs remarques pertinentes et présentait de nombreuses données pour les étayer.

Si mes souvenirs sont exacts, Weiner était d'avis que l'absence de pelage avait été une adaptation essentielle préalable à l'hominisation. Une créature agile, bipède, courant çà et là dans une savane tropicale se verrait contrainte d'avoir un pelage moins dense pour améliorer la déperdition calorifique. Mais au fur et à mesure que son pelage devient plus clairsemé, cette créature absorbe plus de rayons ultraviolets, ce qui assombrit sa peau, car celle-ci produit davantage de mélanine. Malheureusement, une peau sombre absorbe plus de chaleur, ce qui stimule deux tendances : l'accentuation de la diminution de la pilosité corporelle et le développement de glandes sudoripares plus efficaces. Je ne me rappelle pas pourquoi il s'agissait là d'une voie évolutive spécifiquement hominienne : pourquoi, par exemple, d'autres groupes de primates rivaux comme les babouins – d'habitat, de taille et de poids comparables – n'ont pas suivi la même voie.

En admettant (ce que je fais) que Weiner a globalement raison, la question clé en ce qui nous concerne est de savoir *quand* l'ancêtre collatéral de l'homme a perdu son pelage. Vu sa grande ancienneté et ses nombreux traits extrêmement primitifs, je pense pouvoir supposer qu'il était encore imparfaitement adapté et qu'il représentait une forme transitoire en matière de pilosité. Voilà pourquoi je l'ai représenté avec une peau sombre et des poils. Mais ceux-ci sont clairsemés pour favoriser la déperdition calorifique.

Je pense qu'en tant que caractère sexuel, la pilosité faciale du mâle était probablement réduite chez un primate velu primitif comme celui-ci. Si les mâles étaient des créatures sociales coopératives, leurs signaux de menace intraspécifiques reposaient sans doute plus sur leur comportement que sur leur pilosité. D'aucuns pensent que la barbe, les poils axillaires et pubiques se sont développés en tant que signaux sociaux à l'époque où la pilosité générale du corps était réduite. Aussi n'ai-je pas exagéré la barbe. J'ai réduit au minimum les poils de la lèvre supérieure pour ne pas masquer la forme du museau. Même ainsi, il me semble que le visage des femelles *afarensis* comme Lucy devait être un peu moins velu que celui des mâles, témoignant au moins d'un début de tendance au dismorphisme en matière de pilosité faciale. Un artiste pourrait très bien représenter une femelle *afarensis* presque imberbe, ne serait-ce que pour en faire une femelle plus plausible aux yeux du profane.

La toison crânienne était sans doute épaisse et jouait un rôle d'isolation et de protection contre les rayons du soleil, trait qui s'est maintenu jusqu'à l'heure actuelle. La texture de cette toison s'inspire globalement de celle des australoïdes modernes.

P. 398 (en haut à gauche) : Vue frontale du crâne. La plupart des commentaires du premier dessin sont valables pour celui-ci.

P. 398 (en haut à droite) : En réalisant les dessins de la reconstitution de White vue de face, je n'ai pas jugé nécessaire de repasser par l'étape intermédiaire ; ce que cette étape révèle apparaît mieux de profil. Aussi cette illustration combine-t-elle les deuxième et troisième dessins de la p. 396. On voit mieux ici le contour crayonné des orbites, les narines, et les contours latéraux du museau par rapport aux muscles superficiels de la mimique.

P. 398 (en bas) : On a indiqué sur la peau, au-dessus du nez, de légères rides de froncement, ainsi que des rides plus profondes sur la lèvre supérieure. Le pli épicanthique externe était peut-être encore plus marqué et plus arrondi (plutôt qu'affaissé, un signe d'âge), pour fournir un peu d'ombre naturelle à l'œil. De même, les rides de froncement du nez mentionnées ci-dessus étaient peut-être plus accentuées ; l'aspect aurait été alors plus simien. (Adolphe Schultz a suggéré que si les singes anthropoïdes présentent souvent de profonds sillons faciaux, c'est parce que, contrairement à l'homme, la peau de leur visage manque de graisse.) Bien que la peau de cette créature ait été sans doute cuite par le soleil et très desséchée, il est peu probable que des individus aient survécu assez longtemps pour avoir l'air réellement vieux selon les normes humaines actuelles.

P. 399 (en haut) : Les éléments post-crâniens du squelette ayant été soigneusement représentés dans les vues de profil et de face, j'ai pris la liberté de les esquisser ici avec moins de rigueur pour présenter le buste de trois quarts. Bien que l'on puisse croire que de part et d'autre les apophyses coracoïdes touchent la tête de l'humérus, cela n'a rien d'intentionnel.

P. 399 (en bas) : Il m'a semblé inutile de reprendre la reconstitution séquentielle pour cette vue : il s'agit d'une récapitulation finale de tout ce que les dessins précédents m'ont appris.

Remerciements

Cet ouvrage n'aurait pu être écrit sans le concours de nombreuses personnes, à commencer par celles qui ont pris part aux différentes campagnes d'Éthiopie : Pam Alderman, James Aronson, Alémayehu Asfaw, Getachew Ayélé, Michel Beden, Raymonde Bonnefille, Bobbie Brown, Michael Bush, Françoise Coppens, Gudrun Corvinus, Michel Decobert, Gene Dole, Véra Eisenmann, Tom Gray, Claude Guérin, Claude Guillemot, J.W.K. Harris, J.-J. Jaeger, Jon Kalb, William Kimbel, John Kolar, Jean Maduit, William McIntosh, Nicole Page, Dennis Peak, Germaine Petter, Pierre Planques, Guy Riollet, Hélène Roche, Maurice Sebatier, Tom Schmitt, Becky Sigmon, Emil Tola, Herbert Thomas, J.-J. Tiercelin, Annie Vincens, Robert Walter, Johannes Zekele. Et, bien sûr, Maurice Taieb et Yves Coppens, codirecteurs de l'expédition internationale de l'Afar.

Nous remercions sincèrement le gouvernement militaire provisoire de l'Éthiopie socialiste de nous avoir autorisés et encouragés à travailler dans l'Afar ; ainsi que le ministère de la Culture et des Sports pour son soutien.

Pour leur aide dans le financement et l'organisation des expéditions : la National Science Foundation, la L.S.B. Leakey Foundation, la National Geographic Society, Gordon Getty, Hubert Hudson et M. et Mme Willard Brown.

Pour leurs conseils, leur hospitalité et les innombrables services qu'ils nous ont rendus à Addis-Abeba : Robert et Martha Caldwell, Richard et Libby Wilding, Gerry et Nellie Decker.

Merci à Nelson Bryant et à Augustus Ben David qui nous ont fourni des informations et aux personnes suivantes qui ont préparé des illustrations ou nous ont aidés à les obtenir : John Aicher, David Brill, Bobbie Brown, Eric Delson, Gerry Eck, Bruce Frumker, John Gurche, Peter Jones, Anson Laufer, Paul Leser, C. Owen Lovejoy, Jay Matternes, David Pilbeam, John Reader, Larry Rubins, Mary Griswold Smith, Hank Wesselman, Tim White, Rob Wood, et tout particulièrement à Luba Dmytryk et à Steve Misencik qui ont si bien réalisé respectivement les dessins de fossiles et les diagrammes.

A Cleveland, les assistants de recherche Bruce Latimer et Bill Kimbel, ainsi que le directeur du musée de Cleveland, toujours accommodant, toujours compréhensif, ont été de merveilleux soutiens. Doris Andreoli, assistante administrative déléguée, s'est chargée de toutes les menues corvées avec un talent et une bonne humeur inaltérables. Sära Kraber nous a fourni d'innombrables repas délicieux.

Nous devons beaucoup à James Aronson, à Bob Walter et à C. Owen Lovejoy pour leurs commentaires, d'un très grand intérêt, sur certaines parties du manuscrit. Tim White l'a lu intégralement et a fait des suggestions nombreuses et importantes aussi bien sur le plan que sur le contenu scientifique.

D.C.J.
M.A.E.

Bibliographie

ARDREY Robert, *African Genesis*, New York, Atheneum, 1961.
ARONSON J. L., T. J. SCHMITT, R. C. WALTER, M. TAIEB, J.-J. TIERCELIN, D. C. JOHANSON, C. W. NAESER et A. E. M. NAIRN, « New Geochronologic and Palaeomagnetic Data for the Hominid-Bearing Hadar Formation in Ethiopia », *Nature*, May 1977 : 323-327.
BISHOP W. W. ed., *Geological Background to Fossil Man*, Edimbourg, Scottish Academic Press, 1978.
BISHOP W. W., et J. D. CLARK eds., *Background to Evolution in Africa*, Chicago, University of Chicago Press, 1967.
BISHOP W. W. et J. A. MILLER eds., *Calibration of Hominoid Evolution*. Edimbourg, Scottish Academic Press, 1972.
BROOM Robert, *Finding the Missing Link*, Londres, Watts & Co., 1950.
BUTZER K. W., "Environment, Culture and Human Evolution", *American Scientist*, septembre-octobre 1977, 65 : 572-584.
CAMPBELL B., *Humankind Emerging*, Boston, Little, Brown, 1979.
COLE Sonia, *Leakey's Luck*, New York, Harcourt Brace Jovanovich, 1975.
COON Carleton, *The Origin of Races*, New York, Alfred A. Knopf, 1963.
COPPENS Y., F. Clark HOWELL, G. L. ISAAC et R. E. F. LEAKEY eds., *Earliest Man and Environments in the Lake Rudolf Basin*, Chicago, University of Chicago Press, 1976.
DART Raymond A., "*Australopithecus africanus*. The Man-Ape of South Africa", *Nature*, février 1925, 115 : 195-199, – *Adventures with the Missing Link*, Philadelphia, The Institutes Press, 1967.
DARWIN Charles, *On the Origin of Species*, New York, Atheneum, 1964.
EDEY M.A., "Three-Million-Year-Old Lucy", in 1976 *Nature Science Annual*, New York, Time-Life Books, 1975, – *The Missing Link*, rev. ed. New York, Time-Life Books, 1977.
FINDLAY George, *Dr. Robert Broom*, Cape Town, Balkema, 1972.
HOWELL F. Clark, *Early Man*, rev. ed. New York, Time-Life Books, 1973.
GLYNN Isaac, "The Food-Sharing Behavior of Protohuman Hominids", *Scientific American*, avril 1976 : 90-108.
GLYNN Isaac et Elizabeth R. McCown eds., *Human Origins*, Menlo Park, California, W.A. Benjamin, 1979.
JOHANSON D.C., "Ethiopia Yields First 'Family' of Man", *National Geographic*, décembre 1976 : 790-811, – "Early African Hominid Phylogenesis : A Re-

Evaluation", Nobel Symposium, Royal Swedish Academy of Science, 1978, – "Our Roots Go Deeper", in *Science Year, The World Book Science Annual, 1979*, Chicago, Field Enterprises Educational Corp., 1978, 42-55, – "Odontological Considerations of Mio-Pliocene Hominoids", *Am. Journal Phys. Anthrop.*, février 1980, 52 : 242.

JOHANSON D. C., et Y. COPPENS, "A Preliminary Anatomical Diagnosis of the First Plio-Pleistocene Hominid Discoveries in the Central Afar, Ethiopia", *Am. Journal Phys. Anthrop.*, septembre 1976, 45 : 217-234.

JOHANSON D. C., C. O. LOVEJOY, A. H. BURSTEIN et K. G. HEIPLE, "Functional Implications of the Afar Knee Joint", *Am. Journal Phys. Anthrop.*, janvier 1976, 44 : 188.

JOHANSON D. C. et M. TAIEB, "Plio-Pleistocene Hominid Discoveries in Hadar, Ethiopia", *Nature*, mars 1976, 260 : 293-297.

JOHANSON D. C. et M. TAIEB, "Plio-Pleistocene Hominid Discoveries in Hadar, Central Afar, Ethiopia", in *Early Hominids of Africa*, C. J. Jolly ed., London, Duckworth, 1978.

JOHANSON D. C., M. TAIEB, Y. COPPENS et H. ROCHE, "Expédition Internationale de l'Afar, Éthiopie (4e et 5e campagne, 1975-1977) : Nouvelles découvertes d'hominidés et découvertes d'industries lithiques pliocène à Hadar", Paris, C. R. Acad. Sci., série D, 287 (1978) : 237-240.

JOHANSON D. C. et T. D. WHITE, "A Systematic Assessment of Early African Hominids", *Science*, janvier 1979, 203 : 321-330.

JOHANSON D. C. et T. D. WHITE, "On the Status of *Australopithecus afarensis*", *Science*, mars 1980, 207 : 1104-1105.

JOHANSON D. C., T. D. WHITE et Y. COPPENS, "A New Species of the Genus *Australopithecus* (Primates : Hominidae) from the Pliocene of Eastern Africa", *Kirtlandia*, nº 28 (1978).

JOLLY Alison, *The Evolution of Primate Behavior*, New York, Macmillan, 1972.

JOLLY C., *Early Hominids in Africa*, Londres, Duckworth, 1978.

KEITH, Sir Arthur, *New Discoveries Relating to the Antiquity of Man*, Londres, Williams and Norgate, 1931.

KIMBEL W. H. et T. D. WHITE, "A Reconstruction of the Adult Cranium of *Australopithecus afarensis*", *Am. Journal Phys. Anthrop.*, février 1980, 52 : 244.

LEAKEY L. S. B., TOBIAS P. V. et J. R. NAPIER, "A New Species of the Genus *Homo* from Olduvai Gorge", *Nature*, avril 1964, 202 : 7-9.

LEAKEY M. D., "Footprints in the Ashes of Time", *National Geographic*, avril 1979, 446-457.

LEAKEY R. E., "Skull 1470", *National Geographic*, juin 1973, 819-829, – "Hominids in Africa", *American Scientist*, mars-avril 1976, 64 : 174-178.

LEAKEY R. E. et Roger Lewin, *Origins*, New York, Dutton, 1977.

Le Gros Clark W. E., *The Antecedents of Man*, Chicago, Quadrangle Books, 1971, – *The Fossil Evidence for Human Evolution*, Chicago, University of Chicago Press, 1978.

MAGLIO V. J. et H. B. S. COOKE eds., *Evolution of African Mammals*. Cambridge, Massachusetts : Harvard University Press, 1978.

MAYR E., *Principles of Systematic Zoology*, New York, McGraw-Hill, 1969.

MILLAR Ronald, *The Piltdown Men*, New York, Ballantine, 1974.

ROBINSON J. T., *Early Hominid Posture and Locomotion*, Chicago, University of Chicago Press, 1972.

ROCHE H. et J.-J. TIERCELIN, "Découverte d'une industrie lithique ancienne *in situ* dans la Formation d'Hadar, Afar Central, Éthiopie", Paris, C. R. Acad. Sci., série D, 284 (1977) : 1871-1874.

SCHULTZ A., *The Life of Primates*, New York, Universe Books, 1969.

SIMPSON G. G., *The Major Features of Evolution*, New York, Columbia University Press, 1953.

SIMPSON G. G., *The Meaning of Evolution*, New Haven, Yale University Press, 1967.

TAIEB M., Y. COPPENS, D. C. JOHANSON et J. KALB, "Dépôts sédimentaires et faunes du plio-pléistocène de la basse vallée de l'Awash (Afar Central, Éthiopie)", Paris, C. R. Acad. Sci., série D, 275 (1972) : 819-822.

TAIEB M., D. C. JOHANSON, Y. COPPENS et J. L. ARONSON, "Geological and Paleontological Background of Hadar Hominid Site, Afar, Ethiopia", *Nature*, mars 1976 : 289-293.

TAIEB M. et J.-J. TIERCELIN, "Sédimentation pliocène et paléoenvironnements de Rift : exemple de la formation à hominidés d'Hadar (Afar, Éthiopie)", *Bull. Soc. Géol. France*, XXI, 1979 : 243-253.

TAZIEFF Haroun, "The Afar Triangle", *Scientific American*, février 1970 : 32-40.

WHITE T. D., "Evolutionary Implications of Pliocene Hominid Footprints", *Science*, avril 1980, 208 : 175-176.

WHITE T. D. et J. M. HARRIS, "Suid Evolution and Correlation of African Hominid Localities", *Science*, octobre 1977, 198 : 13-21.

TRADUCTIONS FRANÇAISES EXISTANTES :

ARDREY, Robert, *Les Enfants de Caïn*, Paris, Stock, 1963.

DARWIN, Charles, *L'Origine des espèces au moyen de la sélection naturelle*, Paris, 1872.

HOWELL, F. Clark, *L'Homme préhistorique*, trad. de l'anglais par Germaine Petter, London, Time, 1966 (collection Time-Life, Life, le monde vivant).

SIMPSON, G.G., *L'Évolution et sa signification*, trad. Alberte Ungar-Levillain et François Bourlière, Paris, Payot, 1951.

LECTURES COMPLÉMENTAIRES EN FRANÇAIS :

ANDREWS, Peter, « Un Ancêtre pour l'orang-outan », *La Recherche*, octobre 1982, 137, p. 1211-1214.

COPPENS, Yves, « Les Ancêtres de l'homme », *Sciences et avenir*, 38, p. 60-65.

COPPENS, Yves, *Le Singe, l'Afrique et l'homme ou l'histoire de nos origines*, coll. « Le Temps des sciences », Fayard.

SIMONS, Elwyn L., « L'Origine des hominidés », *La Recherche*, mars 1979, 98, p. 260-267.

WHITE, Tim D., « Les Australopithèques », *La Recherche*, novembre 1982, 138, p. 1258-1270.

« Le Premier Homme », *Histoire et archéologie : les dossiers*, février 1982, 60 (articles d'Yves Coppens, Maurice Taieb, Jean-Jacques Jaeger, Raymonde Bonnefille, Michel Beden et Jean Chavaillon).

Index

Table des matières

Quatrième partie

POURQUOI LUCY MARCHAIT-ELLE DEBOUT ?

Cinquième partie

ŒUVRE INACHEVÉE

Achevé d'imprimer le 7 décembre 1983
par Maury-Imprimeur S.A. – 45330 Malesherbes

Dépôt légal : Octobre 1983
N° d'édition : K586 – N° d'impression : L83/14087